化工环保与安全

Environmental Protection and Safety in Chemical Engineering

主　编　周　涛　张　婷

副主编　李昌新　刘卫宏　王硕成

中南大学出版社
www.csupress.com.cn

·长沙·

图书在版编目(CIP)数据

化工环保与安全／周涛，张婷主编. —长沙：中南
大学出版社，2021.3
　ISBN 978 - 7 - 5487 - 3895 - 4

　Ⅰ.①化… Ⅱ.①周… ②张… Ⅲ.①化学工业－环
境保护－高等学校－教材②化工安全－高等学校－教材
Ⅳ.①X78②TQ086

中国版本图书馆 CIP 数据核字(2019)第 277559 号

化工环保与安全
HUAGONG HUANBAO YU ANQUAN

主编　周涛　张婷

□**责任编辑**	陈　娜　刘锦伟		
□**责任印制**	周　颖		
□**出版发行**	中南大学出版社		
	社址：长沙市麓山南路		邮编：410083
	发行科电话：0731 - 88876770		传真：0731 - 88710482
□**印　　装**	长沙印通印刷有限公司		

□**开　　本**	787 mm × 1092 mm　1/16	□**印张** 21	□**字数** 536 千字
□**版　　次**	2021 年 3 月第 1 版	□2021 年 3 月第 1 次印刷	
□**书　　号**	ISBN 978 - 7 - 5487 - 3895 - 4		
□**定　　价**	59.00 元		

前　言

　　化工行业是国民经济发展的重要支撑行业。随着全球可持续发展战略的实施，经济、环境和安全多重可持续发展的新形势，给化工环保与安全教学带来了新的机遇和挑战。如何使化学工程与工艺专业毕业生愈来愈广泛地参加各类技术工作，不仅具有环境与可持续发展的环保意识，而且具备查清化工污染产生原因、选择适宜污染控制技术的初步能力，以及综合运用所学知识保障自身和他人安全的危机应对能力。结合新培养方案的修订，以及全国工程教育专业认证的需求，站在创新性化学工程与工艺高级人才培养的高度，构筑化工环保与安全的课程新体系，编写能够充分反映化工行业发展面临的新形势和新问题的教材显得十分必要。本教材立足现代化工实际和发展趋势，结合典型实例，完整、系统地介绍单元操作及工艺过程的安全生产技术的基本概念、基础理论和基本方法，以及化工生产过程中的环境保护技术，对其他课程中有可能重复的内容，注意避免知识的低水平重复，做到循序渐进；对其他课程无法涉及的内容，则要把握知识的深度和广度，以期化工专业的学生通过此教材的学习掌握化工环保与安全基本知识，使其成为必备素质。

　　本教材结合现代化学工业生产的特点和发展方向，从化工厂设计和操作、压力容器和其他典型化工设备运行及维护到化工系统安全分析与评价，全面介绍防火、防爆、防毒、防腐、防职业损害的安全理论技术和从源头消除污染的化工清洁生产技术，以及化工"三废"处理技术。本教材着眼于创新性化学工程与工艺高级人才培养，广泛参阅中外有关资料，编入近期发展起来的化工安全和环境保护的新理论、新方法和新技术，加强案例分析，使本教材立足于现代化工的实际和发展趋势。

　　本书由中南大学周涛和张婷任主编，周涛统稿，其中第一、八至十二章由张婷编写，第二章由王硕成编写，第三、六章由李昌新编写，第四、七章由周涛编写，第五章由刘卫宏编写。

　　由于编者水平有限、时间仓促，教材中不妥之处和错误在所难免，敬请读者和同行们批评指正。

编　者
2019 年 3 月

目 录

第一部分　化工安全生产技术

第二部分 化工环境保护技术

第一部分

化工安全生产技术

第一章

绪 论

有史以来，化学工业一直同发展生产力、保障人类社会生活必需品和应付战争等方面密不可分。为了满足这些方面的需求，它最初是对天然物质进行简单加工以生产化学品，后来是进行深度加工和仿制，以至创造出自然界根本没有的产品。过滤、蒸发、蒸馏、结晶、干燥等单元操作在生产中的应用，已有几千年的历史。据考古发现，中国北京人在公元前2万年时就开始使用火，新石器时期早期人们开始制作陶器、漆器，之后又逐渐掌握了诸如染织、发酵等技术。公元前后，中国进入炼丹术时期，在以化学手段展现对神秘崇拜的同时，也带动了冶炼及制药的发展。到了明朝洪武年间，人们将石油进行粗加工以提炼灯油。随着火器的盛行，开封建立了规模宏大的火药制造工场，有严格的制造流程及规定。明朝后期，学者方以智创作了《物理小识》，书中记述了医药、生物、炼焦等相当多的化学知识。在遥远的西方，自1749年铅室法制硫酸在工厂中应用和1755年英国开始用烟煤制焦炭起，化工在工业革命的重要地位就开始体现。人们开始利用科学知识将自然界的物质转化为大规模生产所需的原料。18世纪初，英国接连建起第一家橡胶、纯碱、水泥厂，更在其后发展出无机染料工艺。在此过程之后，大约1800年时，"化学工业"这个定义被正式提出。

化学工业是主要依据化学原理人工生产化学品的工业。它是国民经济建设中的支柱产业之一，为现代社会生活和经济发展做出了巨大的贡献。在现代社会里，人们的衣食住行都离不开化工产品：化肥、农药保障和促进了农作物丰产高产；质地优良、品种繁多的合成纤维极大地丰富了人们衣着服饰；合成药品提高了人们抗病防病的能力；各种合成材料普遍应用于建筑业及汽车、轮船、火车、飞机等制造业；一些化学品具有耐高温、耐低温、耐腐蚀、耐磨损、高强度、高绝缘等特殊性能，使其成为现代航天航空技术、核技术及电子技术等尖端科学技术不可缺少的材料。

一、现代化工生产的特点

化学工业作为国民经济的支柱产业，与农业、轻工、纺织、食品、建筑材料及国防等部门有着密切的联系，其产品已经渗透到国民经济的各个领域。其生产过程的主要特点有以下几个方面：

1. 生产物料多样化，多是有害危险物质

化工生产过程中所使用的原料、半成品、成品种类繁多，但绝大多数（约70%）是易燃、易爆、有毒性、具有腐蚀性的化学危险品。这就给化工生产、运输、储存等提出了特殊的要

求。此外，生产一种主要产品往往可以联产或副产几种其他产品，同时又需要多种原料和中间体来配套；同一种产品也可以使用不同的原料和采用不同的方法制得，如苯的主要来源有炼厂副产物、石脑油重整、裂解制乙烯时的副产物以及甲苯经脱烷基制取苯；用同一种原料采用不同的生产方法，可得到不同的产品，如从化工基本原料乙烯开始，可以生产出多种化工产品。

2. 生产工艺条件苛刻

化工生产涉及多种反应类型，反应特性相差悬殊，影响因素多而易变，工艺条件要求严格甚至苛刻。有的化学反应在高温高压下进行；有的要在深冷、高真空度下进行；有的则需在无水环境中进行。例如，由轻柴油裂解制乙烯，再用高压法生产聚乙烯的生产过程中，轻柴油在裂解炉中的裂解温度为 800 ℃，而裂解气要在深冷（−96 ℃）条件下进行分离得到纯度为 99.99% 的乙烯，所得乙烯气体进而在 295 MPa 压力下聚合，制成聚乙烯树脂。苛刻的生产工艺条件对设备的安全可靠性、工艺技术的先进性，以及对操作人员的技术水平、责任心都提出了更高的要求。

3. 生产规模大型化

现代化工生产的规模日趋大型化，这是降低基本建设、过程生产和过程管理成本，提高劳动生产效率，提高市场竞争力的迫切要求。以氮肥工业为例，合成氨是氮肥工业的基础，20 世纪 50 年代合成氨的最大规模为 6 万吨/年，60 年代初为 12 万吨/年，60 年代末达到 30 万吨/年，70 年代发展到 50 万吨/年以上。乙烯装置的单机生产能力也从 20 世纪 50 年代的 10 万吨/年发展到目前的 100 万吨/年。炼油装置的标准生产能力则从 20 世纪 50 年代的 100 万吨/年发展到 90 年代以后的 10000 万吨/年。采用大型装置显著降低了单位产品的建设投资、能耗和生产成本，有利于提高劳动生产率，极大地提高了经济效益。

4. 生产方式连续化、自动化

随着先进生产技术的采用，化工生产方式从过去的人工手动操作、间断生产逐步转变为仪表自动操作、高度连续化生产，生产设备由敞开式发展为密闭式，生产装置从室内走向露天，生产控制由多点分散控制变为计算机集中控制，极大地提高了劳动生产率。

现代化工生产的这些特点对安全生产提出了更高、更专业的要求。化工生产过程处处存在危险因素、事故隐患，一旦失去控制，事故隐患就会转化为事故。而这些事故往往是燃烧、爆炸、毒害、污染等多种危害同时发生，会对人身、财产和环境造成巨大的破坏。现代大型化工生产装置科学、安全和熟练的操作控制，需要操作人员具有现代化学工艺理论知识与技能、高度的安全生产意识和责任感，以保证生产装置的安全运行，因此，提高化工企业职工的安全意识和技术素质十分必要。

二、化工生产与环境保护

环境是人类生存和发展的基本条件，是经济、社会发展的重要基础。近年来随着经济的迅速发展，环境污染问题日益严重，保护环境、防止和治理环境污染、维持生态平衡已成为社会经济可持续发展、构建和谐社会的重要保障。

化学工业是对环境中各种资源进行化学处理和转化加工的生产行业，是典型的技术密集型、资金密集型和人才密集型行业。其生产特点决定了化学工业是环境污染最为严重的工业行业，从原料到产品，从生产到使用，都存在造成环境污染的因素。2016 年 8 月，我国生态环境部、国家发展和改革委员会发布了新版《国家危险废物名录》，明确了危险废物的行业来源。在46大类479个品种中，石油和化工行业达到204种，占全部危险废物的42%。化工生产的废物从化学组成上来说是多样化的，而且数量也相当大。这些废弃物大多有害，有的甚至有剧毒，进入环境就会造成污染；有些化工产品在使用过程中会引起一些污染，甚至比生产本身所造成的污染更为严重。

三、化工生产与安全事故

化工生产与安全事故和其他工业生产事故相比有其显著特点，这是由化工生产所用原料特性、工艺方法和生产规模所决定的。为预防事故的发生，必须全面了解化工生产事故的特点：火灾、爆炸、中毒事故多且后果严重，生产活动时事故发生多，设备缺陷以及腐蚀原因较多，事故集中和多发于高负荷的设备。在我国，因化工生产事故导致的严重环境污染事件也曾多次发生。2017年8月17日，中石油大连石化分公司第二联合车间140万吨/年重油催化裂化装置分馏区原料油泵发生泄漏着火事故，造成分馏塔顶油气空冷入口管线开裂、空冷平台局部塌陷、原料油泵上方管线及电缆局部烧损，未造成人员伤亡，未对周边海域及大气造成污染。2019年3月21日，位于江苏省盐城市响水县生态化工园区的天嘉宜化工有限公司发生特别重大爆炸事故，造成78人死亡，76人重伤，640人住院治疗，直接经济损失198635.07万元。可见，安全生产已成为化工生产发展的关键问题。安全生产是现代化生产发展的前提和保证。

四、环境保护与安全事业

化工环境保护是社会整体环境保护事业的重要部分。根据美国排放毒性化学品目录（Toxics Release Inventory，TRI）发表的统计结果，世界上排放废弃物最多的10类工业中，化学工业名列榜首，且每年排放废弃物是其余9个工业行业的总和。因此，化工环境保护工作任重道远。如果将化工环境污染治理工作做好，将对整体工业的环境保护事业起到决定性影响。搞好化工环境保护工作不仅是化学工程技术人员的本职工作，也是其承担的光荣社会职责。与化工环境保护相比较，人们对化工安全生产的研究要早得多，认识也深刻得多，也比较重视。中华人民共和国成立后，国家就先后颁布了《中华人民共和国安全生产法》《职业病防治法》《特种设备安全监察条例》等一系列有关劳动保护和安全生产的法律、法规、标准、规范。但是，在化工行业中，生产事故和环境污染常是相互伴生、互为因果的，重大的化工生产事故往往引发重大的环境污染事件。因此，作为一名化学工程技术人员，应充分认识环境保护和安全生产是现代化工生产技术的两个必要组成部分，从源头解决环保和安全问题，是每一个从业人员应尽的义务。

第二章

化工厂安全设计及安全管理

化工产品为各行各业提供了大量能源产品、合成材料和工业原料，也是人民日常生活"衣、食、住、行、用"的必需品。化工产业有力地推动了社会经济的发展，创建和支撑了现代文明生活，是我国国民经济的基础产业。

化工从业者应准确认识化工的必要性和安全性，抛弃社会较为普遍的"避危恐危"思维，认真分析其危险有害因素，找出对应的安全措施和解决方案，从项目建设前期，就要做好安全设计，提高安全水平。

第一节　化工生产中的危险因素

一、化工行业特点

(一)化工行业特点

化学工业的行业范围很广，与其他行业相比，有自身特有的特点，归纳如下：

(1)生产装置大型化、设备特型化；

(2)生产过程高度连续性；

(3)工艺过程和辅助系统庞大复杂；

(4)生产过程自动化程度高；

(5)生产过程危险性大，具有高温高压、易燃易爆、有毒有害等危险特性。

(二)存在的危险特性

化工行业自身的特点具有高危险性，容易发生安全事故，具体内容如下：

(1)物料危险性：化工原料、中间体、产品或副产物本身具有的易燃、易爆、毒害、腐蚀、助燃、窒息等危险特性。

(2)工艺过程可能导致事故的危险源：化学反应或温度压力等工艺参数非常规变化，造成设备破损、泄漏，引起爆炸、火灾、中毒等事故。

(3)可能造成作业人员伤亡的其他危险和有害因素：粉尘、窒息、腐蚀、噪声、高温、低温、振动、坠落、机械伤害、放射性辐射等。

（4）毗邻风险：对工厂周边可能造成的次生灾害或环境污染，以及外部环境对本装置的叠加事故（多米诺效应）影响。

（5）职业病危害：员工因职业活动中长期接触各种化学、物理、生物等有害环境、造成健康损害的因素。职业病的危害包括：职业眼病、耳鼻喉口腔疾病、肿瘤，以及金属烟热、职业性哮喘、变态反应性肺泡炎、不良作业条件（压迫及摩擦）致病等。

（三）安全生产技术和管理措施

安全技术措施重点针对具体的生产活动中的危险因素的控制、预防与消除，以预防措施为主，也要考虑发生事故后防止事故扩大，尽量减少事故损失，以及避免引发其他事故。

安全管理措施是对人的不安全行为与物的不安全状态进行约束与控制的方法和手段，使风险控制措施落实到位。比如工艺操作规程制定和工艺操作行为规范、工艺操作条件和设备选型维护和使用要求等。

二、案例：有关 PX 项目的争议

PX（对二甲苯）用途：用于生产对苯二甲酸，进而生产对苯二甲酸乙二醇酯、丁二醇酯等聚酯树脂。聚酯树脂是生产涤纶纤维、聚酯薄片、聚酯中空容器的原料。

实测研究，世界各国的 PX 项目在正常生产运行情况下，对所在城市空气污染影响非常小。迄今为止，世界各国的 PX 装置均未发生过造成重大环境影响的安全事故。目前我国 PX 多数靠进口，对外依存度已经上升至 55%。

2013 年 7 月 31 日，人民日报发文评论漳州 PX 事故："万幸"但不能侥幸。文章指出，PX 项目经众多国家几十年检验，证明具有较高安全性。发展 PX 产业，归根到底是为国计民生。漳州 PX 事故原因仍需调查。项目尚未投产，现场无人伤亡，这些都是万幸。但"万幸"不能侥幸，有事故就是有漏洞，没伤亡不能不追责。

2015 年 4 月 6 日，位于福建漳州古雷的 PX（对二甲苯）工厂再次发生爆炸，造成 6 人受伤，直接经济损失 9457 万元，又将多年来颇受争议的 PX 推上了舆论的风口浪尖。第一次爆炸发生于 2013 年，当时官方证实现场无人员伤亡，设备无重大损伤，无物料泄漏，仅附近部分房屋玻璃受损。

该项目原计划落户厦门，2007 年 6 月 1 日，厦门市民集体上街抵制 PX 项目，厦门市政府最终宣布暂停工程，随后被迁至漳州漳浦县古雷半岛。自此，PX 项目争议已近 13 年，每次争论，都伴随着一次次选址和群体事件，已发生多次较大的群体事件。

化工厂常与环境污染联系在一起，PX 生产安全吗？报道援引石油和化学工业规划院总工程师李君发的话说，PX 项目在全世界运行几十年，未出过大的安全生产事故。从 1985 年上海建设第一个 PX 装置起，国内已有十几套装置，目前设备均正常运行，没有出现安全生产重大事故。

第二节　工厂的定位、选址和布局

厂址选择是项目建设前期的一个重要环节。根据国家和地区经济发展规划、工业布局规划和拟建工程项目的具体情况和要求，经过考察和比选，合理地选择项目的建设地区，确定项目的具体地点和坐落位置。

建设一个化工生产装置,除了满足国民经济的基本功能需求外,由于其本身具备的高风险特性,还应在项目建设前期,做好风险辨识和安全评估。

(一)区域位置

化工建设项目的布局,要考虑本地区产业导向、上下游产品衔接、人员技术支撑、社会服务完善程度、大型设备运输安装能力等因素。

选址的基本原则:

(1)位置符合国家工业布局和城市或地区的规划要求,尽量依托城镇或相关企业,便于生产协作和生活安置。

(2)厂址应选在原料、燃料供应和产品销售便利的地区,并在储运、机修、公用工程和生活设施等方面有良好基础和协作条件的地区。

(3)水源、电力供给可靠。

(4)交通便利节约运输成本。要注意超重、超大或超长设备是否具备运输条件。

(5)注意对当地自然环境的影响,尽量选址在居住区水源下游和全年最小频率风向的下风侧。

(6)满足建设工程需要的工程地质条件和水文地质条件。如洪水位、地震断层、泥石流、溶洞、矿井等。

邻避效应对化工项目建设的影响也不容小觑,比如我国多地因群众反应强烈而取消了PX 项目建设。所谓邻避效应(not in my back yard, NIMBY)是指居民或当地单位因担心建设项目(如化工厂、垃圾场、核电厂、殡仪馆等邻避设施)对身体健康、环境质量和资产价值等带来诸多负面影响,从而激发人们的嫌恶情结,滋生"不要建在我家后院"的心理,即采取强烈和坚决的、有时高度情绪化的集体反对甚至抗争行为。

选址方案往往不能具备全部用地条件,甚至互有矛盾,需要多方面分析比选、择重而定。

早在 2008 年,国务院安委会办公室曾下发《关于进一步加强危险化学品安全生产工作的指导意见》(安委办[2008]26 号)文件要求"合理规划产业安全发展布局。新的化工建设项目必须进入产业集中区或化工园区,逐步推动现有化工企业进区入园"。

2017 年生态环境部会同发改委、水利部共同编制的《长江经济带生态环境保护规划》规定,严禁在长江干流及主要支流岸线 1 km 范围内布局新建重化工园区,严控在中上游沿岸地区新建石油化工和煤化工项目。

(二)选址要求

厂址必须有建厂所必需的足够面积和较适宜的平面形状,这是最基本的要求。工厂所需要的面积与其生产类别、性质、规模、设备、布置形式、场地的地势和外形等多种因素有关,同时也与生产工艺过程、运输方式、建筑形式与密度层数以及生产过程的机械化自动化水平等因素有关。一般应包括厂区用地、渣场用地、场外工程设施用地和居住区用地几部分,并应考虑建设阶段的施工用地。厂区用地必须满足生产装置合理布置、货物储存运输和安全卫生条件,并为工厂发展留有余地和可能。

场地应具备较好的地形、地质和水文地质条件。洪涝、泥石流、冰冻、雷电、雨雪大风、地震等自然灾害可能引发化工次生事故甚至多米诺联锁效应。储存数量构成重大危险源的危险化学品储存设施的选址,应当避开地震活动断层和容易发生洪灾、地质灾害的区域。

工厂应有较好的公共设施和公用工程配套条件,如医院、消防站、供排水、供电和交通运输条件。

与下列场所、设施、区域的距离应当符合国家有关规定:

(1)居住区以及商业中心、公园等人员密集场所;

(2)学校、医院、影剧院、体育场(馆)等公共设施;

(3)饮用水源、水厂以及水源保护区;

(4)车站、码头、机场以及通信干线、通信枢纽、铁路线路、道路交通干线、水路交通干线、地铁风亭以及地铁站出入口;

(5)基本农田保护区、基本草原、畜禽遗传资源保护区、畜禽规模化养殖场(养殖小区)、渔业水域以及种子、种畜禽、水产苗种生产基地;

(6)河流、湖泊、风景名胜区、自然保护区;

(7)军事禁区、军事管理区;

(8)法律、行政法规规定的其他场所、设施、区域。

随着城市化和工业化发展,化工行业为了解决"资源有效配置、效益最大化、保护生态环境实现可持续发展"三大战略问题,开始第三次结构调整,大型化、一体化、化工基地和化工中心成为主要趋势。按照当前安全生产政策要求,合理规划产业安全发展布局,按照"产业集聚"与"集约用地"的原则,确定化工集中区域或化工园区,新的化工建设项目必须进入产业集中区或化工园区,逐步推动现有化工企业进区入园。

(三)总平面布置

总平面布置应在总体布置的基础上,根据工厂的性质、规模、生产流程、交通运输、环境保护、防火、安全、卫生、施工、检修、生产、经营管理、厂容厂貌及发展等要求,并结合当地自然条件进行布置,经方案比较后择优确定(图2-1)。

厂区总平面应按功能分区布置,可分为生产装置区、辅助生产区、公用工程设施区、仓储区和行政办公及生活服务设施区。辅助生产区和公用工程设施区也可布置在生产装置区内。各功能区之间物流输送、动力供应需便捷合理。

生产装置区宜布置在全年最小频率风向的上风侧,行政办公及生活服务设施区宜布置在全年最小频率风向的下风侧,辅助生产区和公用工程设施区宜布置在生产装置区与行政办公及生活服务设施区之间。

生产设施的布置,应根据工艺流程、生产的火灾危险性类别、安全、卫生、施工、安装、检修及生产操作等要求,以及物料输送与储存方式等条件确定。

装置内的设备、建筑物、构筑物布置应满足防火、安全、施工安装、检修的要求。

装置的控制室、变配电室、化验室、办公室等宜布置在装置外,当布置在装置内时,应布置在装置区的一侧,并应位于爆炸危险区范围以外,且宜位于可燃气体、液化烃和甲、乙类设备全年最小频率风向的下风侧。

生产装置中所使用化学品的装卸和存放设施,应布置在装置边缘、便于运输和消防的地带。

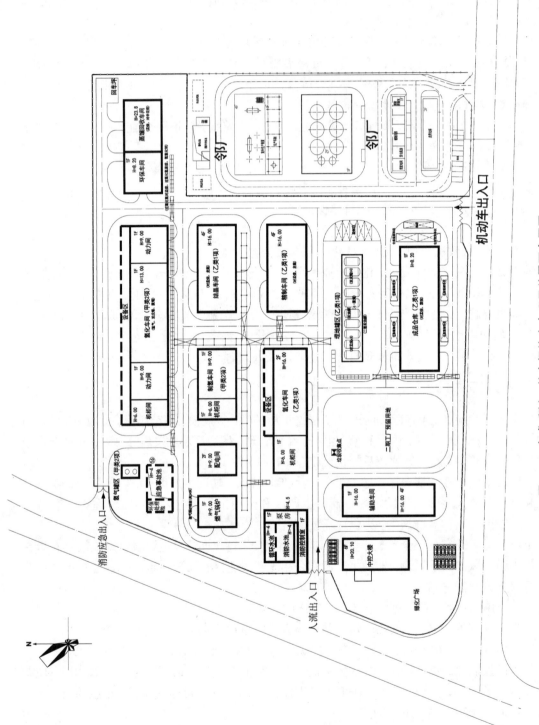

图2-1 合成香料及其中间体生产项目总平面布置图

[辅图说明] 化工厂的总平面布置注意事项：1. 功能分区；2. 外部环境；3. 气象水文地质条件；4. 立面布置（排水排污坡向等）

有爆炸危险的甲、乙类生产装置的全厂性控制室应独立布置。总变电所宜靠近负荷中心，不宜布置在易泄漏、散发液化烃及较空气重的可燃气体、腐蚀性气体和粉尘的设施全年最小频率风向的上风侧。

厂区人流、货流出入口应分开设置。

值得注意的是，厂房以及民用建筑之间的防火距离、安全距离，厂区消防道路、安全疏散通道及出口的设置等，应遵守相关国家标准规范的要求，如《建筑设计防火规范》（GB 50016—2014）、《石油化工企业设计防火规范》（GB 50160—2018）、《化工企业总图运输设计规范》（GB 50489—2009）、《危险化学品生产、储存装置个人可接受风险标准和社会可接受风险标准（试行）》等。

第三节 化工过程安全设计

化工过程（chemical process）是指涉及高危化学品，包括这些高危化学品的使用、存储、生产、处置，或现场运行的任何活动或这些活动的组合。借助化学反应、单元操作等处理步骤，改变物质的组成、性质和状态，使之生成目标产物。为了在化工生产物系动态变化中保持操作的合理和优化，要求用系统工程方法研究单元操作和反应工程，将现代控制理论应用于设备、参数监测和自动控制系统。

过程安全管理（process safety management，PSM）是通过对化工工艺危害和风险的识别、分析、评价和处理，从而避免与化工过程相关的伤害和事故的管理流程。

保护层分析方法以其分析的客观性、可靠性和高效性等特点，近年来在国际石化企业中得到了越来越广泛的应用。保护层分析是基于事故场景的一种半定量分析方法，在定性危害分析的基础上，进一步评估保护层的有效性，并进行风险决策的系统方法。一个典型化工装置的安全系统，包含各种保护层，从内到外呈"洋葱"形分布，一般设计为：本质安全设计、基本过程控制系统、警报与人员干预、安全仪表功能、物理防护、释放后物理防护、工厂紧急响应以及社区应急响应等。按照保护层分析方法，评估和设置能够独立有效发挥作用，不会随意变动的独立保护层。

（一）工艺流程

工艺技术是化工生产的核心，在项目建设前期要对生产工艺路线进行分析比较。通常进行比选的主要内容包括技术、安全和环保、配套条件、操作稳定性、费用和效益诸多方面因素。一般首先进行技术和工艺流程的比选，再进行原料路线的比选，然后比选主要设备和自控方案。例如，制氢的工艺路线，就有电解水制氢、水煤气法制氢（用无烟煤或焦炭为原料与水蒸气在高温时反应而得水煤气，$C + H_2O \longrightarrow CO + H_2$）、氨分解制氢（以液氨为原料，在一定温度压力和催化剂的作用下氨分解产生含氢 75%、氮 25% 的混合气，$2NH_3 \longrightarrow 3H_2 + N_2$）、甲醇裂解制氢（甲醇与水蒸气在一定的温度、压力条件及催化剂的作用下，发生甲醇裂解反应和一氧化碳的变换反应，生成氢和二氧化碳混合气，① $CH_3OH \longrightarrow CO + 2H_2$；② $H_2O + CO \longrightarrow CO_2 + H_2$；③ $CH_3OH + H_2O \longrightarrow CO_2 + 3H_2$）等多种生产方式。需要根据当地的生产和使用条件，选择确定合适的工艺流程，而安全环保应作为其中一个特别重要的考虑因素。

工艺系统必须采用成熟的生产技术，更加安全节能环保的工艺流程。《危险化学品生产企业安全生产许可证实施办法》（原国家安全监管总局令第41号）规定，国内首次使用的化工工艺，必须经过省级人民政府有关部门组织的安全可靠性论证。

（二）安全技术措施

设计确定的生产方案，工艺过程必须采取有效的防泄漏、防火、防爆、防尘、防毒、防腐蚀等安全技术措施。安全技术措施重点解决具体的生产活动中的危险因素的控制，预防与消除事故危害。发生事故后，安全技术措施应迅速将重点转移到防止事故扩大，尽量减少事故损失，避免引发其他事故。

防止事故发生的安全技术措施是指为了防止事故发生，采取的约束、限制能量或危险物质，防止其意外释放的安全技术措施。包括：

(1)消除危险源；

(2)限制能量或危险物质；

(3)隔离；

(4)故障—安全设计；

(5)减少故障和失误。

减少事故损失的安全技术措施是防止意外释放的能量引起人的伤害或物的损坏，或减轻其对人的伤害或对物的破坏的技术措施。该类技术措施是在事故发生后，迅速控制局面，防止事故的扩大，避免引起二次事故的发生，从而减少事故造成的损失。包括：

(1)隔离；

(2)设置薄弱环节；

(3)个体防护；

(4)避难与救援。

安全技术措施的优先等级顺序依次为：直接措施(本质安全)→间接措施(安全防护装置)→指示性措施(检测报警、警示标志)→管理措施(安全操作规程、安全教育培训、个体防护用品)。

安全技术措施应遵循的基本原则依次为：消除(无害化工艺技术、无害替代有害、自动化作业、遥控技术)→预防(安全阀、安全屏护、漏电保护装置、安全电压、熔断器、防爆膜)→减弱(局部通风排毒、低毒替代高毒、降温措施、避雷装置、消除静电装置、减振装置)→隔离(遥控装置、安全罩、防护屏、隔离操作室、安全距离、防毒面具)→联锁(联锁装置)→警告(安全色、安全标志)。

（三）过程控制

化工工艺参数主要指温度、压力、液位、流量、组分含量、投料速度和顺序以及物料纯度和副反应等。严格控制工艺参数，使之处于安全限度内，是化工装置防止发生事故的根本要求。

过程控制技术发展至今天，在控制方式上经历了从人工控制到自动控制两个发展时期。在自动控制时期内，过程控制系统又经历了分散控制、集中控制、集散控制和现场总线控制系统四个发展阶段。当前发展趋势，普及应用具有智能I/O模块的、功能强、可靠性高的可编程控制器,广泛使用智能化调节器,采用以位总线(bitbus)、现场总线(fieldbus)技术等先进网络通信技术为基础的新型集散控制系统(distribnted controt system,DCS)和现场总线控制系统(fieldbus controt system,FCS)。大力研究和发展智能控制系统,控制与管理结合,向低成本自动化(low cost automation,LCA)方向发展。

基本过程控制系统(basic process control systems,BPCS),包括温度压力监测仪表、正常工况与非正常工况下危险物料的安全控制措施(联锁保护、安全泄压、紧急切断、事故排放等)。

(四)安全仪表

安全仪表系统(safety instrnmentation system,SIS)通常包括紧急停车系统(emergency shutdown device,ESD)、工艺关停系统(process shutdown device,PSD)、高完整性压力保护系统(high integrity pressure,HIPPS)和火气系统(fire and gas system,FGS)。

安全仪表系统(safety instrumentation,SIS)应在物理上与基本过程控制系统(basic process control system,BPCS)分离,安全仪表功能(safety instrumented functions,SIF)各元件应能及时提供响应,并满足相应仪表安全等级(safety instrumentation,SIL)要求。

安全仪表系统的基本功能和要求:

(1)保证生产的正常运转、事故安全联锁;

(2)安全联锁报警;

(3)联锁动作和投运显示。

安全联锁系统的附加功能:

(1)安全联锁的预报警功能;

(2)安全联锁延时;

(3)第一事故原因区分;

(4)安全联锁系统的投入和切换;

(5)分级安全联锁;

(6)手动紧急停车;

(7)安全联锁复位。

(五)系统稳定性

化工生产必须保证安全,通常采用冗余设计和容错设计等手段,确保过程稳定可靠。

冗余设计,即通过重复配置某些关键设备或仪表,当系统出现故障时,冗余的设备或仪表介入工作,承担已损设备或仪表的功能,减少系统或者设备的故障概率,维持正常工况,提高系统的可靠性。

容错设计,是指允许操作者产生失误行为的设计技术,容错系统能吸收或容忍失误存在,使操作者能从已发生的失误信息中获得帮助,在短时间内恢复到正常运行的状态。

(六)危险与可操作性分析

危险与可操作性分析(hazard and operability analysis,HAZOP)是一种以引导词为引导,对过程中工艺状态的变化加以确定,找到装置及过程中存在的危害的一种评价方法。特别适合化工、石油化工等生产装置,对处于设计、运行、报废等各阶段的全过程进行危险分析,既适合连续过程也适合间歇过程。近年来,其应用范围还在扩大。

其理论依据为:如果工艺物料按照原本的设计意图,以预想的状态(温度、压力、流量、液位和相态等)停留在设备或管道内,整个工艺系统就处于安全的状态。工艺流程的状态参数一旦与设计规定的基准状态发生偏离,就会发生问题或出现危险。

HAZOP 分析团队首先划分分析节点,尽量多地罗列、使用引导词配合工艺参数/要素表示出偏差,分析产生偏差的具体原因,针对偏差设计意图时导致的不利后果,判断当前设计的安全措施是否可控,如果现有安全措施不足以将事故场景的风险降低到可以接受的水平,应提出必要的消除或控制危险的措施建议。

【案例】

2005 年 12 月 11 日,英国邦斯菲尔德油库发生的爆炸火灾事故,为欧洲迄今为止最大的爆炸火灾事故,共烧毁大型储油罐20余座,受伤43人,无人员死亡,直接经济损失2.5亿英镑。炸掉全英国5%的储备油,炸出 2.4 级地震。

事故原因分析:

(1)912 号储罐的自动测量系统(ATG)失灵,储罐装满时,液位计停止在储罐的2/3液位处,ATG 报警系统没能启动,储罐独立的高液位开关也未能自动开启切断储罐的进油阀门,致使油料从罐顶溢出,从罐顶泄漏的油料外溢,油料挥发,形成蒸气云,遇明火发生爆炸、起火。

(2)尽管油库进行了三级设防,由于一级设防的缺陷使外溢的油料瀑布状倾泻,加速了蒸气云的形成,二级和三级设防主要是用于保护环境的,但由于泄漏的油料形成大面积池火,高温破坏了防火堤,致使防火堤围墙倒塌和断裂,同时殃及了第三级设防,大量的油料和消防泡沫流出库区。

(3)部分储罐和管道系统的电子监控器以及相关的报警设备处在非正常工作状态。

(4)储罐和管道系统附近的可燃气体检测仪器不灵敏。

(5)对于某些处于非正常工作状态设备的检查不及时,响应迟钝,诸如储罐入口的自动切断阀和管线入口的控制阀等。

(6)储罐的结构设计(如罐顶的设计)不尽合理,这在一定程度上加剧了油料蒸气云形成的可能性。

(7)罐区应急设施(如消防泵房等)的选址和保护措施不合理。

事故教训:①加强巡检;②严格控制火源;③提高设备、仪表的安全可靠性;④严格选址。此次邦斯菲尔德油库事故除设计和操作的原因外,油库选址存在安全隐患也是教训之一。邦斯菲尔德油库周围有大量的商业活动和居民生活,这使油库的安全生产存在巨大风险。如何对待油库周围地区的经济发展是各方需要考虑的基本问题。

第四节　化工单元装置和设施的安全设计

安全设计首先要了解项目的技术内容和工程概况,包括生产技术路线、规模和经济技术指标等情况,再辨识确定危害特性,应用相应的安全对策措施。《建筑设计防火规范》(GB

50016—2014)、《石油化工企业设计防火规范》(GB 50160—2018)针对生产过程中所生产、使用及储存的原料、中间品和成品的物理化学性质、数量及其火灾爆炸危险程度和生产过程的性质等情况，判定厂房和仓库火灾危险性分类，由高到低分成甲、乙、丙、丁、戊5个危险性类别。根据危险类别的不同，我们才能确定建筑耐火等级、防火间距，对适当选用设备、仪表、操作方式、消防器材等起到决定性的作用。

(一)设备选型和布置

根据工艺流程图和物料流程图，按生产能力计算选用定型设备，设计非标设备。设备要确定温度、压力、适用介质的材质等工艺参数，配备安全阀、泄爆口、液位计等安全附件。影响较大的关键设备要设置多套备用，交替运行维护。

根据工艺路线和物料流向，设计适当的车间楼层和建筑面积，合理布置设备及管道、电气仪表线缆。正确划分操作单元，留足操作空间和紧急疏散通道。设备泄爆口和危险部位不应与人员通道相对。操作人员较多或经常逗留的操作平台、高塔设施，宜考虑两条以上紧急疏散路径。

压力容器、设备及管道设计应当符合国家法规及标准，不得有国家明令禁止和淘汰的产品，如三足式离心机就不得在危险化学品行业使用。

(二)配管

管道是用管子、管子连接件和阀门等连接成的用于输送气体、液体或带固体颗粒的流体的装置。管道首先要满足设备、场所之间物料运送功能，选用合适的材质、型号、管径、壁厚以及化工专用用途的管道。

化工管道还包括控制件(阀门)、管件(弯头、三通、活节)、安全件(膨胀节、U形管)、仪表件、连接件(法兰、垫片、螺栓)等附件，也要注意达到满足化工介质安全输送要求。选择一个不合适的垫片，可能引起溶胀腐蚀发生泄漏。危险化工介质不得使用板式平焊法兰和螺纹连接。大型化工项目一般编制管道等级表和管道索引，统一材料标准，便于规范使用。

管道布置应排列整齐，便于安装、检修和运行管理。腐蚀性管道不宜布置在上层，高温管道不应与塑料管道和电缆邻近布置。

高温高压管道，由于安装工况和生产工况不同，管道会有少许位移和变形，如果超过了管道应力许用范围，容易发生管道撕裂、强烈共振、法兰变形泄漏、推倒管架管廊等事故。尤其是国家监管的压力管道，应强调配管设计，进行管道应力计算，通过改变管道走向，选用合适的管道支架型式(锚定、滑动、弹簧、定向、限位)和位置，优化管道柔性。

(三)电气

1.电力设备

按照《爆炸危险环境电力装置设计规范》(GB 50058—2014)划分爆炸危险区域等级和火灾危险场所选择电气设备的防爆及防护等级，根据工艺要求设置供电电源、电气负荷分类、应急或备用电源。化工装置的消防设施和停电会引起重大损失或事故的设备用电，必须配备2路甚至3路进线的备用电源。

2. 接地设施

防雷接地：为把雷电流迅速导入大地，以防止雷害为目的的接地。

工作接地：主要指的是变压器中性点或中性线（N 线）接地。

防静电接地与屏蔽接地：为了避免所用设备的机能障碍，避免可能会出现的设备损坏，构成布线系统的设备应当能够防止内部自身传导和外来干扰。

独立的防雷保护接地电阻应≤10 Ω；独立的交流工作接地电阻应≤4 Ω；独立的直流工作接地电阻应≤4 Ω；防静电接地电阻一般要求≤10 Ω。当采用共用接地方式时，其接地电阻应以诸种接地系统中要求接地电阻最小的接地电阻值为依据。当与防雷接地系统共用时，接地电阻不应大于 1 Ω。

3. 自控仪表及火灾报警

按照工艺流程图，设置自动控制系统和安全仪表系统，包括紧急停车系统、安全仪表系统等。

根据《石油化工可燃气体和有毒气体检测报警设计标准》（GB/T 50493—2019）的要求，生产或使用可燃气体的工艺装置和储运设施的 2 区（爆炸性混合物出现频率大于 1 h/a 且小于 10 h/a；0.01% ~0.1%）内及附加 2 区内，应按本规范设置可燃气体检测报警仪。生产或使用有毒气体的工艺装置和储运设施的区域内，应按本规范设置有毒气体检测报警仪。可燃气体检测器的有效覆盖水平平面半径，室内宜为 7.5 m；室外宜为 15 m。有毒气体检测器与释放源的距离，室外不宜大于 2 m，室内不宜大于 1 m。

大型化工厂要设中央控制室，功能包括生产控制、消防控制、应急控制等。根据情况设置火灾报警系统、工业电视监控系统及应急广播系统等。

（四）建构筑物

根据生产要求确定建构筑物的型式、面积、层数、火灾危险性后，要依据厂房仓库内的化学物质性质数量，逐一设计每栋建构筑物耐火等级、抗震设防、通风、泄压面积、疏散通道与安全出口等安全措施，包括防火、防爆、抗爆、防腐、耐火保护、通风、排烟、除尘、降温等设施功能。应当注意建筑物的泄爆面不得面向人员出现较多的道路厂房，甲类厂房仓库有最大防火分区的要求。

（五）公用工程分配系统和辅助设施

一个大型化工装置，往往配置较多的公用工程分配系统，如工业水、冷冻冷却、消防水、蒸汽和冷凝水、锅炉给水、工艺和仪表压缩空气、燃料油气、惰性气、火炬排放、化学品注入、污水排放和物料排净系统，还有变配电、消防站、化验楼和实验室、环保处理装置、事故应急排放收集池等辅助设施。其安全设施设计的重要性同样不容小觑。

【案例】

案例 1：2013 年 6 月，一家企业厂房电气线路短路，引燃周围可燃物，燃烧产生的高温导致制冷系统的氨设备和氨管道发生物理爆炸，共造成 121 人遇难，76 人受伤。受伤致死的原因有烧伤、氨气中毒等，其中致死最主要的原因是氨气中毒引发的呼吸道水肿。事后全国开展了涉氨制冷企业专项整治，氨管不得穿越 10 人以上操作间，修改了保温板耐火性能的国家标准。

案例2：2017年7月15日，大连新港一公司违规在原油库输油管道上进行加注"脱硫化氢剂"作业，并在油轮停止卸油的情况下继续加注，造成"脱硫化氢剂"在输油管道内局部富集，发生强氧化反应，导致输油管道发生爆炸，引发火灾和原油泄漏。

案例3：2018年12月26日，北京交通大学市政与环境工程实验室，在使用搅拌机对镁粉和磷酸搅拌、反应过程中，料斗内产生的氢气被搅拌机转轴处金属摩擦、碰撞产生的火花点燃爆炸，继而引发镁粉粉尘云爆炸，爆炸引起周边镁粉和其他可燃物燃烧，造成现场3名学生烧死。实验室的危险化学品储存场所、生产作业条件和安全管理方面都存在问题。

(六)其他安全设施

设计应考虑防洪、防台风、防地质灾害、抗震等防范自然灾害的措施。大型化工储罐一旦位于洪水位以下，巨大的浮力很容易将储罐连根拔起，进入河道后可能造成撞击桥墩、堵塞行洪、化学品泄漏等严重后果。地下水位高的地区，对埋地储罐和地槽构筑物要采取抗浮措施。化工厂建筑物，一般应按高于本地区抗震设防烈度提高一度加强其抗震措施。

设计应考虑防噪声、防灼烫、洗眼站、防护栏、安全标志、风向标的设置等，配备员工个体防护装备。

设置事故应急救援设施，包括消防站、气防站、医疗急救设施等，发生事故时，采用满足可能排放的最大污水量及防止排出厂/界外的应急处置措施。

【案例】

2008年8月26日6时40分，广西壮族自治区某股份有限公司有机厂发生爆炸事故，事故导致20人死亡、60人受伤，厂区附近3km范围内的18个村屯及工厂职工、家属共11500多名群众疏散。

事故原因：事故储罐气相部分是以乙炔为主的可燃气体，与进入罐内的空气混合形成爆炸性气体，爆炸性气体从液位计钢丝绳孔溢出，被钢丝绳与滑轮升降活动产生的静电火花引燃导致罐内气体发生爆燃。随后，大量可燃液体和乙炔漏出，形成蒸气云团，向厂区扩散，遇火源发生波及全厂的空间大爆炸和火灾。

事故暴露出的突出问题：罐场平面布置及安全设施不符合现行标准规范的要求，没有安装可燃气体报警器。

第五节　安全生产管理与人的因素

安全生产是指在生产经营活动中，为了避免造成人员伤害和财产损失的事故而采取相应的事故预防和控制措施，以保证从业人员的人身安全，保证生产经营活动得以顺利进行的相关活动。安全生产三要素指的是：杜绝人的不安全行为，消除物的不安全状态和控制管理上存在的缺陷。

(1)人的不安全行为：例如员工违反安全生产操作规定，没有佩戴规定的安全防护措施等；

（2）物的不安全状态：例如大型用电设备接地措施没有做好，生产设施已超过使用寿命或者超过时间没有进行检查维修；

（3）管理上存在的缺陷：例如没有建立紧急事故处理流程，没有进行安全生产教育，没有进行消防演习等。

因此要围绕危化品的固有危险特性（易燃易爆有毒有害），围绕安全生产"三要素"【硬件（设备和技术）、管理、人】，严格安全管理，加强人员培训，减少和杜绝事故发生。

（一）安全生产管理

安全生产管理是管理者对安全生产工作进行的计划、组织、指挥、协调和控制等一系列活动。安全管理问题，既有人对物的管理，又有人对人的管理，还包括人、机、环境三者之间多元、复杂、多矛盾的问题。

《安全生产法》规定："危险物品的生产、经营、储存单位，应当设置安全生产管理机构或者配备专职安全生产管理人员。"

按照《化工过程安全管理导则》的要求，化工过程安全管理的主要内容和任务包括：收集和利用化工过程安全生产信息；风险辨识和控制；不断完善并严格执行操作规程；通过规范管理，确保装置安全运行；开展安全教育和操作技能培训；严格新装置试车和试生产的安全管理；保持设备设施完好性；作业安全管理；承包商安全管理；变更管理；应急管理；事故和事件管理；化工过程安全管理的持续改进等。

2014年，全国共发生化工和危险化学品事故114起、死亡166人。其中，涉及特殊作业的事故51起、死亡82人，分别占事故总起数的44.7%和死亡总人数的49.4%；2015年1—4月，全国共发生化工和危险化学品事故31起、死亡51人。其中，涉及特殊作业的事故15起、死亡29人，分别占事故总起数的48.4%和死亡总人数的56.9%。特殊作业环节是化工企业事故的重灾区。2014年发布了国家标准《化学品生产单位特殊作业安全规范》（GB 30871—2014），对动火作业、受限空间作业、盲板抽堵作业、高处作业、吊装作业、临时用电作业、动土作业、断路作业等8大特殊作业提出了安全行为要求。

（二）关注人的行为

安全生产的关键是人。化工厂事故除了自然灾害，绝大部分都是牵涉到人（规划设计的疏忽，管理不到位，操作失误等等）的安全生产责任事故。

在化工生产项目建设初期，完善的设计能够改善人们的工作环境，关心职工的身体健康，注意操作者的个体差异，达到本质安全要求。

对从业者进行培训和教育，使相关人员获得足够的安全生产意识和安全作业的知识技能。按照《安全生产法》要求，主要负责人和安全生产管理人员必须具备与本单位所从事的生产经营活动相应的安全生产知识和管理能力。生产经营单位应当对从业人员进行安全生产教育和培训，保证从业人员具备必要的安全生产知识，熟悉有关的安全生产规章制度和安全操作规程，掌握本岗位的安全操作技能，了解事故应急处理措施，知悉自身在安全生产方面的权利和义务。未经安全生产教育和培训合格的从业人员，不得上岗作业。

特种作业人员必须按照国家有关规定经专门的安全作业培训，取得相应资格，方可上岗作业。除了工贸企业常见的电工作业、焊接与热切割作业、高处作业、制冷与空调作业等特种作业以外，从事危险化工工艺过程操作及化工自动化控制仪表安装、维修、维护的作业也属于特种作业，如光气及光气化工艺作业、氯碱电解工艺作业、氯化工艺作业、硝化工艺作业、合成氨工艺作业、裂解（裂化）工艺作业、氟化工艺作业、加氢工艺作业、重氮化工艺作业、氧化工艺作业、过氧化工艺作业、胺基化工艺作业、磺化工艺作业、聚合工艺作业以及化工自动化控制仪表作业等，员工必须取得特种作业资格证书。

从事锅炉、压力容器（含气瓶）、压力管道、电梯、起重机械、场（厂）内机动车辆等特种设备作业的人员应当按照规定，经考核合格并取得特种设备作业人员证，方可从事相应的作业或者管理工作。特种设备作业人员作业种类包括：特种设备相关管理、锅炉作业、压力容器作业、气瓶作业、压力管道作业、电梯作业、起重机械作业、场（厂）内专用机动车辆作业、安全附件维修作业、特种设备焊接作业等。

人的不安全行为，除了与自身的安全意识和知识能力相关，还与人的体力、感官、情绪、习惯有关系。应该在过程控制系统和管理体系中尽力消除其影响。

【案例】

2010年6月29日，中石油辽阳石化分公司炼油厂原油输转站1个3万立方米的原油罐在清罐作业过程中，发生可燃气体爆燃事故，致使罐内作业人员3人死亡，7人受伤。

事故原因：罐内含有烃类可燃物料，局部达到爆炸极限，遇到施工使用的临时照明产生电火花，或者黑色金属撞击等火源，引发油气爆炸。罐底部沉积物含有少量烃类可燃物，虽然当天早晨分析合格，但清理过程中存在油气挥发，加之进料阀门有物料渗漏，同样挥发出可燃气体，未能及时排出。施工单位使用非防爆工具，并私自接非防爆照明设施，且在作业过程中发生故障，未遵守受限空间作业和临时用电等特殊作业安全规范。

思考题

1. 从安全生产和职工健康的角度，简述化工设计应遵循的原则。
2. 分析一个化工厂在厂址选择、全厂布局方面是否符合安全生产的要求。
3. 简述静电安全防护措施。
4. 在设计阶段怎样关注和体现涉及安全管理和人的相关内容？
5. 简述化工厂房、装置的防雷措施。
6. 举例说明工艺指标与操作规程对安全生产的重要性。
7. 从建筑设计角度分析化工厂房的防火措施。
8. 从建筑设计角度分析化工厂房如何防爆。
9. 哪些条件导致静电引起火灾爆炸事故？
10. 防止静电积累的方法是什么？

第三章

化工单元操作过程安全技术

单元操作是指化工生产过程中物理过程步骤（少数包含化学反应，但其主要目的并不在反应本身），是化工生产中共有的操作。按其操作的原理和作用可分为：流体输送、搅拌、过滤、沉降、传热（加热或冷却）、蒸发、吸收、蒸馏、萃取、干燥、离子交换、膜分离等。按其操作的目的可分为：增压、减压和输送；物料的加热或冷却；非均相混合物的分离；均相混合物的分离；物料的混合或分散。

单元操作在化工生产中占主要地位，决定整个生产的经济效益，在化工生产中单元操作的设备费和操作费一般可占80% ~ 90%，可以说没有单元操作就没有化工生产过程。同样，没有单元操作的安全，也就没有化工生产的安全。

《化工原理》已对单元操作的原理及设备进行详细的介绍，本章主要从安全的角度，着重说明主要单元操作中应注意的安全问题。

第一节　物料输送过程的安全技术

一、概述

化工生产中必然涉及流体（包括液体和气体）和（或）固体物料从一个设备到另一个设备或一处到另一处的输送。物料的输送是化工过程中最普遍的单元操作之一，它是化工生产的基础，没有物料的输送就没有化工生产过程。

化工生产中流体的输送是物料输送的主要部分。流体流动也是化工生产中最重要的单元操作之一。流体在流动过程中存在以下情形：①有阻力损失；②流体可能从低处流向高处，位能增加；③流体可能需从低压设备流向高压设备，压强能增加。因此，流体在流动过程中需要外界对其施加能量，即需要流体输送机械对流体做功，以增加流体的机械能。

流体输送机械按被输送流体的压缩性可分为：①液体输送机械，常称为泵，如离心泵等；②气体输送机械，如风机、压缩机等。按其工作原理可分为：①动力式（叶轮式），利用高速旋转的叶轮使流体获得机械能，如离心泵；②正位移式（容积式），利用活塞或转子挤压使流体升压排出，如往复泵；③其他，如喷射泵、隔膜泵等。

固体物料的输送主要有气力输送、皮带输送机输送、链斗输送机输送、螺旋输送机输送、刮板输送机输送、斗式提升机输送和位差输送等多种方式。

二、危险性分析

(一)流体输送

1. 腐蚀

化工生产中需输送的流体常具有腐蚀性，许多流体的腐蚀性甚至很强，因此需要注意流体输送机械、输送管道以及各种管件、阀门的耐腐蚀性。

2. 泄漏

流体输送中流体往往与外界存在较高的压强差，因此在流体输送机械(如轴封等处)、输送管道、阀门以及各种其他管件的连接处都有发生泄漏的可能，特别是与外界存在高压差的场所发生的概率更高，危险性更大。一旦发生泄漏不仅直接造成物料损失，而且危害环境，并易引发中毒、火灾等事故。当然，泄漏也包括外界空气漏入负压设备，这可能会造成生产异常，甚至发生爆炸等。

3. 中毒

由于化工生产中损失的流体常具有毒性，一旦发生泄漏事故，往往存在人员中毒的危险。

4. 火灾、爆炸

化工生产中损失的流体常具有易燃性和易爆性，当有火源(如静电)存在时容易发生火灾、爆炸事故。国内外已发生过多起输油管道、天然气管道燃爆等重大事故。

5. 人身安全

流体输送机械一般有运动部件，如传动轴，存在造成人身伤害的可能。此外，有些流体输送机械有高温区域，存在烫伤的危险。

6. 静电

流体与管壁或器壁的摩擦可能会产生静电，进而有引燃物料发生火灾、爆炸的危险。

7. 其他

如果输送流体骤然中断或大幅度波动，可能会导致设备运行故障，甚至造成严重事故。

(二)固体输送

1. 粉尘爆炸

这是固体输送中需要特别注意的。

2. 人身伤害

许多固体输送设备往返运转，还可能有连续加料、卸载等，较易造成人身伤害。

3. 堵塞

固体物料较易在供料处、转弯处或有错偏、焊渣突起等障碍处黏附管壁(具有黏性或湿度过高的物料更为严重)，最终造成管路堵塞；输料管径突然扩大，或物料在输送状态中突然停车，易造成堵塞。

4. 静电

固体物料会与管壁或皮带发生摩擦而产生静电，高黏附性的物料也易产生静电，进而有引燃物料发生火灾、爆炸的危险。

三、安全技术

(一)输送管路

根据管道输送介质的种类、压力、湿度以及管道材质的不同,管道有不同的分类。

(1)按设计压强不同可分为:高压管道、中压管道和真空管道。

(2)按管内输送介质不同可分为:天然气管道、氢气管道、冷却水管道、蒸汽管道和原油管道等。

(3)按管道的材质不同可分为:金属管道(铸铁管、碳钢管、合金钢管、有色金属管等)、非金属管道(如塑料、陶瓷、水泥、橡胶等)、衬里管(把耐腐蚀材料衬在管子内壁上以提高管道的耐腐蚀性能)。

(4)按管道所承受的最高工作压强、温度、介质和材料等因素综合考虑,将管道分为Ⅰ~Ⅴ五类。

化工生产中输送管道必须与所输送物料的种类、性质(黏度、密度、腐蚀性、状态等)以及温度、压强等操作条件相匹配。如普通铸铁一般用于输送压强不超过 1.6 MPa、温度不高于 120 ℃的水、酸性溶液、碱性溶液,不能用于输送蒸汽,更不能输送有爆炸性或有毒性的介质,否则容易因泄漏或爆裂引发安全事故。

管道与管道、管道与阀门及管道与设备的连接一般采用法兰连接、螺纹连接、焊接和承插连接四种连接方式。大口径管道、高压管道和需要经常拆卸的管道,常用法兰连接。用法兰连接管道时,必须采用垫片,以保证管道的密封性。法兰和垫片也是化工生产中最常见的连接管件,这些连接处往往是管路相对薄弱处,是发生泄漏或爆裂高发地,应加强日常巡检和维护。输送酸、碱等强腐蚀性液体管道的法兰连接处必须设置防止泄漏的防护装置。

化工生产中使用的阀门很多,按其作用可分为:调节阀、截止阀、减压阀、止逆阀、稳压阀和转向阀等;按阀门的形状和构造可分为:闸阀、球阀、旋塞、蝶阀、针形阀等。阀门易发生泄漏、堵塞以及开启与调节不灵等故障,如不及时处理不仅影响生产,更易引发安全事故。

管道的铺设应沿走向有 3‰~5‰的倾斜度,含有固体颗粒或可能产生结晶晶体的物料管线的倾斜度应不小于 1%。由于物料流动易产生静电,输送易燃、易爆、有毒及颗粒物料时,必须有防止静电累积的可靠接地措施,以防止燃烧或爆炸事故。管道排布时应注意冷热管道要有安全距离,在分层排布时,一般遵循"热管在上,冷管在下,有腐蚀性介质的管道在最下"的原则。易燃气体、液体管道不允许同电缆一起敷设;而可燃气体管道同氧气管一起敷设时,氧气管道应设在旁边,并保持 0.25 m 以上的净距,并根据实际需要安装逆止阀、水封和阻火器等安全装置。此外,由于管道会产生热胀冷缩,在温差较大的管道(热力管道等)上应安装补偿器(如弯管等)。

当输送管道温度与环境温差较大时,一般对管道做保温(冷)处理,一方面可以减少能量损失,另一方面可以防止烫伤或冻伤事故。对于输送凝固点高于环境温度的流体或在输送中可能出现结晶的流体,以及含有 H_2S、HCl、Cl_2 等气体可能出现冷凝或形成水合物的流体,应采用加热保护措施。即使工艺不要求保温的管道,如果温度高于 65 ℃,在操作人员可能触及的范围内也应予以保温,作为防烫保护。噪声大的管道(如排空管等),应加绝热层以隔音,隔音层的厚度一般≥50 mm。

化工管道输送的流体往往具有腐蚀性，即使空气、水、蒸汽管道，也会受周围环境的影响而发生腐蚀，特别是在管道的变径、拐弯部位，埋设管道外部的下表面，以及液体或蒸汽管道在有温差的状态下使用，容易产生局部腐蚀。因此需要采取合理的防腐措施，如涂层防腐(应用最广)、电化学防腐、衬里防腐、使用缓蚀剂防腐等。这样可以降低泄漏发生的概率，延长管道的使用寿命。

新投用的管道，在投用前应规定管道系统强度、进行严密性实验以及系统吹扫和清洗。在用管道要注意定期检查和正常维护，以确保安全。检查周期应根据管道的技术状况和使用条件合理确定。但一般一季度至少进行一次外部检查；Ⅰ～Ⅲ类管道每年至少进行一次重点检查；Ⅳ～Ⅴ类管道每两年至少进行一次重点检查；各类管道至少每6年进行一次全面检查。

此外，对输送悬浮液或可能有晶体析出的溶液或高凝固点的熔融液的管道，应防止堵塞。冬季停运管道(设备)内的水应排净，以防止冻坏管道(设备)。

(二)液体输送设备

1.离心泵

离心泵在液体输送设备中应用最为广泛，占化工用泵的80%～90%。

应避免离心泵发生汽蚀，安装高度不能超过最大安装高度。离心泵运转时，液体的压强从泵吸入口到叶轮入口依次下降，叶片入口附近的压强为最低。如果叶片入口附近的压强低至输送条件下液体的饱和蒸汽压，液体将发生汽化，产生的气泡随液体从低压区进入高压区，在高压区气泡会急剧收缩、冷凝，气泡的消失产生了局部真空，使其周围的液体以极高的流速冲向原气泡所占的空间，产生高强度的冲击波，冲击叶轮和泵壳，发出噪声，并引起震动，这种现象成为汽蚀现象。若长时间受到冲击力的反复作用，加之液体中微量溶解氧对金属的化学腐蚀作用，叶轮的局部表面会出现斑痕和裂纹，甚至呈海绵状损坏。当泵发生汽蚀时，泵内的气泡导致泵性能急剧下降，破坏正常操作。为了提高允许安装高度，即提高泵的抗汽蚀性能，应选用直径稍大的吸入管，且应尽可能地缩短吸入管长度，尽量减少弯头等，以减少进口阻力损失。此外，为了避免汽蚀现象发生，应防止输送流体的温度明显升高(特别是操作温度提高时更应注意)，以保证其安全运行。

安装离心泵时，应确保基础稳固，且基础不应与墙壁、设备或房柱基础相连接，以免产生共振。在靠近出口的排出管道上装有调节阀，供开车、停车和调节流量时使用。

在启动前需要进行灌泵操作，即向泵壳内灌满泵输送液体。离心泵启动时，如果泵壳与吸入管路内没有充满液体，则泵内存在空气，由于空气的密度远小于液体的密度，产生的离心力小，因而叶轮中心处所形成的低压不足以将储槽内的液体吸入泵内，此时启动离心泵也不能输送液体，这种现象叫作气缚。这同时也说明离心泵没有自吸能力。若离心泵的吸入口位于被吸液储槽的上方，一般在吸入管路的进口处，应装一单向底阀以防止启动前所灌入的液体从泵内漏失，对不洁净或含有固体的液体，应安装滤网以阻挡液体中的固体物质被吸入而堵塞管道和泵壳。

启动前还要进行检查并确保泵轴与泵壳之间的轴封密封良好，以防止高压液体从泵壳内沿轴往外泄漏(这是最常见的故障之一)，同时防止外界空气从相反方向漏入泵壳内。同时还要进行盘泵操作，观察泵的润滑、盘动是否正常，进出口管道是否流畅，出口阀是否关闭，待确认可以启动时方可启动离心泵。运转过程中注意观察泵入口真空泵和出口压力表是否正常，声音是否正常，以及泵轴的润滑与发热情况、泄漏情况，发现问题及时处理。同时注意储槽或设备内的液位的变化，防止液位过高或过低。在输送可燃液体时，注意管内流速不应超过安全流速，管道应有可靠的接地措施以防止静电危害。

停泵前，关闭泵出口阀门，以防止高压液体倒冲回泵造成水锤而破坏泵体，为避免叶轮反转，常在出口管道上安装止逆阀。在化工生产中，若输送的液体不允许中断，则需要配置备用泵和备用电源。

此外，由于电机的高速运转，泵与电机的联轴节处应加防护罩以防绞伤。

2. 正位移泵

正位移特性是指泵的输液能力只取决于泵本身的几何尺寸和活塞（或转子等）的运动频率，与管路情况无关，而所提供的压头则只取决于管路的特性，具有这种特性的泵成为正位移泵，也是一类容积式泵。化工生产中常用的正位移泵主要有往复泵和旋转泵（如齿轮泵、螺杆泵等）。这里主要强调与离心泵不同的安全技术要点。

由于容积式泵只要运动一周，泵就排出一定体积的液体，因此应安装安全阀，且其流量调节不能采用出口阀门调节（否则将造成泵与原动机的损坏甚至发生爆炸事故），常用调节方法有两种：

（1）旁路调节方法方便，但不经济，一般用于小幅度流量调节。

（2）改变转速，这种方法较经济。

正位移泵适用于高压头或高黏度液体的输送，但不能输送含有固体杂质的液体，否则易磨损和泄漏。

由于吸液是靠容积的扩张造成低压进行的，因此启动时不必灌泵，即正位移泵具有自吸能力，但须开启旁路阀。

（三）气体输送设备

按出口表压强或压缩比的大小可将气体输送机械分为：①通风机出口表压强不大于15 kPa，压缩比为 1 ~ 1.15；②鼓风机出口表压强为 15 ~ 300 kPa，压缩比 <4；③压缩机出口表压强 >300 kPa，压缩比 >4；④真空泵出口压强为大气压或略高于大气压，它是将容器中气体抽出在容器（或设备）内造成真空。

气体输送机械与液体输送机械的工作原理大致相同，如离心泵风机与离心泵、往复式压缩机与往复泵等。但与液体输送相比，气体输送具有体积流量大、流速高、管径粗、阻力压头损失大的特点，而且气体具有可压缩性，在高压下，气体压缩的同时温度升高，因此高压气体输送设备往往带有换热器，如压缩机。因此，从安全角度看，气体输送机械有一些区别于液体输送机械之处须引起重视，现简要说明如下。

1. 通风机和鼓风机

在风机出口设置稳压罐，并安装安全阀；在风机转动部分安装防护罩，并确保完好，避免发生人身伤害事故；尽量安装隔音装置，减小噪声污染。

2. 压缩机

第一，应控制排出气体温度，防止超温。压缩比不能太大，当压缩比大于 8 时，应采用多级压缩以避免高温；压缩机在运行中不能中断润滑油和冷却水（同时应避免冷却水进入气缸产生水锤作用，损坏缸体引发事故），确保散热良好，否则也将导致温度过高。一旦温度过高，易造成润滑剂分解，摩擦增大，功耗增加，甚至因润滑油分解、燃烧，发生爆炸事故。

第二，要防止超压。为避免压缩机气缸、储气罐以及输送管路因压力过高而引起爆炸，除要求它们有足够的机械强度外，还要安装经校验的压力表和安全阀（或爆破片）。安全阀泄压应将其危险气体导至安全的地方。还可安装超压报警器、自动调节装置或超压自动停车装置。经常检查压缩机调节系统的仪表，避免因仪表失灵发生错误判断，操作失误引起压力过高，发生燃烧爆炸事故。

第三，严格控制爆炸性混合物的形成，杜绝发生爆炸的可能。压缩机系统中空气须彻底置换干净后方能启动压缩机；在输送易燃气体时，进气口应保持一定的余压，以免造成负压吸入空气；同时气体在高压下，极易发生泄漏，应经常检查垫圈、阀门、设备和管道的法兰、焊接处和密封处等部位；对于易燃、易爆气体或蒸汽压缩设备的电机部分，应全部采用防爆型；易燃气体流速不能过高，管道应良好接地，以防止产生静电；雾化的润滑油或其分解产物与压缩空气混合，同样会产生爆炸性混合物。若压强不高，输送可燃气体，采用液环泵比较安全。

此外，启动前，务必检查电机转向是否正常，压缩机各部分是否松动，安全阀工作、润滑系统及冷却系统是否正常，确定一切正常后方可启动。压缩机运行中，注意观察各运转部件的运作声音，辨别其工作是否正常；检查排气温度、润滑油温度和液位、吸气压强、排气压强是否在正常范围；注意电机温升，轴承温度和电流电压表是否正常，同时用手感触压缩机各部分温度是否正常。如发现不正常现象，应立即处理或停车检查。

3. 真空泵

应确保系统密封良好，否则不仅达不到工艺要求的真空度，更重要的是在输送易燃气体时，空气的吸入易引发爆炸事故。此外，输送易燃气体时应尽可能采用液环式真空泵。

（四）固体输送

1. 机械输送

（1）避免发生人身伤害事故。进行输送设备的润滑、加油和清扫工作是操作者在日常维护中致伤的主要原因。首先，应提倡安装自动注油和清扫装置，以减少这类工作的次数，降低操作者发生危险的概率。在设备没有安装自动注油和清扫装置的情况下，一律进行维护操作。其次，在输送设备的高危部位必须安装防护罩，即使这样操作者也要特别当心。例如，皮带同皮带轮接触的部位，齿轮与齿轮、齿条、链带相啮合的部位以及轴、联轴节、联轴器、键及固定螺钉等，对于操作者是极其危险的部位，可造成断肢伤害甚至危及生命安全。严禁随意拆卸这些部位的防护装置，因检修拆卸下的防护罩，事后应立即恢复。

（2）防止传动机构发生故障。对于皮带输送机，应根据输送物料的性质、负荷情况合理选择皮带的规格和形式，要有足够大的强度，皮带连接应平滑，并根据负荷调整松紧度。要防止在运行过程中，发生因高温物料烧坏皮带或因斜偏挂挡撕裂皮带的事故。

对于靠齿轮传动的输送设备，其齿轮、齿条和链条应具有足够的强度，并确保它们相互啮合良好。同时，应严密注意负荷的均匀物料的粒度情况以及混入其中的杂物，防止因卡料而拉断链条、链板，甚至拉毁整个输送设备机架。

此外，应防止链斗输送机下料器下料过多、料面过高而造成链带拉断；斗式提升机应有链带拉断而坠落的保护装置。

（3）重视开、停车操作。操作者应熟悉物料输送设备的开、停车操作规程。为保证安全，输送设备除应设有事故自动停车和就地手动事故按钮停车系统外，还应安装超负荷、超行程停车保护装置和设在操作者经常停留部位的紧急事故按钮停车开关。停车检修时，开关应上锁或撤掉电源。对长距离输送系统，应安装开、停车联系信号，以及给料、输送、中转系统的自动联锁装置或程序控制系统。

2. 气力输送

气力输送就是利用气体在管内流动以输送粉粒状固体的方法，输送介质的气体常用空气。但在输送易燃易爆粉末时，应采用惰性气体。气力输送按输送气流压强可分为吸引式气力输送（输送管中的压强低于常压的输送）和压送式气力输送（输送管中压强高于常压的输送）；按气流中固相浓度又可分为稀相输送和密相输送。

气力输送方法从19世纪开始就用于港口码头和工厂内的谷物输送，因与其他机械输送方法相比具有系统密闭（避免了物料的飞扬、受潮、受污染，改善了劳动条件），设备紧凑，易于实现连续化、自动化操作，便于同连续的化工过程相衔接以及可在输送过程中同时粉碎、分级、加热、冷却以及干燥等操作的优点，故其在化工生产上的应用日益增多。但也存在动力消耗大，物料易于破碎，管壁易磨损以及输送颗粒尺寸不大（一般 <30 mm）等缺点。

从安全技术考虑，气力输送系统除设备本身因故障损坏外，还应注意避免系统的堵塞和由静电引起的粉尘爆炸。

为避免堵塞，设计时应确定合适的输送速度，如果过高，动力消耗大，同时增加装置尾部气固分离设备的负荷；如果过低，管线堵塞危险性增高。一般水平输送时应略大于其沉积速度；垂直输送时应略大于其噎噻速度。同时，合理选择管道的结构和布置形式，尽量减少弯管、接头等管件的数量，且管内表面尽量光滑、不准有皱褶或凸起。此外，气力输送系统应保持良好的严密性，否则，吸引式系统的漏风会导致管道堵塞（压送式系统漏风，会将物料带出，污染环境）。

为了防止产生静电，可采取如下措施：

（1）根据物料性质，选取产生静电小而导电性较好的输送管道（可以通过实验进行筛选），且直径要尽量大些，管内壁应平滑、不允许装设网格之类的部件，管道弯曲和变径处要少且应尽可能平缓。

（2）确保输送管道接地良好，特别是绝缘材料的管道，管外应采取可靠的接地措施。

（3）控制好管道内风速，保持稳定的固气比。

（4）要定期清扫管壁，防止粉料在管内堆积。

【案例】

某选煤厂2011年4月发生加压过滤机进料泵的瞬间炸裂事故。当时该泵的叶轮、涡壳都被炸成碎片；泵附近的水泥横梁、立柱被冲击出两个直径约为400 mm的凹坑，露出钢筋；约7 m高的二楼水泥顶被穿透，形成两个直径约为250 mm的椭圆形洞；离泵约30 m的防震玻璃被击碎，彩钢板和电茶炉被击穿。这些足见这起爆炸事故的威力巨大。

经调查，事故发生时，加压过滤机进料桶的液位很低，事故发生前进料阀、回料阀工作正常，加压仓外进料管未安装止逆阀。事故的直接原因是进料阀的频繁启停，导致泵的进料阀门来不及关闭就又被打开，造成加压仓内的高压混合气体被反吹到进料泵内，泵内多余浆料被高压气体挤回入料桶。而进料泵因频繁启动高速空转，温度迅速升高，将附着在叶轮上的精煤浆料干燥成精煤粉，精煤粉在泵内继续摩擦，形成高温。此时，引起燃爆的几个条件都已具备：密闭有限空间、可燃的煤粉尘、充足的氧气及点燃温度。干燥的精煤粉瞬间燃烧，急剧膨胀，使泵腔无法承受巨大的燃爆力，使泵体炸裂。

类似的事故，国内外已发生过数起。为了避免此类事故的再次发生，可采取如下措施：

（1）在进料阀后面加装止逆阀，并定期检查进料阀门和止逆阀，保证其可靠工作。

（2）加强进料泵和进口管路的清洗，以防止泵腔或进口处的淤积堵塞。

（3）增设泵体防护罩（可用 8 mm 厚钢板），并在进料泵区域安装防护挡板，增设防护警戒区域，并悬挂禁止滞留警示牌。

（4）生产过程中加强对加压进料泵岗位巡检，发现异常及时处理。

事故启示：该爆炸事故发生时已具备了引起燃爆的所有条件，因此，在生产过程中应控制引起燃爆的各个条件，杜绝同时满足。

第二节　过滤过程的安全技术

一、概述

过滤就是在外力的作用下使含有固体颗粒的非均相物系（气—固或液—固物系）通过多孔性物质，混合物中固体颗粒被截留，流体则穿过介质流出，从而实现固体与流体分离的操作。过滤包括含尘气体的过滤和悬浮液的过滤，但通常所说的"过滤"往往是指悬浮液的过滤。

化工生产中所涉及的过滤一般为表面过滤或称为滤饼过滤。在表面过滤中，真正发挥分离作用的主要是滤饼层，而不是过滤介质。根据推动力不同，过滤可分为重力过滤（过滤速度慢，如滤纸过滤）、离心过滤（过滤速度快，设备投资和动力消耗较大，多用于颗粒大、浓度高悬浮液的过滤）和压差过滤（应用最广，可分为加压过滤和真空过滤）。随着过滤的进行，被过滤介质截留的固体颗粒越来越多，液体的流动阻力逐渐增加。压差过滤又可分为恒压过滤（即维持操作压强差不变的过滤过程，其过滤速度将逐渐下降）和恒速过滤（操作时逐渐加大压强差以维持过滤速度不变的过滤）。

过滤设备按操作方式可分为：①间歇式，其出现早，结构简单，操作压强可以较高，如压滤机、叶滤机等；②连续式，其出现晚，多为真空操作，如转鼓真空过滤机等。

若按压差产生方式过滤设备又可分为：①过滤和吸滤设备，如压滤机、叶滤机、转鼓真空过滤机等；②离心过滤设备，如离心过滤机。

二、危险性分析

1. 存在中毒、火灾和爆炸危险

悬浮液中的溶剂都有一定的挥发性，特别是有机溶剂还具有有毒、易燃、易爆性，在过滤或沉降（如离心沉降）过程中不可避免地存在溶剂暴露问题，特别是在卸渣时更为严重。因此，在操作过程中应注意做好个人防护，避免中毒。同时，加强通风，防止形成爆炸性混合物引发火灾或爆炸事故。

2. 存在粉尘危害

含尘气体经过沉降设备后必然含有少量细小颗粒，尾气的排放一定要符合规定，同时操作场所应加强通风除尘，严格控制粉尘浓度，避免粉尘集聚，引发粉尘爆炸或对操作人员带来健康危害。

3. 存在机械损伤危险

离心机的转速较高，应设置防护罩，严格按操作规程进行操作，避免发生人身伤害事故。

三、安全技术

根据悬浮液的性质及分离要求，合理选择分离方式。间歇过滤一般包括设备组装、加料、过滤、洗涤、卸料、滤布清洗等操作过程，操作周期长，且人工操作、劳动强度大，直接接触物料，安全性低。而连续过滤过程的过滤、洗涤、卸料等各个步骤自动循环，其过滤速度较间歇过滤快，且操作人员与有毒物料接触机会少，安全性高。因此可优先选择连续过滤方式。此外，操作时应注意观察滤布的磨损情况。

当悬浮液的溶剂有毒或易燃，且挥发性较强时，其分离操作应采用密闭式设备，不能采用敞开式设备。对于加压过滤，应以惰性气体保持压力，在取滤渣时，应先泄压，否则会发生事故。

由于离心过滤的转速一般较高，其危险性较大，使用时应特别注意以下事项：

(1) 应注意离心机的选材和焊接质量，转鼓、盖子、外壳及底座应用韧性金属制造，并应限制其转鼓直径与转速，以防止转鼓承受高压而引起爆炸。在有爆炸危险的生产中，最好不使用离心机。

(2) 处理腐蚀性物料，离心机转鼓内与物料接触的部分应有防腐措施，如安装耐腐蚀衬里。

(3) 应充分考虑设备自重、振动和装料量等因素，确保离心机安装稳固。在楼上安装时应用工字钢或槽钢做成金属骨架，在其上要有减振装置，并注意其内、外壁间隙。同时，应防止离心机与建筑物产生谐振。

(4) 离心机开关应安装在近旁，并应有锁闭装置。盖子应与离心机启动联锁，盖子打开时，离心机不能启动。在开、停机时，不要用手帮助启动或停止，以防发生事故。不停车或未停稳严禁清理器壁，以防使人致伤。

(5) 离心机超负荷、运转时间过长、转鼓磨损或腐蚀、启动速度过高均有可能导致事故的发生。对于上悬式离心机，当负荷不均匀时(如加料不均匀)会发生剧烈振动，不仅磨损轴承，且能使转鼓撞击外壳而发生事故。高速运转的转鼓也可能从外壳中飞出，造成重大事故。

(6) 离心机应有限速装置，在有爆炸危险厂房中，其限速装置不得因摩擦、撞击而发热或产生火花。

(7) 当离心机无盖或防护装置不良时，工具或其他杂物有可能落入其中，并以很大速度飞出伤人。即使杂物留在转鼓边缘，也可能引起转鼓振动造成其他危险。

(8) 加强对离心机的巡检，注意观察润滑、发热、噪声等是否正常。同时应对设备内部定期精心检查，检查内容包括转鼓各部件材料的壁厚和硬度，转鼓上连接焊缝的完好性(可采用无损探伤)，转鼓的动平衡和转速控制机构。

【案例】

　　某厂的上悬式自动卸料离心机,在运行中转鼓(筛篮)突然爆炸,撞击离心机保护外壳,使部分外壳飞脱。击中操作台面的四名人员,造成重大伤亡事故。

　　经过事故调查,该事故的直接原因就是设备长期运转导致转鼓材料硬化和壁厚的严重减薄(磨损导致),加之在定期检查中未能及时发现。

　　为了避免此类事故的再次发生,可采取如下措施:

　　(1)操作时要注意设备及其部件的使用寿命,加强定期检查。

　　(2)物料对设备的腐蚀和设备的老化一般是较为缓慢和渐进的过程,这需要在定期检查时认真检查,最好能借助相关专业仪器进行。

第三节　除尘过程的安全技术

一、概述

　　工业烟尘是指在企业厂区内燃料燃烧生产工艺过程中产生的排入大气的含有污染物的粉尘,往往含有各种金属、非金属细小颗粒物以及二氧化硫、氮氧化物及碳氢化合物的有害气体。粉尘颗粒直径一般小于 0.19 mm,往往是由燃烧过程产生的,称为"悬浮颗粒",处于不规则的布朗运动状态中,但可通过碰撞凝聚使颗粒增大。工业烟尘严重污染环境,影响大气质量,危害人体健康,因此必须采取一定措施治理。常用的除尘装置有机械式除尘装置、过滤式除尘装置、洗涤式除尘装置、电除尘装置。

　　1. 机械式除尘装置

　　机械式除尘装置主要的类型有重力沉降室、惯性除尘器、离心力除尘器。重力沉降室是使含尘气体中的尘粒借助重力作用而沉降,并将其分离捕集的装置。重力沉降室有单层沉降室或多层沉降室。使含尘气体冲击挡板或使气流急剧地改变流动方向,然后借助粒子的惯性力将尘粒从气流中分离的装置,称为惯性除尘器。离心力除尘器的工作原理是含尘气体进入装置后,由于离心力作用将尘粒分离出来。机械式除尘装置的主要特点是结构简单、易于制造、造价低、施工快、便于维修及阻力小等,因而它们广泛用于工业。该类除尘装置对大粒径粉尘的去除具有较高的效率,而对于小粒径粉尘捕获效率很低。

　　2. 过滤式除尘装置

　　过滤式除尘装置是使含尘气体通过滤槽,将尘粒分离捕集的装置。它有内部过滤和外部过滤两种方式。采用滤纸或玻璃纤维等填充层作为滤料的空气过滤器,主要用于通风及空气调节方面的气体净化;高温烟气除尘方面大多采用砂、砾、焦炭等颗粒物作为滤料的颗粒层除尘器;工业尾气的除尘多采用纤维织物作滤料的袋式除尘器。

　　3. 洗涤式除尘装置

　　洗涤式除尘装置是用液体所形成的液滴、液膜、雾沫等洗涤含尘烟气,而将尘粒进行分离的装置。它可以有效地将直径为 0.1 ~ 20 μm 的液态或固态粒子从气流中除去,同时也能脱除气态污染物。应用广泛的三类湿式除尘器是喷雾塔式洗涤器、离心洗涤器和文丘里洗涤器。

4. 电除尘装置

电除尘装置是用特高压直流电源产生的不均匀电场，利用电场中的电晕放电使尘粒带荷电，然后在电场库仑力的作用下把带荷电的尘粒集向集尘极，当形成一定厚度集尘层时，振打电极使凝聚成的较大的尘粒集合体从电极上沉落于集尘器中，从而达到除尘目的。

二、危险性分析

1. 存在火灾和爆炸危险

在除尘过程中，如果物料易燃，最大的危险是在系统内易形成粉尘爆炸性环境，粉体物料泄漏至作业场所，亦会形成粉尘爆炸性环境，容易引起粉尘爆炸，因此，应加强通风，防止形成爆炸性混合物引发火灾或爆炸事故。

2. 存在粉尘危害

含尘气体经过沉降设备后必然含有少量细小颗粒，尾气的排放一定要符合规定，同时操作场所应加强通风除尘，严格控制粉尘浓度，避免粉尘集聚，引发粉尘爆炸或对操作人员带来健康危害。

3. 存在机械损伤危险

除尘设备应设置防护罩，严格按操作规程进行操作，避免发生人身伤害事故。

三、安全技术

对于气—固系统的沉降，要特别重视粉尘的危害，尽量从源头上加以控制。

（1）对于进行可燃、易燃物质粉碎研磨的设备，应有可靠的接地和防爆装置，要保持设备良好的润滑状态，防止摩擦生热和产生静电，引起粉尘燃烧爆炸。

（2）应使流体在设备内分布均匀，停留时间满足工艺要求以保证分离效率，同时尽可能减少对沉降过程的干扰，以提高沉降速度。

（3）应避免已沉降颗粒的再度扬起，如降尘室内气体应处于层流流动，旋风分离器的灰斗应密闭良好（防止空气漏入）。

（4）加强尾气中粉尘的捕集，确保达标排放。

（5）控制气速避免颗粒和设备的过度磨损。

（6）应加强操作场所的通风除尘，防止粉尘污染。

【案例】

2004 年，中荣公司建成 4 号厂房从事汽车轮毂抛光作业，厂房内的生产工艺设计和布局由被告人林伯昌依据个人经验设计，电气设施设计未考虑爆炸性粉尘环境，未采用防爆设备。除尘系统委托无资质的单位设计、制造、施工、安装，除尘器本体及管道未设置泄爆装置和导除静电的接地装置。2014 年 8 月 2 日 7 时 34 分，中荣公司组织员工在 4 号厂房（抛光车间）进行抛光作业时，发生重大铝粉尘爆炸事故，共计造成 146 人死亡、114 人受伤，直接经济损失达 3.51 亿元。

事故发生的直接原因是事故车间除尘系统较长时间未按规定清理，铝粉尘集聚。除尘系统风机开启后，打磨过程产生的高温颗粒在集尘桶上方形成粉尘云。1 号除尘器集尘桶锈蚀破损，桶内铝粉受潮，发生氧化放热反应，达到粉尘云的引燃温度，引发除尘系统及车间的系列爆炸。因没有泄爆装置，爆炸产生的高温气体和燃烧物瞬间经除尘管道从各吸尘口喷出，导致全车间所有工位操作人员直接受到爆炸冲击，造成群死群伤。事故发生的主要原因是中荣公司无视国家法律，违法违规组织项目建造和生产，违法违规进行厂房设计与生产工艺布局，违规进行除尘系统设计、制造、安装、改造，车间铝粉尘集聚严重，安全生产管理混乱，安全防护措施不落实。

为了避免此类事故的再次发生，可采取如下措施：

(1)凡使用产生可燃、可爆粉尘的生产装置、设备，须有防止其燃烧、爆炸的安全措施。使用可燃粉尘、产生可燃粉尘的反应，须有防止达到爆炸浓度、控制湍动速度、防静电等措施及辅助装置，要有防止可燃爆粉尘逸散到空间的措施。

(2)在爆炸浓度范围内的粉尘作业装置、岗位及其环境，须有必要的安全技术措施。对在爆炸极限范围内的粉尘作业装置和岗位，要严格控制点火源，要落实一系列控制点火源的安全措施。如装置内有产生静电火花的可能，就要严格控制湍动速度；粉尘排放口，要有防止外来火种引燃、引爆的措施等。

(3)可爆粉尘的生产装置、系统，须有可靠的消除静电的装置。能产生可爆粉尘的粉碎、研磨、干燥、输送、捕集、滤尘等设备、装置及其有关系统，必须有消除静电措施，能有效地消除静电。

(4)有粉尘飞扬的作业间，须有防止二次扬尘的安全措施。

第四节　粉碎过程的安全技术

一、概述

化工生产中，采用固体物料作反应原料或催化剂，为增大表面积，经常要进行固体粉碎或研磨操作。将大块物料变成小块物料的操作称为粉碎；将小块物料变成粉末的操作称为研磨。粉碎分为湿法与干法两类。干法粉碎是使物料处于干燥状态下进行粉碎的操作。湿法粉碎是指在药物中加入适量的水或其他液体进行研磨的方法。

1. 粉碎方法

粉碎方法可按实际操作时的作用力分为挤压、撞击、研磨、劈裂等方法。

2. 粉碎设备

干法粉碎中，按被粉碎物料的大小和粉碎后所获得成品的尺寸，将其设备分成四类：

(1)粗碎或预碎设备。用于处理直径为 50 ~ 1500 mm 范围的原料，所得成品的直径为 5 ~ 50 mm。

(2)中碎和细碎设备。用以处理直径为 5 ~ 50 mm 范围的原料，所得成品的直径为 0.1 ~ 5 mm。

(3)磨碎或研磨设备。用以处理直径为 2 ~ 5 mm 范围的原料，所得成品的直径为 0.1 mm 左右，并可小于 0.074 mm。

(4)胶体磨。用以处理直径为 0.2 mm 左右的原料，所得产品直径可以小到 0.01 μm，即

10^{-5} mm。

二、危险性分析

1. 存在火灾和爆炸危险

在物料粉碎过程中，如果物料易燃，最大的危险是在系统内易形成粉尘爆炸性环境，粉体物料泄漏至作业场所，亦会形成粉尘爆炸性环境，因此，容易引起粉尘爆炸。

2. 易产生几种点火源

(1)撞击火花：在进行物料粉碎时，最易产生的点火源是物料中掺杂有坚硬的铁石杂物，如铁钉、石块及设备本身脱落的零件等。如果这些杂物混入粉碎的物料中，在撞击或研磨过程中可能产生火花。

(2)摩擦生热：粉碎时物料之间或物料与研磨体之间都存在激烈的摩擦，摩擦热量积聚可引起危险。另外，粉碎设备的转动部位如润滑不良，也会升温过高。

(3)静电和电气火花：一般粉末状的物料在粉碎和输送过程中由于摩擦易产生静电。各类电气设备如果选择或维护不当，也易产生电气火花。

3. 存在粉尘、噪声等职业危害

粉碎过程中必然含有少量细小颗粒，因此，操作场所应加强通风除尘，严格控制粉尘浓度，避免粉尘集聚，引发粉尘爆炸或对操作人员带来健康危害。另外，粉碎设备的噪声一般都较大，会损害工人健康。

4. 存在机械损伤危险

粉碎设备的转速较高，应设置防护罩，严格按操作规程进行操作，避免发生人身伤害事故。

三、安全技术

1. 破碎机应符合的安全条件

(1)加料、出料最好是连续化、自动化。

(2)具有防止破碎机损坏的安全装置。

(3)产生粉末应尽可能少。

(4)发生事故能迅速停车。

2. 粉碎研磨的过程应注意的问题

(1)系统密闭、通风。粉碎研磨设备必须要做好密闭，同时操作环境要保持良好的通风，必要时可装设喷淋设备。

(2)系统的惰性保护。为确保易燃易爆物质粉碎研磨过程的安全，密闭的研磨系统内应通入惰性气体进行保护。

(3)系统内摩擦。对于进行可燃、易燃物质粉碎研磨的设备，应有可靠的接地措施和防爆装置，要保持设备良好的润滑状态，防止摩擦生热和产生静电，引起粉尘燃烧爆炸。

(4)运转中的破碎机严禁检查、清理、调节、检修。

(5)破碎装置周围的过道宽度必须大于 1 m；操作台必须坚固，操作台与地面高度为 1.5 ~ 2.0 m；台周边应设高 1 m 安全护栏；破碎机加料口与地面一般平或低于地面不到 1 mm 均应设安全格子。

(6)为防止金属物件落入破碎装置，必须装设磁性分离器。

(7)可燃物研磨后，应先冷却，再装桶，以防发热引起燃烧。

【案例】

2005 年，某企业的一台普通粉碎机，铁材质，筛网是 0.15 mm(大约 100 目，不是标准筛网)，出料口绑了一条约 3 m 长的布袋。粉碎的物料是淫羊藿。粉碎到 30 kg 左右的时候(粉碎前淫羊藿已经洗净和干燥到 1% 的水分)，绑在出料口的布袋里面冒出了微烟，随后布袋就起了熊熊烈火，将布袋和里面的物料一起燃烧。

事故发生的直接原因是粉碎过程中物料发热，而且粉碎过程中粉碎到了比较硬的物质，像石、铁之类，然后在发热的物料中起了火星，跟着粉碎机运行的惯性而引起了大火。

第五节　筛分过程的安全技术

一、概述

在工业生产中，为满足生产工艺的要求，常常需将固体原料、产品进行筛选，以选取符合工艺要求的粒度，这一操作过程称为筛分。筛分分为人工筛分和机械筛分。按筛网的形状可分为转动式和平板式两类。在转动式运动筛中又有圆盘式、滚筒式和链式等；在平板式运动筛中，则有摇动式和簸动式。

筛分所用的设备称为筛子，物料粒度是通过筛网孔眼尺寸控制的。在筛分过程中，有的是筛余物符合工艺要求，有的是筛下部分符合工艺要求。根据工艺要求还可进行多次筛分，去掉颗粒较大和较小部分而留取中间部分。

二、危险性分析

1. 存在火灾和爆炸危险

在筛分可燃物时，应采取防碰撞打火和消除静电措施，防止因碰撞和静电引起粉尘爆炸和火灾事故。同时，在操作过程中应该加强通风，防止形成爆炸性混合物引发火灾或爆炸事故。

2. 存在中毒危险

部分粉尘具有毒性、吸水性或腐蚀性，须注意对呼吸器官及皮肤的保护，以防引起中毒或皮肤伤害，因此，在操作过程中应注意做好个人防护，避免发生中毒。

3. 存在粉尘、噪声等职业危害

筛分过程中必然含有少量细小颗粒，因此，操作场所应加强通风除尘，严格控制粉尘浓度，避免粉尘集聚，引发粉尘爆炸或对操作人员带来健康危害。另外，振动筛会产生大量噪声，应采用隔离等消声措施以降低职业危害。

4. 存在机械损伤危险

离心机的转速较高，应设置防护罩，严格按操作规程进行操作，避免发生人身伤害事故。

三、安全技术

(1)筛分过程中，粉尘如有可燃性，须注意因碰撞和静电引起粉尘燃烧爆炸；如粉尘具有毒性、吸水性或腐蚀性，须注意对呼吸器官及皮肤的保护，以防引起中毒或皮肤伤害。

（2）要加强检查，注意筛网的磨损和筛孔堵塞、卡料，以防筛网损坏和混料。

（3）筛分操作是大量扬尘过程，在不妨碍操作、检查的前提下，应将其筛分设备最大限度地进行密闭。

（4）筛分设备的运转部分应加防护罩以防绞伤人体。

（5）振动筛会产生大量噪声，应采用隔离等消声措施。

【案例】

某厂在进行筛分作业时，其筛分的物质可燃，由于未及时将筛分过程中产生的粉尘清除，导致在运行中突然爆炸，造成车间操作台面的 4 名人员死亡。

经过事故调查，该事故的直接原因就是设备长期运转过程中造成部分静电接地断裂，且安全管理人员未及时发现并处理。

为了避免此类事故的再次发生，可采取如下措施：

（1）操作时应采取防碰撞打火和消除静电措施，防止因碰撞和静电引起粉尘爆炸和火灾事故；

（2）对筛分过程中的粉尘应及时清除；

（3）企业应加强筛分过程安全培训教育。

第六节 混合与搅拌过程的安全技术

一、概述

混合是使两种以上物料相互分散，从而达到温度、浓度以及组成一致的操作。混合分液态与液态物料的混合、固态与液态物料的混合和固态与固态物料的混合。固体混合分为粉末、散粒的混合。此外，尚有糊状物料的混合。混合方法可以以机械搅拌、气流搅拌以及其他混合方法完成。混合设备主要包括液体混合设备和固体、糊状物混合设备等。

（一）液体混合设备

1. 机械搅拌器

（1）桨式搅拌器。按桨叶形状可分为平板式、框式和锚式。

（2）螺旋桨式搅拌器。

（3）涡轮式搅拌器。涡轮式搅拌器具有较高的转速，能适应于大容量及含固体小于 60% 且黏度较大的液体，或用以制备乳浊液及比重差大的悬浮液。

（4）特种搅拌器。如盘式搅拌器等。

2. 气流搅拌器

气流搅拌器是用压缩空气或蒸汽以及氮气通入液体介质中进行鼓泡，以达到混合目的的一种装置。

按单位时间搅拌气体的耗量可将气流搅拌分为：微弱搅拌（0.4 m^3/min）、中强搅拌（0.8 m^3/min）、剧烈搅拌（1.0 m^3/min）。

气流搅拌设备简单,特别适用于化学腐蚀性强的液体。但搅拌尾气会带走一定量的挥发物造成损失。若搅拌气体为空气,则可使某些液体产生氧化或胶化作用。倘若被搅拌的液体需要加热,可用蒸汽直接搅拌,则氧化或胶化作用就可完全避免。

(二)固体、糊状物混合设备

固体介质的混合包括固体粉末和与糊状物的捏合。此类设备常用于化学工业中的有三类:①捏合机;②螺旋混合器;③干粉混合器。

二、危险性分析

1. 存在火灾和爆炸危险

对于混合能产生易燃易爆物质的过程,混合设备应保证很好的密闭性,并充入惰性气体进行保护。另外,对于混合易燃、可燃粉尘的设备,应有很好的接地装置,并应在设备上安装爆破片。

2. 存在中毒危险

对于混合有毒物质的过程,混合设备应保证很好的密闭性,须注意对呼吸器官及皮肤的保护,以防引起中毒或皮肤伤害,因此,在操作过程中应注意做好个人防护,避免中毒。

3. 存在粉尘等职业危害

混合过程应加强通风除尘,严格控制粉尘浓度,避免粉尘集聚,引发粉尘爆炸或对操作人员带来健康危害。

4. 存在机械损伤危险

桨叶强度高,安装若不牢固,搅拌转速过快,则容易导致电机超负荷、桨叶折断以及物料飞溅等事故。

三、安全技术

(1)根据物料性质(如腐蚀性、易燃易爆性、粒度、黏度等)正确选用设备。首先,桨叶制造要符合强度要求,安装要牢固,不允许产生摆动,防止电机超负荷以及桨叶折断等事故发生。在修理或改造桨叶时,应重新计算其坚牢度。特别是在加长桨叶的情况下,尤其应该注意。其次,对搅拌器转速进行控制,尤其对于搅拌非常黏稠的物质,在这种情况下可造成电机超负荷、桨叶断裂以及物料飞溅等。

(2)对混合能产生易燃、易爆或有毒物质,混合设备应保证很好的密闭性,并充入惰性气体加以保护。

(3)当搅拌过程中物料产生热量时,如因故停止搅拌,会导致物料局部过热。因此,在安装机械搅拌的同时,还要辅以气流搅拌,或增设冷却装置。有危险的气流搅拌尾气应加以回收处理。

(4)对于混合可燃粉料,设备应很好接地以消除静电,并应在设备上安装爆破片。

(5)混合设备不允许落入金属物件。

(6)进入大型机械搅拌设备检修,其设备应切断电源或开关加锁,绝对不允许任意启动。

【案例】

天津某化工厂硝化釜搅拌机停转,10 min 后,拟用机械搅拌,刚一合闸,便发生爆炸,造成主体厂房倒塌，周围建筑遭到不同程度损坏，2人被砸死、8人受伤的惨痛事故。

事故原因：大多数硝化反应是在非均相中进行的，反应组分的分布与接触不易均匀，从而引起局部过热导致危险出现。尤其在间歇硝化的反应开始阶段，停止搅拌或由于搅拌叶片脱落，搅拌失效是非常危险的，因为这时两相很快分层，大量活泼的硝化剂在酸相中积累，引起局部过热；一旦搅拌再次开动，就会突然引发激烈的反应，瞬间可释放过多的热量，引起爆炸事故。

第七节　造粒过程的安全技术

一、概述

造粒是把粉末、熔融液、水溶液等状态的物料经加工制成具有一定形态与大小粒状物的操作。造粒是片剂、硬胶囊剂和颗粒剂等生产的第一步，它直接影响产品的质量（装量）差异、崩解时限、硬度和脆碎度等，是口服固体制剂中工艺控制水平要求最高的一个工序。粉体物料经过造粒过程制备粒状产品可以达到改善产品流动性、拓宽产品应用范围、避免使用中的二次污染、对产品进行改性等目的，广泛应用于化工、食品、医药、生物、肥料等领域中。

二、危险性分析

1. 存在火灾和爆炸危险

在对可燃物进行造粒时，应采取防明火和消除静电措施，防止因可燃物起火和静电引起粉尘爆炸和火灾事故。同时，在操作过程中应该加强通风，防止形成爆炸性混合物引发火灾或爆炸事故。

2. 存在中毒危险

在对具有毒性、吸水性或腐蚀性等物质进行造粒时，须注意对呼吸器官及皮肤的保护，以防引起中毒或皮肤伤害，因此，在操作过程中应注意做好个人防护，避免发生中毒。

3. 存在机械损伤危险

造粒机应设置防护罩，严格按操作规程进行操作，避免发生人身伤害事故。

三、安全技术

（1）在重新启动造粒机之前，要将化料螺杆和挤出料条螺杆、模头同时预热一个半小时左右，让残留在螺杆里面的料完全熔化。预热温度为220～260 ℃。

（2）预热完毕按以下程序操作：拧开水槽循环水龙头，启动切粒机，将废膜片适量连续地往化料螺杆入料口添加，旋转的螺杆会把废膜自动绞进去，再挤出熔融的物料，落进挤出料条螺杆的入料口。

（3）待熔融的料条从模口挤出，落进冷却水槽后变成固体，徒手将凝固的料条沿着水槽里的张力辊牵引至切粒机，将料条对折塞进切粒机轧辊，同时迅速将手里的料条拽断。要小心切粒机轧辊轧手。料条缠住切粒机要停机处理。

（4）切好的粒料落入料池后还有余热，要充分散热后再把粒料装进袋里扎口码垛。如果粒料还没有充分散热，装进袋里后要敞口进一步散热，否则堆积起来的粒料温度会越来越高，致使粒料变质分解甚至不能使用。

（5）在入料时一定要徒手操作，不许戴手套。如果废料堵住入料口要用塑料棍往里捅或往外拽，严禁用手往里塞，以防伤手。严禁用金属或木棍往里捅，以防损坏设备或掺入杂质。

（6）如因入料过多，致使未熔化的料抱住螺杆，要立即关机，待料熔化后再启动。

（7）入料前要将废料抖落几下，发现金属、杂物等要拣出来，以防造粒机损坏设备。

（8）烧过滤网要在规定地点，待火完全熄灭后再离开。

（9）加工人员着装要符合要求。要穿紧袖口上衣，不许敞胸露怀，不许穿拖鞋或赤脚上岗，不许戴耳环和项链，不许留长发。

【案例】

2014年，江苏某化工有限公司硬脂酸造粒塔发生爆炸、起火，事故造成8人死亡、9人受伤（其中3人危重，三度烧伤分别达到91%、96%、98%）。

4月16日上午10时左右，处于正常喷雾造粒生产过程中，维修工人在给造粒塔底部锥形料仓加装敲击锤（动火作业）时，造粒塔内发生粉尘爆炸。爆炸后引发大火，造成造粒塔下的刚构支架强度失效，造粒塔架倒塌。造成8人死亡、9人受伤。

事故原因：在未停车清理的情况下，在造粒塔下料斗处动焊加装敲击锤过程中，焊接高温引起造粒塔内硬脂酸粉尘爆炸，继而引发火灾、装置坍塌。

为了避免此类事故的再次发生，可采取如下措施：

(1)加强操作人员的劳动纪律和安全生产教育；

(2)密切关注粉尘爆炸的条件，针对可以形成粉尘爆炸的条件，积极采取相对应的措施予以消除；

(3)加强对操作人员的工艺过程及工艺物料的危险性认识培训；

(4)严格规范企业动火管理；

(5)企业应采用正规设计及施工单位进行相关的施工活动。

第八节　换热过程的安全技术

一、概述

换热即热量的传递，只要有温差存在的地方，就有热量的传递。它是由物体内部或物体之间的温差引起的。传热广泛用于化工生产过程的加热或冷却（如反应、蒸馏、干燥、蒸发等），生产中热能的合理利用、废热回收以及化工设备和管道的保温。

在换热过程中，用于供给或取走热量的载体称为载热体。起加热作用的载热体称为加热剂（或加热介质），而起冷却作用的载热体称为冷却剂（或冷却介质）。常用的加热剂有热水（40~100℃）、饱和水蒸气（100~180℃）、矿物油（180~250℃）、道生油（255~380℃）、熔盐（142~530℃）、烟道气（500~1000℃）或电加热（温度宽、易控，但成本高）。水的传热效果好，成本低，使用最普遍；空气，在缺水地区采用，但给热系数低，需要的传热面积大。常用冷冻剂有冷冻盐水（可低至零下十几摄氏度到几十摄氏度）、液氨蒸发（-33.4℃）、液氮等。

用于实现换热的设备常称为换热器，其种类很多。化工生产中广泛采用的是间壁式换热器，而间壁式换热器的种类也很多。由于列管式(管壳式)换热器具有单位体积设备所能提供的传热面积大，传热效果好，设备结构紧凑、坚固，且能选用多种材料来制造，适用性较强等特点，因此，列管式换热器在化工生产中应用最为广泛。

在列管式换热器中，由于两流体的温度不同，使管束和壳体的温度也不相同，因此它们的膨胀程度也有差别。若两流体的温差较大(50 ℃以上)时，就可能因热应力而引起设备的变形，甚至弯曲或破裂，因此设计时必须考虑这种热膨胀的影响。根据热补偿的方法不同，列管式换热器又可分为固定管板式、浮头式和 U 形管式。

二、危险性分析

1. 腐蚀与结垢

传热过程中所使用的载热体，如导热油、冷冻盐水等以及工艺物料常具有腐蚀性。此外，参与换热的流体一般都会在换热面的表面产生一些额外的固体物质(即结垢)，如果介质不洁净或因温度变化易析出固体(如河水、自来水等)，其结垢现象将更为严重。在换热器中一旦形成污垢，其热阻将显著增大，换热性能明显下降，同时壁温可明显升高，而且污垢的存在往往还会加速换热面的腐蚀，严重时可造成换热器的损坏。因此不仅需要注意换热设备具有耐腐蚀性，而且需要采取有效措施减轻或减缓污垢的形成，并对换热设备进行定期清洗。设计时不洁净或易结垢的流体应通过便于清洗的一侧。

2. 泄漏

在化工生产中，参与换热的两种介质具有一定压强和温度，有时甚至是高压、高温，与外界压强差的存在，在换热设备的连接处势必都有发生泄漏的可能。一旦发生泄漏，不仅直接造成物料的损失，而且危害环境，并易引发中毒、火灾甚至爆炸等事故。更重要的是，参与换热的两种介质往往性质各异，且不允许相互混合，但由于介质腐蚀、温度、压强的作用，特别是压强、温度的波动或是突然变化(如开停车、不正常操作)，这就存在高压流体泄漏入低压流体的可能。一般管板与管的连接处以及垫片和垫圈处(如板式换热器)最容易发生泄漏，这种泄漏隐蔽性较强，如果出现这样的内部泄漏，不仅造成介质的损失和污染，而且可能因为相互作用(如发生化学反应)造成严重的事故。

3. 堵塞

严重的结垢以及不洁净的介质易造成换热设备的堵塞。堵塞不仅造成换热器传热效率降低，还可引起流体压力增加，如硫化物等堵塞换热管部分空间，致使阻力增加，加剧硫化物的沉积；某些腐蚀性物料的堵塞还能加重换热管和相关部位的腐蚀，最终造成泄漏。所以过量堵塞及腐蚀属于事故性破坏范畴。

4. 气体的集聚

当换热介质是液体或蒸汽时，不凝性气体(如空气)会发生集聚，这将严重影响换热效果，甚至根本不能完成换热任务。如在蒸汽冷凝过程中，如果存在1%的不凝气，其冷凝给热系数将下降60%；冬天家中暖气片不热往往也是这个原因。从安全角度考虑，不凝性气体大量聚集可造成换热器压力增加，尤其是不凝性可燃气体的集聚，会形成着火爆炸的安全隐患。因此，换热器应设置排气口，并定期排放不凝性气体。

三、安全技术

(一)加热

(1)根据换热任务需要,合理选取加热方式及介质,在满足温位及热负荷的前提下,应尽可能选择安全性高、来源广泛且价格合理的加热介质,如在化工生产中能采用水蒸气作为加热介质的应优先采用。对于易燃、易爆物料,采用水蒸气或热水加热比较安全,但在处理与水会发生反应的物料时,不宜用水蒸气或热水加热。

(2)在间隙过程或连续过程的开车阶段的加热过程中,应严格控制升温速度;在正常生产过程中要严格按照操作条件控制温度。如对于吸热反应,一般随着温度升高,反应速率加快,有时可能导致反应过于剧烈,容易发生冲料,易燃物料大量气化,可能会聚集在车间内与空气形成爆炸性混合物,引起燃烧、爆炸等事故。

(3)用水蒸气或热水加热时,应定期检查蒸汽夹套和管道的耐压强度,并安装压力表和安全阀,以免设备或管道炸裂,造成事故。同时注意设备的保温,避免烫伤。

(4)加热温度如果接近或超过物料的自燃点,应采用氮气保护。

(5)工业上使用温度 200 ~ 350 ℃时常采用液态导热油作为加热介质,如常用的道生 A(二苯醚 73.5%,联苯 26.5%)、S – 700 等。使用时,必须重视水等低沸点物质对导热油加热系统的破坏作用,因为水等低沸物进入加热炉中遇高温(200 ℃以上)会迅速汽化,压力骤增可导致爆炸。同时,导热油在运行过程中会发生结焦现象,如果结焦层成长,内壁积有焦炭的炉管壁温又进一步升高,就会形成恶性循环,如果不及时处理甚至会发生爆管从而造成事故。为了尽量减少结焦现象,就得尽量把传热膜的温度控制在一定的界限之下。此外,道生 A 等二苯混合物具有较强的渗透能力,它能透过软质衬垫物(如石棉、橡胶板),因此,管道连接最好采用焊接,或加金属垫片法兰连接,防止发生泄漏引发事故。

(6)使用无机载热体加热,其加热温度可达 350 ~ 500 ℃。无机载热体加热可分为盐浴(如亚硝酸钠和亚硝酸钾的混合物)和金属浴(如铅、锡、锑等低熔点的金属)。在熔融的硝酸盐浴中,如加热温度过高,或硝酸盐漏入加热炉燃烧室中,或有机物落入硝酸盐浴(具有强氧化性,与有机物会发生强烈的氧化还原反应)内,均能发生燃烧或爆炸。水及酸类流入高温盐浴或金属浴中,同样会产生爆炸危险。采用金属浴加热,操作时应防止其蒸气对人体的危害。

(7)采用电加热,温度易于控制和调节,但成本较高。加热易燃物质以及受热后挥发的可燃性气体或蒸气的物质,应采用封闭式电炉。电感加热是一种较安全的新型加热设备,它是在设备或管道上缠绕绝缘导线,通入交流电,由电感涡流产生的热量来加热物料。如果电炉丝与被加热的器壁绝缘性不好、电感线圈绝缘破坏、受潮、漏电、短路、产生电火花、电弧,或接触不良发热,均能引起易燃、易爆物质着火、爆炸。为了提高电加热设备的安全可靠性,可采用防潮、防腐蚀、耐高温的绝缘材料,增加绝缘层的厚度,添加绝缘保护层等措施。

(8)直接用火加热温度不易控制,易造成局部过热,引起易燃液体的燃烧和爆炸,危险性大,化工生产中尽量不使用。

（二）冷却与冷凝

从传热的角度，冷却与冷凝都是从热物料中移走热量，而介质本身温度升高。其主要区别在于被冷却的物料是否发生相的改变，若无相变而只是温度降低则称为冷却；若发生相变（一般由气相变为液相）则称为冷凝。

(1)应根据热物料的性质、温度、压强以及所要求冷却的工艺条件，合理选用冷却(凝)设备和冷却剂，降低发生事故的概率。

(2)冷却(凝)设备所用的冷却介质不能中断，否则会造成热量不能及时导出，系统温度和压力增高，甚至产生爆炸。另一方面冷凝器如冷却介质中断或其流量显著减小，蒸汽因来不及冷凝而造成生产异常，如果有机蒸气发生外逸，可能导致燃烧或爆炸。以冷却介质控制系统温度时，最好安装自动调节装置。

(3)对于腐蚀性物料的冷却，应选用耐腐蚀材料的冷却(凝)设备。如石墨冷却器、塑料冷却器、陶瓷冷却器、四氟换热器或钛材冷却器等，化工生产中 HCl 的冷却采用的就是石墨冷却器。

(4)确保冷却(凝)设备的密闭性良好，防止物料漏入冷却剂或冷却剂漏入被冷却的物料中。

(5)冷却(凝)设备的操作程序：开车时，应先通冷却介质；停车时，应先停物料，后停冷却介质。

(6)对于凝固点较低或遇冷易变得黏稠甚至凝固的物料，在冷却时要注意控制温度，防止物料堵塞设备及管道。

(7)检修冷却(凝)器时，应彻底清洗、置换，切勿带料焊接，以防发生火灾、爆炸事故。

(8)如有不凝性可燃气体须排空，为保证安全，应充氮保护。

（三）冷冻

将物料温度降到比环境温度更低的操作称为制冷或冷冻。冷冻操作的实质是不断地由低温物料(被冷冻物料)取出热量，并传给高温物料(水或空气)，以使被冷冻的物料温度降低。热量由低温物体到高温物体的传递过程需要借助于冷冻剂实现。一般冷冻范围在 $-100\ ℃$ 以内的称为冷冻；而在 $-200 \sim -100\ ℃$ 或更低的温度，则称为深度冷冻(简称深冷)。

生产中常用的冷冻方法有 3 种：①低沸点液体的蒸发，如液氨在 0.2 MPa 下蒸发，可以获得 $-15\ ℃$ 的低温；液态氮蒸发可达 $-210\ ℃$ 等。②冷冻剂于膨胀机中膨胀，气体对外做功，致使内能减少而获取低温。该法主要用于一些难以液化气体(如空气等)的液化过程。③利用气体或蒸汽在节流时所产生的温度降低而获取低温的方法。目前应用较为广泛的是氨制冷压缩，它一般由压缩机、冷凝器、蒸发器与膨胀阀 4 个基本部分组成。

除压缩机操作安全外，冷冻还需注意以下安全问题：

(1)制冷剂的泄漏以及危害。如以液氨为制冷剂的制冷机组，其最大的危险是泄漏，液氨泄漏的危害主要有三种：人员中毒、火灾爆炸(氨的爆炸范围为 15.5% ~27.4%)和致人冻伤。一旦氨压缩机发生漏氨事故，应立即切断压缩机电源，马上关闭排气阀、吸气阀，关闭机房运行的全部机器，如漏氨事故较大，无法靠近事故机，应到室外停机，并迅速开启氨压缩机机房所有的事故排风扇。

（2）合理选取冷冻介质（往返于冷冻机与被冷物料之间的热量载体），并确保其输送安全。常用的冷冻介质有氯化钠、氯化钙、氯化镁等水溶液。对于一定浓度的冷冻盐水，有一定的凝固点，应确保所用冷冻盐水的浓度较所需的浓度大，防止产生冻结现象。盐水对金属材料有较大的腐蚀性，有空气存在时，其氧化腐蚀作用更强。因此，一般均应采用闭式盐水系统，并在其中加入缓蚀剂。

（3）装有冷料的设备及管道，应注意其低温材质的选择，防止金属的低温脆裂。

【案例】

上海某染化厂生产丙烯腈—苯乙烯树脂中间体的碳酸化锅（俗称高压釜），用道生油夹套加热。高压釜下端环焊缝有许多微孔，设备检修时并未发现，而用水进行了冲洗，洗涤水渗漏到夹套形成积水，烘炉时积水沿道生回流管进入已升温到 258 ℃ 的道生炉内，迅即发生爆炸。重 2 吨的道生炉飞起 20 余米高，落到 50 m 以外炸裂。事故毁坏厂房 839 m²，现场有 5 名工人，其中 3 人被炸死、2 人重伤，经济损失 4.3 万元（当时的价格）。事后检查压力表得知临爆炸时的压强为 3.6 MPa。

经调查，事故发生时，由于道生油等导热油的饱和蒸气压远小于水的饱和蒸气压，一旦有足量的水混入高温的导热油加热系统，骤然汽化的水蒸气会使系统的压力急剧上升，甚至迅即引起爆炸。这起事故就是高压釜夹套的积水顺着道生回流管进入高温导热油的加热炉，水在高温下急剧汽化产生高压引起的。

为了避免此类事故再次发生，可采取如下措施：采用导热油加热时，一定要严防水分进入高温的导热油加热系统。

第九节　干燥过程的安全技术

一、概述

干燥（或称为固体的干燥）是通过加热的方法使水分或其他溶剂汽化，借此来除去固体物料中湿分的操作。它是化工生产中一种必不可少的单元操作，该法去湿程度高，但过程及设备较复杂，能耗较高。

干燥按其操作压强可分为：常压干燥（操作压力为常压）和真空干燥（操作温度较低，蒸气不易外泄，故适宜于处理热敏性、易氧化、易爆或有毒物料以及产品要求含水量较低、要求防止污染及湿分蒸气需要回收的情况）。按操作方式可分为：连续干燥（工业生产中的主要干燥方式，其优点是生产能力大、热效率高、劳动条件好）和间歇干燥（投资费用低、操作控制灵活方便，能适应于多种物料，但干燥时间较长，生产能力小）。按热量供给的方式可分为：传导干燥、辐射干燥、介电加热干燥（包括高频干燥和微波干燥）和对流干燥。对流干燥又称为直接加热干燥。载热体（又称为干燥介质，如热空气和热烟道气）将热能以对流的方式传给与其直接接触的湿物料，以供给湿物料中溶剂或水分汽化所需要的热量，并将蒸气带走。干燥介质通常为热空气，因其温度和含湿量易调节，使得物料不易过热，且其生产能力较大，相对来说设备费较低，操作控制方便，应用最广泛；但其干燥介质用量大，带走的热量较多，热能利用率比传导干燥低。目前在化工生产中应用最广泛的是对流干燥，通常使用的干燥介质是空气，被除去的湿分是水分。

在化工生产中，由于被干燥物料的形状（如块状、粒状、溶液、浆状及膏糊状等）和性质（耐热性、含水量、分散性、黏性、酸碱度、防爆性及湿态等）都各不相同；生产规模或生产能力悬殊；对于干燥后的产品要求（含水量、形状、强度及粒径等）也不尽相同，所以采用的干燥方法和干燥器设备也就多种多样，每一类型的干燥器也都有其适应性和局限性。总体来说，干燥器应具有对被干燥物料的适应性强、设备的生产能力高、热效率高、设备系统的流动阻力小以及操作控制方便、劳动条件好等优点，当然，对于具体的某一台干燥器很难满足以上所有要求，但可以由此来评价干燥器设备的优劣。

二、危险性分析

1. 火灾或爆炸

干燥过程中散发出现的易燃蒸气或粉尘，同空气混合达到爆炸极限时，遇明火、炽热表面和高温即发生燃烧或爆炸；此外，干燥温度、干燥时间如果控制不当，可造成物料分解而发生爆炸。

2. 人身伤害

化工干燥操作处于高温、粉尘或有害气体的环境中，可造成操作人员发生中暑、烫伤、粉尘吸入过量以及中毒；此外，许多转动的设备还可能对人员造成机械损伤。因此，应设置必要的防护措施（如通风、防护罩等），并加强操作人员的个人防护（如戴口罩、手套等）。

3. 静电

一般干燥介质温度较高，湿度较低，在此环境中物料与气流，物料与干燥器器壁等容易产生静电，如果没有良好的防静电措施，就容易引发火灾或爆炸事故。

三、安全技术

（1）根据需要处理的物料性质与工艺要求，合理选择干燥方式与干燥设备。间歇式干燥，物料大部分依靠人力输送，操作人员劳动强度大，且处于有害环境中，同时由于一般采用热空气作为热源，温度较难控制，易造成局部过热物料分解甚至引起火灾或爆炸。而连续式干燥采用自动化操作，连续进行干燥，物料过热的危险性较小，且操作人员脱离了有害环境，所以连续干燥较间歇干燥安全，可优先选用。

（2）应严格控制干燥过程中物料的温度，干燥介质流量及进、出口温度等工艺条件。一方面要防止局部过热，以免造成物料分解引发火灾或爆炸事故；另一方面干燥介质的出口温度偏低，可导致干燥产品返潮，并造成设备的堵塞和腐蚀。特别是对于易燃易爆及热敏性物料的干燥，要严格控制干燥温度及时间，并应安装温度自动调节装置、自动报警装置以及防爆泄压装置。

（3）易燃易爆物料干燥时，干燥介质不能选用空气或烟道气，排气应采用具有防爆措施的设备（电机包含在设备里）。同时由于在真空条件下易燃液体蒸发速度快，干燥温度可适当控制低一些，防止由于高温引起物料局部过热和分解，可以降低火灾、爆炸的可能性，因此采用真空干燥比较安全。但在卸真空时，一定要注意使温度降低后才能卸真空。否则，空气的过早进入，会引起干燥物燃烧甚至爆炸。如果采用电烘箱烘烤散发易燃蒸气的物料时，电炉丝应完全封闭,箱上应安装防爆门。

(4)干燥室内不得存放易燃物,干燥器与生产车间应用防火墙隔绝,并安装良好的通风设备,一切非防爆型电器设备开关均应装在室外或箱外;在干燥室或干燥箱内操作时,应防止可燃性的干燥物直接接触热源,特别是明火,以免引起燃烧或爆炸。

(5)在气流干燥、喷雾干燥、沸腾床干燥以及滚筒式干燥中,多以烟道气、热空气为热源。必须防止干燥过程中所产生的易燃气体和粉尘同空气混合达到爆炸极限。在气流干燥中,物料由于迅速运动,相互激烈碰撞、摩擦易产生静电,因此,应严格控制干燥气速,并确保设备接地良好。对于滚筒式干燥应适当调整刮刀与筒壁间隙,并将刮刀牢牢固定,或采用有色金属材料制造刮刀以防产生火花。利用烟道气直接加热可燃物时,在滚筒或干燥器上应安装防爆片,以防烟道气混入一氧化碳而引起爆炸。同时,注意加料不能中断,滚筒不能中途停止回转,如有断料或停转应切断烟道气并通入氮气。

(6)常压干燥器应密闭良好,防止可燃气体及粉尘泄漏至作业环境中,并要定期清理设备中的积灰和结疤以及墙壁积灰。

(7)易燃易爆物料,应避免粉料在干燥器内堆积,否则会氧化自燃,引起干燥系统爆燃。同时,还应注意干燥辅助系统的粉料,如袋式过滤器或旋风分离器内,可能因摩擦产生静电,静电放电打出火花,引燃细粉料,也会引起爆燃,同样会给装置安全运行带来极大的危害。

此外,当干燥物料中含有自燃点很低及其他有害的杂质时,必须在干燥前彻底清除;采用洞道式、滚筒式干燥器干燥时,应有各种防护装置及联系信号以防止产生机械伤害。

☞【案例】

1995年,某厂干燥车间用真空干燥柜干燥废药时发生爆炸,事故没有造成人员伤亡,但却使338 m² 的厂房变成一片废墟,炸毁设备12台套,直接经济损失近50万元。

经过事故调查,该事故的直接原因是废药成分复杂、稳定性差(因为含有甲二醇二硝酸酯和三亚甲胺三硝胺等有机物,它们在低温时很稳定,而当温度超过60°C时就会自动分解放出甲醛并引起爆炸),在干燥过程中分解而产生爆炸。而当时的操作人员一个脱岗回家吃饭,另一人因故离岗,也是造成该起事故发生的另一个主要因素。

为了避免此类事故再次发生,可采取如下措施:
(1)加强操作人员的劳动纪律和安全生产教育;
(2)按操作规程严密监控操作温度;
(3)加强对操作人员的工艺过程及工艺物料的危险性认识培训。

第十节　蒸馏过程的安全技术

一、概述

均相混合物是化工生产中设计最多的一类混合物,其分离方法主要有吸收、蒸馏、萃取等。蒸馏是借助与液体混合物中各组分挥发能力的差异而达到分离的目的,它是分离液体混合物或能液化的气体混合物(如空气)的一种重要方法,是工业应用最广的传质分离操作,其历史也非常久远。蒸馏操作简单，技术成熟，可获得高纯度的产品。

蒸馏按物系的组分数可分为双组分(二元)蒸馏和多组分(多元)蒸馏;按操作方式可分为间歇蒸馏(主要用于实验室,小规模生产或某些有特殊要求的场合)和连续蒸馏(工业生产中常采用的操作,生产能力大);按塔顶操作压强可分为常压蒸馏、加压蒸馏和减压蒸馏,其中塔顶压力(绝对压力)<40 kPa的减压蒸馏又称为真空蒸馏;按分离程度可分为简单蒸馏、平衡蒸馏和精馏。简单蒸馏和平衡蒸馏只能使液体混合物得到有限分离,而精馏是采用多次部分汽化和多次部分冷凝的方法将混合物中组分进行较完全的分离,它是工业上最常用的一种分离方法。

蒸馏操作是通过汽化、冷凝达到提浓的目的。加热汽化要耗热,汽相冷凝则需要提供冷量,因此加热和冷却费用是蒸馏过程的主要操作费用。此外,对同样的加热量和冷却量,其费用还与载热体温位有关。对加热剂,其温位越高,单位质量加热剂越贵;而对冷却剂则是温位越低越贵。而蒸馏过程中液体沸腾温度和蒸汽冷凝温度均与操作压强有关,因此,加压或减压蒸馏一般用于以下情况:

1. 加压蒸馏

(1)常压下是混合液体,但其沸点较低(一般<40 ℃),如采用常压蒸馏其蒸气用一般的冷却水冷凝不下来,需用冷冻盐水或其他较昂贵的制冷剂,操作费用大大提高。此时采用加压操作可避免使用冷冻剂。

(2)混合物在常压下为气体,如空气,则通过加压或冷冻将其液化后蒸馏。

2. 减压蒸馏

(1)常压下沸点较高(一般>150 ℃),加热温度超出一般水蒸气的范围(<180 ℃),减压蒸馏可使沸点降低,以避免使用高温载热体。

(2)如果常压下蒸馏热敏性物料,组分在操作温度下容易发生氧化、分解和聚合等现象时,必须采用减压蒸馏以降低沸点。如 P－NCB、O－NCB 的分离。

总之,操作压强的选取还应考虑其组分间挥发性、塔的造价和传质效果的影响以及客观条件,做出合理选择。

二、危险性分析

1. 因溶剂及物料的挥发,存在中毒、火灾和爆炸危险

在化工生产中,蒸馏过程中产生的物料蒸气,大多数都是易燃、易爆、有毒的危险化学品,这些溶剂或物料的挥发或泄漏必将加大中毒、火灾和爆炸事故的发生概率。因此,应高度重视系统的密闭性以及耐腐蚀性。此外,还应注意控制尾气中溶剂及物料的浓度。

2. 传质分离设备运行故障

除了可能因为物料腐蚀造成设备故障外,由于气—液或液—液在传质分离内湍动,可能会造成部分内构件(如塔板、分布器、填料、溢流装置等)移位、变形,造成气—液或液—液分布不均、流动不畅,影响分离效果。

3. 传质分离设备的爆裂

真空(减压)操作时空气的漏入与物料形成爆炸性混合物,或者加压操作时系统压力的异常升高,都有可能造成传质分离设备的爆裂。

三、安全技术

(1)根据被分离混合物的性质,包括沸点、黏度、腐蚀性等,合理选择操作压强以及塔设备的材质与结构形式,这是蒸馏过程安全的基础。如对于沸点较高,在高温下蒸馏时又能引起分解、爆炸或聚合的物质(如硝基甲苯、苯乙烯等),采用真空蒸馏较为合适。

(2)蒸馏过程开车的一般程序是:首先开启冷凝器的冷却介质;然后通氮气进行系统置换至符合操作规定,若为减压蒸馏可启动真空系统,开启进料阀待塔釜液位达到规定值(一般不低于30%)后再缓慢开启加热介质阀门给再沸器升温。在此过程中注意控制进料速度和升温速度,防止过快。停车时,应首先关闭加热介质,待塔身温度降至接近环境温度后再停真空(只对减压操作)和冷却介质。

(3)采用水蒸气加热较为安全,易燃液体的蒸馏不能采用明火作为热源。

(4)蒸馏过程中需密切注意回流罐液位、塔釜液位、塔顶和塔底的温度与压强以及回流、进料、塔釜采出的流量是否正常(一旦超出正常操作范围应及时采取措施进行调整,避免出现液泛等非正常操作,继而引发物料溢出造成中毒、燃烧或爆炸事故)。否则,会有未冷凝蒸气逸出,使系统温度增高,分离效果下降,逸出的蒸气更可能引发中毒、燃烧甚至爆炸事故。对于凝固点较高的物料应当注意防止其凝结堵塞管道(冷凝温度不能偏低),使塔内压强增高,蒸气逸出而引起爆炸事故。

(5)对于高温蒸馏系统,应防止冷却水突然窜入塔内。否则水迅速汽化,致使塔内压力突然增大,而将物料冲出或发生爆炸。同时注意定期或及时清理塔釜的结焦等残渣,防止引发爆炸事故。

(6)确保减压蒸馏系统的密闭性良好。系统一旦漏入空气,与塔内易燃气混合形成爆炸性混合物,就有引起着火或爆炸的危险。因此,减压蒸馏所用的真空泵应安装单向阀,以防止突然停泵而使空气倒入设备。减压蒸馏易燃物质的排气管应通至厂房外,管道上应安装阻火器。

(7)蒸馏易燃易爆物质时,厂房要符合防爆要求,有足够的泄压面积,室内电机、照明等电器设备均应采用防爆产品,且应灵敏可靠,同时应注意消除系统的静电。特别是苯、丙酮、汽油等不易导电液体的蒸馏,更应将蒸馏设备、管道良好接地。室外蒸馏塔应安装可靠的避雷装置。应设置安全阀,其排气管与火炬系统相接,安全阀起跳即可将物料排入火炬烧掉。

(8)应防止蒸馏塔壁、塔盘、接管、焊缝等的腐蚀泄漏,导致易燃液体或蒸气逸出,遇明火或灼热的炉壁而发生燃烧、爆炸事故。特别是蒸馏腐蚀性液体更应引起重视。

(9)蒸馏设备应经常检查、维修,认真做好停车后、开车前的系统清洗、置换,避免发生事故。

【案例】

2005年11月13日,吉林某双苯厂因硝基苯精馏塔塔釜蒸发量不足、循环不畅,需排放该塔塔釜残液,降低塔釜液位,但在停硝基苯初馏塔和硝基苯精馏塔进料,排放硝基苯精馏塔塔釜残液的过程中,硝基苯初馏塔发生爆炸,造成8人死亡,60人受伤,其中1人重伤,直接经济损失6908万元。同时,爆炸事故造成部分物料泄漏并通过雨水管道流入松花江,引发了松花江水污染事件。

经过事故调查，该事故的直接原因是操作工在停硝基苯初馏塔进料时，没有将应关闭的硝基苯进料预热器加热蒸气阀关闭，导致硝基苯初馏塔进料预热期长时间超温；恢复进料时，操作工根据操作规程按先进料、后加热的顺序进行，使进料预热器温度再次出现升温。7 min 后进料预热器温度就超过 150 ℃的量程上限。这时启动硝基苯初馏塔进料泵，温度较低的粗硝基苯(26 ℃)进入超温的进料预热器后，出现突沸并产生剧烈振动，造成预热器及进料管线法兰松动，密封出现不严，空气吸入系统内，空气和突沸形成的气化物被抽入负压运行的硝基苯初馏塔，引发硝基苯初馏塔爆炸。随即又引发苯胺装置相继发生 5 次较大爆炸，造成塔、罐及部分管线破损、装置内罐区围堰破损，部分泄漏的物料在短时间内通过下水井和雨水排入口流入松花江，造成松花江水体污染。

为了避免此类事故再次发生，可采取如下措施：
(1)严格按照操作规程进行操作；
(2)加强装置的开、停车操作训练；
(3)做好事故预案；
(4)设置必要的防护措施(如围堰、泄漏收集池等)，防止事故的扩大。

思考题

1.压缩机的安全操作要点。
2.冷却、冷凝的主要安全要点。
3.氧化剂的干燥能否采用电加热的方式？为什么？
4.分析工业常用冷冻剂氨、氟利昂(如氟利昂 –11)、乙烯及丙烯的固有危险性。
5.混合的主要安全要点。
6.干燥的主要安全要点。
7.分析过滤的主要危险性。
8.分析蒸馏过程的主要危险性。
9.加压蒸馏的主要安全要点。
10.减压蒸馏的主要安全要点。

第四章

压力容器安全技术

压力容器泛指工业上盛装用于进行某个生产工艺过程(如储存、分离、传热、反应和传质等)的液体或气体,并能承载一定压力范围的封闭容器,如锅炉、储罐、高压锅等。压力容器一般由封头、壳体、密封元件、开孔(人孔、手孔、视镜孔)与物料进出口接管、安全阀、测温计、液位计、流量计和支座等组成,广泛用于化工、石油炼制、能源、医药、机械、冶金、轻纺、国防等工业领域。

第一节 压力容器概述

(一)压力容器的分类

压力容器的分类方法很多,我国国家质量监督检验检疫总局在《固定式压力容器安全技术监察规程》(TSG 21—2016)中提出了压力容器的综合分类方法。其既考虑容器设计压力(p,单位 MPa)与容积(V,单位 m^3)乘积大小,又考虑介质危险性以及容器在生产过程中的作用,将压力容器分为三类:

(1)第Ⅲ类压力容器:包括高压容器;中压容器(仅限毒性程度为极度和高度危害介质);中压储存容器(仅限易燃或毒性程度为中度危害介质,且 $p \cdot V \geq 10$ MPa · m^3);中压反应容器(仅限易燃或毒性程度为中度危害介质,且 $p \cdot V \geq 0.5$ Pa · m^3);低压容器(仅限毒性程度为极度和高度危害介质,且 $p \cdot V \geq 0.2$ MPa · m^3);高压、中压管壳式余热锅炉;中压搪瓷玻璃压力容器;使用强度级别较高(指相应标准中抗拉强度规定值下限 ≥ 540 MPa)的材料制造的压力容器;移动式压力容器,包括铁路罐车(介质为液化气体、低温液体)、罐式汽车和罐式集装箱(介质为液化气体、低温液体)等;球形储罐($V \geq 50$ m^3);低温液体储存容器($V > 5$ m^3)。

(2)第Ⅱ类压力容器:包括中压容器;低压容器(仅限毒性程度为极度和高度危害介质);低压反应容器和低压储存容器(仅限易燃介质或毒性程度为中度危害介质);低压管壳式余热锅炉和低压搪瓷玻璃压力容器。

(3)第Ⅰ类压力容器:除上述规定以外的低压容器为第Ⅰ类压力容器。

按承压方式可分为:内压容器与外压容器。内压容器按设计压力(p)可分为四个等级。低压容器(代号L):0.1 MPa $\leq p <$ 1.6 MPa;中压容器(代号M):1.6 MPa $\leq p <$ 10.0 MPa;高

压容器(代号 H)：10 MPa≤p<100 MPa；超高压容器(代号 U)：p≥100 MPa。

按压力容器用途可分为：反应压力容器(代号 R)，用于完成介质的物理、化学反应，如合成塔、聚合釜、反应器等；换热压力容器(代号 E)，用于完成介质热量交换，如加热器、冷却器等；分离压力容器(代号 S)，用于完成介质流体压力平衡、分离、气体净化等，如缓冲器、洗涤塔、集油器、分离器等；储存压力容器(代号 C，其球罐代号 B)，用于储存、盛装气体、液体、液化气体等介质，如槽车、储罐等。

按安装方式可分为：固定式压力容器，安装在固定位置，但对于为了某一特定用途、仅在装置或者厂区内部搬动、使用的压力容器，以及移动式空气压缩机的储气罐按照固定式压力容器进行监督；移动式压力容器，由罐体或者大容积钢质无缝气瓶(简称气瓶)与走行装置或者框架采用永久性连接组成的运输装备，包括铁路罐车、汽车罐车、长管拖车、罐式集装箱和管束式集装箱等，在使用安全上有其特殊要求。

(二)压力容器的安全附件

根据压力容器的使用特点以及内部介质的化学特性，确保压力容器的使用安全，在容器上设置安全附件十分必要。安全附件包括安全阀、爆破片、紧急切断装置、压力表、液位计、温度测量仪表、易熔塞等。

压力容器的安全附件按使用性能或用途可分为四种：①泄压装置，压力容器超过设定压力时能自动释放压力的装置，如安全阀、爆破片、爆破帽和易熔塞等。②计量装置，能自动显示压力容器运行过程中与安全有关的工艺参数的器具，如压力表、温度计、液位计等。③报警装置，在运行过程中出现不安全因素而导致容器处于危险状态时能自动发出声响或其他明显报警信号的仪器，如压力报警器、温度检测仪。④联锁装置，为了避免误操作而设置的控制装置，如联锁开关、连动阀等。

安全阀：当压力容器处在正常工作压力时保持严密不漏；而一旦超过规定压力，能自动迅速排放容器内介质，使容器内的压力保持在最高允许范围之内。安全阀可分为杠杆式安全阀、弹簧式安全阀和脉冲式安全阀。通常情况下，安全阀应尽可能安装在容器本体上，如液化气要装在气相部位，同时要考虑到排放的安全。

爆破片(也称防爆膜)：是一种断裂型安全装置，具有密封性能好、泄压响应迅速等特点。通常使用在高压、无毒的气瓶上，如空气、氮气瓶。气瓶上的爆破片压力设置一般取大于气瓶充装压力，且小于气瓶设计最高温升压力。

爆破帽：超过规定压力时其薄弱部位发生断裂，释放出介质以减压。爆破后不可再用，须更换。

易熔塞：是利用装置内的低熔点合金在较高的温度下即熔化、打开通道使气体从原来填充的易熔合金的孔中排放出来泄放压力。特点是结构简单，易更换，由熔化温度而确定的动作压力较易控制。一般用于气体压力不大、完全由温度的高低来确定的容器，如使用在低压液化气、氯气钢瓶上的易熔塞的熔化温度为 65 ℃。

安全阀开启排放过高压力后可以自行关闭，容器和装置可以继续使用。而爆破片、易熔塞排放过高压力后不能继续使用，容器和装置也得停止运行。在选择使用安全阀或易熔塞时，要考虑安全排放量，爆破片要考虑到泄放面积、厚度的计算等。

安全阀与爆破片装置的组合：有安全阀与爆破片装置并联组合、安全阀进口和容器之间串联安装爆破片装置、安全阀出口侧串联安装爆破片装置三种组合方式。

紧急切断阀、减压阀：紧急切断阀通常与截止阀串联安装在紧靠容器的出口管道上，以便在管道发生大量泄漏时能紧急止漏；一般还具有过流闭止及超温闭止的性能。减压阀间隙小，介质通过时产生节流，压力下降，用于将高压流体输送到低压管道。

压力表：用以显示压力容器中介质压力的仪表。分为弹簧式压力表和隔膜式压力表。弹簧式压力表适用于一般性介质的压力容器，而隔膜式压力表适用于腐蚀性介质的压力容器。

温度计、液位计：温度计用来显示压力容器中介质的温度，对于需要控制壁温的容器，还必须安装测量壁温的温度计。液位计(也称液面计)是用来观察和显示容器内液位位置变化的仪器。特别是对于盛装液化气体的容器，必须装置液位计以确保安全。

(三)压力容器的安全状况等级

压力容器的安全状况划分为五个等级：

1. 1级

压力容器出厂技术资料齐全，设计、制造质量符合有关法规和标准的要求；在法规规定的定期检验周期内，在设计条件下能安全使用。

2. 2级

新压力容器：出厂技术资料齐全；设计、制造质量基本符合有关法规和标准的要求，但存在某些不危及安全，且难以纠正的缺陷；出厂时已取得设计单位、使用单位和用户所在地劳动部门锅炉压力容器安全监察机构同意。在法规规定的定期检验周期内，在设计条件下能安全使用。

在用压力容器：出厂技术资料基本齐全；设计、制造质量基本符合有关法规和标准的要求；根据检验报告，存在某些不危及安全但可不修复的一般性缺陷，在法规规定的定期检验周期内，在规定的操作条件下能安全使用。

3. 3级

新压力容器：出厂技术资料基本齐全；主体材料、强度、结构基本符合有关法规和标准的要求，但制造时存在的某些不符合法规和标准的问题或缺陷；出厂时已取得设计单位、使用单位和使用单位所在地安全监察机构同意；在规定的定期检验周期内，在设计规定的操作条件下能安全使用。

在用压力容器：出厂技术资料不齐全；主体材料、强度、结构基本符合有关法规和标准的要求；制造时存在的某些不符合法规和标准的问题或缺陷，如焊缝存在超标的体积性缺陷，根据检验报告，未发现缺陷发展或扩大；其检验报告确定在规定的定期检验周期内，在规定的操作条件下能安全使用。

4. 4级

出厂技术资料不全。主体材料不符合有关规定，或材质不明，或虽选用正确，但已有老化倾向；强度经校核尚满足使用要求；主体结构有较严重的不符合有关法规和标准的缺陷，根据检验报告，未发现由于使用因素而发展或扩大，焊接质量存在线性缺陷；在使用过程中造成的腐蚀、磨损、损伤、变形等缺陷，其检验报告确定为不能在规定的操作条件下，按法规规定的检验周期安全使用；对经安全评定的，其评定报告确定为不能在规定的操作条件下，按法规规定的检验周期内安全使用，必须采取有效措施，进行妥善处理。改善安全状况等级，否则只能在限定的条件下使用。

5. 5 级

缺陷严重，难于或无法修复，无修复价值或修复后仍难以保证安全使用的压力容器，应予以报废。

安全状况等级中所述缺陷，是指该压力容器最终存在的状态。如缺陷已消除，则以消除后的状态确定该压力容器的安全状况等级。技术资料不全的，按有关规定补充后，并能在检验报告中作出结论的，则可按技术资料基本齐全对待。

安全状况等级中所述的问题与缺陷，只要具备其中之一，即可确定该压力容器的安全状况等级。

(四)压力容器的定期检验

1. 检验周期和内容

压力容器的定期检验包括：外部检验、内外部检验和全面检验。

外部检验可以在压力容器运行过程中进行，每年至少检验一次，检验内容包括：①压力容器的筒体、接口部位、焊接接头等的裂纹、过热、变形、泄漏等；②外表面的腐蚀，保温层破损、脱落、潮湿、跑冷；③检漏孔、信号孔的漏液、漏气，疏通检漏管，排放(疏水、排污)装置；④压力容器与相邻管道或构件的异常振动、响声，相互摩擦；⑤安全附件检查；⑥支承或支座的损坏，基础下沉、倾斜、开裂，紧固件的完好情况；⑦运行的稳定情况，安全状况等级为 4 级的压力容器监控情况。

内外部检验是在压力容器停运时检验，每隔 3 年至少检验一次，其检验内容：①外部检验的全部项目；②结构检验，重点检查的部位有筒体与封头连接处、开孔处、焊缝、封头、支座或支承、法兰、排污口；③几何尺寸，凡是有资料可确认容器几何尺寸的，一般核对其主要尺寸即可，对在运行中可能发生变化的几何尺寸，如筒体的不圆度、封头与筒体鼓胀变形等，应重点复核；④表面缺陷，主要有腐蚀与机械损伤、表面裂纹、焊缝咬边、变形等，应对表面缺陷进行认真的检查和测定；⑤壁厚测定，测定位置应有代表性，并有足够的测定点数；⑥材质，确定主要受压元件材质是否恶化；⑦保温层、堆焊层、金属衬里的完好情况；⑧焊缝埋藏缺陷检查；⑨安全附件检查；⑩紧固件检查。

全面检验也是在压力容器停运时检验，每隔 6 年至少检验一次，其检验内容包括内、外部检验的全部项目、焊缝无损探伤和压力试验。

2. 压力试验

压力容器的耐压试验(包括液压试验和气压试验)和气密性试验，应在内外部检验合格后进行。

液压试验是以液体(一般为水)为介质对压力容器进行的压力试验。其目的是在容器制成或者检修后发现容器制造或检修后的潜在缺陷，检查容器是否有渗漏或异常变形，考核容器的宏观强度，保证在设计压力下能承载安全运行所必需的压力。

液压试验的部位、试验温度、试验压力和介质要求等在图样上都有明确规定。液压试验的压力 P_t：①内压容器 $P_t = 1.25p \times [\sigma]/[\sigma]t$，其中 p 为最高工作压力；$[\sigma]/[\sigma]t$ 为各元件材料比值最小者。②外压容器 $P_t = 1.25p$。

液压试验程序：①准备工作完成后先充水，直至容器内气体排尽，并擦干容器表面的水渍。②试验时，压力应缓慢上升至设计压力，确认无泄漏后升压至规定的试验压力，稳压30 min，然后将压力降至试验压力的80%，并保持足够长的时间对所有焊缝和连接部位进行检查。③试验中，如发现有渗漏，有异常响声，压力下降，加压装置发生故障等不正常现象时，应立即将压力缓慢降至零并停止试验，查明原因，消除隐患后方可进行。④合格要求：试验过程中无异常响声、无可见异常变形、焊缝及连接部位无渗漏。

气压试验是采用气体对压力容器进行的耐压试验。由于结构或支承件负载能力的限制，或不能向容器内充水或其他液体、或不允许残留试验液体的压力容器，可采用气压试验。试验压力为设计压力(新制造的)或最高工作压力(在用的)的1.15倍。

气密性试验是指为防止压力容器发生泄漏而进行的以气体为加压介质的致密性试验的一种。对气体管道(如天然气管道、煤气管道)的各连接部位，内盛介质毒性程度为极高、高度危害，或设计上不允许有微量泄漏的压力容器，气密性试验必须强制进行。另外，更换密封元件后也必须强制进行气密性试验。压力容器按以下检测方法进行气密性试验。

(1)应在液压试验合格后进行气密性试验。对设计要求做气压试验的压力容器，气密性试验可与气压试验同时进行，试验压力应与气压试验的压力相同。

(2)压力容器如果用碳素钢和低合金钢制成，其试验用气体温度应≥5℃，其他材料制成的压力容器应按设计规定执行。

(3)用于气密性试验的气体，宜采用干燥、清洁的空气、氮气或其他惰性气体。

(4)安全附件安装齐全后，才能进行气密性试验。

(5)试验过程中压力应缓慢上升，达到规定压力后保持10 min，然后降至设计压力，用肥皂水涂刷所有焊缝和连接部位，以无泄漏为合格。如有泄漏，修补后重新进行液压试验和气密性试验。

气密性试验是针对液体管道(如给水管道、采暖管道)的试验压力应满足下列要求：

①设计压力<5 kPa时，试验压力应为20 kPa。

②设计压力≥5 kPa时，试验压力应为设计压力的1.15倍，且不得小于0.1 MPa。

③试验时的升压速度不宜过快。对设计压力<0.8 MPa的管道进行试压，压力缓慢上升到试验压力的30%和60%时，应分别停止升压，稳压30 min，并检查系统有无异常情况，如无异常则继续升压。管内压力升至严密试验压力后，待温度、压力均稳定后开始记录。

④气密性试验稳压的持续时间应为24 h，每小时记录不应少于1次，当修正压力降<133 Pa为合格。修正压力降应按下式确定：

$$\Delta P = (H_1 + B_1) - (H_2 + B_2)(273 + T_1)/(273 + T_2)$$

式中：ΔP 为修正压力降，Pa；H_1、H_2 为试验开始和结束时的压力计读数，Pa；B_1、B_2 为试验开始和结束时的气压计读数，Pa；T_1、T_2 为试验开始和结束时的管内介质温度。

⑤所有未参加气密性试验的设备、仪表、管件，应在气密性试验合格后进行复位，然后按设计压力对系统升压，应采用发泡剂检查设备、仪表、管件及其与管道的连接处，不漏为合格。

综上所述，压力容器一般应当于投用后3年内进行首次定期检验。下次的检验周期，由检验机构根据压力容器的安全状况等级，按照以下要求确定：

(1)安全状况等级为1、2级的，一般每6年检验一次；

(2)安全状况等级为3级的，一般3~6年检验一次；

（3）安全状况等级为 4 级的，应当监控使用，其检验周期由检验机构确定，累计监控使用时间不得超过 3 年；

（4）安全状况等级为 5 级的，应当对缺陷进行处理，否则不得继续使用；

（5）压力容器安全状况等级的评定按照《压力容器定期检验规则》（TSG R7001—2013）进行，符合其规定条件的，可以适当缩短或者延长检验周期。

（五）压力容器安全管理

1. 安全管理基础工作

压力容器安全管理的基础工作主要包括：压力容器的选购与验收、安装与调试、技术档案、使用登记和统计报表等。

（1）选购与验收。

选用压力容器的总体要求是满足生产工艺需要、技术上先进、检修方便、安全性能可靠，同时也要考虑到经济性和安装位置的适应性。选择的注意事项：必须根据容器的用途与工作压力确定主体结构形式和压力容器的压力等级；按照生产工艺和介质特性、操作温度的高低以及保证产品质量要求选用主体材质；依据生产能力大小，确定压力容器的容积；保障使用安全，必须考虑选用合适的安全泄压装置，测温、测压仪器（表）、自控装置和报警装置。

验收工作主要有两方面内容：一是验收制造单位出厂技术资料是否齐全、正确，且符合购置要求；二是验收压力容器产品质量。主要是检查产品铭牌是否与出厂技术资料相吻合；依据竣工图对实物进行质量检查；检查随机备件、附件质量与数量以及规格型号是否满足需要。

（2）安装与调试。

压力容器使用前需要进行安装与调试。安装时应注意接管的方位与安装螺栓相对应，尽量做到一次吊放就位。及时做好容器内部构件安装质量、固定螺栓的紧固、管线及梯子、平台等与容器相接部件的施焊质量、保温层施工质量及安全附件调试、装设正确与否的检查记录。

（3）技术档案。

压力容器技术档案是压力容器设计、制造、使用、检修全过程的文字记载，通过它可以使容器的管理人员和操作人员掌握设备的结构特征、介质参数和缺陷的产生及发展趋势，防止由于盲目使用而发生事故。另外，档案还可以用于指导容器的定期检验以及修理、改造工作，也是容器发生事故后，用以分析事故原因的重要依据之一。压力容器的技术档案包括容器的原始技术资料（容器的设计资料和容器的制造资料），容器使用情况记录资料（容器运行情况记录、容器检验和修理记录、安全附件技术资料）。

（4）使用登记。

压力容器的使用单位，在压力容器投入使用前，应按劳动部门颁发的《压力容器使用登记管理规则》的要求，逐台申报和办理使用登记手续，取得使用证，才能将容器投入运行。固定式容器的使用单位，必须向市地级锅炉压力容器安全监察机构申请和办理使用登记手续；超高压容器和液化气体罐车的使用单位，必须向省级锅炉压力容器机构申请和办理使用登记手续。

（5）统计报表。

压力容器统计报表主要有三种：①压力容器年报表。统计当年某一确定时间处于使用状态的压力容器具体数量、类别及用途情况，报给上级主管部门。②反映压力容器检验和修理情况的统计报表。其中包括当年定期检验计划及实际检验情况和下年的定期检验计划和修理台数的统计。③反映压力容器利用情况的统计报表。主要用来反映压力容器开车时间及能力利用指标。

2. 安全管理工作的内容与要求

使用单位对压力容器安全管理工作的主要内容与要求如下：

（1）使用单位的技术负责人（主管厂长或总工程师）必须对压力容器的安全技术管理负责，并根据设备的数量和对安全性能的要求，设置专门机构或指定专业技术人员具体负责容器的安全工作。

（2）使用单位必须贯彻压力容器有关的规程、规章和技术规范，编制本单位压力容器的安全管理规章制度及安全操作规程。

（3）使用单位必须持压力容器有关的技术资料到当地锅炉压力容器安全监察机构逐台办理使用登记手续，建立压力容器技术档案，并管理好有关的技术资料。

（4）使用单位应编制压力容器的年度定期检验计划，并负责组织实施。每年年底应将当年检验计划完成情况和第二年度的检验计划报到主管部门和当地质量技术监督行政部门。

（5）使用单位应做好压力容器运行、维修和安全附件校验情况的检查，做好压力容器校验、修理、改造和报废等的技术审查工作。压力容器受压部件的重大修理、改造方案应报当地锅炉压力容器安全监察机构审查批准。

（6）发生压力容器爆炸及重大事故的单位，应迅速报告主管部门和当地质量技术监督行政部门，并立即组织或积极协助调查，根据调查结果填写事故调查报告书，报送有关部门。

（7）使用单位必须对压力容器校验、焊接和操作人员进行安全技术培训，经过考核，取得合格证后，方准上岗操作。

3. 压力容器安全管理制度

压力容器的使用单位应根据单位的生产特点制定相应的压力容器安全管理制度，主要包括：①各级岗位责任制。②基础工作管理制度。诸如压力容器选购与验收、安装与调试、使用登记、备件管理、操作人员培训及考核、技术档案管理和统计报表等制度。③使用过程中的管理制度。

使用过程中的主要管理制度：①压力容器定期检验制度。②压力容器修理、改造、检验、报废的技术审查和报批制度。③压力容器安装、改造、移装的竣工验收和安全检查制度。④（操作岗位）交接班制度。⑤压力容器维护保养制度。⑥安全附件校验与修理制度。⑦压力容器紧急情况处理制度。⑧压力容器事故报告与处理制度。

4. 安全操作规程

压力容器安全操作规程的主要内容：①压力容器的操作工艺控制指标，包括最高工作压力、最高或最低工作温度、压力及温度波动幅度的控制值、介质成分特别是有腐蚀性的成分控制值等。②压力容器岗位操作方法，开、停车的操作程序和注意事项。③压力容器运行中日常检查的部位和内容要求。④压力容器运行中可能出现的异常现象的判断和处理方法以及防范措施。⑤压力容器的防腐措施和停用时的维护保养方法。⑥压力容器常见事故紧急救援预案。

5. 压力容器安全操作

(1)使用单位在压力容器投入使用前，应按照《压力容器使用登记管理规则》的有关要求，到质量技术监察机构或授权部门逐台办理使用登记手续。

(2)压力容器内部有压力时，不得进行任何维修；需要带温带压紧螺栓时，或出现泄漏需进行带压堵漏时，必须按设计规定制定有效的操作要求采取防护措施；作业人员应经专业培训持证操作，并经技术负责人批准；在实际操作时，应派专业技术人员进行现场监督。

(3)压力容器操作人员必须取得当地质量技术监督部门颁发的压力容器操作人员合格证后，方可独立承担压力容器的操作。操作人员应定期进行专业培训与安全生产教育，培训考核工作由市级质量技术监督机构或授权部门负责。严格按操作规程操作，掌握处理一般事故的方法，认真填写有关记录。

(4)压力容器要平稳操作。容器开始加载时，速度不宜太快，特别是承受压力较高的容器，加压时需分阶段进行，并在各阶段保持一定时间，然后再继续增压，直至规定压力。高温容器或工作温度较低的容器，加热或冷却时都应缓慢进行，以减小容器壳体温差应力。有些间断操作的容器会造成温度、压力的大幅度变化，这些是工艺要求决定的，在设计时虽作了考虑，但操作时应力求缓慢进行。另外，对于有衬里的容器，若降温、降压速度过快，有可能造成衬里鼓包，对于固定管板式热交换器，温度会发生大幅度急剧变化，导致管子与管板的连接部位受到损伤。

容器运行期间，还应尽量避免压力、温度的频繁和大幅度波动。因为压力、温度的频繁波动，会造成容器的疲劳破坏。尽管设计上要求容器结构连续，但在接管、转角、开孔、支撑部位、焊缝等处是不连续的，这些区域在交变载荷作用下产生的局部峰值应力往往超过材料的屈服强度，产生塑性变形。尽管一次的变形量极小，但在交变载荷作用下，会产生裂纹或使原有裂纹扩展，最终导致疲劳破裂。

(5)严格控制工艺参数，严禁压力容器超压运行。为防止由于操作失误而造成容器超温、超压，可实行安全操作挂牌制度或装设联锁装置。容器装料时避免过急过量；使用减压装置的压力容器应密切注意减压装置的工作状况；液化气体严禁超量装载，并防止意外受热；随时检查压力容器安全附件的运行情况，保证其灵敏可靠。严禁带压拆卸压紧螺栓。

(6)坚持压力容器运行期间的巡回检查，及时发现操作中或设备上出现的不正常状态，并采取相应的措施进行调整或消除。

(7)压力容器发生下列异常现象之一时，操作人员应立即采取紧急措施，按规定的报告程序，及时向有关部门报告。

①压力容器工作压力、介质温度或壁温超过规定值，采取措施后仍不能得到有效控制的。

②压力容器的主要受压元件发生裂缝、鼓包、变形、泄漏等危及安全现象的。

③安全附件失效，过量充装的。

④接管、紧固件损坏，难以保证安全运行的。

⑤发生火灾等直接威胁到压力容器安全运行的。

⑥压力容器液位超过规定，采取措施后仍不能得到有效控制的。

⑦压力容器与管道发生严重振动，危及安全运行的。

6. 容器的维护保养

(1)保持完好的防腐层。工作介质对材料有腐蚀作用的容器,常采用防腐层来防止介质对器壁的腐蚀,如涂漆、喷镀或电镀、衬里等。如果防腐层损坏,工作介质将直接接触器壁而产生腐蚀,所以要常检查,保持防腐层完好无损。若发现防腐层损坏,即使是局部的,也应该先经修补等妥善处理以后再继续使用。

(2)消除产生腐蚀的因素。有些工作介质只有在某种特定条件下才会对容器的材料产生腐蚀。因此要尽力消除这种能引起腐蚀的,特别是应力腐蚀的条件。例如,一氧化碳气体只有在含有水分的情况下才可能对钢制容器产生应力腐蚀,应尽量采取干燥、过滤等措施;碳钢容器的碱脆需要具备温度、拉伸应力和较高的碱液浓度等条件,介质中含有稀碱液的容器,必须采取措施消除使稀液浓缩的条件,如接缝渗漏、器壁粗糙或存在铁锈等多孔性物质等;盛装氧气的容器,常因底部积水造成水和氧气交界面的严重腐蚀,要防止这种腐蚀,最好将氧气经过干燥,或在使用中经常排放容器中的积水。

(3)消灭容器的"跑、冒、滴、漏",经常保持容器的完好状态。"跑、冒、滴、漏"不仅浪费原料和能源,污染工作环境,还常常造成设备的腐蚀,严重时还会引起容器的破坏事故。

(4)加强容器在停用期间的维护。对于长期或临时停用的容器,应加强维护。停用的容器,必须将内部的介质排除干净,腐蚀性介质要经过排放、置换、清洗等技术处理。要注意防止容器的"死角"积存腐蚀性介质。

要经常保持容器的干燥和清洁,防止大气腐蚀。实验证明,在潮湿的情况下,钢材表面有灰尘、污物时,大气对钢材才有腐蚀作用。

(5)经常保持容器的完好状态。容器上所有的安全装置和计量仪表,应定期进行调整校正,使其始终保持灵敏、准确;容器的附件、零件必须保持齐全和完好无损,连接紧固件残缺不全的容器,严禁无人运行。

(6)压力表的维护。压力表在使用过程中要保证表盘玻璃洁净、清晰,表内指针所指示的压力易见。对于无法看清或玻璃破损的表盘要及时更换,对压力表指示数值有疑问时,要及时对表进行校准,不合格便立刻更换,更换时应注意压力表的精度和量程是否符合标准规范的要求。压力表应按规定定期进行校验。

(7)安全阀的维护。阀体与弹簧等被污物沾满、锈蚀时,应及时清理以保证安全阀处于洁净状态。当发现安全阀有泄漏迹象时,要及时检修或更换。更换时应留意安全阀的选型是否满足要求。定期对安全阀进行手提排气实验,以确定安全阀是否处于正常状态。应交由具备安全阀相应资质的安全阀校验人员进行校验。在现实的生产中,安全阀在容器中的作用往往被忽略,但其在保证设备的安全性和经济效益方面有着极其重要的作用。

(8)其他零件的维护。容器中的其他附件必须保证完整。对于连接紧固件安装不完整的容器无法正常投入使用,国内曾多次发生由于连接紧固件不全或损坏而导致的事故,甚至在压力试验阶段因为连接件的装配不完整而引发相应的事故。在生产过程中,容器中由于一些端盖需经常拆卸和安装,操作人员便只装入部分螺栓进行回装和固定,由于部分螺栓密封性不好便加大对螺帽的上紧,常常会导致螺栓的拉断,造成端盖飞出引发爆炸。对于每次拆卸下的螺栓要进行清洗、检测,合格后方可再次使用,对于不合格的要及时更换。

7. 压力容器的维修

对容器进行正确的维修可以延长其使用寿命,减少因设备损坏造成的损失。在维修、改造容器前，应仔细查验所需维修、改造部位的性质、缺陷、特点以及范围和产生原因，并征得具备相应资质的设计单位的同意，满足现行规范和标准要求的方案，在所在地特种设备安全监督管理和检验机构办理相关手续后，方可进行维修、改造的实施。容器在维修或改造后应按照设计文件对其进行相应的检测和实验，如无损检测、耐压实验和气密性实验等。维修和改造后的设备须经所在地的检验机构监督检验，合格后方可交付使用单位投入使用。压力容器的维修可分为事后维修、检查后维修和计划检验维修。

事后维修是指当容器自身突发故障或使用时间过长致使性能严重老化，使容器局部出现损坏、缺陷、泄漏等导致生产无法正常进行，只得紧急停机进行抢修。这样的维修方式具有极大的危险性，工艺也较为复杂。

检查后维修通常是在容器运行过程中，操作或检修人员发现容器有无法确定的状况，采取了停车检修的方式。这种维修方式对于操作或检修人员的操作技能和责任心都有较高的要求。通常在容器的检修中也不是最佳方式。

计划检验维修是根据容器运行特点，有周期、有计划、有目的地停车检修，查出其中隐藏的问题，在使用中发生事故前对问题进行处理，恢复其性能，延长其使用寿命。这种检修方式适用于需要进行强制计划检修的容器。在维修前要做好充分的准备工作，以保证质量、配合生产，安排合理检修计划。这对一个工厂进行平稳生产、提高容器使用率，以及保证生产过程的安全、产品的质量等都发挥了现实的意义。

（六）压力容器事故处理

1. 压力容器事故类型

压力容器事故按照压力容器自身的损坏程度可分为：一般事故、重大事故和爆炸事故三类。

（1）一般事故是指压力容器损坏程度比较轻，修理时不需要将其停止使用的事故。

（2）重大事故是指压力容器的受压部件或附件损坏比较严重，导致不得不马上停止使用进行修理的事故。

（3）爆炸事故是指压力容器在使用时表面发生破裂，在破裂的瞬间压力容器内的压力与大气环境压力持平后发生爆炸或者压力容器内的物质泄漏被点燃发生爆炸的事故。

2. 压力容器事故原因分析

造成各类压力容器事故的原因有很多，问题有可能存在于从压力容器的设计到使用的某个步骤中，以下是几类常见事故的原因：

（1）设计原因。压力容器在设计时没有严格按照国家规定的压力容器设计标准和设计规范，采用一些安全性较差或结构不合理的设计。例如，在支座的选型上选择不当，封头和筒体连接时选用不合理的角接或搭接，压力容器选用材质不符合安全标准，受压部件抗压力不足等。

（2）制作原因。压力容器的制作操作和流程没有按照要求完成，焊接工艺粗糙，导致压力容器表面出现未焊透、未融合、气孔、夹渣、焊缝缺陷等焊接缺陷问题。

（3）安装原因。一些大型的压力容器需要运送到使用现场再进行安装，但因为现场条件差、安装人员技术不专业，导致出现进行焊接时焊条仍未烘干或者进行强制组装等问题。

（4）使用原因。操作人员工作时没有严格遵守压力容器操作规范，进行违规操作，例如，不按标准的程序开、停车等。

（5）检验、修理原因。检验时没有按照《固定式压力容器安全技术监察规程》的规定进行，或者没有做定期检验，压力容器超过使用期限仍在服役，修理时改变了容器结构等。

（6）安全附件原因。容器的安全附件失灵或设置不完善。

（7）安全管理原因。没有贯彻安全生产原则，没有严格按照工作现场规章制度进行管理，或进行违章指挥等。

3. 压力容器安全管理控制

一般来说，压力容器事故都发生在其使用期间，因此要减少在用压力容器发生事故的机会，就要加强对压力容器的使用、操作、开停车等流程的管理力度，以确保压力容器能够持续、安全地运行，将事故发生概率控制到最低。以下就来阐述几个压力容器安全管理控制的关键点：

（1）提高安全管理人员的管理水平。应根据压力容器使用现场的安全管理人员的管理水平和人员变动情况，不定期对管理人员进行安全管理教育和专业技能培训，以做到从知识、仪式、技术上都能得到提升，从而提高安全管理水平。

（2）定期检验和维护保养。应由专业检验人员和维护人员分别定期对压力容器进行全面检验和维护保养，检验后要记录其检查使用情况和发现的缺陷问题。另外，要对压力容器的使用期限、安全附件有没有通过校验、操作人员有没有持证上岗等安全隐患进行仔细检查，如发现问题应及时处理。

（3）综合治理策略。

①严格按照安全操作规范。在压力容器使用时，操作人员必须按照现场的生产要求，根据容器的设计参数进行开、停车等容器操作，认真填写压力容器的使用记录，安全管理人员要定时进行定点定线的安全检查，如发现问题应根据事件的轻重进行处理，如有必要可以对压力容器进行紧急停用，并通知维护修理人员马上进行修理。

②严格控制工艺参数。压力容器从设计到使用的过程十分复杂，难免会出现一定的工艺缺陷，而且用现有的检测手段是难以检测出来的。再加上长期使用和盛载物质的影响，这些缺陷很可能会被不断扩大。在压力容器运作时如果使用超过设计参数，则很容易会导致压力容器因难以承受而发生事故。因此我们在压力容器的使用中，必须严格按要求把运作参数控制在一定范围内，以保证压力容器在其使用期限内不会因为工艺缺陷而发生事故。

③稳定工艺操作。在压力容器的使用期间，其温度、压力会发生频率高、幅度较大的波动，从而对压力容器的受压部位和材质寿命产生不利影响，特别是对于接管、开孔、转角、焊缝等部位，容易产生峰值应力，当该部位材料超过承受极限时，材料内部就会产生变形，长期使用，会导致裂纹的产生或者使原有的缺陷加深，严重的甚至导致容器外壁破裂。因此我们在操作时尽可能按照工艺操作规范将压力容器内部的波动稳定化，减少容器材料的损伤。

第二节　锅炉

锅炉是一种利用燃料燃烧释放热能或其他热能将工质水或其他流体加热到一定参数，并通过对外输出介质的形式提供热能的设备，其范围规定为：设计正常水位容积≥30 L，且额定蒸汽压力≥0.1 MPa(表压)的承压蒸汽锅炉;出口水压≥0.1 MPa(表压),且额定功率≥0.1 MW的承压热水锅炉;额定功率≥0.1MW的有机热载体锅炉。

(一)锅炉分类

锅炉的分类有很多种,这里仅介绍常用的分类方法。按用途分类,可分为:电站锅炉,用于火力发电厂的锅炉,容量大、参数高、技术新、要求严;工业锅炉,在各种工业生产的流程、采暖、制冷中提供蒸汽或热水的锅炉;生活锅炉,为各工矿、企事业单位、宾馆、服务行业等提供低参数蒸汽或热水的锅炉;特种锅炉,如双工质两汽循环锅炉、核燃料、船舶、机车、废液、余热、直流锅炉等。

按压力分类,可分为常压锅炉(无压锅炉,即在一个正常大气压下工作的锅炉)、低压锅炉(压力≤2.5 MPa)、中压锅炉(压力≤3.9 MPa)、高压锅炉(压力≤10.0 MPa)、超高压锅炉(压力≤14.0 MPa)、亚临界锅炉(压力为17~18 MPa)和超临界锅炉(压力为22~25 MPa)。

按燃料或能源种类分类,当锅炉烧用不同燃料时就称为该种燃料的锅炉或某两种燃料的混烧锅炉。火床燃烧锅炉燃料置于料床上燃烧,或称炉排炉或层燃炉,一般为块粒状原煤。室燃锅炉燃料在炉室或炉膛内燃烧,一般有煤粉锅炉、燃油、烧气锅炉等,也称悬浮燃烧锅炉。还有介于层燃和室燃之间的半悬浮燃烧锅炉,如机械抛煤机、风力抛煤机锅炉等。旋风燃烧锅炉是煤粉或细粒煤在旋风筒中燃烧的锅炉,它有卧式和立式两种,旋风筒内燃烧热强度很高,适用于低灰熔点煤和难着火的煤。沸腾燃烧锅炉以粒状燃料置于火床上,在高压风吹动下使燃料层跳动沸腾成流态化,也称流化床锅炉。

(二)常见事故及原因

1. 燃烧不完全

锅炉以渣油、裂化残油和抽余C4燃料为多,它们的组分较重,黏度较高,自燃点低,燃烧时容易析碳,蒸汽雾化燃料时破碎能力也很差,大分子油滴含量高,油枪喷嘴易堵塞,因此经常影响燃油的雾化质量和燃烧效果。运行时如果燃烧调整不当,风量不足或配风不合理以及工艺工况波动,就会来不及使炭黑燃烧完全而产生黑烟。炉膛内没有完全燃烧的油粒被烟气带到锅炉尾部换热面上开始沉积。

另外,在锅炉频繁启停过程中,由于炉膛燃烧工况不良,燃料不易燃尽,在烟气流速较低时,极易造成大量未燃尽的可燃物沉积;锅炉低负荷运行时间过长,燃烧不稳定,烟速偏低,未燃尽的可燃物易在波纹板上沉积;以往事故教训和经验证实:空气预热器转子堵灰、磨损后漏风、烟道尾部过剩、空气系数或氧含量控制过低等都能导致燃料因缺氧而燃烧不完全。

2. 频繁吹扫点火

频繁吹扫点火为锅炉沉积可燃物着火提供了充足的复燃条件。锅炉点火过程中烟气流速低,燃烧系统空间的含氧量又较正常运行时高得多,如果连续几次点火吹扫,便使尚具余热的未燃尽可燃物因具备了充足的过剩氧量而复燃。

3. 爆炸事故

可燃气体或粉尘与空气形成的混合物在短时间内发生化学反应,产生的高温、高压气体与冲击波,超过周围建筑物、容器、管道的承载能力,使其发生破坏,导致人身、设备事故,称为爆炸事故。一般来说，发生爆炸要有三个条件：一是有燃料和助燃空气的积存；二是燃料和空气的混合物的浓度在爆炸极限内；三是有足够的点火能源。天然气的爆炸下限约为5%，煤粉的爆炸下限为 $20\sim60\ g/m^3$ ，爆炸产生的压力可达 $0.3\sim1.0\ MPa$ 。就锅炉范围而言，可燃物质是指天然气、煤气、石油气、油雾和煤粉。构成爆炸事故的有炉膛放炮、煤粉仓爆炸及制粉系统爆炸。

锅炉是一种高温高压、具有安全风险的工业热能设施。锅炉爆炸是一种破坏力很强的能量释放事故，一旦发生，对工人人身安全、企业财产和周围建筑都将带来严重后果，其危害不容小觑。锅炉在缺水、布满水垢、承压过大的情况下都可能发生爆炸。无压锅炉在正常情况下不会发生爆炸，安全性较高，相对而言，承压锅炉的爆炸危险指数则高得多，在使用时一定要确保压力表、安全阀等测压附件的灵敏。锅炉爆炸分为内爆、外爆两种，内爆指炉内聚集的可燃物被瞬间引燃，燃气迅速膨胀并向外扩张造成的爆裂事故。外爆指烟道内供给燃料突然加速燃烧或突然停止燃烧，压力骤然变化引起的爆炸事故。

产生原因大致分为以下几种：①安全阀、压力表等安全附件失灵或不启动；②锅炉质量不过关或内部元件老化，存在安全隐患；③司炉工责任意识较差，在工作过程中随意操作或擅自离岗；④炉膛灭火方式错误，导致煤粉浓度增大至一定程度后被引爆。

预防办法：①建立安全管理人，每天对锅炉工操作和安全防范工作进行监察控制。②购买正规合格、质量优良的锅炉产品。③定期对安全阀、压力表进行检测和修理，防止锅炉超压。④确保锅炉腐蚀度合格，对锅炉上发现的裂纹进行消除。⑤定期对司炉人员进行专业素质和安全教育培训，并匹配相应的奖惩制度，规范司炉人员的行为。

【案例】

2015 年 11 月 24 日，某单位 1 台立式锅炉在运行期间严重缺水，司炉工操作不当向锅炉内补水，随即导致锅炉发生爆炸，事故造成当班司炉工受伤。

事故原因：司炉工在锅炉主汽阀处于关闭状态和严重缺水的情况下上水，导致锅炉内水汽瞬间膨胀超压，引起爆炸。鉴于此事故锅炉炉型使用量依旧较大，建议从运行管理和司炉人员操作环节加强管理，以预防锅炉爆燃事故发生。

2. 爆管事故

爆管主要是指过热器通道受热严重导致的爆裂现象。锅炉在对煤粉、油料、气体进行高温作业时，因操作失误可能造成炉墙倒塌和炉管膛爆炸事故。轻微时，会造成烟道、燃烧室、炉膛内负压降低，甚至突变为正压。严重时，过热器的孔门处将喷出蒸汽和烟水，排烟温度迅速降低，烟气颜色变为白色，遇到这类情况应立即停止锅炉工作并检查维修。

爆管事故产生的原因，主要有以下几点：①材料选用错误。选用不合格材料或者在设计、安装、操作方面出现失误，导致锅炉壁面温度超过规定范围，无法承受工作压力而爆管。②壁面过薄。壁面因使用时间较久磨损等原因减薄，易造成爆管。③炉水品质较差。蒸汽流量下降或含水成分过高，管内积盐垢而过热。

预防办法：①锅炉在每次使用前和停炉后，对烟道和炉壁进行彻底清扫。②安装熄火保护设备，定期进行检查维修。过热器损坏较轻微时，应降低锅炉运行工作量并谨慎监察泄漏情况，如情况持续恶化，立即向上级申请停炉或起用备用锅炉。过热器损坏情况严重时，马上进行停炉工作，及时停止燃料供给，将系统与其他锅炉切断，然后进行检查、维修。

 【案例】

　　北京某供热厂新装 4 台 116 MW 燃天然气热水锅炉，在调试阶段 4 号炉和 1 号炉相继发生锅炉爆管、泄漏事故。锅炉运行时进水温度为 40～70 ℃，出水温度为 150 ℃，炉膛烟温为 1226 ℃，锅炉额定工作压力为 2.5 MPa，设计流量为 1250 t/h。管子规格为 ϕ 60.3 mm × 4.5 mm，材料为 20 号钢（GB/T3087—2008）。锅炉累积运行时间为 1713 h，因发生爆管事故而被迫停炉。

　　事故原因：由于锅炉内置省煤器前的自循环泵出口管道与外置省煤器出口管道的浑水点接入位置不合理，使得介质在内置省煤器入口处就存在较大的温度偏差。温度偏差不仅导致锅炉左右两侧温度存在较大偏差，还导致流量存在偏差，锅炉左侧温度高于右侧而流量低于右侧，使锅炉左侧超温运行，致使管内壁结垢，从而造成锅炉水冷壁的爆管和泄漏。另外，由于燃烧器火焰调整不当，火焰直接冲刷锅炉左侧水冷壁，因此造成锅炉水冷壁壁温过高，从而导致锅炉水冷壁结垢爆管。

　　5. 满水事故

　　满水事故是锅炉水位超过最高可容许安全水位的现象，是锅炉运行中的一种常见事故，严重满水事故会引起蒸汽管道水冲击，使阀门、法兰和蒸汽管受到损坏甚至震裂，将严重损坏汽轮机的叶轮和轴承，甚至使叶片断裂；锅炉发生满水事故后，蒸汽带水严重，蒸汽品质恶化，过热器易积盐垢过热烧损，对用汽部门的设备和产品质量可能带来严重影响。

　　满水事故的原因主要是运行人员对水位监测不够造成；其次是水位表堵塞造成假水位；再有就是高水位警报信号装置、给水自动调节设备失灵。

　　满水事故的处理：①应先通过对水位的检查和各水位指示装置的对照检查，确认是否发生满水事故，如蒸汽管道未发生水击，则认为是一般满水事故；反之，则可判断是严重满水事故。②发生一般满水事故，须立即停止给水，减弱燃烧，开启排污阀放水；同时开启过热器和蒸汽管道上的疏水阀及用汽部门疏水阀，加强疏水。待水位正常，满水原因查清并消除后，再恢复运行。③如是严重满水事故，则应紧急停炉，停止给水，迅速放水，降低负荷，加强疏水。待水位恢复正常，管道阀门等有关部件经检查可用，则在满水原因查清并消除隐患后，方可恢复运行。

　　6. 缺水事故

　　缺水事故是锅炉工作中最常见的事故之一，也是发生频率较高的事故之一。锅炉缺水状况严重时，受压设备会迅速变形或损坏，甚至演变成爆炸事故。发生此类事故时，锅炉将会产生汽包水位极低、警报器发出报警鸣叫、给水流量不正常、水位计内饱含蒸汽、散发出焦糊味、炉膛内壁严重变形等现象。此类事故的发生多与操作人员懈怠工作和执行失误有关。

　　其他原因还有：①给水调节系统出现故障或失灵。②水位计、流量表等数据指示不正确，锅炉工操作时因误判而操作失误。③排污阀漏水，导致排污量大于标准量。④给水通道发生故障，造成压力下降。

　　预防办法：首先，企业要对每位锅炉工进行培训，确保每位锅炉工持证上岗且专业素质过硬；其次，定期清洗、保养水位表，定期检查并修理、更换水位表；最后，对锅炉运行、维修、保养的情况进行记录。如果此类事故已经发生，应立即采取以下应急措施：①向上级报告情况并申请人员调度；②将给水装置从自动模式调为手动模式；③采用叫水法人为对水位进行判断；④将给水门开大，让锅炉内水位恢复正常；⑤关闭给水门并紧急停炉；⑥对锅炉进行全面检查并分析事故发生原因。

7.其他可能发生事故的问题

（1）汽水共腾。当水质较差或水中盐度过高时，容易发生这类问题。它产生的现象有：①水位表层水翻滚剧烈，波动起泡；②水蒸气中水分含量过多且温度较低；③水流对管道进行猛烈冲击。

（2）锅炉变形。锅炉工作严重负荷时，会随着炉内气流和气压膨胀程度不一产生相应的变形现象。锅炉变形分为内部元件变形和外部边缘损坏两种情况。如果处理不当，将恶化成爆炸事故。产生此类问题的原因有：①司炉工对于压力的控制发生偏差或工作时间离岗；②压力表等测压设施失灵。

（3）配风不合理。锅炉配风不合理会造成煤闸板烧坏、锅炉设备损坏、锅炉渗漏、炉墙坍塌等现象，而且在冒烟、冒火的情况下也可能对工作人员和工作环境造成损害。这类问题主要由人为产生，通常是由工作人员对于机械炉、排锅炉的分区等基础知识不了解，操作时手法不标准或控制错误引起。因此，司炉工要提高自身的专业能力，规范自身操作行为，减少不必要的安全问题产生。

大部分的锅炉事故都是由人为错误操作引起的，因此规范化操作是减少锅炉事故的根本措施。以下归纳出几种常见的错误操作行为并说明其危害：①习惯性从拔火门处投煤。这种操作会让炉内的冷空气不断增多，不仅浪费燃料，而且会增加不必要的排烟量，促使烟气的流量紊乱。同时经常这样操作容易使拔火门损害甚至报废。②过水操作不当。循环水泵开启过慢，锅炉内水循环不畅，情形严重时会造成汽化事故。③省煤器运行受阻。锅炉停止补水后，省煤器无法冷却且水流不畅，压力和温度骤升。这类问题易演变成渗漏甚至爆管事故。④蒸汽锅控制不当。操作时对水位监视不当，在锅炉水位过高甚至满水状态，观察不仔细易造成判断偏差。这类错误操作的后果较为严重，锅炉一旦炉温过热就可能产生烧伤、爆炸等重大事故。⑤锅炉清理工作力度不够。锅炉长期清理不干净，沉积物无法排除并在二次受热后形成更多水垢。炉壁在滋生大量水污、盐污甚至腐蚀后，高温作业时随着壁温过高，锅炉鼓胀、变形，造成安全隐患。

（三）锅炉安全常识

锅炉是具有高温、高压的热能设备，是特种设备之一，在机关、企事业及各行各业广泛使用，是危险而又特殊的设备。一旦发生事故，涉及公共安全，将会给国家和人民生命财产造成巨大损失。为了公共安全、人民生命和财产安全，依据国务院《特种设备安全监察条例》，使用锅炉应注意以下事项：

1.安全使用规范

（1）锅炉出厂时应当附有"安全技术规范要求的设计文件、产品质量合格证明、安全及使用维修说明、监督检验证明（安全性能监督检验证书）"。

（2）锅炉的安装、维修、改造。从事锅炉的安装、维修、改造的单位应当取得省级质量技术监督局颁发的特种设备安装维修资格证书，方可从事锅炉的安装、维修、改造。施工单位在施工前将拟进行安装、维修、改造情况书面告知直辖市或者辖区的特种设备安全监督管理部门，并将开工告知送当地县级质量技术监督局备案，告知后方可施工。

(3)锅炉安装、维修、改造的验收。施工完毕后施工单位要向质量技术监督局特种设备检验所申报锅炉的水压实验和安装监检。合格后由质量技术监督局、特种设备检验所、县质量技术监督局参与整体验收。

(4)锅炉的注册登记。锅炉验收后，使用单位必须按照《特种设备注册登记与使用管理规则》的规定，填写"锅炉(普查)注册登记表"，到质量技术监督局注册，并申领"特种设备安全使用登记证"。

(5)锅炉的运行。锅炉运行必须由经培训合格，取得《特种设备作业人员证》的持证人员操作，使用中必须严格遵守操作规程和八项制度、六项记录。

(6)锅炉的检验。锅炉每年进行一次定期检验，未经安全定期检验的锅炉不得使用。锅炉的安全附件安全阀每年定期检验一次，压力表每半年检定一次，未经定期检验的安全附件不得使用。

(7)严禁将常压锅炉安装为承压锅炉使用。严禁使用水位计、安全阀、压力表三大安全附件不全的锅炉。

2. 日常维护

(1)检查安全阀、水位表、压力表、给水阀、排污装置、蒸汽阀的性能是否符合要求，其他的阀门开关状态是否处于良好。

(2)检查自动控制装置系统(报警装置、水温检测、火焰检测器、水位、各种联锁装置、显示系统等)性能是否处于良好。

(3)检查给水系统(给水温度、储水水箱的水位、水处理设备等)状况是否处于良好。

(4)检查燃料燃烧系统(燃烧设备、燃料的储备量、点火设备、油泵、输送线路、燃料切断装置等)状况是否处于良好。

(5)检查通风系统(引风机、通风管道、鼓风、调节门及闸板的开度等)状态是否符合要求。

此外，锅炉使用中应定期查验水温及清理水位探头，检查并定期除垢；开水炉需要定期疏通炉体进水口、出水口、水嘴及出水管道；强制要求每天至少进行一次排污。

3. 排污

在锅炉水位处于正常高水位，锅炉压力为 0.1~0.2 MPa 时进行排污，每天至少一次，但要遵循"勤排、少排、均匀排"的原则，短促间断进行，即排污阀开后即关，关后再开，如此多次重复，待水位处于正常低水位即可。切记不得将锅炉排空。

4. 清洗

长时间运转会使锅炉内出现水垢、锈蚀等问题。由于结垢，传热性能变差，降低了锅炉效力，导致达不到额定的蒸发量；传热性能变差会导致金属过热，在锅炉压力作用下，炉管会发生鼓包，甚至爆炸；传热性变差会导致燃料消耗增加，运转费用上升，锅炉寿命缩短。因此，锅炉结垢后，应采取有效的方法除垢。

锅炉清洗分为机械清洗和化学清洗两种：机械清洗一般采用高压水枪清洗；化学清洗一般采用酸清洗，必须找有资质或有资格证书的厂家或环保单位进行。

要使锅炉系统在最优状态下运行，就必须对锅炉系统的水系统进行专门的化学药物处理,如清除水垢、锈蚀和防腐蚀处理。化学清洗是通过加入化学清洗剂将系统内的浮锈、垢、油污清洗分散排出,还原成清洁的金属表面;日常养护一般是通过加入锅炉阻垢剂,避免金属生锈,防止钙镁离子结晶沉淀。

锅炉的清洗分两部分:一部分是锅炉对流管、过热器管、空气热器、水冷壁管水垢、铁锈的清洗,即对锅炉水进行水质处理,可采用中性清洗技术进行清洗,而且成本较低,中性无酸化学清洗取代酸洗已成为一个必然趋势;另一部分是对管外的清洗,即对锅炉炉膛的清洗,可采用高压水射流清洗技术,能够达到很好的效果。

5. 例行检验

(1)为保证其可靠性,安全附件如锅炉的压力表至少每半年校验一次、安全阀至少每年校验一次。

(2)卧式燃油(或燃气)锅炉连续运转12个月后,要打开烟箱门对炉膛或烟管内的积灰进行清理,查看烟箱水泥是否有脱落,如有对脱落处进行修补。

(3)对底座等外露件的浮锈进行清理并油漆,每年至少一次。

(4)停炉保养有湿法和干法保养两种:对没有人孔或停炉时间不太长的锅炉,一般采用湿法进行保养;对有人孔或停炉时间较长的锅炉采用干法保养,具体操作办法参见《锅炉使用说明书》。

第三节　气瓶

在环境温度(-40～60 ℃)下可重复充气使用,公称工作压力大于或等于0.2 MPa(表压),且压力与容积的乘积大于或等于1.0 MPa·L的盛装气体、液化气体和标准沸点等于或低于60 ℃的液体的移动式压力容器,称为气瓶。气瓶广泛应用在生产和生活领域,是一种承压设备,具有爆炸危险,且其承装介质一般具有易燃、易爆、有毒、强腐蚀等性质,使用环境又因其移动、重复充装、操作使用人员不固定和使用环境变化的特点,比其他压力容器更为复杂、恶劣。气瓶一旦发生爆炸或泄漏,往往发生火灾或中毒,甚至引起灾难性事故,带来严重的财产损失、人员伤亡和环境污染。

(一)气瓶的分类

1. 按制造方法分类

(1)焊接气瓶:用薄钢板卷焊的圆柱形筒体和两端的封头组焊而成。焊接气瓶多用于盛装低压液化气体,如液化二氧化硫等。

(2)管制气瓶:用无缝钢管制成的无缝气瓶。它两端的封头是将钢管加热放在专用机床上通过旋压或挤压等方式收口成型的。

(3)冲拔拉伸制气瓶:将钢锭加热后先冲压出凹形封头,后经过拉拔制成敞口的瓶坯,再按照管制气瓶的方法制成顶封头及接口管等。

(4)缠绕式气瓶:由铝制的内筒和内筒外面缠绕一定厚度的无碱玻璃纤维构成的。铝制内筒的作用是保证气瓶的气密性。气瓶的承压强度依靠内筒外面缠绕成一体的玻璃纤维壳壁(用环氧酚醛树脂等作为黏结剂)。壳体纤维材料容易"老化",所以使用寿命一般不如钢制气瓶。

2. 按盛装介质的物理状态分类

(1)永久性气体气瓶:盛装永久性气体(临界温度低于 - 10 ℃的气体)的气瓶称为永久性气体气瓶。例如盛装氧气、氮气、空气、一氧化碳及惰性气体等的气瓶均属此类。其常用标准压力系列为 15 MPa、20 MPa、30 MPa。

(2)液化气体气瓶:储存低压液化气体的气瓶为低压液化气体气瓶。在常温常压下,临界温度等于或高于 - 10 ℃的各种气体呈气态,而经加压和降温后变为液体,称为低压液化气体。在这些气体中,有的临界温度较高(高于 70 ℃),如硫化氢、氨、丙烷、液化石油气等,也称为高临界温度液化气体。在环境温度下,低压液化气体始终处于气液两相共存状态,其气相的压力是相应温度下该气体的饱和蒸气压。按最高工作温度为 60 ℃考虑,所有高临界温度液化气体的饱和蒸气压均在 5 MPa 以下,所以,这类气体可用低压气瓶充装。

(3)溶解气体气瓶:是专门用于盛装乙炔的气瓶。由于乙炔气体极不稳定,特别是在高压下,很容易聚合或分解,液化后的乙炔稍有振动即会引起爆炸,所以不能以压缩气体状态充装,必须把乙炔溶解在溶剂(常用丙酮)中,并在内部充满多孔物质(如硅酸钙多孔物质等)作为吸收剂。溶解气体气瓶的最高工作压力一般不超过 3.0 MPa,其安全问题具有特殊性,如乙炔气瓶内的丙酮喷出,会引起乙炔气瓶带静电,造成燃烧、爆炸、丙酮消耗量增加等危害。

3. 按工作压力分类

气瓶按工作压力可分为低压气瓶和高压气瓶两种。低压气瓶的工作压力一般小于 5.0 MPa,其标准压力系列为 1.0 MPa、1.6 MPa、2.0 MPa、3.0 MPa、5.0 MPa。高压气瓶的工作压力一般大于 8.0 MPa,其标准压力系列为 8.0 MPa、10.0 MPa、15.0 MPa、20.0 MPa、30.0 MPa。

4. 按容积分类

气瓶按容积可分为大、中、小三种。大容积气瓶:100 ~ 1000 L;中容积气瓶:12 ~ 100 L;小容积气瓶:0.4 ~ 12 L。

(二)气瓶安全管理

气瓶内装的压缩气体、液化气体的压力受温度的影响大,因此,设计要求以 60 ℃时的瓶内压力作为设计压力。由于气瓶直径小,无法进行内部检查,故其对耐压试验要求高,试验压力要求为设计压力的 1.5 倍。

1. 气瓶检查

(1)企业应从具有气瓶生产或气瓶充装许可证的厂家采购或充装气瓶,接收前应进行检查验收。对检查不合格的气瓶不得接收。气瓶使用单位应指定气瓶现场管理人员,在接收气瓶时以及在气瓶使用过程中定期对气瓶的外表状态进行检查。按照《安全目视化管理规定》的有关要求,挂贴相应的标签。对有缺陷的气瓶,应与其他气瓶分开,并及时更换或报废。

(2)对气瓶的检查主要包括:气瓶是否有清晰可见的外表涂色和警示标签;气瓶的外表是否存在腐蚀、变形、磨损、裂纹等严重缺陷;气瓶的附件(防震圈、瓶帽、瓶阀)是否齐全、完好;气瓶是否超过定期检验周期;气瓶的使用状态(满瓶、使用中、空瓶)。

(3)企业应委托具有气瓶检验资质的机构对气瓶进行定期检验,检验周期如下:盛装腐蚀性气体的气瓶(如二氧化硫、硫化氢等),每 2 年检验 1 次。盛装一般气体的气瓶(如空气、氧气、氮气、氢气、乙炔等),每 3 年检验 1 次。盛装惰性气体的气瓶(氩、氖、氦等),每 5

年检验1次。低温绝热气瓶，每3年检验1次。车用液化石油气钢瓶，每5年检验1次。车用压缩天然气钢瓶，每3年检验1次。液化石油气瓶，使用未超过20年的，每5年检验1次。超过20年的，每2年检验1次。气瓶在使用过程中，发现有严重腐蚀、损伤或对其安全可靠性有怀疑时，应提前进行检验。超过检验期限的气瓶，起用前应进行检验。库存和停用时间超过一个检验周期的气瓶，起用前应进行检验。

（4）气瓶验收登记应做到"五查一登记"：查气瓶有无定期检验，有无钢印；查气瓶有无出厂合格证；查气瓶有无防震圈；查气瓶有无防护帽；查气瓶气嘴有无变形、开关有无缺失、外观是否正常、颜色是否统一、其他附件是否齐全，是否符合安全要求。气瓶检查合格后验收登记。

2. 气瓶运输

（1）装运气瓶的车辆应有"危险品"的安全标志。

（2）气瓶必须配戴好气瓶帽、防震圈，当装有减压器时应拆下，气瓶帽要拧紧，防止摔断瓶阀造成事故。

（3）气瓶应直立向上装在车上，妥善固定，防止倾斜、摔倒或跌落，气瓶装车后，顶端与车厢顶的距离应大于瓶高的三分之二。

（4）运输气瓶的车辆停靠时，驾驶员与押运人员不得同时离开。运输气瓶的车不得在繁华市区、人员密集区附近停靠。

（5）不应长途运输乙炔气瓶。

（6）运输可燃气体气瓶的车辆必须备有灭火器材。

（7）运输有毒气体气瓶的车辆必须备有防毒面具。

（8）夏季运输时应有遮阳设施，适当覆盖，避免暴晒。

（9）所装介质接触能引燃爆炸、产生毒气的气瓶，不得同车运输。

（10）易燃品、油脂和带有油污的物品，不得与氧气瓶或强氧化剂气瓶同车运输。

（11）车辆上除司机、押运人员外，严禁无关人员搭乘。

（12）司乘人员严禁吸烟或携带火种。

3. 气瓶搬运

（1）搬运气瓶时，要拧紧瓶帽，以直立向上的位置来移动，注意轻装轻卸，禁止从瓶帽处提升气瓶。

（2）近距离（5 m内）移动气瓶，应手扶瓶肩转动瓶底，并且要使用手套。移动距离较远时，应使用专用小车搬运，特殊情况下可采用适当的安全方式搬运。

（3）禁止用身体搬运高度超过1.5 m的气瓶到手推车或专用吊篮里面，可采用手扶瓶肩转动瓶底的滚动方式。

（4）卸车时应在气瓶落地点铺上软垫或橡胶皮垫，逐个卸车，严禁溜放。

（5）装卸氧气瓶时，工作服、手套和装卸工具、机具上不得沾有油脂。

（6）当提升气瓶时，应使用专用吊篮或装物架。不得使用钢丝绳或链条吊索。严禁使用电磁起重机和链绳。

4. 气瓶使用

（1）气瓶的放置地点不得靠近热源，应与办公区、居住区域保持10 m以上。

（2）气瓶应防止暴晒、雨淋、水浸，环境温度超过40 ℃时，应采取遮阳等措施降温。

(3)氧气瓶和乙炔气瓶使用时应分开放置,至少保持5 m间距,且距明火10 m以外。盛装易发生聚合反应或分解反应气体的气瓶,如乙炔气瓶,应避开放射源。

(4)气瓶应立放使用,严禁卧放,并应采取防止倾倒的措施。

(5)气瓶及附件应保持清洁、干燥,防止沾染腐蚀性介质、灰尘等。氧气瓶阀不得沾有油脂,焊工不得用沾有油脂的工具、手套或油污工作服去接触氧气瓶阀、减压器等。

(6)禁止将气瓶与电气设备及电路接触,与气瓶接触的管道和设备要有接地装置。在气、电焊混合作业的场地,要防止氧气瓶带电,如地面是铁板,要垫木板或胶垫加以绝缘。

(7)气瓶瓶阀或减压器有冻结、结霜现象时,不得用火烤,可将气瓶移入室内或气温较高的地方,或用40 ℃以下的温水冲浇,再缓慢地打开瓶阀。

(8)严禁用温度超过40 ℃的热源对气瓶加热。

(9)开启或关闭瓶阀时,应用手或专用扳手,不准使用其他工具,以防损坏阀件。装有手轮的阀门不能使用扳手。如果阀门损坏,应将气瓶隔离并及时维修。

(10)开启或关闭瓶阀应缓慢,特别是盛装可燃气体的气瓶,以防止产生摩擦热或静电火花。打开气瓶阀门时,人要站在气瓶出气口侧面。

(11)乙炔气瓶不得放在橡胶等绝缘体上。乙炔气瓶使用前,必须先直立放20 min后,再连接减压阀使用。

(12)乙炔气瓶使用过程中,开闭乙炔气瓶瓶阀的专用扳手应始终装在阀上。

(13)暂时中断使用时,必须关闭焊、割工具的阀门和乙炔气瓶瓶阀。严禁手持点燃的焊、割工具调节减压器或开、关乙炔气瓶瓶阀。

(14)乙炔气瓶瓶阀出口处必须配置专用的减压器和回火防止器。使用减压器时必须带有夹紧装置与瓶阀结合。

(15)正常使用时,乙炔气瓶的放气压降不得超过0.1 MPa/h,如需较大流量时,应采用多只乙炔气瓶汇流供气。

(16)气瓶使用完毕后应关闭阀门,释放减压器压力,并佩戴好瓶帽。

(17)严禁敲击、碰撞气瓶。严禁在气瓶上进行电焊引弧。

(18)瓶内气体不得用尽,必须留有剩余压力。压缩气体气瓶的剩余压力应≥0.05 MPa,液化气体气瓶应留有不少于0.5%~1.0%规定充装量的剩余气体。

(19)关紧阀门,防止漏气,使气压保持正压。

(20)禁止自行处理气瓶内的残液。

(21)在可能造成回流的使用场合,使用设备上必须配置防止回流的装置,如单向阀、止回阀、缓冲器等。

(22)气瓶投入使用后,不得对瓶体进行挖补、焊接修理。严禁将气瓶用作支架等其他用途。

(23)气瓶使用完毕,要妥善保管。气瓶上应有状态标签("空瓶""使用中""满瓶"标签)。

(24)严禁在泄漏的情况下使用气瓶。

(25)使用过程中发现气瓶泄漏,要查找原因,及时采取整改措施。

(26)液化石油气气瓶内的残余油气,应用有安全措施的设施回收,不得自行处理。

(27)气瓶外壁的油漆层既能防腐,又是识别的标志,可防止误用和混装,要保持好漆面的完整和标志的清晰。

(28)瓶内混进水分会加速气瓶内壁的腐蚀,在充装前一定要对气瓶进行干燥处理。

(29)气瓶使用单位不得自行改变充装气体的品种、不得擅自更换气瓶的颜色标志。确实需要更换时应提出申请,由气瓶检验单位负责对气瓶进行改装。负责改装的单位根据气瓶制造钢印标志和安全状况,确定气瓶是否适合于所要换装的气体。改装时,应对气瓶的内部进行彻底清理、检验、打钢印和涂检验标志,换装相应的附件,更换改装气体的字样、色环和颜色。

5. 气瓶存储

(1)气瓶宜存储在室外带遮阳、雨篷的场所。

(2)存储在室内时,建筑物应符合有关标准要求。

(3)气瓶存储室不得设在地下室或半地下室,也不能和办公室或休息室设在一起。

(4)存储场所应通风、干燥,防止雨(雪)淋、水浸、避免阳光直射。

(5)严禁明火和其他热源,不得有地沟、暗道和底部通风孔,并且严禁任何管线穿过。

(6)存储可燃、爆炸性气体气瓶的库房内照明设备必须防爆,电器开关和熔断器都应设置在库房外,同时应设避雷装置。

(7)禁止将气瓶放置到可能导电的地方。

(8)气瓶应分类存储:空瓶和满瓶分开、氧气或其他氧化性气体与燃料气瓶和其他易燃材料分开;乙炔气瓶与氧气瓶、氯气瓶及易燃物品分室,毒性气体气瓶分室,瓶内介质相互接触能引起燃烧、爆炸、产生毒物的气瓶分室。

(9)易燃气体气瓶储存场所的 15 m 范围以内,禁止吸烟、禁止明火和生成火花,并设置相应的警示标志。

(10)使用乙炔气瓶的现场,乙炔气的存储不得超过 30 m³(相当于 5 瓶,指公称容积为 40 L 的乙炔瓶)。乙炔气的储存量超过 30 m³ 时,应用非燃烧材料隔离出单独的储存间,其中一面应为固定墙壁。

(11)乙炔气的储存量超过 240 m³(相当于 40 瓶)时,应建造耐火等级不低于二级的存储仓库,与建筑物的防火间距不应小于 10 m,否则应以防火墙隔开。

(12)气瓶应直立存储,用栏杆或支架加以固定或扎牢,禁止利用气瓶的瓶阀或头部来固定气瓶。

(13)支架或扎牢应采用阻燃材料,同时应保护气瓶的底部免受腐蚀。

(14)气瓶(包括空瓶)存储时应将瓶阀关闭,卸下减压器,戴上并旋紧气瓶帽,整齐排放。

(15)盛装不宜长期存放或限期存放气体的气瓶,如氯乙烯、氯化氢、甲醚等气瓶,均应注明存放期限。

(16)盛装容易发生聚合反应或分解反应气体的气瓶,如乙炔气瓶,必须规定存储期限,根据气体的性质控制储存点的最高温度,并应避开放射源。

(17)气瓶存放到期后,应及时处理。

(18)气瓶在室内存储期间,特别是在夏季,应定期测试存储场所的温度和湿度,并做好记录。

(19)存储场所最高允许温度应根据盛装气体性质来确定,储存场所的相对湿度应控制在 80% 以下。

（20）存储毒性气体或可燃性气体气瓶的室内储存场所，必须监测储存点空气中毒性气体或可燃性气体的浓度。

（21）如果浓度超标，应强制换气或通风，并查明危险气体浓度超标的原因，采取整改措施。

（22）如果气瓶漏气，首先应根据气体性质做好相应的人体保护。

（23）在保证安全的前提下，关闭瓶阀，如果瓶阀失控或漏气点不在瓶阀上，应采取相应紧急处理措施。

（24）应定期对存储场所的用电设备、通风设备、气瓶搬运工具和栅栏、防火和防毒器具进行检查，发现问题及时处理。

6. 气瓶充装安全

正确的气瓶充装是保障气瓶安全的关键环节。气瓶充装单位经省级质量技术监督部门批准取得气瓶充装许可证后，才能从事气瓶充装工作。而且应建立各种操作规程，如气瓶充装前、后检查，瓶内残液或残气处理，事故应急处理等。气瓶充装前必须对钢瓶进行全面检查，确认无缺陷和异物后方可充装。气瓶充装后，应有专人进行全面检查，以防超装、混装、错装或其他异常现象。超装、混装、错装是气瓶破裂爆炸的主要原因。

超装是指气瓶中充装超过限定量的气体。特别是在夏天，气瓶内的气体因为温度升高而急剧膨胀，导致瓶内压力骤升，造成气瓶破裂爆炸。为防止超装，应做到：充装工作由专人负责，且定期接受安全教育和考核；充装操作认真，不擅自离岗，注意抽空余液，核实瓶重；用于充装液化气的称量器具至少每3个月校验1次，称量器具的最大称量值为常用量的1.5～3倍；按瓶立卡，并记录；应有专人负责重复过磅；对自动计量设备，超量能自动报警且能切断阀门。

混装是指同一气瓶中充装两种气体或液化气。常见的混装现象是原来充装可燃气体，如氢气、甲烷等的气瓶，未经置换、清洗处理，又用来充装氧气。错装是指应装A气体的气瓶充装了B气体。为了防止混装、错装，应按照《气瓶颜色标志》中气瓶外表面的颜色、字样和色环标志严格执行。

第四节　压力管道

《压力管道安全管理与监察规定》第二条将压力管道定义为："在生产、生活中使用的可能引起燃爆或中毒等危险性较大的特种设备。"从广义上理解，压力管道是指所有承受内压或外压的管道，是管道中的一部分。管道是用以输送、分配、混合、分离、排放、计量、控制和制止流体流动，由管子、管件、法兰、螺栓连接、垫片、阀门、其他组成件或受压部件和支承件组成的装配总成。

（一）压力管道的特点

（1）压力管道是一个系统，相互关联、相互影响，牵一发而动全身。

（2）压力管道长径比很大，极易失稳，受力情况比压力容器更复杂。压力管道内流体流动状态复杂，缓冲余地小，工作条件变化频率比压力容器高（如高温、高压、低温、低压、位移变形、风、雪、地震等都有可能影响压力管道受力情况）。

(3)管道组成件和管道支承件的种类繁多,各种材料各有特点和具体技术要求,材料选用复杂。

(4)管道上的可能泄漏点多,仅一个阀门通常就有五处泄漏点。

(二)压力管道的种类

压力管道种类多,数量大,设计、制造、安装、检验、应用管理环节多,与压力容器大不相同。

(1)管道按压力可分为:真空管道(<0 MPa)、低压管道(0~1.6 MPa)、中压管道(1.6~10 MPa)、高压管道(10~100 MPa)和超高压管道(>100 MPa)。按材质可分为:铸铁管、钢管(如螺旋钢管、无缝钢管、钢塑复合管、大口径涂敷钢管)、有色金属管和非金属管(如塑料管、玻璃钢管、陶瓷管、水泥管、橡胶管等)。

(2)按用途可分为:长输管道(GA)、公用管道(GB)和工业管道(GC)。

1)长输管道又为 GA1 级和 GA2 级。GA1 级:①输送有毒、可燃、易爆气体介质,最高工作压力大于 4.0 MPa 的管道;②输送有毒、可燃、易爆液体介质,最高工作压力≥6.4 MPa,并且输送距离(指产地、储存库、用户间的用于输送商品介质管道的长度)≥200 km 且管道公称直径 >300 mm 的管道;③输送浆料介质,输送距离≥50 km 且管道公称直径 >150 mm 的管道。GA1 级以外的长输(油气)管道为 GA2 级。

2)公用管道(GB)是指用于公共事业或民用的燃气管道(GB1)和热力管道(GB2)。其特点是一般敷设于城镇地底下,由于地底下管道与设施较多,管道间应保持安全距离;为减少介质泄漏,公用管道的压力较低;公用管道要通向千家万户,管道密集,选线条件复杂;城镇燃气按气源不同,标准和规范不同,但均为常温输送;热力管道输送的介质有热量和温度的要求,需要特殊设计和运行管理,一般仅为热水和蒸汽。

3)工业管道(GC)是工矿企业、事业单位所需的工艺管道、公共工程管道和其他辅助管道,一般置于工厂与各种站、场等工业基地中,虽然操作条件复杂,但比较集中,易于管理和控制。工业管道可划分为 GC1 级、GC2 级和 GC3 级。

工业管道 GC1 级包括:①输送 GB Z230—2010《职业性接触毒物危害程度分级》中规定的毒性程度为极度危害介质的管道;②输送 GB 50160—2015《石油化工企业设计防火规范》及 GB 50016—2014《建筑设计防火规范》中规定的火灾危险性为甲、乙类可燃气体或甲类可燃液体介质且设计压力≥4.0 MPa 的管道;③输送可燃流体介质、有毒流体介质,设计压力≥4.0 MPa 且设计温度≥400 ℃的管道;④输送流体介质且设计压力≥10.0 MPa 的管道。

工业管道 GC2 级包括:①输送 GB 50160—2015《石油化工企业设计防火规范》及 GB 50016—2014《建筑设计防火规范》中规定的火灾危险性为甲、乙类可燃气体或甲类可燃液体介质且设计压力 <4.0 MPa 的管道;②输送可燃流体介质、有毒流体介质,设计压力 <4.0 MPa 且设计温度≥400 ℃的管道;③输送非可燃流体介质、无毒流体介质,设计压力 <10.0 MPa 且设计温度≥400 ℃的管道;④输送流体介质,设计压力 <10.0 MPa 且设计温度 <400 ℃的管道。

工业管道 GC3 级包括:①输送可燃流体介质、有毒流体介质,设计压力 <1.0 MPa 且设计温度 <400 ℃的管道;②输送非可燃流体介质、无毒流体介质,设计压力 <4.0 MPa 且设计温度 <400 ℃的管道。

（三）检测标准

对压力管道的检验检测工作包括：外观检验、测厚、无损检测、硬度测定、金相、耐压试验等。而磁粉检测则是无损检测一种经常使用的方法。磁粉检测的能力不仅与施加磁场强度的大小有关，还与缺陷的方向、缺陷的深宽比、缺陷的形状、工件的外形、尺寸和表面状态及可能产生缺陷的部位有关。

外观检验：检查内容包括管道、管件、阀门与紧固件的保温层与防腐层是否完好，管表面是否有缺陷，管与管、管与邻近物件有无摩擦，管道连接处、焊缝有无泄漏，管道内有无异物摩擦或撞击声，管件紧固与防腐状况。企业每年至少检查1次，车间每季度至少检查1次。

测厚：找到具有代表性的测点，如易腐蚀、易冲刷、易拉薄和受力大的部位。将确定的测点位置标绘在主体管段简图上，按图纸定点测厚并记录。对高压管段在特定条件下的腐蚀、磨蚀规律，制定防范和改进方案。对工作温度 >180 ℃的碳钢或 >250 ℃的合金钢的临氢管道、管件和阀门，可采用超声波能量法和测厚法，依据能量的衰减或壁厚的增加来判断氢腐蚀程度。

解体抽查：依据管道输送介质的特性，如腐蚀、流动方式以及管道结构和振动，来选择拆卸部位进行解体检查，并标记在主体管道简图上。重点检查管道、管件、垫圈、法兰、阀门、三通、螺栓、螺纹、弯头、丝扣、管口、密封面的腐蚀和损伤情况。还要查看部件附近的支撑件有无松动、变形以及断裂情况。对全焊接高压工艺管道只能进行无损探伤检查或在修理阀门时用内窥镜扩大检查。解体抽查一般在机械和设备检修时或年度大修时进行，每年选检一部分。

（四）事故与防范

1. 事故原因

（1）设计问题：设计无资质，特别是中小厂的技术改造项目往往自行设计，设计方案未经有关部门备案。

（2）焊缝缺陷：无证焊工施焊；焊接不开坡口，焊缝未焊透，焊缝严重错边或其他超标缺陷造成焊缝强度低下；焊后未进行检验和无损检测查出超标焊接缺陷。

（3）材料缺陷：材料选择或改代错误；材料质量差，有重皮等缺陷。

（4）阀体和法兰缺陷：阀门失效、磨损，阀体、法兰材质不合要求，阀门公称压力、适用范围选择不对。

（5）安全距离不足：压力管道与其他设施距离不合规范，压力管道与生活设施安全距离不足。

（6）安全意识和安全知识缺乏：思想上对压力管道安全意识淡薄，对压力管道有关介质（如液化石油气）安全知识贫乏。

（7）违章操作：无安全操作制度或有制度不严格执行。

（8）腐蚀：压力管道超期服役造成腐蚀，未进行在用检验评定安全状况。

2. 防范措施

（1）大力加强压力管道的安全文化建设。

压力管道作为危险性较大的特种设备正式列入安全管理与监察规定时间不长，许多人对压力管道安全意识淡薄,已发生的事故已经给人们敲响了警钟。就事故预防而言,不能简单地就事故论事故,而应在观念上确立文化意识,在工作中大力加强压力管道的安全文化建设,通过安全培训、安全教育、安全宣传、规范化的安全管理与监察,不断增强人们安全意识,提高职工与大众安全文化素质,这样才能体现"安全第一,预防为主"的方针,才能以崭新的姿态开展新时期的安全工作。安全文化包括两部分:一部分是人的安全价值观,主要指人们的安全意识、文化水平、技术水平等;另一部分是安全行为准则,主要包括一些可见的规章制度以及其他物质设施,其中人的安全价值观是安全文化最核心最本质的东西。应当意识到,压力容器必须由有制造许可证的单位制造,必须要有监检证,使用前必须登记,这本身就是安全文化。如今安全文化正在国内蓬勃发展,已从生产安全领域向生活、生存安全领域扩展,因而在生产安全领域更要强调安全文化的建设。

(2)严格新建、改建、扩建压力管道的竣工验收和使用登记制度。

新建、改建、扩建的压力管道竣工验收必须有劳动行政部门人员参加,验收合格使用前必须进行使用登记,这样可以从源头把住压力管道安全质量关,使得新投入运行的压力管道必须经过检验单位的监督检验,安全质量能够符合规范要求,不带有安全隐患。新建、改建、扩建的压力管道未经监督检验和竣工验收合格的不得投入运行,若有违反,由劳动行政部门责令改正并可处以罚款。为何在实际工作中推行监检还有一定的阻力?这当然与压力管道刚正式纳入安全管理与监察规定有关,但归根结底还是安全文化素质的问题。安全文化建设是全方位的,不仅使用单位、安装单位人员要提高安全文化素质,劳动行政部门人员、管理部门人员、检验单位人员也是一样。可以认为,加强劳动行政部门人员、检验单位人员等有关人员的安全文化建设是培养跨世纪安全干部、人才的战略之举。监督检验工作一般由被授权的检验单位进行,但检验单位由于本身职责所限,并不知何时何地有新建、改建、扩建压力管道,只有靠各地劳动行政部门人员把关,才能使新建、改建、扩建的压力管道不漏检。严格压力管道的竣工验收和使用登记,实际上是强化制度安全文化的建设。

(3)新建、改建、扩建压力管道实施规范化的监督检验。

监督检验就是检验单位作为第三方监督安装单位安装施工的压力管道工程的安全质量,必须符合设计图纸及有关规范标准的要求。压力管道安装安全质量的监督检验是一项综合性且技术要求很高的检验。监督检验人员既要熟悉有关设计、安装、检验的技术标准,又要了解安装设备的特点、工艺流程。这样才能在监督检验中正确执行有关标准规程规定,保证压力管道的安全质量。从事故原因统计的比例知道,通过压力管道安全质量的监督检验可以控制事故原因的80%。从压力容器的监检的成功经验来看,实施公正的、权威的、第三者监督检验,对降低事故率,起到了十分积极的作用。实践证明,即使有的压力管道工程设计安装有资质,在实际监检过程中还是发现了不少问题,特别是在市场经济情况下,有的工程层层分包,这更需要最直接的第三方现场监督检验来给压力管道安装安全质量把关。监督检验控制内容有两方面:安装单位的质量管理体系和压力管道安装安全质量。其中安装安全质量主要控制点是:①安装单位资质;②设计图纸、施工方案;③原材料、焊接材料和零部件质量证明书及它们的检验实验;④焊接工艺评定、焊工及焊接控制;⑤表面检查,安装装配质量检查;⑥无损检测工艺与无损检测结果;⑦安全附件;⑧耐压、气密、泄漏量实验。实施规范化的监督检验是物质安全文化在压力管道领域的具体体现。

3. 生产管理中的安全防护

生产管理中的安全防护要注意以下方面：

(1)应建立各项安全生产管理制度，包括生产责任制、安全生产和维修人员教育和培训制度，危险性工作的操作许可制度(如动火规程等)，安全生产检查制度，事故调查、报告和责任制度以及安全监察制度等。

(2)应制定安全可靠的开、停车和正常操作的规程以及停水、停电等情况下事故停车的程序，以尽可能减少对管道的损害和操作人员、维修人员及其他人员接触危险性管道的可能性。

(3)建立管道管理系统数据库，包括管道目录库、管道故障记录库、管道检测报告库以及管道检修报告库等。

4. 安全防护设施和措施

安全防护设施和措施包括以下方面：

(1)灭火消防系统和喷淋设施应包括：构建筑物的防火结构(防火墙、防爆墙等)，去除有毒、腐蚀性或可燃性蒸汽的通风装置、遥测和遥控装置以及紧急处理有害物质的设施(贮存或回收装置、火炬或焚烧炉等)。

(2)在脆性材料管道系统，法兰、接头、阀盖、仪表或视镜处应设置保护罩，以限制和减小泄漏的危害程度。

(3)应采用自动或遥控的紧急切断阀、过流量阀、附加的切断阀、限流孔板或自动关闭压力源等方法限制流体泄漏的数量和速度。

(4)处理事故用的阀门(如紧急放空、事故隔离、消防蒸汽、消防栓等)应布置在安全、明显、方便操作的地方。

(5)对于进出装置的可燃、有毒物料管道，应在界区边界处设置切断阀，并在装置侧设"8"字盲板，以防止发生火灾时相互影响。

(6)应设置必要的防护面罩、防毒面具、应急呼吸系统、专用药剂、便携式可燃和有毒气体检测报警系统等卫生安全设备，在可能造成人身意外伤害的排放点或泄漏点附近应设置紧急淋浴和洗眼器。

(7)对于有辐射性的流体管道，应设置屏蔽保护和自动报警系统，并应配备专用的面具、手套和防护服等。

(8)对爆炸、火灾危险场所内可能产生静电危险的管道系统，均应采取静电接地措施，如可通过设备、管道及土建结构的接地网接地，其他防静电要求应符合 GB 12158 的规定。

(9)盲板的设置应符合以下规定：

①当装置停运维修时，对装置外可能或要求继续运行的管道，在装置边界处除设置切断阀外，还应在阀门靠装置一侧的法兰处设置盲板。

②当运行中的设备需切断检修时，应在阀门与设备之间的法兰接头处设置盲板。当有毒、可燃流体管道、阀门与盲板之间装有放空阀时，对于放空阀后的管道，应保证其出口位于安全范围之内。

第五节 移动式压力容器

移动式压力容器是指行驶在铁路、公路及水路上的盛装介质为气体、液化气体和最高工作温度高于或者等于标准沸点的液体,承载最高工作压力≥0.1 MPa(表压),且压力与容积的乘积≥2.5 MPa·L的密闭罐车和罐式集装箱。移动式压力容器含汽车罐车、铁路罐车、长管拖车和罐式集装箱。其储运的介质大部分具有危险性,多易燃易爆。与固定式压力容器相比,大部分安全技术和管理相同,但增加了运输安全和装卸作业安全。

(一)移动式压力容器的安全附件

移动式压力容器由罐体(或气瓶)、行走装置(或框架)、承压管路、承压附件、装卸附件和安全附件组成。安全附件有安全阀、压力表、爆破片装置、温度测量温仪表、液位计、减压阀、紧急切断装置、阻火器、导静电装置、安全阀与爆破片组合装置、真空绝热低温罐体外壳爆破装置、快开门式压力容器安全联锁装置等。安全阀的作用是当设备内的压力超过规定要求时自动开启,释放超过的压力,使设备回到正常工作压力状态。压力正常后,安全阀自动关闭。安全阀经校验后,严禁加重物、移动重锤、将阀瓣卡死等手段任意提高安全阀整定压力或使安全阀失效。压力表的量程应与设备工作压力相适应,通常为工作压力的 1.5～3 倍,最好为 2 倍,表盘直径不得 <100 mm。压力表刻度盘上应该画出指示工作压力的红线,指出最高允许工作压力。压力表的连接管不应有漏水、漏汽现象,否则会降低压力表指示值。紧急切断装置的作用是当管道及其附件发生破裂及误操作或罐车附近发生火灾事故时,可紧急关闭阀门迅速切断气源,防止事故蔓延扩大。

(二)移动式压力容器的运输安全

压力罐车按所盛装的介质不同,可以分为液化气、液氨、液体二氧化碳、液氧等压力罐车。由于其介质在液态下有的为常温高压,有的为低温高压,有的为易燃易爆或有毒物质,在运输过程中一旦发生泄漏事故,因其压力高、能量大、易燃易爆和有毒的特点,对社会、环境、人身产生的危害特别巨大,后果特别严重。

事故原因调查发现,除了交通肇事外,绝大部分是由压力罐车安全附件故障而引发的。压力罐车由于特殊的工作环境,长期处于野外恶劣的自然环境中,不停地承受交变应力的冲击,所有部件均可能产生疲劳、松动、摩擦甚至产生泄漏。

在运输过程中,移动式压力容器发生交通碰撞事故以至于翻车的案例也不少见。使用单位应当严格执行公安、交通运输等相关部门的有关规定,确保移动式压力容器的运输过程作业安全。此外还需注意:在道路运输过程中,除驾驶人员外,应当另外配备操作人员,操作人员应当对运输全过程进行监管;运输过程中,任何的操作阀门必须置于闭止状态;快装接口安装盲板法兰或等效装置。

在运输过程中的泄漏事故,往往是罐体装卸口或承压管路在事故中被破坏造成的。为此,必须从材料、结构设计及附件设计等各方面,设法预防此类情况的发生。罐体与走行装置的连接结构和固定装置应当牢固可靠,有足够的刚度强度,能满足相应运输方式的安全技术要求,并且连接结构应当能够承受规定的惯性力和局部应力载荷。阀门、仪表等薄弱环节应当设置适当的保护装置。

装卸口及安全保护装置的设置，应当符合压力容器安全技术监察规程规定。例如，装运毒性程度为极度或者高度危害类介质的移动式压力容器，应当采用上装上卸的装卸方式，液面以下不允许开口；罐体装卸口应当由三个相互独立并且串联在一起的装置组成，第一个是紧急切断阀，第二个是球阀或截止阀，第三个是盲板法兰或等效装置。

承压管路的结构设计，应当能够避免由于热胀冷缩机械振动等而损坏，应当设置能够防止被意外开启的防护装置。如果各附件之间存在相对运动，应当采取紧固或隔离措施，以使这种相对运动不致损害各附件。承压管路及其管路中的阀门用材料应当与装运的介质相容，不得采用铸铁或非金属材料制造。承压管路连接应当采用法兰或者焊接结构，焊接接头应当优先采用全焊透对接接头形式，焊接完毕后应当进行无损检测，合格后以 1.5 倍罐体设计压力进行耐压实验，并且以罐体设计压力进行气密性实验。承压管路设计时，应当加设必要的支撑和紧固装置，对可能受损伤的部位加以保护。

此外，运输甲醇、乙醇等危险化学品的罐车不是压力容器，但是在运输、装卸过程中发生燃爆事故的案例不少，也应当可以参照移动式压力容器的办法增加安全技术措施并加强安全管理。根据此类罐车罐壁较薄的弱点，应当加强防碰撞技术措施。

（三）移动式压力容器装卸安全

1.移动式压力容器装卸的安全要求

移动式压力容器的装卸作业比较频繁，而且装卸连接装置必须在装卸现场临时连接，连接管道以软管居多，必须承受流体的压力。由于装卸连接装置出问题，发生安全事故的案例较多。移动式压力容器装卸安全要求包括以下几个方面：

（1）装卸软管和快速装卸接头。

移动式压力容器与装卸管道或软管之间必须有可靠的连接方式，必须有防止二者拉脱的联锁保护装置。所选用装卸管道或软管的材料，必须与介质及温度、压力工况相适应，装卸软管的公称压力不得小于装卸系统工作压力的 2 倍，其最小爆破压力不得小于容器公称压力的 4 倍。使用单位应当每半年对装卸软管进行 1 次水压实验，实验压力为 1.5 倍的公称压力，实验结果要有记录和实验人员的签字。应当尽可能不使用软管，可使用万向充装管道系统，这是预防发生装卸安全事故的根本办法。

（2）装卸阀门。

装卸阀门、阀体不得选用铸铁或者非金属材料制造，其公称压力应当高于或者等于罐体的设计压力，阀体的耐压实验压力为阀体公称压力的 1.5 倍。阀门的气密性实验压力为阀体公称压力，阀门应在全开和全闭的工作状态下进行气密性实验合格。手动阀门的开闭操作，应当能在阀门承受气密性实验压力下全开、全闭操作自如，并且不得感到有异常阻力、空转等。装卸阀门出厂时应当随产品提供质量证明文件，并且在产品的明显部位装设牢固的金属铭牌。

（3）静电接地装置。

由于在运输过程中的晃动或装卸过程中液体搅动，某些易燃易爆介质的移动式压力容器必须装设可靠的静电接地装置。移动式压力容器在停车和装卸作业时，必须接地良好，容器罐体和接地导线末端之间的电阻值应当符合相应标准的规定，严禁使用铁链、铁丝等金属替代上述接地装置。

（4）罐内处理。

充装可燃、易爆介质的移动式压力容器，在新制造或者检修后首次充装前，必须按使用说明书的要求对罐内气体进行处理和分析，采用抽真空处理时，真空度不得低于83.0 kPa；采用充氮置换处理时，罐内气体含氧量不得大于3%；充装的介质对含水量有特别要求的移动式压力容器，在新制造或者检修后首次充装前，必须按使用说明书的要求对罐内含水量进行处理和分析。以上处理单位必须出具证明文件。

2. 充装作业前的准备工作

达到上述安全要求是充装作业安全的前提，做好各项安全准备工作是充装作业安全的保证。作业之前的准备工作，首先是充装场地应具备作业条件；采取了防止充装过程中车辆发生滑动的有效措施；设置了安全警示标志或者防护信号；易爆介质作业现场已采取防止明火和静电的措施；有释放静电要求的，做好移动式压力容器的静电接地设施与装卸台接地网线连接。充装场地具备作业条件之后，应进行装卸连接管和装卸接口的连接，要保证安全可靠，连接处无泄漏，并且对连接管内的空气及杂质进行吹扫清理。此外，充装液氧（高纯氧）的连接接口，应采取避免油脂污染措施；充装低温液体介质的移动式压力容器，采取防止安全阀和排放阀与液相接触的措施。

3. 充装作业的安全事项

移动式压力容器充装单位应当按照《移动式压力容器充装许可规则》的有关规定，符合下列要求：配备足够数量的充装作业人员。充装作业人员应当明确岗位和职责，按照操作规程进行作业，并且符合下列要求：

（1）使用国家统一的移动式压力容器使用登记证及电子记录卡，对充装情况进行记录，严禁错装、超装（超压）充装。

（2）充装完毕必须复核充装重量（介质为液化气体）或者压力（介质为永久气体），如有超装或者超压，必须妥善处理。

（3）充装作业时，作业人员不得离开有效控制区域，所处位置要注意自身安全防范。配置紧急切断装置的，作业人员应当位于紧急切断装置的远控系统位置。

（4）遇到雷雨天气、附近有明火、管道设备出现异常工况等危险情况，应当立即停止充装作业并采取相应的安全措施。

（5）除按照应急预案对密封面泄漏进行应急处置时除外，充装过程中，快装接头连接或者其他密封面发生泄漏，在内部有压力时，不得进行任何紧固，必须卸压后处理。

（6）充装危险化学品时，应当向随车工作人员书面提供危险化学品信息联络卡，注明所充危险化学品的品名、数量、危害、应急措施以及充装单位的联系方式等。

（7）充装低温液体介质过程中，不能碰触装卸连接管，防止低温灼伤。对于充装完的低温液体介质移动式压力容器，还应当检查罐体有无跑冷、冒汗结霜现象。

（8）可能产生静电的充装作业，要采用正确的充装工艺操作规程，尽可能避免静电的产生与积累。

（9）充装作业完成后，按照操作规程关闭所有装卸用阀门和相关装置。

移动式压力容器卸载作业与充装作业安全要求相同，采用压差方式卸液时，接受卸载的贮存式压力容器应该设置压力联锁保护装置或者防止压力上升的等效措施。装运液态介质的移动式压力容器，到达卸液站点后，具备卸液条件的必须及时卸液，卸液不得把介质完全排净，并且罐体内余压不低于0.1 MPa。

（三）移动式压力容器安全管理

移动式压力容器的使用登记机关为直辖市或者省级质量技术监督部门，其安全管理工作与固定式压力容器的要求基本相同，且要求更严格。我国要求运输危险化学品的罐车必须配置北斗卫星定位系统。移动式压力容器的定期检验分为年度检验和全面检验，年度检验每年至少一次。首次全面检验应当于投用后一年内进行，下次全面检验周期由检验机构根据压力容器的安全状况等级按照规定要求确定。对于已经达到设计使用年限的，或者未规定设计使用年限，但是超过危险品车辆规定使用年限的移动式压力容器罐体，其全面检验周期参照安全状况等级3级执行。

1. 制定移动式压力容器安全操作规程

工艺操作规程应当明确提出移动式压力容器运输与装卸等环节的安全操作要求，应当包括罐体与车辆两方面的内容。例如，罐体的工作压力、工作温度范围以及最大允许充装量的要求；运行中应当重点检查的项目和部位，运行中可能出现的异常现象和防止措施。再如，车辆停放、装卸的操作程序和注意事项；车辆安全要求，包括车辆状况、车辆允许行驶速度以及运输过程中的作息时间要求。要特别强调紧急情况的处置和报告程序，必须规定：移动式压力容器发生异常情况时，如移动式压力容器的走行部分及其与罐体连接部位的零部件等发生损坏、变形等危及安全运行时，操作人员或者押运人员应当立即采取紧急措施，并且按规定的报告程序及时向有关部门报告。

2. 日常维护保养和自行检查制度

移动式压力容器的日常维护保养是指随车作业人员每次出车前、停车后和装卸前后的检查。自行检查是指使用单位的安全管理人员对移动式压力容器每月至少进行一次的检查。对日常维护保养和自行检查中发现的安全隐患，应当及时妥善处理，并且做好记录。日常维护保养和定期自行检查至少应当包括如下内容：

(1)罐体涂层及漆色是否完好，有无脱落等。

(2)罐体保温层、真空绝热层的保温性能是否完好。

(3)罐体外部的标志标识是否清晰。

(4)紧急切断阀以及相关的操作阀门是否置于闭止状态。

(5)安全附件的性能是否完好。

(6)承压附件(阀门、装卸软管等)的性能是否完好。

(7)紧固件的连接是否牢固可靠、是否有松动的现象。

(8)罐体内压力、温度是否异常及有无明显的波动。

(9)罐体各密封面有无泄漏。

(10)随车配备的应急处理器材防护用品及专用工具、备品备件等是否齐全、完好。

(11)罐体与底盘(底架或框架)的连接紧固装置是否完好、牢固。

思考题

1. 什么是压力容器？压力容器如何分类？

2. 压力容器外部检查和内部检查内容是什么？

3. 压力容器发生事故的主要原因和特征是什么？

4. 简述压力容器耐压实验与气密实验的步骤和注意事项。

5. 压力容器与中低压容器相比，结构上有什么特点？

6. 压力容器发生哪些异常时，操作人员应采取紧急措施，并及时向有关部门报告？

7. 制造压力容器对材料有什么要求？普通碳钢板用于压力容器有何限制？

8. 简述压力容器的安全状况等级划分的依据和目的。

9. 设计压力容器结构时需注意哪些基本原则？

10. 举例说明压力容器有哪些主要的破坏形式。

11. 结合事故案例分析讨论移动式压力容器的危险因素。

12. 压力容器发生疲劳破坏与腐蚀破坏比较，其基本条件和破裂特征的异同点有哪些？

13. 分析气瓶物理爆炸、化学爆炸的原因和预防措施。

14. 压力容器的安全附件有哪些？

15. 安全泄压装置对压力容器安全运行有什么作用？安全阀和爆破片的优缺点？

16. 简述蒸汽锅炉爆炸事故的原因和预防措施。

第五章

燃烧和爆炸与防火防爆安全技术

第一节　燃烧

（一）燃烧概述

燃烧是可燃物质与助燃物质（氧或其他助燃物质）发生的一种剧烈的、发光发热的反应。在氧化反应中，失掉电子的物质被氧化，获得电子的物质被还原。所以，该氧化反应并不限于同氧的反应。例如，氢在氯中燃烧生成氯化氢，氢原子失去一个电子被氧化，氯原子获得一个电子被还原。类似地，金属钠在氯气中燃烧，炽热的铁在氯气中燃烧，都是激烈的氧化反应，并伴有光和热的发生。金属和酸反应生成盐也是氧化反应，但没有同时发光发热，所以不能称作燃烧。灯泡中的灯丝通电后同时发光发热，但并非氧化反应，所以也不能称作燃烧。只有同时发光、发热的氧化反应才被界定为燃烧。

可燃物质（一切可氧化的物质）、助燃物质（氧化剂）和着火源（能够提供一定的温度或热量），是可燃物质燃烧的三个基本要素。缺少三个要素中的任何一个，燃烧便不会发生。对于正在进行的燃烧，只要充分控制三个要素中的任何一个，燃烧就会终止。所以，防火防爆安全技术可以归结为对这三个要素的控制问题。例如，在无惰性气体覆盖的条件下加工处理一种易燃物质，比如乙醇，一开始便具备了燃烧三要素中的前两个要素，即可燃物质和氧化气氛。可以查出，乙醇的闪点是 13 ℃。这意味着在高于 13 ℃ 的任何温度，乙醇都可以释放出足够量的蒸汽，与空气形成易燃混合物，一旦遭遇火花、火焰或其他火源就会引发燃烧。为了达到防火的目的，至少要实现下列四个条件中的一个条件：

（1）环境温度保持在 13 ℃ 以下。

（2）切断氧气的供应。

（3）在区域内清除任何形式的火源。

（4）在区域内安装良好的通风设施。乙醇蒸气一旦释放出来，排气装置就迅速将其排离区域，使乙醇蒸气和空气的混合物不至于达到危险的浓度。

条件（1）和（2）在工业规模上很难达到，而条件（3）和（4）则不难实现。只要清除燃烧三要素中的任何一个，都可以杜绝燃烧的发生。然而，对工业操作施加如此严格的限制在经济上很少是可行的。工业物料安全加工研究的一个重要目的是，确定在兼顾杜绝燃烧和操作经济上的可行性方面还留有多大余地。为此，当人们知道如何防火时，这仅仅是开始，降低防火的费用在工业防火中有着同样重要的作用。

燃烧反应在温度、压力、组成和着火源等方面都存在极限值。可燃物质和助燃物质达到一定的浓度，着火源具备足够的温度或热量，才会引发燃烧。如果可燃物质和助燃物质在某个浓度值以下，或者着火源不能提供足够的温度或热量，即使表面上看似乎具备了燃烧的三个要素，但燃烧仍不会发生。例如，氢气在空气中的浓度低于4%时便不能点燃，一般可燃物质当空气中氧含量低于14%时便不会引发燃烧。总之，可燃物质的浓度在其上下极限浓度以外，燃烧不会发生。

近代燃烧理论用联锁反应来解释可燃物质燃烧的本质，认为多数可燃物质的氧化反应不是直接进行的，而是通过游离基团和原子这些中间产物经联锁反应进行。有些学者在燃烧的三角形理论的基础上，提出了燃烧的四面体学说。这种学说认为，燃烧除具备可燃物质、助燃物质和着火源三角形的三条边以外，还应该保证可燃物质和助燃物质之间的反应不受干扰，即进行"不受抑制的联锁反应"。

（二）燃烧要素

在一般情况下，燃烧可以理解为燃料和氧化剂之间伴有发光发热的化学反应。除自燃现象外，都需要用着火源引发燃烧。所以，燃烧要素可以简单地表示为燃料、氧化剂和着火源这三个基本条件。这一部分我们将围绕这三个基本条件进行讨论，并提出降低与之联系的危险性的建议。

1. 燃料

防火的一个重要内容是考虑燃烧的物质，即燃料本身。处于蒸汽或其他微小分散状态的燃料和氧之间极易引发燃烧。固体研磨成粉状或加热蒸发极易起火。但也有少数例外，有些固体蒸发所需的温度远高于通常的环境温度。液体则显现出很大的不同。有些液体在远低于室温时就有较高的蒸汽压，就能释放出危险量的易燃蒸气。另外一些液体在略高于室温时才有较高的蒸汽压，还有一些液体在相当高的温度才有较高的蒸汽压。很显然，液体释放出蒸气与空气形成易燃混合物的温度是其潜在危险的量度，这可以用闪点来表示。

液体的闪点是火险的标志。根据GB 30000.7—2013《化学品分类和标签规范第7部分：易燃液体》的规定，液体的闪点低于93 ℃时，称之为易燃液体。其中，闪点小于23 ℃且初沸点不大于35 ℃的液体列为高危险液体。上述的危险等级划分只是指出了液体加工或贮存时的危险程度，实际上所有有机物质在足够高的温度下暴露都会燃烧。

排除潜在火险对于防火安全是重要的。为此必须用密封的有排气管的罐盛装易燃液体。这样，当与罐隔开一段距离的物料意外起火时，液罐被引燃的可能性将会大大减小。因为燃烧的液体产生大量的热，会引发存放液罐的建筑物起火，把易燃物料置于耐火建筑中对于防火安全也是很重要的。易燃液体安全的关键是防止蒸汽的爆炸浓度在封闭空间中的积累。当应用或贮存中度或高度易燃液体时，通风是必要的安全措施。通风量的大小取决于物料及其所处的条件。因为有些蒸气密度较大，向下沉降，仅凭蒸气的气味作为警示是极不可靠的。用爆炸或易燃蒸气指示器连续检测才是安全的方法。

2. 氧化剂和热

虽然在某些不寻常的情况下，比如氯或磷与物质能够产生燃烧状的化学反应，但几乎所有的燃烧都需要氧，而且反应气氛中氧的浓度越高，燃烧得就越迅速。工业上很难调节加工区氧的浓度，因为阻止起火的氧浓度远低于可供人员呼吸的正常氧浓度。工业上有时需要只是处理在通常温度下暴露在空气中就会起火的物料，把这些物料与空气隔绝是必要的安全措施。为此，加工物料需要在真空容器或充满惰性气体，如氩、氦和氮的容器内进行。

热是燃烧伴生的一个重要现象。为了使工业装置免受燃烧的破坏，经常需要调节和控制释放出的热量。一个容易被忽略的事实是，只需要把很少量的燃料和氧的混合物加热到一定程度就能引发燃烧。由于小热源引发的小火向环境的供热大于引发小火本身的吸热，因而会点燃更多的燃料和氧的混合物。继续下去，可用的热量很快会超过蔓延成大火所需的热量。热量可以由不同的点火源提供，如高的环境温度、热表面、机械摩擦、火花或明火等。

3.着火源

下面给出的是常见着火源以及与之有关的安全措施。

(1)明火。

在易燃液体装置附近，必须核查这一类火源，如喷枪、火柴、电灯、焊枪、探照灯、手灯、手炉等，必须考虑裂解气或油品管线成为火炬的可能性。为了防火安全，常常用隔墙的方法实现充分隔离。隔墙应该相当坚固，以在喷水器或其他救火装置灭火时能够有效地遏止火焰。一般推荐使用耐火建筑，即砖石或混凝土的隔墙。

易燃液体在应用时需要采取限制措施。在加工区，即使运输或贮存少量易燃液体，也要用安全罐盛装。为了防止易燃蒸气的扩散，应该尽可能采用密封系统。在火灾中，防止火焰扩散是绝对必要的。所有罐都应该设置通往安全地的溢流管道，因而必须用拦液堤容纳溢流的燃烧液体，否则火焰会大面积扩散，造成人员或财产的更大损失。除采取上述防火措施外，降低起火后的总消耗也是必要的。高位贮存易燃液体的装置应该通过采用防水地板、排液沟、溢流管等措施，防止燃烧液体流向楼梯井、管道开口、墙的裂缝等。

(2)电源。

电源在这里指的是电力供应和发电装置，以及电加热和电照明设施。在危险地域安装电力设施时，以下电力规范措施是应该认真遵守的公认的准则。

①应用特殊的导线和导线管。

②应用防爆电动机，特别是在地平面或低洼地安装时，更应该如此。

③应用特殊设计的加热设备，警惕加热设备材质的自燃温度，推荐应用热水或蒸汽加热设备。

④电气控制元件，如热断路器、开关、中继器、变压器、接触器等，容易产生火花或变热，这些元件不宜安装在易燃液体贮存区。在易燃液体贮存区只能用防爆按钮控制开关。

⑤在危险气氛中或在库房中，仅可应用不透气的球灯。在良好通风的区域才可以用普通灯。最好用固定的吊灯，手提安全灯也可以应用。

⑥在危险区，只有在防爆的条件下，才可以安装保险丝和电路闸开关。

⑦电动机座、控制盒、导线管等都应该按照普通的电力安装要求接地。

(3)过热。

过热是指超出所需热量的温度点。过热过程应避免在可燃建筑物中发生，并应该受到密切监视。推荐应用温度自动控制和高温限开关，虽然受密切监视但仍是需要的。

（4）热表面。

易燃蒸气与燃烧室、干燥器、烤炉、导线管以及蒸气管线接触，常引发易燃蒸气起火。如果运行设备有时会达到高于一些材料自燃点的温度，要把这些材料与设备隔开至安全距离。这样的设备应该仔细地监视和维护，防止偶发的过热。

（5）自燃。

许多火灾是由物质的自燃引起的，并被来自毗邻的干燥器、烘箱、导线管、蒸气管线的外部热量所加速。有时，在封闭的没有通风的仓库中积累的热量足以使氧化反应加速至着火点。加工易燃液体，特别是容易自热的易燃液体，要特别注意管理和通风。在所有设备和建筑物中，都应该避免废料、烂布条等的积累或淤积。

（6）火花。

机具和设备发生的火花、吸烟的热灰、无防护的灯、锅炉、焚烧炉以及汽油发动机的回火，都是起火的潜在因素。在贮存和应用易燃液体的区域应该禁止吸烟，这种区域的所有设备都应该进行一级条件的维护，应该尽可能地应用防火花或无火花的器具和材料。

（7）静电。

在碾压、印刷等工业操作中，常由于摩擦而在物质表面产生电荷即所谓静电。橡胶和造纸工业中的许多火灾大都是以这种方式引发的。在湿度比较小的季节或人工加热的情形，静电起火更容易发生。在应用易燃液体的场所，保持相对湿度为40%～50%，会大大降低产生静电火花的可能性。为了消除静电火花，必须采用电接地、静电释放设施等。所有易燃液体罐、管线和设备，都应该相互连接并接地。对于上述设施，禁止使用传送带，尽可能采用直接的或链条的传动装置。如果不得不使用传送带，传送带的速度必须限定在45.7 m/min以下，或者采用会降低产生静电火花可能性特殊装配的传送带。

（8）摩擦。

许多起火是由机械摩擦引发的，如通风机叶片与保护罩的摩擦，润滑性能很差的轴承，研磨或其他机械过程，都有可能引发起火。对于通风机和其他设备，应该经常检查并维持在尽可能好的状态。对于摩擦产生大量热的过程，应该与贮存和应用易燃液体的场所隔开。

（三）燃烧过程

可燃物质的燃烧一般是在气相进行的。由于可燃物质的状态不同，其燃烧过程也不相同。

（1）气体最易燃烧，燃烧所需要的热量只用于本身的氧化分解，并使其达到着火点。气体在极短的时间内就能全部燃尽。

（2）液体在火源作用下，先蒸发成蒸汽，而后氧化分解进行燃烧。与气体燃烧相比，液体燃烧多消耗液体变为蒸汽的蒸发热。

（3）固体燃烧有两种情况：对于硫、磷等简单物质，受热时首先熔化，而后蒸发为蒸汽进行燃烧，无分解过程；对于复合物质，受热时首先分解成其组成部分，生成气态和液态产物，而后气态产物和液态产物蒸发为蒸汽着火燃烧。

各种物质的燃烧过程如图5-1所示。从图中可知，任何可燃物质的燃烧都经历氧化分解、着火、燃烧等阶段。物质燃烧过程的温度变化如图5-2所示。$T_初$为可燃物质开始加热的温度。初始阶段，加热的大部分热量用于可燃物质的熔化或分解，温度上升比较缓慢。到

达 $T_氧$，可燃物质开始氧化。由于温度较低，氧化速度不快，氧化产生的热量尚不足以抵消向外界的散热。此时若停止加热，尚不会引起燃烧。如继续加热，温度上升很快，到达 $T_自$，即使停止加热，温度仍自行升高，到达 $T_{自'}$就着火燃烧起来。这里，$T_自$是理论上的自燃点，$T_{自'}$是开始出现火焰的温度，为实际测得的自燃点。T燃为物质的燃烧温度。$T_自$到 $T_{自'}$间的时间间隔称为燃烧诱导期，在安全上有一定实际意义。

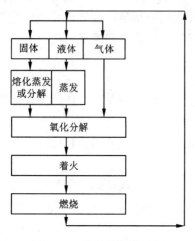

图 5-1　物质的燃烧过程

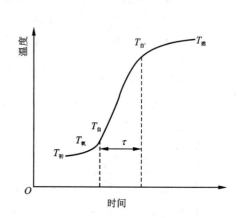

图 5-2　物质燃烧过程的温度变化

(四)燃烧形式

可燃物质和助燃物质存在的相态、混合程度和燃烧过程不尽相同，其燃烧形式也是多种多样的。

1. 均相燃烧和非均相燃烧

按照可燃物质和助燃物质相态的异同，可分为均相燃烧和非均相燃烧。均相燃烧是指可燃物质和助燃物质间的燃烧反应在同一相中进行，如氢气在氧气中的燃烧、煤气在空气中的燃烧。非均相燃烧是指可燃物质和助燃物质并非同相，如石油(液相)、木材(固相)在空气(气相)中的燃烧。与均相燃烧比较，非均相燃烧比较复杂，需要考虑可燃液体或固体的加热，以及由此产生的相变化。

2. 混合燃烧和扩散燃烧

可燃气体与助燃气体燃烧反应有混合燃烧和扩散燃烧两种形式。可燃气体与助燃气体预先混合而后进行的燃烧称为混合燃烧。可燃气体由容器或管道中喷出，与周围的空气(或氧气)互相接触扩散而产生的燃烧，称为扩散燃烧。混合燃烧速度快、温度高，一般爆炸反应属于这种形式。在扩散燃烧中，由于与可燃气体接触的氧气量偏低，通常会产生不完全燃烧的炭黑。

3. 蒸发燃烧、分解燃烧和表面燃烧

可燃固体或液体的燃烧反应有蒸发燃烧、分解燃烧和表面燃烧三种形式。

蒸发燃烧是指可燃液体蒸发出可燃蒸气的燃烧。通常液体本身并不燃烧，只是由液体蒸发出的蒸气进行燃烧。很多固体或不挥发性液体经热分解产生的可燃气体的燃烧称为分解燃烧，如木材和煤大都是由热分解产生的可燃气体进行燃烧。而硫黄和萘这类可燃固体是先熔融、蒸发，而后进行燃烧，也可视为蒸发燃烧。

可燃固体和液体的蒸发燃烧和分解燃烧，均有火焰产生，属火焰型燃烧。当可燃固体燃烧至分解不出可燃气体时，便没有火焰，燃烧继续在所剩固体的表面进行，称为表面燃烧。金属燃烧即属表面燃烧，无气化过程，无须吸收蒸发热，燃烧温度较高。

此外，根据燃烧产物或燃烧进行的程度，还可分为完全燃烧和不完全燃烧。

（五）燃烧类型及其特征参数

如果按照燃烧起因，燃烧可分为闪燃、点燃和自燃三种类型。闪点、着火点和自燃点分别是上述三种燃烧类型的特征参数。

1. 闪燃和闪点

液体表面都有一定量的蒸气存在，由于蒸气压的大小取决于液体所处的温度，因此蒸气的浓度也由液体的温度所决定。可燃液体表面的蒸气与空气形成的混合气体与火源接近时会发生瞬间燃烧，出现瞬间火苗或闪光，这种现象称为闪燃。闪燃的最低温度称为闪点。可燃液体的温度高于其闪点时，随时都有被火点燃的危险。

闪点这个概念主要适用于可燃液体。某些可燃固体，如樟脑和萘等，也能蒸发或升华为蒸气，因此也有闪点。一些可燃液体的闪点列于表 5-1，一些油品的闪点列于表 5-2。

表 5-1　可燃液体的闪点和自燃点

物质名称	闪点/℃	自燃点/℃	物质名称	闪点/℃	自燃点/℃	物质名称	闪点/℃	自燃点/℃
丁烷	-60	265	苯	11.1	555	四氢呋喃	-13.0	230
戊烷	< -40.0	285	甲苯	4.4	535	醋酸	38	
己烷	-21.7	233	邻二甲苯	72.0	463	醋酐	49.0	315
庚烷	-4.0	215	间二甲苯	25.0	525	丁二酸酐	88	
辛烷	36		对二甲苯	25.0	525	甲酸甲酯	< -20	450
壬烷	31	205	乙苯	15	430	环氧乙烷		428
癸烷	46.0	205	萘	80	540	环氧丙烷	-37.2	430
乙烯		425	甲醇	11.0	455	乙胺	-18	
丁烯	-80		乙醇	14	422	丙胺	< -20	
乙炔		305	丙醇	15	405	二甲胺	-6.2	
1,3-丁二烯		415	丁醇	29	340	二乙胺	-26	
异戊间二烯	-53.8	220	戊醇	32.7	300	二丙胺	7.2	
环戊烷	< -20	380	乙醚	-45.0	170	氢		560
环己烷	-20.0	260	丙酮	-10		硫化氢		260
氯乙烷		510	丁酮	-14		二硫化碳	-30	102
氯丙烷	< -20	520	甲乙酮	-14		六氢吡啶	16	

续表 5 – 1

物质名称	闪点/℃	自燃点/℃	物质名称	闪点/℃	自燃点/℃	物质名称	闪点/℃	自燃点/℃
二氯丙烷	15	555	乙醛	–17		水杨醛	90	
溴乙烷	< –20.0	511	丙醛	15		水杨酸甲酯	101	
氯丁烷	12.0	210	丁醛	–16		水杨酸乙酯	107	
氯乙烯		413	呋喃		390	丙烯腈	–5	

表 5 – 2 一些油品的闪点和自燃点

油品名称	闪点/℃	自燃点/℃	油品名称	闪点/℃	自燃点/℃
汽油	< –28	510 ~ 530	重柴油	>120	300 ~ 330
煤油	28 ~ 45	380 ~ 425	蜡油	>120	300 ~ 380
轻柴油	45 ~ 120	350 ~ 380	渣油	>120	230 ~ 240

2. 点燃和着火点

可燃物质在空气充足的条件下，达到一定温度与火源接触即可着火，移去火源后仍能持续燃烧达 5 min 以上，这种现象称为点燃。点燃的最低温度称为着火点。可燃液体的着火点高于其闪点 5 ~ 20 ℃。但闪点在 100 ℃ 以下时，二者往往相同。在没有闪点数据的情况下，也可以用着火点表征物质的火险。

3. 自燃和自燃点

在无外界火源的条件下，物质自行引发的燃烧称为自燃。自燃的最低温度称为自燃点。表 5 – 1 和表 5 – 2 列出了一些可燃液体的自燃点。物质自燃有受热自燃和自热燃烧两种类型。

(1)受热自燃。可燃物质在外部热源作用下温度升高，达到其自燃点而自行燃烧称为受热自燃。可燃物质与空气一起被加热时，首先缓慢氧化，氧化反应热使物质温度升高，同时由于散热也有部分热损失。若反应热大于损失热，氧化反应加快，温度继续升高，达到物质的自燃点而自燃。在化工生产中，可燃物质由于接触高温热表面、加热或烘烤、撞击或摩擦等，均有可能导致自燃。

(2)自热燃烧。可燃物质在无外部热源的影响下，其内部发生物理、化学或生化变化而产生热量，并不断积累使物质温度上升，达到其自燃点而燃烧。这种现象称为自热燃烧。引起物质自热的原因有：氧化热(如不饱和油脂)、分解热(如赛璐珞)、聚合热(如液相氰化氢)、吸附热(如活性炭)、发酵热(如植物)等。

热量生成速率是影响自燃的重要因素。热量生成速率可以用氧化热、分解热、聚合热、吸附热、发酵热等过程热与反应速率的乘积表示。因此，物质的过程热越大，热量生成速率也越大；温度越高，反应速率增加，热量生成速率亦增加。热量积累是影响自燃的另一个重要因素。保温状况良好，导热率低；可燃物质紧密堆积，中心部分处于绝热状态，热量易于积累引发自燃。空气流通利于散热，可减少自燃的发生。

压力、组成和催化剂性能对可燃物质自燃点的温度量值都有很大影响。压力越高，自燃点越低。可燃气体与空气混合，其组成为化学计量比自燃点最低。活性催化剂能降低物质的自燃点，而钝性催化剂则能提高物质的自燃点。

有机化合物的自燃点呈现下述规律性：同系物中自燃点随其相对分子质量的增加而降低；直链结构的自燃点低于其异构物的自燃点；饱和链烃比相应的不饱和链烃的自燃点高；芳香族低碳烃的自燃点高于同碳数脂肪烃的自燃点；较低级脂肪酸、酮的自燃点较高；较低级醇类和醋酸酯类的自燃点较低。

可燃性固体粉碎得越细、粒度越小，其自燃点越低。固体受热分解，产生的气体量越大，自燃点越低。对于有些固体物质，受热时间较长，自燃点也较低。

(六)燃烧温度

可燃物质燃烧所产生的热量在火焰燃烧区域释放出来，火焰温度即是燃烧温度。表5－3列出了一些常见物质的燃烧温度。

表5－3　常见可燃物质的燃烧温度

物质	温度/℃	物质	温度/℃	物质	温度/℃	物质	温度/℃
甲烷	1800	原油	1100	木材	1000～1170	液化气	2100
乙烷	1895	汽油	1200	镁	3000	天然气	2020
乙炔	2127	煤油	700～1030	钠	1400	石油气	2120
甲醇	1100	重油	1000	石蜡	1427	火柴火焰	750～850
乙醇	1180	烟煤	1647	一氧化碳	1680	燃着香烟	700～800
乙醚	2861	氢气	2130	硫	1820	橡胶	1600
丙酮	1000	煤气	1600～1850	二硫化碳	2195		

(七)燃烧速率

1.气体燃烧速率

气体燃烧不像固体、液体那样经过熔化、蒸发等过程，所以气体燃烧速率很快。气体的燃烧速率随物质的成分不同而异。单质气体(如氢气)的燃烧只需受热、氧化等过程；而化合物气体(如乙炔等)的燃烧则需要经过受热、分解、氧化等过程。所以，单质气体的燃烧速率要比化合物气体的快。在气体燃烧中，扩散燃烧速率取决于气体扩散速率，而混合燃烧速率则只取决于本身的化学反应速率。因此，在通常情况下，混合燃烧速率高于扩散燃烧速率。

气体的燃烧性能常以火焰传播速率来表征，火焰传播速率有时也称为燃烧速率。燃烧速率是指燃烧表面的火焰沿垂直于表面的方向向未燃烧部分传播的速率。在多数火灾或爆炸情况下，已燃和未燃气体都在运动，燃烧速率和火焰传播速率并不相同。这时的火焰传播速率等于燃烧速率和整体运动速率的和。

管道中气体的燃烧速率与管径有关。当管径小于某个量值时，火焰在管中不传播。若管径大于这个量值，火焰传播速率随管径的增加而增加，但当管径增加到某个量值时，火焰传播速率便不再增加，此时即为最大燃烧速率。表5－4列出了烃类气体在空气中的最大燃烧速率。

表5-4 烃类气体在空气中的最大燃烧速率

气体	体积分数 /%	速率 /m·s⁻¹	气体	体积分数 /%	速率 /m·s⁻¹	气体	体积分数 /%	速率 /m·s⁻¹
甲烷	10.0	0.338	丙烯	5.0	0.438	苯	2.9	0.466
乙烷	6.3	0.401	1-丁烯	3.9	0.432	甲苯	2.4	0.338
丙烷	4.5	0.390	1-戊烯	3.1	0.426	邻二甲苯	2.1	0.344
正丁烷	3.5	0.379	1-己烯	2.7	0.421	1,2,3-三甲苯	1.9	0.343
正戊烷	2.9	0.385	乙炔	10.1	1.41	正丁苯	1.7	0.359
正己烷	2.5	0.368	丙炔	5.9	0.699	叔丁基苯	1.6	0.366
正庚烷	2.3	0.386	1-丁炔	4.4	0.581	环丙烷	5.0	0.495
2,3-二甲基戊烷	2.2	0.365	1-戊炔	3.5	0.529	环丁烷	3.9	0.566
2,3,4-三甲基戊烷	1.9	0.346	1-己炔	3.0	0.485	环戊烷	3.2	0.373
正癸烷	1.4	0.402	1,2-丁二烯	4.3	0.580	环己烷	2.7	0.387
乙烯	7.4	0.683	1,3-丁二烯	4.3	0.545	环己烯		0.403

2. 液体燃烧速率

液体燃烧速率取决于液体的蒸发。其燃烧速率有下面两种表示方法：

（1）质量速率：指每平方米可燃液体表面，每小时烧掉的液体的质量，单位为 kg/(m²·h)。

（2）直线速率：指每小时烧掉可燃液层的高度，单位为 m/h。

液体的燃烧过程是先蒸发而后燃烧。易燃液体在常温下蒸汽压很高，因此有火星、灼热物体等靠近时便能着火。之后，火焰会很快沿液体表面蔓延。还有一类液体只有在火焰或灼热物体长久作用下，使其表层受强热大量蒸发才会燃烧。故在常温下生产、使用这类液体没有火灾或爆炸危险。这类液体着火后，火焰在液体表面上蔓延得也很慢。

为了维持液体燃烧，必须向液体传入大量热，使表层液体被加热并蒸发。火焰向液体传热的方式是辐射。故火焰沿液面蔓延的速率决定于液体的初温、热容、蒸发潜热以及火焰的辐射能力。表5-5列出了几种常见易燃液体的燃烧速率。

表5-5　易燃液体的燃烧速率

液体	燃烧速率		相对密度	液体	燃烧速率		相对密度
	直线速率/m·h^{-1}	质量速率/kg·m^{-2}·h^{-1}			直线速率/m·h^{-1}	质量速率/kg·m^{-2}·h^{-1}	
甲醇	0.072	57.6	$d_{16}=0.8$	甲苯	0.1608	138.29	$d_{17}=0.86$
乙醚	0.175	125.84	$d_{15}=0.175$	航空汽油	0.126	91.98	$d_{16}=0.73$
丙酮	0.084	66.36	$d_{18}=0.79$	车用汽油	0.105	80.85	
一氧化碳	0.1047	132.97	$d=1.27$	煤油	0.066	55.11	$d_{10}=0.835$
苯	0.189	165.37	$d_{16}=0.887$				

3.固体燃烧速率

固体燃烧速率，一般要小于可燃液体和可燃气体。不同固体物质的燃烧速率有很大差异。萘及其衍生物、三硫化磷、松香等可燃固体，其燃烧过程是受热熔化、蒸发气化、分解氧化、起火燃烧，一般速率较慢。而另一些可燃固体，如硝基化合物、含硝化纤维素的制品等，燃烧是分解式的，燃烧剧烈，速度很快。

可燃固体的燃烧速率还取决于燃烧比表面积，即燃烧表面积与体积的比值越大，燃烧速率越大；反之，则燃烧速率越小。

（八）燃烧热

燃烧热是指物质与氧气进行完全燃烧反应时放出的热量。它一般用单位物质的量、单位质量或单位体积的燃料燃烧时放出的能量计量。可燃物质燃烧爆炸时所达到的最高温度、最高压力和爆炸力与物质的燃烧热有关。物质的标准燃烧热数据不难从一般的物性数据手册中查阅到。

物质的燃烧热数据一般是用量热仪在常压下测得的。因为生成的水蒸气全部冷凝成水和不冷凝时，燃烧热效应的差值为水的蒸发潜热，所以燃烧热有高热值和低热值之分。高热值是指单位质量的燃料完全燃烧，生成的水蒸气全部冷凝成水时所放出的热量；而低热值是指生成的水蒸气不冷凝时所放出的热量。表5-6是一些可燃气体的燃烧热数据。

表5-6　可燃气体燃烧热

气体	高热值		低热值		气体	高热值		低热值	
	kJ·kg^{-1}	kJ·m^{-3}	kJ·kg^{-1}	kJ·m^{-3}		kJ·kg^{-1}	kJ·m^{-3}	kJ·kg^{-1}	kJ·m^{-3}
甲烷	55723	39861	50082	35823	丙烯	48953	87027	45773	81170
乙烷	51664	65605	47279	58158	丁烯	48367	115060	45271	107529
丙烷	50208	93722	46233	83471	乙炔	49848	57873	48112	55856

续表 5 – 6

气体	高热值		低热值		气体	高热值		低热值	
	$kJ \cdot kg^{-1}$	$kJ \cdot m^{-3}$	$kJ \cdot kg^{-1}$	$kJ \cdot m^{-3}$		$kJ \cdot kg^{-1}$	$kJ \cdot m^{-3}$	$kJ \cdot kg^{-1}$	$kJ \cdot m^{-3}$
丁烷	49371	121336	45606	108366	氢	141955	122770	119482	10753
戊烷	49162	149787	45396	133888	一氧化碳	10155	12684		
乙烯	49857	62354	46631	58283	硫化氢	16678	25522	15606	20416

（九）燃烧的活化能理论

燃烧是化学反应，而分子间发生化学反应的必要条件是互相碰撞。在标准状况下，$1dm^3$ 体积内分子互相碰撞约 10^{28} 次/秒。但并不是所有碰撞的分子都能发生化学反应，只有少数具有一定能量的分子互相碰撞才会发生反应，这些少数分子称为活化分子。活化分子的能量要比分子平均能量超出一定值，超出分子平均能量的这个定值称为活化能。活化分子碰撞发生化学反应，故称为有效碰撞。

活化能的概念可以用图 5 – 3 说明，横坐标表示反应进程，纵坐标表示分子能量。由图可见，能级 Ⅰ 的能量大于能级 Ⅱ 的能量，所以能级 Ⅰ 的反应物转变为能级 Ⅱ 的产物，反应过程是放热的。反应的热效应 Q_v 等于能级 Ⅱ 与能级 Ⅰ 的能量差。能级 K 的能量是反应发生所必需的能量。所以，正向反应的活化能 ΔE_1 等于能级 K 与能级 Ⅰ 的能量差，而反向反应的活化能 ΔE_2 则等于能级 K 与能级 Ⅱ 的能量差。ΔE_2 和 ΔE_1 的差值即为反应的热效应。

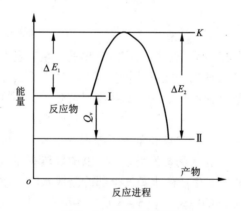

图 5 – 3　活化能示意图

当明火接触可燃物质时，其部分分子获得能量成为活化分子，有效碰撞次数增加而发生燃烧反应。例如，氧原子与氢反应的活化能为 25.10 kJ/mol，在 27 ℃、0.1 MPa 时，有效碰撞仅为碰撞总数的十万分之一，不会引发燃烧反应。而当明火接触时，活化分子增多，有效碰撞次数大大增加而发生燃烧反应。

（十）燃烧的过氧化物理论

在燃烧反应中，氧首先在热能作用下被活化而形成过氧键—O—O—，可燃物质与过氧键加和成为过氧化物。过氧化物不稳定，在受热、撞击、摩擦等条件下，容易分解、燃烧甚至爆炸。过氧化物是强氧化剂，不仅能氧化可形成过氧化物的物质，也能氧化其他较难氧化的物质。如氢和氧的燃烧反应，首先生成过氧化氢，而后过氧化氢与氢反应生成水。反应式如下：

$$H_2 + O_2 \longrightarrow H_2O_2$$

$$H_2O_2 + H_2 \longrightarrow 2H_2O$$

有机过氧化物可视为过氧化氢的衍生物，即过氧化氢 H—O—O—H 中的一个或两个氢原子被烷基所取代，生成 H—O—O—R 或 R—O—O—R′。所以过氧化物是可燃物质被氧化的最初产物，是不稳定的化合物，极易燃烧或爆炸。如蒸馏乙醚的残渣中常因形成过氧乙醚而引起自燃或爆炸。

(十一)燃烧的联锁反应理论

在燃烧反应中，气体分子间互相作用，往往不是两个分子直接反应生成最后产物，而是活性分子自由基与分子间的作用。活性分子自由基与另一个分子作用产生新的自由基，新自由基又迅速参加反应，如此延续下去形成一系列联锁反应。联锁反应通常分为直链反应和支链反应两种类型。

直链反应的特点是自由基与价饱和的分子反应时活化能很低，反应后仅生成一个新的自由基。氯和氢的反应是典型的直链反应。在氯和氢的反应中，只要引入一个光子，便能生成上万个氯化氢分子，这正是由于联锁反应的结果。氯和氢的反应是这样的：

链的引发 　　　　　　　　　　$Cl_2 \longrightarrow 2Cl$

链的传递 　　　　　　　　　　$Cl_2 \xrightarrow{h\nu} 2\dot{C}l$

链的引发 　　　　　　　　　　$\dot{C}l + H_2 \longrightarrow HCl + \dot{H}$

链的传递 　　　　　　　　　　$\dot{H} + Cl_2 \longrightarrow HCl + \dot{C}l$

氢和氧的反应是典型的支链反应。支链反应的特点是，一个自由基能生成一个以上的自由基活性中心。任何链反应均由三个阶段构成，即链的引发、链的传递(包括支化)和链的终止。用氢和氧的支链反应说明：

链的引发 　　　　　　　　$H_2 + O_2 \xrightarrow{\triangle} 2\dot{O}H$ 　　　　　　(5-1)

　　　　　　$H_2 + M \xrightarrow{\triangle} 2\dot{H} + M(M 为惰性气体)$ 　　(5-2)

链的传递 　　　　　　　　$\dot{O}H + H_2 \longrightarrow \dot{H} + H_2O$ 　　　　　(5-3)

链的支化 　　　　　　　　$\dot{H} + O_2 \longrightarrow \dot{O} + \dot{O}H$ 　　　　　(5-4)

　　　　　　　　　　$\dot{O} + H_2 \longrightarrow \dot{H} + \dot{O}H$ 　　　　　(5-5)

链的终止 　　　　　　　　　　$2\dot{H} \longrightarrow H_2$ 　　　　　　　(5-6)

　　　　　　$2\dot{H} + \dot{O} + M \longrightarrow H_2O + M$ 　　　　(5-7)

慢速传递 　　　　　　　　$\dot{H}O_2 + H_2 \longrightarrow \dot{H} + H_2O_2$ 　　　(5-8)

　　　　　　　$\dot{H}O_2 + H_2O \longrightarrow \dot{O}H + H_2O_2$ 　　　(5-9)

链的引发需有外来能源激发，使分子键破坏生成第一个自由基，如式(5-1)、式(5-

2）。链的传递(包括支化)是自由基与分子反应，如式(5-3)、式(5-4)、式(5-5)、式(5-8)、式(5-9)所示。链的终止为导致自由基消失的反应，如式(5-6)、式(5-7)所示。

 【案例】

上海"11·15"特别重大火灾事故案例

2010 年 11 月 15 日 13 时，上海胶州路 728 号教师公寓正在进行节能改造工程，在北侧外立面进行电焊作业。14 时 14 分，金属熔融物溅落在大楼电梯前室北窗 9 楼平台，引燃堆积在外墙的聚氨酯保温材料碎屑。火势随后迅猛蔓延，因烟囱效应引发大面积立体火灾，最终造成 58 人死亡、71 人受伤的严重后果，建筑物过火面积 12000 m^2，直接经济损失 1.58 亿元。

- **事故原因分析**

事故调查组查明，该起特别重大火灾事故是一起因企业违规造成的责任事故。

事故的直接原因：在胶州路 728 号教师公寓大楼节能综合改造项目施工过程中，施工人员违规在 10 层电梯前室北窗外进行电焊作业，电焊溅落的金属熔融物引燃下方 9 层位置脚手架防护平台上堆积的聚氨酯保温材料碎块、碎屑引发火灾。

事故的间接原因：

(1)建设单位、投标企业、招标代理机构相互串通、虚假招标和转包、违法分包。

(2)工程项目施工组织管理混乱。

(3)设计企业、监理机构工作失职。

(4)市、区两级建设主管部门对工程项目监督管理缺失。

(5)静安区公安消防机构对工程项目监督检查不到位。

(6)静安区政府对工程项目组织实施工作领导不力。

- **事故防范措施**

这起特别重大火灾事故给人民生命财产带来了巨大损失，后果严重，造成了很大的社会负面影响，教训十分深刻。为了防止类似事故再次发生，应采取如下的措施：

(1)进一步加大工程建设领域突出问题专项治理力度。

(2)进一步严格落实建设工程施工现场消防安全责任制。建设工程建设、施工、监理等相关单位要切实增强消防安全主体责任意识，严格遵守国家有关施工现场消防安全管理的相关法律、法规、标准，建立健全并落实各项消防安全管理制度，特别要加强对动火作业的审批和监管，严把进场材料的质量关，进一步规范对进场材料的抽样复验程序，制定切实可行的初期火灾扑救及人员疏散预案，定期组织消防演练，保障施工现场消防安全。施工单位要在施工组织设计中编制消防安全技术措施和专项施工方案，并由专职安全管理人员进行现场监督，施工现场配备必要的消防设施和灭火器材，电焊、气焊、电工等特种作业人员必须持证上岗。

(3)进一步加强建设工程及施工现场的监督管理。

(4)进一步完善建筑节能保温系统防火技术标准及施工安全措施。进一步研究完善有关建筑节能保温系统防火技术标准，规定不同材料构成的节能保温系统的应用范围以及采用可燃材料构成的节能保温系统的防火构造措施，以从根本上解决建筑节能保温系统的防火安全问题。要认真落实节能保温系统改、扩建工程施工现场消防安全管理的要求，进行节能保温系统改、扩建工程时原建筑原则上应当停止使用,确实无法停止使用的,应采取分段搭建脚手架、严格控制保温材料在外墙上的暴露时间和范围等有效安全措施,并对现场动火作业各环节的消防安全要求作出具体规定。

(5)进一步深入开展消防安全宣传教育培训。

(6)进一步加强消防装备建设。

第二节　爆炸

(一)爆炸概述

爆炸是物质发生急剧的物理、化学变化,在瞬间释放出大量能量并伴有巨大声响的过程。在爆炸过程中,爆炸物质所含能量的快速释放,变为对爆炸物质本身、爆炸产物及周围介质的压缩能或运动能。物质爆炸时,大量能量极短的时间在有限体积内突然释放并聚积,造成高温高压,对邻近介质形成急剧的压力突变并引起随后的复杂运动。爆炸介质在压力作用下,表现出不寻常的运动或机械破坏效应,以及爆炸介质受震动而产生的音响效应。

爆炸常伴随发热、发光、高压、真空、电离等现象,并且具有很大的破坏作用。爆炸的破坏作用与爆炸物质的数量和性质、爆炸时的条件以及爆炸位置等因素有关。如果爆炸发生在均匀介质的自由空间,在以爆炸点为中心的一定范围内,爆炸力的传播是均匀的,并使这个范围内的物体粉碎、飞散。

爆炸的威力是巨大的。在遍及爆炸起作用的整个区域内,有一种令物体震荡、使之松散的力量。爆炸发生时,爆炸力的冲击波最初使气压上升,随后气压下降使空气振动产生局部真空,呈现出所谓的吸收作用。由于爆炸的冲击波呈升降交替的波状气压向四周扩散,从而造成附近建筑物的震荡破坏。

化工装置、机械设备、容器等爆炸后,变成碎片飞散出去会在相当大的范围内造成危害。化工生产中属于爆炸碎片造成的伤亡占很大比例。爆炸碎片的飞散距离一般可达 100 ~ 500 m。

爆炸气体扩散通常在爆炸的瞬间完成,对一般可燃物不致造成火灾,而且爆炸冲击波有时能起灭火作用。但是爆炸的余热或余火,会点燃从破损设备中不断流出的可燃液体蒸气而造成火灾。

(二)爆炸分类

1. 按爆炸性质分类

(1)物理爆炸:是指物质的物理状态发生急剧变化而引起的爆炸。例如,蒸汽锅炉、压缩气体、液化气体过压等引起的爆炸,都属于物理爆炸。物质的化学成分和化学性质在物理爆炸后均不发生变化。

(2)化学爆炸:是指物质发生急剧化学反应,产生高温高压而引起的爆炸。物质的化学成分和化学性质在化学爆炸后均发生了质的变化。化学爆炸又可以进一步分为爆炸物分解爆炸、爆炸物与空气的混合爆炸两种类型。

爆炸物分解爆炸是指爆炸物在爆炸时分解为较小的分子或其组成元素。爆炸物的组成元素中如果没有氧元素,爆炸时则不会有燃烧反应发生,爆炸所需要的热量是由爆炸物本身分解产生的。属于这一类物质的有叠氮铅、乙炔银、乙炔铜、碘化氮、氯化氮等。爆炸物质中如果含有氧元素,爆炸时则往往伴有燃烧现象发生。各种氮或氯的氧化物、苦味酸即属于这一类型。爆炸性气体、蒸汽或粉尘与空气的混合物爆炸,需要一定的条件,如爆炸性物质的含量或氧气含量以及激发能源等。因此其危险性较分解爆炸低,但这类爆炸更普遍,所造成的危害也较大。

2. 按爆炸速度分类

(1)轻爆爆炸:传播速度在每秒零点几米至数米之间的爆炸过程;

(2)爆炸爆炸:传播速度在每秒 10 m 至数百米之间的爆炸过程;

(3)爆轰爆炸:传播速度在每秒 1 km 至数千米以上的爆炸过程。

3. 按爆炸反应物质分类

(1)纯组元可燃气体热分解爆炸:纯组元气体由于分解反应产生大量的热而引起的爆炸。

(2)可燃气体混合物爆炸:可燃气体或可燃液体蒸汽与助燃气体,如空气按一定比例混合,在引火源的作用下引起的爆炸。

(3)可燃粉尘爆炸:可燃固体的微细粉尘,以一定浓度呈悬浮状态分散在空气等助燃气体中,在引火源作用下引起的爆炸。

(4)可燃液体雾滴爆炸:可燃液体在空气中被喷成雾状剧烈燃烧时引起的爆炸。

(5)可燃蒸汽云爆炸:可燃蒸汽云产生于设备蒸汽泄漏喷出后所形成的滞留状态。密度比空气小的气体浮于上方,反之则沉于地面,滞留于低洼处。气体随风漂移形成连续气流,与空气混合达到其爆炸极限时,在引火源作用下即可引起爆炸。

爆炸在化学工业中一般是以突发或偶发事件的形式出现的,而且往往伴随火灾发生。爆炸所形成的危害性严重,损失也较大。下面将介绍化工行业中常见的几种爆炸类型。

(三)常见爆炸类型

1. 气体爆炸

(1)纯组元气体分解爆炸。

具有分解爆炸特性的气体分解时可以产生相当数量的热量。摩尔分解热达到 80 ~ 120 kJ 的气体一旦引燃火焰就会蔓延开来。摩尔分解热高过上述量值的气体,能够发生很激烈的分解爆炸。在高压下容易引起分解爆炸的气体,当压力降至某个数值时,火焰便不再传播,这个压力称作该气体分解爆炸的临界压力。

高压乙炔非常危险,其分解爆炸方程为:

$$C_2H_2 \longrightarrow 2C(固) + H_2 + 226 \text{ kJ}$$

如果分解反应无热损失,火焰温度可以高达 3100 ℃。乙炔分解爆炸的临界压力是 0.14 MPa,在这个压力以下贮存乙炔就不会发生分解爆炸。此外,乙炔类化合物也同样具有分解爆炸危险,如乙烯基乙炔分解爆炸的临界压力为 0.11 MPa,甲基乙炔在 20 ℃分解爆炸的临界压力为 0.44 MPa,在 120 ℃则为 0.31 MPa。从有关物质危险性质手册中查阅到的分解爆炸临界压力多为 20 ℃的数据。

乙烯分解爆炸反应方程式为:

$$C_2H_4 \longrightarrow C(固) + CH_4 + 127.4 \text{ kJ}$$

乙烯分解爆炸所需要的能量随压力的升高而降低，若有氧化铝存在，分解爆炸则更易发生。乙烯在 0 ℃的分解爆炸临界压力是 4 MPa，故在高压下加工或处理乙烯，具有与可燃气体—空气混合物同样的危险性。

氮氧化物在一定压力下也可以发生分解爆炸，按下述反应式进行：

$$N_2O \longrightarrow N_2 + 0.5O_2 + 81.6 \text{ kJ}$$
$$NO \longrightarrow 0.5N_2 + 0.5O_2 + 90.4 \text{ kJ}$$

N_2O 的分解爆炸临界压力是 0.25 MPa，NO 的分解爆炸临界压力是 0.15 MPa，在上述条件下，90% 以上可以分解为 N_2 和 O_2。

环氧乙烷的分解反应式为：

$$C_2H_4O \longrightarrow CH_4 + CO + 134.3 \text{ kJ}$$
$$2C_2H_4O \longrightarrow CH_4 + 2CO + 33.4 \text{ kJ}$$

环氧乙烷的分解爆炸临界压力为 0.038 MPa，故环氧乙烷有较大的爆炸危险性。在 125 ℃时，环氧乙烷的初始压力由 0.25 MPa 增至 1.2 MPa，最大爆炸压力与初压之比则由 2 增至 5.6，可见爆炸的初始压力对终压有很大影响。

（2）可燃混合物。

可燃气体或蒸气与空气按一定比例均匀混合，而后点燃，因为气体扩散过程在燃烧以前已经完成，燃烧速率将只取决于化学反应速率。在这样的条件下，气体的燃烧就有可能达到爆炸的程度。这时的气体或蒸气与空气的混合物，称为爆炸性混合物。例如，煤气从喷嘴喷出以后，在火焰外层与空气混合，这时的燃烧速率取决于扩散速率，所进行的是扩散燃烧。如果令煤气预先与空气混合并达到适当比例，燃烧的速率将取决于化学反应速率，比扩散燃烧速率大得多，有可能形成爆炸。可燃性混合物的爆炸和燃烧之间的区别就在于爆炸是在瞬间完成的化学反应。

在化工生产中，可燃气体或蒸汽从工艺装置、设备管线泄漏到厂房中，而后空气渗入装有这种气体的设备中，都可以形成爆炸性混合物，遇到火种，便会造成爆炸事故。化工生产中所发生的爆炸事故，大都是爆炸性混合物的爆炸事故。

燃烧的联锁反应理论也可用于解释爆炸。爆炸性混合物与火源接触，便有活性原子或自由基生成而成为联锁反应的作用中心。爆炸混合物起火后，燃烧热和链锁载体都向外传播，引发邻近一层爆炸混合物的燃烧反应。而后，这一层又成为燃烧热和链锁载体源引发次一层爆炸混合物的燃烧反应。火焰是以一层层同心圆球面的形式向各个方向蔓延的。燃烧的传播速率在距离着火点 0.5～1 m 时是固定的，传播速率为每秒若干米或者更小一些。但以后即逐渐加速，传播速率达每秒数百米（爆炸），乃至每秒数千米（爆轰）。如果燃烧传播途中有障碍物，就会造成极大的破坏作用。

爆炸性混合物，如果燃烧速率极快，在全部或部分封闭状态下，或在高压下燃烧时，可以产生一种与一般爆炸根本不同的现象，称为爆轰。爆轰的特点是，突然引发的极高的压力，通过超音速的冲击波传播，每秒可达 2000～3000 m 以上。爆轰是在极短的时间内发生的，燃烧物质和产物以极高的速度膨胀，挤压周围的空气。化学反应所产生的能量有一部分传给压紧的空气，形成冲击波。冲击波传播速率极快，以至于物质的燃烧也落于其后，所以，它的传播并不需要物质完全燃烧，而是由其本身的能量支持的。这样，冲击波便能远离爆轰源而独立存在，并能引发所到处其他化学品的爆炸，称为诱发爆炸，即所谓的"殉爆"。

2. 粉尘爆炸

实际上任何可燃物质，当其成粉尘形式与空气以适当比例混合时，被热、火花、火焰点燃，都能迅速燃烧并引起严重爆炸。许多粉尘爆炸的灾难性事故的发生，都是由于忽略了上述事实。谷物、面粉、煤的粉尘以及金属粉末都有这方面的危险性。化肥、木屑、奶粉、洗衣粉、纸屑、可可粉、香料、软木塞、硫黄、硬橡胶粉、皮革和其他许多物品的加工业，时有粉尘爆炸发生。为了防止粉尘爆炸，维持清洁十分重要。所有设备都应该无粉尘泄漏。爆炸卸放口应该通至室外安全地区，卸放管道应该相当坚固，使其足以承受爆炸力。真空吸尘优于清扫，禁止应用压缩空气吹扫设备上的粉尘，以免形成粉尘云。

屋顶下裸露的管线、横梁和其他突出部分都应该避免积累粉尘。在多尘操作设置区，如果有过顶的管线或其他设施，人们往往错误地认为在其下架设平滑的顶板，就可以达到防止粉尘积累的效果。除非顶板是经过特殊设计精细安装的，否则只会增加危险。粉尘会穿过顶板沉积在管线、设施和顶板本身之上。一次震动就足以使可燃粉尘云充满整个人造空间，一个火星就可以引发粉尘爆炸。如果管线不能移装或拆除，最好是使其裸露定期除尘。

为了防止引发燃烧，在粉尘没有清理干净的区域，严禁明火、吸烟、切割或焊接。电线应该是适于多尘气氛的，静电也必须消除。对于这类高危险性的物质，最好是在封闭系统内加工，在系统内导入适宜的惰性气体，把其中的空气置换掉。粉末冶金行业普遍采用这种方法。

3. 熔盐池爆炸

熔盐池爆炸属于事后抢救往往于事无补的灾难性事件，大多是由管理和操作人员对熔盐池的潜在危险疏于认识引起的。机械故障、人员失误，或者两者的复合作用，都有可能导致熔盐池爆炸。现把熔盐池危险汇总如下：

（1）工件预清洗或淬火后携带的水、盐池上方辅助管线上的冷凝水、屋顶的渗漏水、自动增湿器的操作用水甚至操作人员在盐池边温热的液体食物，都有可能造成蒸汽急剧发生，引发爆炸。

（2）有砂眼的铸件、管道和封闭管线、中空的金属部件，当其浸入熔盐池时，其中阻塞和淤积的空气会突然剧烈膨胀，引发爆炸。

（3）硝酸盐池与毗邻渗碳池的油、炭黑、石墨、氰化物等含碳物质间的剧烈的难以控制的化学反应，都有可能诱发爆炸。

（4）过热的硝酸盐池与铝合金间发生的剧烈的爆发性的反应也可能引起爆炸。

（5）正常加热的硝酸盐池和不慎掉入池中的镁合金间会发生爆炸反应。

（6）落入盐池中的铝合金和池底淤积的氧化铁会发生类似于铝热焊接的反应。

（7）盐池设计、制造和安装的结构失误会缩短盐池的正常寿命，盐池的结构金属材料与硝酸盐会发生反应。

（8）温控失误会造成盐池的过热。

（9）大量硝酸钠的贮存和管理，废硝酸盐不考虑其反应活性的处理和贮存，都有一定的危险性。

（10）偶尔超过安全操作限制的控温设定，也会有一定的危险性。

(四)爆炸极限理论

可燃气体或蒸汽与空气的混合物,并不是在任何组成下都可以燃烧或爆炸,而且燃烧(或爆炸)的速率也随组成而变。实验发现,当混合物中可燃气体浓度接近化学反应式的化学计量比时,燃烧最快、最剧烈。若浓度减小或增加,火焰蔓延速率则降低。当浓度低于或高于某个极限值,火焰便不再蔓延。可燃气体或蒸汽与空气的混合物能使火焰蔓延的最低浓度,称为该气体或蒸汽的爆炸下限;反之,能使火焰蔓延的最高浓度则称为爆炸上限。可燃气体或蒸汽与空气的混合物,若其浓度在爆炸下限以下或爆炸上限以上,便不会着火或爆炸。

爆炸极限一般用可燃气体或蒸汽在混合气体中的体积百分数表示,有时也用单位体积可燃气体的质量(kg/m^3)表示。混合气体浓度在爆炸下限以下时含有过量空气,由于空气的冷却作用,活化中心的消失数大于产生数,阻止了火焰的蔓延。若浓度在爆炸上限以上,含有过量的可燃气体,助燃气体不足,火焰也不能蔓延。但此时若补充空气,仍有火灾和爆炸的危险。所以浓度在爆炸上限以上的混合气体不能认为是安全的。

燃烧和爆炸从化学反应的角度看并无本质区别。当混合气体燃烧时,燃烧波面上的化学反应可表示为:

$$A + B \longrightarrow C + D + Q \tag{5-10}$$

式中:A、B 为反应物;C、D 为产物;Q 为燃烧热。A、B、C、D 不一定是稳定分子,也可以是原子或自由基。化学反应前后的能量变化可用图 5-4 表示。初始状态 I 的反应物($A+B$)吸收活化能正达到活化状态 II,即可进行反应生成终止状态 III 的产物($C+D$),并释放出能量 W,$W = Q + E$。

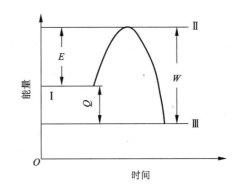

图 5-4　反应过程能量变化

假定反应系统在受能源激发后,燃烧波的基本反应浓度,即反应系统单位体积的反应数为 n,则单位体积放出的能量为 nW。如果燃烧波连续不断,放出的能量将成为新反应的活化能。设活化概率为 $\alpha(\alpha \leqslant 1)$,则第二批单位体积内得到活化的基本反应数为 $\alpha nW/E$,放出的能量为 $\alpha nW^2/E$。后批分子与前批分子反应时放出的能量比 β 定义为燃烧波传播系数,为:

$$\beta = \frac{\alpha nW^2/E}{nW} = \alpha \frac{W}{E} = \alpha\left(1 + \frac{Q}{E}\right) \tag{5-11}$$

现在讨论 β 的数值。当 $\beta < 1$ 时,表示反应系统受能源激发后,放出的热量越来越少,因而引起反应的分子数也越来越少,最后反应会终止,不能形成燃烧或爆炸。当 $\beta = 1$ 时,表示反应系统受能源激发后均衡放热,有一定数量的分子持续反应。这是决定爆炸极限的条件(严格说 β 值略微超过 1 时才能形成爆炸)。当 $\beta > 1$ 时,表示放出的热量越来越多,引起反应的分子数也越来越多,从而形成爆炸。

在爆炸极限时,$\beta = 1$,即,

$$\alpha(1 + \frac{Q}{E}) = 1 \qquad (5-12)$$

假设爆炸下限 $L_下$（体积分数）与活化概率 α 成正比，则有 $\alpha = KL_下$，其中 K 为比例常数。因此，

$$\frac{1}{L_下} = K(1 + \frac{Q}{E}) \qquad (5-13)$$

当 Q 与正相比很大时，式(5-13)可以近似写成：

$$\frac{1}{L_下} = K\frac{Q}{E} \qquad (5-14)$$

式(5-14)近似地表示出爆炸下限 $L_下$ 与燃烧热 Q 和活化能之间的关系。如果各可燃气体的活化能接近于某一常数，则可大体得出：

$$L_下 Q = 常数 \qquad (5-15)$$

这说明爆炸下限与燃烧热近于成反比，即可燃气体分子燃烧热越大，其爆炸下限就越低。各同系物的 $L_下 Q$ 都近于一个常数表明上述结论是正确的。表5-7列出了一些可燃物质的燃烧热和爆炸极限，以及燃烧热和爆炸下限的乘积。利用爆炸下限与燃烧热的乘积成常数的关系，可以推算同系物的爆炸下限。但此法不适用于氢、乙炔、二硫化碳等少数可燃气体爆炸下限的推算。

表5-7　可燃物质的燃烧热与爆炸极限

物质名称	$Q/kJ \cdot mol^{-1}$	$(L_下 \sim L_上)/\%$	$L_下 \cdot Q$	物质名称	$Q/kJ \cdot mol^{-1}$	$(L_下 \sim L_上)/\%$	$L_下 \cdot Q$
甲烷	799.1	5.0~15.0	3995.7	异丁醇	2447.6	1.7~	4160.9
乙烷	1405.8	3.2~12.4	4522.9	丙烯醇	1715.4	2.4~	4117.1
丙烷	2025.1	2.4~9.5	4799.0	戊醇	3054.3	1.2~	
丁烷	2652.7	1.9~8.4	4932.9	异戊醇	2974.8	1.2~	
异丁烷	2635.9	1.8~8.4	4744.7	乙醛	1075.3	4.0~57.0	
戊烷	3238.4	1.4~7.8	4531.3	巴豆醛	2133.8	2.1~15.5	
异戊烷	3263.5	1.3~	4309.5	糠醛	2251.0	2.1~	
己烷	3828.4	1.3~6.9	4786.5	三聚乙醛	3297.0	1.3~	
庚烷	4451.8	1.0~6.0	4451.8	甲乙醚	1928.8	2.0~10.1	3857.6
辛烷	5050.1	1.0~	4799.0	二乙醚	2502.0	1.8~36.5	4627.5
壬烷	5661.0	0.8~	4698.6	二乙烯醚	2380.7	1.7~27.0	4045.9
癸烷	6250.9	0.7~	4188.2	丙酮	1652.7	2.5~12.8	4213.3
乙烯	1297.0	2.7~28.6	3564.8	丁酮	2259.4	1.8~9.5	4087.8
丙烯	1924.6	2.0~11.1	3849.3	2-戊酮	2853.5	1.5~8.1	4422.5
丁烯	2556.4	1.7~7.4	4347.2	2-己酮	3476.9	1.2~8.0	4242.6
戊烯	3138.0	1.6~	5020.8	氰酸	644.3	5.6~40.0	3606.6
乙炔	1259.4	2.5~80.0	3150.6	醋酸	786.6	4.0~	3184.0
苯	3138.0	1.4~6.8	4426.7	甲酸甲酯	887.0	5.1~22.7	4481.1

续表 5 – 7

物质名称	$Q/kJ \cdot mol^{-1}$	$(L_下 \sim L_上)/\%$	$L_下 \cdot Q$	物质名称	$Q/kJ \cdot mol^{-1}$	$(L_下 \sim L_上)/\%$	$L_下 \cdot Q$
甲苯	3732.1	1.3 ~ 7.8	4740.5	甲酸乙酯	1502.1	2.7 ~ 16.4	4129.6
二甲苯	4343.0	1.0 ~ 6.0	4343.0	氢	238.5	4.0 ~ 74.2	954.0
环丙烷	1945.6	2.4 ~ 10.4	4669.3	一氧化碳	280.3	12.5 ~ 74.2	3502.0
环己烷	3661.0	1.3 ~ 8.3	4870.2	氨	318.0	15.0 ~ 27.0	4769.8
甲基环己烷	4255.1	1.2 ~	4895.3	吡啶	2728.0	1.8 ~ 12.4	4932.9
松节油	5794.8	0.8 ~	4635.9	硝酸乙酯	1238.5	3.8 ~	4707.0
醋酸甲酯	1460.2	3.2 ~ 15.6	4602.4	亚硝酸乙酯	1280.3	3.0 ~ 50.0	3853.5
醋酸乙酯	2066.9	2.2 ~ 11.4	4506.2	环氧乙烷	1175.7	3.0 ~ 80.0	3527.1
醋酸丙酯	2648.5	2.1 ~	5430.8	二硫化碳	10293	1.2 ~ 50.0	1284.5
异醋酸丙酯	2669.4	2.0 ~	5338.8	硫化氢	510.4	4.3 ~ 45.5	2196.6
醋酸丁酯	3213.3	1.7 ~	5464.3	氧硫化碳	543.9	11.9 ~ 28.5	6472.6
醋酸戊酯	4054.3	1.1 ~	4460.1	氯甲烷	640.2	8.2 ~ 18.7	5280.2
甲醇	623.4	6.7 ~ 36.5	4188.2	氯乙烷	1234.3	4.0 ~ 14.8	4937.1
乙醇	1234.3	3.3 ~ 18.9	4050.1	二氯乙烯	937.2	9.7 ~ 12.8	9091.8
丙醇	1832.6	2.6 ~	4673.5	溴甲烷	723.8	13.5 ~ 14.5	9773.8
异丙醇	1807.5	2.7 ~	4790.7	溴乙烷	1334.7	6.7 ~ 11.2	9004.0
丁醇	2447.6	1.7 ~	4163.1				

式(5 – 15)中的 $L_下$ 是体积分数，文献数据大都为 20 ℃的测定数据；Q 则为摩尔燃烧热。对于烃类化合物，单位质量(每克)的燃烧热 q 大致相同。如果以 mg/L 为单位表示爆炸下限，则记为 $L'_下$，有 $L_下 = 100L'_下 \times \dfrac{22.4}{1000M} \times \dfrac{273+20}{273}$，于是，

$$L_下 = \frac{2.4L'_下}{M} \tag{5 – 16}$$

式中：M 为可燃气体的相对分子质量。

把式(5 – 16)代入式(5 – 15)，并考虑到 $Q = Mq$，则可得到：

$$2.4qL'_下 = 常数 \tag{5 – 17}$$

可见对于烃类化合物，其 $L'_下$ 近于相同。

(五)影响爆炸极限的因素

爆炸极限不是一个固定值，它受各种外界因素的影响而变化。如果掌握了外界条件变化对爆炸极限的影响，在一定条件下测得的爆炸极限值，就有着重要的参考价值。影响爆炸极限的因素主要有以下几种：

1. 初始温度

爆炸性混合物的初始温度越高，混合物分子内能增大，燃烧反应更容易进行，则爆炸极限范围就越宽。所以，温度升高使爆炸性混合物的危险性增加。表 5 – 8 列出了初始温度对

丙酮和煤气爆炸极限的影响。

表5-8 初始温度对混合物爆炸极限的影响

物质	初始温度/℃	$L_下$/%	$L_上$/%	物质	初始温度/℃	$L_下$/%	$L_上$/%
丙酮	0	4.2	8.0	煤气	300	4.40	14.25
	50	4.0	9.8		400	4.00	14.70
	100	3.2	10.0		500	3.65	15.35
煤气	20	6.00	13.4		600	3.35	16.40
	100	5.45	13.5		700	3.25	18.75
	200	5.05	13.8				

2. 初始压力

初始压力对爆炸性混合物爆炸极限影响很大。一般爆炸性混合物初始压力在增压的情况下，爆炸极限范围扩大。这是因为压力增加，分子间更为接近，碰撞概率增加，燃烧反应更容易进行，爆炸极限范围扩大。表5-9列出了初始压力对甲烷爆炸极限的影响。在一般情况下，随着初始压力增大，爆炸上限明显提高。在已知可燃气体中，只有一氧化碳随着初始压力的增加，爆炸极限范围缩小。

表5-9 初始压力对甲烷爆炸极限的影响

初始压力/MPa	$L_下$/%	$L_上$/%	初始压力/MPa	$L_下$/%	$L_上$/%
0.1013	5.6	14.3	5.065	5.4	29.4
1.013	5.9	17.2	12.66	5.7	45.7

初始压力降低，爆炸极限范围缩小。当初始压力降至某个定值时，爆炸上、下限重合，此时的压力称为爆炸临界压力。低于爆炸临界压力的系统不爆炸。因此在密闭容器内进行减压操作对安全有利。

3. 惰性介质或杂质

爆炸性混合物中惰性气体含量增加，其爆炸极限范围缩小。当惰性气体含量增加到某一值时，混合物不再发生爆炸。惰性气体的种类不同对爆炸极限的影响也不相同。如甲烷，氩、氦、氮、水蒸气、二氧化碳、四氯化碳对其爆炸极限的影响依次增大。再如汽油，氮气、燃烧废气、二氧化碳、氟利昂-21、氟利昂-12、氟利昂-11，对其爆炸极限的影响则依次减小。

在一般情况下，爆炸性混合物中惰性气体含量增加，对其爆炸上限的影响比对爆炸下限的影响更为显著。这是因为在爆炸性混合物中，随着惰性气体含量的增加氧的含量相对减少，而在爆炸上限浓度下氧的含量本来已经很小，故惰性气体含量稍微增加一点，即产生很大影响，使爆炸上限剧烈下降。

对于爆炸性气体，水等杂质对其反应影响很大。如无水、干燥的氯没有氧化功能；干燥的空气不能氧化钠或磷；干燥的氢氧混合物在 1000 ℃下也不会产生爆炸。大量的水会急剧加速臭氧、氯氧化物等物质的分解。少量的硫化氢会大大降低水煤气及其混合物的燃点，加速其爆炸。

4.容器的材质和尺寸

实验表明，容器管道直径越小，爆炸极限范围越小。对于同一可燃物质，管径越小，火焰蔓延速度越小。当管径（或火焰通道）小到一定程度时，火焰便不能通过。这一间距称作最大灭火间距，亦称作临界直径。当管径小于最大灭火间距时，火焰便不能通过而被熄灭。

容器大小对爆炸极限的影响也可以从器壁效应得到解释。燃烧是自由基进行一系列联锁反应的结果。只有自由基的产生数大于消失数时，燃烧才能继续进行。随着管道直径的减小，自由基与器壁碰撞的概率增加，有碍于新自由基的产生。当管道直径小到一定程度时，自由基消失数大于产生数，燃烧便不能继续进行。

容器材质对爆炸极限也有很大影响。如氢和氟在玻璃器皿中混合，即使在液态空气温度下，置于黑暗中也会产生爆炸。而在银制器皿中，在一般温度下才会发生反应。

5.能源

火花能量、热表面面积、火源与混合物的接触时间等，对爆炸极限均有影响。如甲烷在电压 100 V、电流 1 A 的电火花作用下，无论浓度如何都不会引起爆炸。但当电流增加至 2 A 时，其爆炸极限为 5.9% ~ 13.6%；电流为 3 A 时爆炸极限为 5.85% ~ 14.8%。对于一定浓度的爆炸性混合物，都有一个引起该混合物爆炸的最低能量。浓度不同，引爆的最低能量也不同。对于给定的爆炸性物质，各种浓度下引爆的最低能量中的最小值，称为最小引爆能量，或最小引燃能量。表 5 - 10 列出了部分气体的最小引爆能量。

表 5 - 10　易燃气体的最小引爆能量

气体	体积分数/%	能量 /·10^6 J·mol^{-1}	气体	体积分数/%	能量 /·10^6 J·mol^{-1}
甲烷	8.50	0.280	氧化丙烯	4.97	0.190
乙烷	4.02	0.031	甲醇	12.24	0.215
丁烷	3.42	0.380	乙醛	7.72	0.376
乙烯	6.52	0.016	丙酮	4.87	1..15
丙烯	4.44	0.282	苯	2.71	0.550
乙炔	7.73	0.020	甲苯	2.27	2.50
甲基乙炔	4.97	0.152	氮	21.8	0.77
丁二烯	3.67	0.170	氢	29.2	0.019
环氧乙烷	7.72	0.105	二硫化碳	6.52	0.015

另外，光对爆炸极限也有影响。在黑暗中，氢与氯的反应十分缓慢，在光照下则会发生联锁反应引起爆炸。甲烷与氯的混合物，在黑暗中长时间内没有反应，但在日光照射下会发生激烈反应，两种气体比例适当则会引起爆炸。表面活性物质对某些介质也有影响。如在球形器皿中 530 ℃时，氢与氧无反应，但在器皿中插入石英、玻璃、铜或铁棒，则会发生爆炸。

(六)爆炸极限的计算

1. 根据化学计量浓度近似计算

爆炸性气体完全燃烧时的化学计量浓度可以用来确定链烷烃的爆炸下限,计算公式为:

$$L_下 = 0.55C_0 \tag{5-18}$$

式中:C_0 为爆炸性气体完全燃烧时的化学计量浓度;0.55 为常数。如果空气中氧的含量按照 20.9% 计算,C_0 的计算式则为:

$$C_0 = \frac{1}{1+\dfrac{n_0}{0.209}} \times 100 = \frac{20.9}{0.209+n_0} \tag{5-19}$$

式中:n_0 为 1 分子可燃气体完全燃烧时所需的氧分子数。

如甲烷完全燃烧时的反应式为 $CH_4 + 2O_2 \longrightarrow CO_2 + 2H_2O$,这里 $n_0 = 2$,代入式(5-19),并应用式(5-18),可得 $L_下 = 5.2$,即甲烷爆炸下限的计算值为 5.2%,与实验值 5.0% 相差不超过 10%。

此法除用于链烷烃以外,也可用来估算其他有机可燃气体的爆炸下限,但当应用于氢、乙炔,以及含有氮、氯、硫等的有机气体时,偏差较大,不宜应用。

2. 由爆炸下限估算爆炸上限

常压下 25 ℃ 的链烷烃在空气中的爆炸上、下限有如下关系:

$$L_上 = 7.1L_下^{0.56} \tag{5-20}$$

如果在爆炸上限附近不伴有冷火焰,式(5-20)可简化为:

$$L_上 = 6.5\sqrt{L_下} \tag{5-21}$$

把式(5-21)代入式(5-18),可得:

$$L_上 = 4.8\sqrt{C_0} \tag{5-22}$$

3. 由分子中所含碳原子数估算爆炸极限

脂肪族烃类化合物的爆炸极限与化合物中所含碳原子数有如下近似关系:

$$\frac{1}{L_下}0.1347n_c + 0.04343 \tag{5-23}$$

$$\frac{1}{L_上}0.01337n_c + 0.05151 \tag{5-24}$$

4. 根据闪点计算爆炸极限

闪点指的是在可燃液体表面形成的蒸汽与空气的混合物,能引起瞬时燃烧的最低温度,爆炸下限表示的则是该混合物能引起燃烧的最低浓度,所以两者之间有一定的关系。易燃液体的爆炸下限可以应用闪点下该液体的蒸汽压计算。计算式为:

$$L_下 = 100 \times p_闪/p_总 \tag{5-25}$$

式中:$p_闪$ 为闪点下易燃液体的蒸汽压;$p_总$ 为混合气体的总压。

5. 多组元可燃性气体混合物的爆炸极限

两组元或两组元以上可燃气体或蒸汽混合物的爆炸极限,可应用各组元已知的爆炸极限按照式(5-26)求取。该式仅适用于各组元间不反应、燃烧时无催化作用的可燃气体混合物。

$$L_m = \cfrac{100}{\cfrac{V_1}{L_1} + \cfrac{V_2}{L_2} + \cdots + \cfrac{V_n}{L_n}} \qquad (5-26)$$

式中：L_m 为混合气体的爆炸极限，$\%$；L_i 为 i 组元的爆炸极限，$\%$；V_i 为扣除空气组元后 i 组元的体积分数，$\%$。

6. 可燃气体与惰性气体混合物的爆炸极限

对于有惰性气体混入的多组元可燃气体混合物的爆炸极限，可应用式(5-27)计算。

$$L_m = L_f \times \cfrac{(1 + \cfrac{B}{1-B}) \times 100}{100 + L_f \times \cfrac{B}{1-B}} \qquad (5-27)$$

式中：L_m 为含惰性气体混合物的爆炸极限，$\%$；L_f 为混合物中可燃部分的爆炸极限，$\%$；B 为惰性气体含量，$\%$。对于单组元可燃气体和惰性气体混合物的爆炸极限，也可以应用式(5-27)估算，只需用该组元的爆炸极限代换式(5-27)中 L_f 即可。因为不同惰性气体的阻燃或阻爆能力不同，式(5-27)的计算结果不够准确，但仍有一定参考价值。

7. 压力下爆炸极限的计算

压力升高，物质分子浓度增大，反应加速，释放的热量增多。在常压以上时，爆炸极限多数变宽。压力对爆炸范围的影响，在已知气体中，只有一氧化碳是例外，随着压力增加而爆炸范围变小。从低碳烃化合物在氧气中爆炸上限的研究结果得知，在 0.1～1.0 MPa 范围内比较准确的是以下关系式。

$$CH_4: L_上 = 56.0 \, (p-0.9)^{0.040} \qquad (5-28)$$

$$C_2H_6: L_上 = 52.5 \, (p-0.9)^{0.045} \qquad (5-29)$$

$$C_3H_8: L_上 = 47.7 \, (p-0.9)^{0.042} \qquad (5-30)$$

$$C_2H_4: L_上 = 64.0 \, (p-0.2)^{0.083} \qquad (5-31)$$

$$C_3H_6: L_上 = 43.5 \, (p-0.2)^{0.095} \qquad (5-32)$$

式中：$L_上$ 为气体的爆炸上限，$\%$；p 为压力，大气压(0.101325 MPa)。

 【案例】

昆山"8·2"特别重大爆炸事故案例

2014 年 8 月 2 日 7 时 34 分，位于江苏省苏州市昆山市昆山经济技术开发区(以下简称昆山开发区)的某金属制品有限公司抛光二车间(即 4 号厂房，以下简称事故车间)发生特别重大铝粉尘爆炸事故，当天造成 75 人死亡、185 人受伤。依照《生产安全事故报告和调查处理条例》(国务院令第 493 号)规定的事故发生后 30 日报告期，共有 97 人死亡、163 人受伤(事故报告期后，经全力抢救医治无效陆续死亡 49 人)，直接经济损失 3.51 亿元。

● **事故原因分析**

直接原因：

事故车间除尘系统较长时间未按规定清理，铝粉尘集聚。除尘系统风机开启后，打磨过程产生的高温颗粒在集尘桶上方形成粉尘云。1 号除尘器集尘桶锈蚀破损，桶内铝粉受潮，发生氧化放热反应，达到粉尘云的引燃温度，引发除尘系统及车间的系列爆炸。

因没有泄爆装置，爆炸产生的高温气体和燃烧物瞬间经除尘管道从各吸尘口喷出，导致全车间所有工位操作人员直接受到爆炸冲击，造成群死群伤。

原因分析：

由于一系列违法违规行为，整个环境具备了粉尘爆炸的五要素，引发爆炸。粉尘爆炸的五要素包括：可燃粉尘、粉尘云、引火源、助燃物、空间受限。

(1)可燃粉尘。

事故车间抛光轮毂产生的抛光铝粉，主要成分为88.3%的铝和10.2%的硅，抛光铝粉的粒径中位值为19 μm，经实验测试，该粉尘为爆炸性粉尘，粉尘云引燃温度为500 ℃。事故车间、除尘系统未按规定清理，铝粉尘沉积。

(2)粉尘云。

除尘系统风机启动后，每套除尘系统负责的4条生产线共48个工位抛光粉尘通过1条管道进入除尘器内，由滤袋捕集落入集尘桶内，在除尘器灰斗和集尘桶上部空间形成爆炸性粉尘云。

(3)引火源。

集尘桶内超细的抛光铝粉，在抛光过程中具有一定的初始温度，比表面积大，吸湿受潮，与水及铁锈发生放热反应。除尘风机开启后，在集尘桶上方形成一定的负压，加速了桶内铝粉的放热反应，温度升高达到粉尘云引燃温度。

①铝粉沉积：1号除尘器集尘桶未及时清理，估算沉积铝粉约20 kg。

②吸湿受潮：事发前两天当地连续降雨；平均气温31 ℃，最高气温34 ℃，空气湿度最高达到97%；1号除尘器集尘桶底部锈蚀破损，桶内铝粉吸湿受潮。

③反应放热：根据现场条件，利用化学反应热力学理论，模拟计算集尘桶内抛光铝粉与水发生的放热反应，在抛光铝粉呈絮状堆积、散热条件差的条件下，可使集尘桶内的铝粉表层温度达到粉尘云引燃温度500 ℃。

桶底锈蚀产生的氧化铁和铝粉在前期放热反应触发下，可发生"铝热反应"，释放大量热量使体系的温度进一步增加。

放热反应方程式：

$$2Al + 6H_2O = 2Al(OH)_3 + 3H_2$$
$$4Al + 3O_2 = 2Al_2O_3$$
$$2Al + Fe_2O_3 = Al_2O_3 + 2Fe$$

(4)助燃物。

在除尘器风机作用下，大量新鲜空气进入除尘器内，支持了爆炸发生。

(5)空间受限。

除尘器本体为倒锥体钢壳结构，内部是有限空间，容积约8 m³。

● **事故防范措施**

(1)严格落实企业主体责任，加强现场安全管理。各类粉尘爆炸危险企业不分内外资、不分所有制、不分中央地方、不分规模大小，必须遵守国家法律法规，把保护职工的生命安全与健康放在首位，坚决不能以牺牲职工的生命和健康为代价换取经济效益。必须坚决贯彻执行《安全生产法》《严防企业粉尘爆炸五条规定》（安全监管总局令第68号），认真开展隐患排查治理和自查自改，要按标准规范设计、安装、维护和使用通风除尘系统，除尘系统必须配备泄爆装置,一定要切记加强定时规范清理粉尘,使用防爆电气设备,落实防雷、防静电等技术措施,配备铝镁等金属粉尘生产、收集、贮存防水防潮设施,加强对粉尘爆炸危险性的辨识和对职工粉尘防爆等安全知识的教育培训,建立健全粉尘防爆规章制度,严格执行安全操作规程和劳动防护制度。

(2)加大政府监管力度,强化开发区安全监管。

(3)落实部门监管职责,严格行政许可审批。

(4)深刻吸取事故教训,强化粉尘防爆专项整治。各地区特别是江苏省苏州市昆山市及其有关部门要认真开展粉尘防爆专项整治工作,对辖区内存在粉尘爆炸危险的企业进行全面排查,摸清企业基本情况,建立基础台账,将《严防企业粉尘爆炸五条规定》宣贯到每个企业。要与"六打六治"打非治违专项行动紧密结合,借助专业力量,采取"四不两直"的方式深入企业检查,重点查厂房、防尘、防火、防水、管理制度和泄爆装置、防静电措施等内容,及时消除安全隐患,确保专项治理取得实效。对违法违规和不落实整改措施的企业要列入"黑名单"并向社会公开曝光,严格落实停产整顿、关闭取缔、上限处罚和严厉追责的"四个一律"执法措施,集中处罚一批、停产一批、取缔一批典型非法违法企业。

(5)加强粉尘爆炸机理研究,完善安全标准规范。学习借鉴国外先进方法,建立粉尘特性参数数据库,为修订不同类型可燃性粉尘安全技术标准、粉尘爆炸预防提供科学依据;加强与国际劳工组织及发达国家相关研究机构交流,制定出台《铝镁制品机械加工防爆安全技术规范》等标准规范;加强对可燃性粉尘企业生产工艺、安全生产条件、安全监管等基础情况的调查研究,建立可燃性粉尘重点监管目录,提出涉及可燃性粉尘企业安全设施技术指导意见;推广采用湿法除尘工艺和机械自动化抛光技术,提高企业本质安全水平,有效预防和坚决遏制重特大粉尘爆炸事故发生。

第三节　燃烧性物质的贮存和运输

(一)燃烧性物质概述

在化学工业中,燃烧性物质的应用非常广泛。由于缺乏或忽视必要的控制,火灾和爆炸事故不断发生。比如烯烃、芳香烃、醚和醇都是典型的燃烧性物质,它们经化学加工制备出,又被转用作其他更复杂物质的合成原料。同时,它们还被用作交通工具或飞行器的驱动燃料或推进剂,以及各种分离过程的溶剂。为了避免或减少灾难性事故,这类物质在贮存和应用前须预先评价它们的燃烧和爆炸危险。

实际上几乎所有的燃烧过程都是在氧和处于蒸汽或其他微细分散状态的燃料之间进行的。固体只有加热到一定程度释放出足够量的蒸汽,才能引发燃烧。在一定的温度下,液体一般比固体有更高的蒸汽压,所以易燃液体比易燃固体更容易引燃。易燃气体和易燃粉尘无须熔解或蒸发而直接燃烧,所以最容易引燃。固体、液体和气体在燃烧传播速率方面也有量的差异。固体燃烧传播速率最慢,液体则相当快,气体和粉尘的传播速率最快,常能引发爆炸。

化学工业中的物料多数是易于起火并能迅速燃烧的液体。根据 GB 30000.7—2013《化学品分类和标签规范第 7 部分:易燃液体》的规定,把易燃液体和可燃液体分为四类,具体分类方法如表 5-11 所示:

表 5 – 11 易燃液体和可燃液体分类

类别	标准
1	闪点 < 23 ℃且初沸点 ≤ 35 ℃
2	闪点 < 23 ℃且初沸点 < 35 ℃
3	闪点 ≥ 23 ℃且 ≤ 60 ℃
4	闪点 > 60 ℃且 ≤ 93 ℃

注1：为了某些管理目的，可将闪点范围在 55～75 ℃的燃料油、柴油和民用燃料油视为一特定组。

注2：闪点高于 35 ℃但不超过 60 ℃的液体，如果在联合国《关于危险货物运输的建议书 – 试验和标准手册》的第 32 节第Ⅲ部分中 L.2 持续燃烧试验中得到否定结果，则可以为了某些管理目的，如运输，将其视为非易燃液体。

注3：为了某些管理目的，如运输，某些黏性易燃液体，如色漆、磁漆、喷漆、清漆、黏合剂和抛光剂可视为一特定组。将这些液体归类为非易燃液体或考虑将这些液体归类为非易燃液体的决定根据相关规定或由主管部门做出。

注4：气溶胶不属于易燃液体。

在普通工业条件下，易于引燃的物质被认为具有严重火险。这些物质必须贮存于清凉处，以防其蒸气与空气混合偶发性失火。贮存区必须通风良好，贮存容器常规渗漏出的蒸气能很快稀释到火星不至于将其点燃的程度。此外，贮存区必须远离有金属切割、焊接等动火作业的火险区。对于高度易燃物质，必须与强氧化剂、易于自热的物质、爆炸品、与空气或潮气反应放热的物质隔离贮存。

氧化剂不属于燃烧性物质，但作为供氧源与燃烧有着密切关系，也在这里予以介绍。通常空气中含有 21% 的氧，是主要的供氧源。还有许多其他物质，即使没有空气也能提供反应氧。在这些物质中，有些需要加热才能产生氧，而另一些在室温下就能释放出大量的氧。以下各类化合物，其供氧能力应该引起特别注意：有机和无机的过氧化物、氧化物、高锰酸盐、高铼酸盐、氯酸盐、高氯酸盐、过硫酸盐、过硒酸盐、有机和无机的亚硝酸盐、有机和无机的硝酸盐、溴酸盐、高溴酸盐、碘酸盐、高碘酸盐、铬酸盐、重铬酸盐、臭氧、过硼酸盐。强氧化剂靠近低闪点液体贮存是极不安全的，现在普遍赞同氧化剂和燃料隔离贮存。氧化剂贮存区应该保持清凉，通风良好，而且应该是防火的。在氧化剂贮存区，普通救火设施往往不起作用。因为氧化剂本身可以供氧，灭火剂的覆盖失去效用。

(二) 燃烧性物质的危险性

了解燃烧过程，特别是燃烧扩散的概念，有助于对燃烧性物质危险性的理解。可燃物质的燃烧历程一般解释为物质蒸发并被加热至自燃点，在极短的时间内以包含许多自由基的链反应的形式与氧化合。所以，燃料、氧和热构成了燃烧的三个基本要素。燃烧三要素中任意两个共存，如果没有第三要素的加入，都不会引发燃烧。因为，几乎所有的活动都是在有氧的气氛中进行的，防火安全的普通做法是把燃烧性物质与所有的火源隔离。

当环境温度为 20 ℃时，即使很小的火焰在甲醇开口容器上方通过，甲醇液面上的蒸气也会立即起火。在同样条件下冰醋酸和萘却不会起火。但是，如果醋酸稍微加热，产生足够量的蒸气，便会引燃。而萘则需要进一步加热才会引燃。液体和固体只有释放出足够量的蒸气或气体，与空气混合成为燃烧混合物时才会引燃。很显然，物质的挥发性是其形成燃烧混合物的决定因素。沸点和蒸气压可用来表征物质的挥发性，虽然根据其定义两者与燃烧并不直接有关。

闪点描述了液体的燃烧性能。闪点是液面上的蒸气混合物能够引燃的最低温度。在解释闪点信息时必须考虑混合物的组成。氯代烃与低闪点的烃类物质混合，能够相当大地提高闪点，但是经过部分蒸发，不燃组分极易失去，留下的依然是低闪点组分。醇和其他极性溶剂的水溶液在低浓度下也有确定的闪点，比如，5% 乙醇水溶液的闪点为 62 ℃。高闪点物质的烟雾易于引燃，泡沫的起火温度要比预期的低得多。可燃物质当其温度加热至闪点以上时就变成了易燃物质，这是粗心的操作者容易忽略的事实。少量挥发性物质加入高沸点液体，会极大地降低液体的闪点，使液体的燃烧爆炸性危险显著增加。

可燃固体粉尘具有严重的爆炸危险。微细分散状态的聚合物、金属和非金属元素，煤、谷物、糖等天然产物的粉尘，棉花的纤维都有严重的爆炸危险。化学工业中的一个典型事故案例：一次微小的爆炸扬起了平台上积累的粉尘，引发了第二次严重得多的爆炸。

易燃蒸气在空气中的浓度低于燃烧下限时，蒸气分子间的距离较大，有效碰撞次数锐减，释放出的反应热减少，而且过量的空气还吸收部分反应热，这样就不足以把没有燃烧的易燃物质引燃。当其浓度高于燃烧上限时，易燃气体过量而不能完全燃烧，也不足以把周围的易燃物质引燃。易燃气体或蒸气的燃烧范围包括燃烧上下限之间的所有浓度点。当蒸气浓度在燃烧上下限附近时，燃烧扩散很慢。当浓度接近燃烧范围的中点，特别是达到反应式的化学计量浓度时，燃烧传播速率加快，能量释放加剧。如果把易燃液体贮存于封闭容器中，容器自由空间中蒸气的浓度取决于贮存温度下液体的蒸汽压。了解自由空间中的蒸气的浓度是在燃烧范围之下、之上还是之中，对安全管理有着重要意义。

在空气或其他氧化性气氛中，燃料只有被加热到足以诱发联锁反应时，燃烧才会发生。火焰、热表面和电火花是三种最常见的火源。对于任意给定的燃料—氧系统，只要火源有足够高的温度和足够多的能量，都能引发燃烧。

自燃点是指物质没有明显火源自发燃烧的最低温度。易燃混合物与热表面接触，当其温度达到自燃点时，便产生冷燃烧。冷燃烧是有机物质低温氧化伴生的可视现象。冷燃烧的反应速率随着温度和压力的升高而加速，如果是在绝热条件下，反应速率高到一定程度，冷燃烧就会转化成为失控的热爆炸。事后一些年发现，许多以前无法解释的工业火灾和爆炸都是由于冷燃烧随后转变为热燃烧引起的。

着火点表示的是纸张、木材一类固体必须加热至能够引燃并持续燃烧的最低温度。对于一定的物质，大小、形状、纯度、湿度和空气运动影响着火点的测定数据。焊枪和火柴的火焰，或者炉火，有足够的温度和能量点燃气体、液体或固体。在有易燃物质的区域，必须严禁明火，排除各种生火设备。

加热器或破损电灯泡的电热丝，只要能产生 2 mJ 的能量，便成为有效的点火源。一些研究指出，点燃大量易燃物质所需要的电热丝的温度与电热丝的直径成反比。对于烃类蒸气以大的金属热表面作为点火源的研究结果表明，大热表面的温度要远高于文献报道的自燃点才能引发燃烧。人们用蒸汽运动缺少限制和对流来解释需要较高的温度。干燥的、配置较差的轴承和密封圈会产生摩擦热。如果恰逢易燃液体、蒸汽或气体的泄漏点，就有可能引发燃烧。仅有 0.2 mJ 能量的电火花便能点燃易燃气体或蒸汽与空气的混合物。转换开关操作或电动机整流器运行时会产生电火花，导线的偶然破损或电接地松动也会产生电火花。电焊弧则是很强的点火源。在易燃物质的应用和贮存区，电气设备应该是防爆的，工房应该能够承受化学计量浓度的蒸汽和空气混合物的内部爆炸，热气体的温度必须冷却到其着火点以下才能排出。

静电是潜在的点火源。在干燥气候中穿戴合成纤维织物能够产生大量的静电荷；有些绝缘体运动表面的摩擦可以产生较大的静电势。液体、气体或粉尘在流动时，会产生静电荷，并在系统中与地绝缘的金属部件中聚集，由于金属部件间静电势的差异，在其间隙中容易进发出高能电火花，可以引燃存在的任何易燃气体或蒸气。泵送相当纯净的有机流体，产生的静电荷会聚集在接受容器中液体的表面。一些研究结果表明，高速喷射泵送易燃液体，在液面上的蒸汽空间会发生爆炸。

(三)燃烧性物质的贮存安全

1.贮存安全的一般要求

贮存容器和贮存方法的确定以及燃烧性物质的操作和管理，对安全都是至关重要的。贮存容器和贮存方法的确定与贮存物质的相态有很大关系，因此，贮存安全也必须结合物质存在的相态考虑。

(1)燃烧性气体不得与助燃物质、腐蚀性物质共同贮存。如氢、乙烷、乙炔、环氧乙烷、环氧丙烷等易燃气体不得与氧、压缩空气、氧化二氮等助燃气体混合贮存，易燃气体与助燃气体一旦泄漏，就会形成危险的爆炸混合物。燃烧性气体是以压缩状态贮存的，与腐蚀性物质共同贮存，如硝酸、硫酸等都有很强的腐蚀作用，气体容器容易受到腐蚀造成泄漏，引发燃烧和爆炸事故。易燃气体和液化石油气的贮罐库，应该通风良好，远离明火区。不同类型的燃烧性气体的贮存容器，不应设在同一库房，也不宜同组设置。

(2)燃烧性液体较易挥发，其蒸汽和空气以一定比例混合，会形成爆炸性混合物。故燃烧性液体应该贮存于通风良好的清凉处，并与明火保持一定距离。在易燃液体贮存区内，严禁烟火。沸点低于或接近夏季最高气温的易燃液体，应贮存于有降温设施的库房或贮罐内。燃烧性液体受热膨胀，容易损坏盛装的容器，容器应留有不少于5%容积的空间。

(3)燃烧性固体着火点较低，燃烧时多数都能释放出大量有毒气体。所以燃烧性固体贮存库，应该干燥、清凉、有隔热措施、忌阳光曝晒。燃烧性固体多属还原剂，相当多的具有毒性。燃烧性固体与氧化剂应该隔离贮存，要有防毒措施。

(4)自燃性物质有不稳定的性质，在一定的条件下会自发燃烧，可以引发其他燃烧性物质的燃烧。故自燃性物质不能与其他燃烧性物质共同贮存。因灭火方法和其稳定性相抵触，自燃性物质和遇水燃烧物质不能在一起贮存。自燃性物质应该贮存在清凉、通风、干燥的库房内，对存贮温度也有严格的要求。遇水燃烧的物质，受潮湿作用会释放出大量易燃气体和热量，遇到酸类或氧化剂会起剧烈反应。遇水燃烧的物质不应与酸类、氧化剂共同贮存，存储库房要保持干燥，对存贮湿度也有严格要求。

2.燃烧性物质的盛装容器

燃烧性物质许多是有限量的应用，一般盛装于容量在200 kg以下的容器中。从贮运事故案例可以看出，多数事故是由盛装容器不善造成的。根据盛装的燃烧性物质的性质，对盛装容器的种类、材质、强度和气密性都有一定的要求。只有金属容器不适宜时才允许使用有限容量的玻璃和塑料容器。工厂和实验室都倾向于使用容量20 kg以下的安全罐，弹簧帽可以防止常温下的液体或气体的损失，但在内压增加时要适当排放降压。安全罐出口处的阻火器可以阻止火焰的进入，从而排除了内爆危险。使用塑料容器时要防止对热的暴露，以免塑料软化或熔化造成物料的泄放或渗漏。液体燃料贮存库要有防火墙和火门，要用防爆电线，通风必须良好。燃烧性物质输送时，所有金属部件必须电接地。液体的流动或自由下落产生的静电足以达到起火的能量。

对于燃烧性物质，有桶装、袋装、箱装、瓶装、罐装等多种形式。盛装的形式和要求因盛装物料的性质而异。这里仅介绍几种常用的盛装形式。金属制桶装容器有铁桶、马口铁桶、镀锌铁桶、铅桶等，容量规格一般为 200 kg 或更小。金属桶要求桶形完整，桶体不倾斜、不弯曲、不锈蚀，焊缝牢固密实，桶盖应该是旋塞式的，封口要有垫圈，以保证桶口的气密性。金属桶在使用前应该进行气密性检验。耐酸坛用来盛装硝酸、硫酸、盐酸等强酸。耐酸坛表面必须光洁，无斑点、气泡、裂纹、凹凸不平或其他变形。坛体必须耐酸、耐压，经坚固烧结而成的。坛盖不得松动，可用石棉绳浸水玻璃缠绕坛盖螺丝，旋紧坛盖后用黄沙加水玻璃或耐酸水泥加石膏封口。

3. 大容量燃烧性液体贮罐

贮存大容量燃烧性液体采用大型贮罐。贮罐分地下、半地下、地上三种类型。起火乃至爆炸是燃烧性液体贮罐区最主要的危险。为了贮存安全，所有贮罐在安装前都必须试压、检漏，贮罐区要有充分的救火设施。贮罐的尺寸、类型和位置，与建筑物或其他罐间的互相暴露，贮存液体的闪点、容量和价值，以及物料损失中断生产的可能性，应充分考虑这些因素，确定需要采取的防火措施。

对于地下和半地下贮罐，要根据贮存液体的性质，选定的埋罐区的地形和地质条件，确定埋罐的最佳尺寸和地点，以及采用竖直的还是水平的贮罐。埋罐选点时，还要结合同区中的建筑物、地下室、坑洞的地点，统筹考虑。罐体掩埋要足够牢固，以防洪水、暴雨以及其他可能危及罐体装配安全的事件发生。要考虑邻近工厂腐蚀性污水排放、存在腐蚀性矿渣或地下水的可能性，确有腐蚀性状况，在埋罐前就得采取必要的防腐措施。对罐要进行充分的遮盖，在灌区要建设混凝土围墙。

对于地上贮罐，罐体的破裂或液面以下罐体的泄漏，极易引发严重的火灾，对邻近的社区也会造成较大的危害。为了周边的安全，贮罐应该设置在比建筑物和工厂公用设备低洼的地区。为了防止火焰扩散，贮罐间要有较大的间隙，要有适宜的排液设施和充分的阻液渠。

（四）燃烧性物质的装卸和运输

燃烧性物质是化学工业中加工量最大、应用面最广的危险物质。这些物质由火车车厢、货运卡车经陆路，由内河中的驳船、海洋中的货轮经水路，由管道经地下中转或抵达目的地。危险物质的装卸和运输是化学加工工业中最为复杂而又重要的操作。

1. 车船运输安全

燃烧性物质经铁路、水路发货、中转或到达，应在郊区或远离市区的指定专用车站或码头装卸。装运燃烧性物质的车船，应悬挂危险货物明显标记。车船上应设有防火、防爆、防水、防日晒以及其他必要的消防设施。车船卸货后应进行必要的清洗和处理。

火车装运应按原铁道部《铁路危险货物运输管理规则》办理。汽车装运应按规定的时间、指定的路线和车速行驶，停车时应与其他车辆、高压电线、明火和人口稠密处保持一定的安全距离。船舶装运，在航行和停泊期间应与其他船只、码头仓库和人烟稠密区保持一定的安全距离。

2. 管道输送安全

高压天然气、液化石油气、石油原油、汽油或其他燃料油一般采用管道输送。天然气输送管道管径一般为 1016 mm，石油输送管道管径 720 mm。比如西气东输一线，线路全长约 4200 km，该管道直径 1016 mm，设计压力为 10 MPa，年设计输量 120 亿 m^3，最终输气能力为 200 亿 m^3。

为保证安全输送，在管线上应安装多功能的安全设施，如有自动报警和关闭功能的火焰检测器、自动灭火系统以及闭路电视，远程监视管道运行状况。例如在正常情况下，管道中各处的流量读数应该相同，压力读数应该保持恒定，一旦某处的读数出现变化，可以立即断定该处发生泄漏，立即采取应急措施，把损失降至最低限度。

3. 装卸操作安全

装卸的普通安全要求是安全接近车辆的顶盖，这对于顶部装卸的情形特别重要。计量、采样等操作也是如此。这样就需要架设适宜的扶梯、装卸台、跳板，车辆上要安装永久的扶手。所有燃烧性物质的装卸都要配置相应的防火、防爆消防设施。

装卸燃烧性固体，必须做到轻装、轻卸，防止撞击、滚动、重压和摩擦。气动传送系统的应用使固体卸料变得相当容易。固体物料在惰性气体中分散，通过封闭管道进入受槽。卸料系统的主要组件包括拾取装置、传送气体的大容量鼓风机、把物料从气体中分离出的旋风分离器和阻止物料进入大气的过滤器。卸料系统的安全设施主要有高压报警和联锁关闭装置，以及防止静电的电接地设施。

燃烧性液体装卸时，液体蒸汽有可能扩散至整个装卸区，因而需要有和整个装卸区配套的灭火设施。燃烧性液体车船如果采用气体压力卸料，压缩气体应该采用氮气等惰性气体。用于卸料的气体管道应该配置设定值不大于 0.14 MPa 的减压阀，以及压力略高，约 0.17 MPa 的排空阀。有时待卸液体需要蒸汽加热，蒸汽管道和接口必须与液罐接口匹配，避免使用软管，蒸汽压力一般不超过 0.34 MPa。装卸区应配置供水管和软管，冲洗装卸时的洒落液。

【案例】晋城"3·1"特别重大道路交通危化品燃爆事故

2014 年 3 月 1 日 14 时 45 分许，位于山西省晋城市泽州县的晋济高速公路山西晋城段岩后隧道内，两辆运输甲醇的铰接列车追尾相撞，前车甲醇泄漏起火燃烧，隧道内滞留的另外两辆危险化学品运输车和 31 辆煤炭运输车等车辆被引燃引爆，造成 40 人死亡、12 人受伤和 42 辆车烧毁，直接经济损失 8197 万元。

● 事故原因分析

直接原因：

晋E23504/晋E2932 挂铰接列车在隧道内追尾豫HC2923/豫H085J 挂铰接列车，造成前车甲醇泄漏，后车发生电气短路，引燃周围可燃物，进而引燃泄漏的甲醇。

（1）两车追尾的原因：晋E23504/E2932 挂铰接列车在进入隧道后，驾驶员未及时发现停在前方的豫HC2932/豫H085J 挂铰接列车，距前车仅五六米时才采取制动措施；晋E23504 牵引车准牵引总质量（37.6 t），小于晋E2932 挂罐式半挂车的整备质量与运输甲醇质量之和（38.34 t），存在超载行为，影响刹车制动。

经认定，在晋E23504/晋E2932 挂铰接列车追尾碰撞豫HC2932/豫H085J 挂铰接列车的交通事故中，晋E23504/晋E2932挂铰接列车驾驶员李建云负全部责任。

（2）车辆起火燃烧的原因：追尾造成豫H085J挂半挂车的罐体下方主卸料管与罐体焊缝处撕裂，该罐体未按标准规定安装紧急切断阀，造成甲醇泄漏；晋E23504车发动机舱内高压油泵向后位移，启动机正极多股铜芯线绝缘层破损，导线与输油泵输油管管头空心螺栓发生电气短路，引燃该导线绝缘层及周围可燃物，进而引燃泄漏的甲醇。

- **事故防范和整改措施建议**

（1）要始终坚守保护人民群众生命安全的"红线"。

（2）要大力推动危险货物道路运输企业落实安全生产主体责任。

（3）要切实加大危险货物道路运输安全监管力度。

交通运输部门要加强对危险货物道路运输企业的日常安全监管，对安全管理责任不落实、"包而不管""以包代管"和存在重大安全隐患以及有挂靠问题且"挂而不管、以挂代管"的危险货物运输企业，要依法限期整改，情节严重的要责令停业整顿。对整改验收不合格的，要依法依规取消其相应资质。工业和信息化部门要研究道路运输危险货物车辆警示标志标识的设置，完善相关标准，提高防护等级，督促相关汽车生产厂商在危险货物运输车辆罐体上喷涂符合国家强制性标准要求的警示标志标识。

（4）要全面排查整治在用危险货物运输车辆加装紧急切断装置。

各级人民政府及其有关部门要督促各类危险货物运输企业严格执行强制性标准要求，逐台核查常压罐式危险货物运输车辆加装紧急切断装置情况。

（5）要进一步加强公路隧道安全管理。

各地区地方各级人民政府及其有关部门要结合本地区实际，认真研究制定切实有效的公路隧道安全管理措施，提高公路隧道本质安全度。交通运输部门要完善隧道硬件设施，增设和完善灯光照明、防撞护栏、紧急避险车道和限速、禁止超车交通警示标识和逃生指示标识等隧道安全基础设施，严控车辆进入隧道时的速度；要根据隧道实际情况加装监控视频、声光报警、应急广播、应急按钮等装置，确保紧急状态下隧道内人员能够第一时间获知危险信息，及时避险逃生；要全面排查、评估公路隧道沿线各类检查站、收费站、煤管站等选址对隧道内车辆快速通行的影响，对易造成隧道交通拥堵、导致事故发生的，要立即停用或取消。

（6）要进一步加强公路隧道和危险货物运输应急管理。

要针对本地区路网布局、产业特点和可能发生的各类事故，抓紧完善危险货物道路运输事故应急预案和各类公路隧道事故应急处置方案；要下大力气整合危险货物运输企业卫星定位监控平台、高速公路交通运行监控系统、公安交警交通安全管理系统等信息系统资源，统一和规范地方政府危险货物事故接处警平台，强化应急响应和处置工作，建立责任明晰、运转高效的应急联动机制。

（7）要加强安全保障技术研究和健全完善安全标准规范工作。

国家标准化管理部门要进一步修改完善有关罐式危险货物运输车辆的技术标准和规范，对罐式危险货物运输车的后下部防护提出专门要求，提高危险货物运输车辆后下部防护装置的强度和性能；针对不同种类罐式危险货物运输车辆主卸料口的合理位置提出通用要求，明确罐式危险货物运输车辆主卸料口及三道安全阀的位置和设置，优化车辆罐体阀门等装置的连接方式，明确罐体出厂检验和定期检验的项目和要求，提升罐式危险货物运输车辆的被动安全性。特别是要以此次隧道事故暴露出的问题为导向，组织有关力量开展隧道安全保障技术研究，修改完善公路隧道相关设计建设标准规范，切实提高公路隧道安全设防等级和本质安全水平。

第四节　爆炸性物质的贮存和运输

（一）爆炸性物质概述

爆炸性物质是指在一定的温度、震动或受其他物质激发的条件下，能够在极短的时间内发生剧烈化学反应，释放出大量的气体和热量，并伴有巨大声响而爆炸的物质。爆炸性物质按照管理要求可以分为起爆器材和起爆剂、硝基芳香类炸药、硝酸酯类炸药、硝化甘油类混合炸药、硝酸铵类混合炸药、氯酸类混合炸药和高氯酸盐类混合炸药、液氧炸药、黑色火药等8种类型。爆炸性物质的爆炸反应速率极快，可在万分之一秒或更短的时间内完成。爆炸反应释放出大量的反应热，温度可达数千摄氏度，同时产生高压。爆炸反应能够产生大量的气体产物。爆炸的高温高压形成的冲击波，能够使周围的建筑物和设备受到极大破坏。

爆炸性物质引爆所需要的能量称为引爆能。而爆炸性物质在高热、震动、冲击等外力作用下发生爆炸的难易程度则称为敏感度。爆炸性物质的引爆能越小，敏感度就越高。为了爆炸性物质的贮存、运输和使用安全，对其敏感度应有充分的了解。影响爆炸性物质敏感度的有物质分子内部的组成和结构因素，还有温度、杂质等外部因素。

爆炸性物质爆炸力的大小、敏感度的高低，可以由物质本身的组成和结构来解释。物质的不稳定性和物质分子中含有不稳定的结构基团有关。这些基团容易被活化，其化学键则很容易断裂，从而激发起爆炸反应。分子中不稳定的结构基团越活泼，数量越多，爆炸敏感度就越高。如叠氮钠中的叠氮基，三硝基苯中的硝基，都是不稳定的结构基团。再如硝基化合物中的硝基苯只有一个硝基，加热分解，不易发生爆炸；二硝基苯中有两个硝基，有爆炸性，但不敏感；三硝基苯中有三个硝基，容易发生爆炸。

爆炸性物质敏感度和温度有关。温度越高，起爆时所需要的能量越小，爆炸敏感度则相应提高。爆炸性物质在贮运过程中，必须远离火源，防止日光曝晒，就是为了避免温度升高，引发贮运爆炸事故。杂质对爆炸敏感度也有很大影响。特别是硬度大、有尖棱的杂质，冲击能集中在尖棱上，以致产生高能中心，加速爆炸。如三硝基甲苯（TNT）在贮运过程中，由于包装破裂而撒落，收集时混入砂粒，提高了爆炸敏感度，很容易引发爆炸。

爆炸性物质除对温度、摩擦、撞击敏感之外，还有遇酸分解、光照分解和与某些金属接触产生不稳定盐类等特性。雷汞 $[\mathrm{Hg(ONC)_2}]$ 遇浓硫酸会发生剧烈的分解而爆炸。叠氮铅遇浓硫酸或浓硝酸会引起爆炸。TNT炸药受日光照射会引起爆炸。硝铵炸药容易吸潮而变质，降低爆炸能力甚至拒爆。硝化甘油混合炸药，贮存温度过高时会自动分解，甚至发生爆炸。为了保持炸药的理化性能和爆炸能力，对不同种类的炸药，均规定有不同的保存期限。如硝化甘油混合炸药规定保存期一般不超过8个月。爆炸性物质有一种特殊的性质，就是炸药爆炸时，能够引起位于一定距离另一处的炸药也发生爆炸，这就是所谓"殉爆"。所以爆炸性物质贮存时应该保持一定的安全距离。

(二)爆炸性物质的贮存安全

爆炸性物质必须贮存在专用仓库内。贮存条件应该是既能保证爆炸物安全,又能保证爆炸物功能完好。贮存温度、贮存湿度、贮存期、出厂期等,对爆炸物的性能都有重要的影响。爆炸性物质贮存时,必须考虑上述爆炸物本身存在的状况。同时,爆炸性物质是巨大的危险源,贮存时必须考虑其对周边安全的影响。所以对于贮存仓库的位置,要有严格的要求。

1.贮存安全的一般要求

存放爆炸性物质的仓库,不得同时存放性质相抵触的爆炸性物质。如起爆器材和起爆药剂不得存入已经存有爆炸性物质的仓库内;同样地,起爆器材或起爆剂仓库也不能同时存放任何爆炸性物质或爆破器材加热器。一切爆炸性物质,不得与酸、碱、盐、氧化剂以及某些金属同库贮存。黑火药和其他高爆炸品也不能同库存放。

爆炸物箱堆垛不宜过高过密,堆垛高度一般不超过 1.8 m,墙距不小于 0.5 m,垛与垛的间距不少于 1 m。这样有利于通风、装卸和出入检查。爆炸物箱要轻举轻放,严防爆炸物箱滑落至其他爆炸物箱或地面上。只能用木制或其他非金属材料制的工具开启爆炸物箱。

2.贮存仓库及其防火

存放爆炸性物质的仓库地板应该是木材或其他不产生电火花的材料制造的。如果仓库是钢制结构或铁板覆盖,仓库则应该建于地上,保证所有金属构件接地。仓库内照明应该是自然光线或防爆灯,如果采用电灯,必须是防蒸汽的,导线应该置于导线管内,开关应该设在仓库外。

对于存放爆炸性物质的仓库,温湿度控制是一个不容忽视的安全因素。在库房内应该设置温湿度计,并设专人定时观测、记录,采用通风、保暖、吸湿等措施,夏季库温一般不超过 30 ℃,相对湿度经常保持在 75% 以下。

仓库应该保持清洁,仓库周围不得堆放用尽的空箱和容器以及其他可燃性物质。仓库四周 8 m,最好是 15 m 内不得有垃圾、干草或其他可燃性物质。如果方便的话,仓库四周最好用防止杂草、灌木生长的材料覆盖。

仓库周围严禁吸烟、灯火或其他明火,不得携带火柴或其他吸烟物件接近仓库。严禁非职能人员进入仓库。

3.贮存仓库的位置和外部距离

存放爆炸性物质的仓库禁止设在城镇、市区和居民聚居的地区,与周围建筑物、交通要道、输电输气管线应该保持一定的安全距离。

根据《小型民用爆炸物品储存库安全规范》GA 838—2009 的规定,储存库区有两个(含)以上储存库时,应按每个储存库的危险等级及计算药量分别计算其外部距离,取其最大值者为储存库区的外部距离。外部距离应自储存库的外墙算起。对于工业炸药及制品,危险等级 1.1 级地面储存库外部距离应符合表 5 - 12 的规定。

表 5 – 12　1.1 级地面储存库的外部距离/m

项目	计算药量/kg						
	3000 > 药量 ≤5000	2500 > 药量 ≤3000	2000 > 药量 ≤2500	1500 > 药量 ≤2000	1000 > 药量 ≤1500	500 > 药量 ≤1000	药量 ≤500
人数 > 50 人的居民点边缘、企业住宅区建筑物边缘、其他单位围墙	300	285	265	250	225	195	155
人数不大于 50 人的零散住户边缘	180	170	159	150	135	115	90
三级公路、通航汽轮的河流航道、铁路支线	170	170	159	150	135	115	90
二级（含）以上公路、国家铁路	225	225	210	200	180	156	120
高压输电线(500 kV)	600	430	400	375	335	290	232
高压输电线(330 kV)	570	345	320	300	270	230	186
高压输电线(220 kV)	540	285	265	250	225	195	155
高压输电线(110 kV)	200	200	185	175	155	135	105
高压输电线(35 kV)	120	115	105	100	90	75	60
人数不大于 10 万人的城镇规划边缘、国家或省级文物保护区、铁路车站	600	570	530	500	450	390	310
人数 >10 万人的城镇规划边缘	900	855	795	750	675	585	465

注 1：当危险性建筑物紧靠山脚布置，山高 >20 m，山的坡度 >15° 时，其与山背后建筑物之间的外部距离可减少 30%。

注 2：表中二级（含）以上公路系指年平均双向昼夜行车量 ≥2000 辆车；三级公路系指年平均双向昼夜行车量 < 2000 辆且 ≥200 辆车。

注 3：在一条山沟中，对两侧山高为 30 ～ 60 m，坡度为 20° ～ 30°，沟宽为 40 ～ 100 m，纵坡为 4% ～ 10% 时，沿沟纵深和出口方向布置的建筑物之间的内部最小允许距离，与平坦地形相比，可适当增加 10% ～ 40%；对有可能沿山坡脚下直对布置的两建筑物之间的最小允许距离，与平坦地形相比，可增加 10% ～ 50% 。

（三）爆炸性物质的运输

为确保爆炸性物质运输的安全，必须根据各种爆炸性物质的性能或敏感程度严格分类，专车运输。

一切爆炸性物质严禁与氧化剂、自燃物品、酸、碱、盐类、易燃可燃物、金属粉末和钢铁材料器具等混储混运。点火器材、起爆器材不得与炸药、爆炸性药品以及发射药、烟火等其他爆炸品混储混运。

装卸和搬运爆炸品时，必须轻装轻卸，严禁摔、滚、翻、抛以及拖、拉、摩擦、撞击，以防引起爆炸。对散落的粉状或粒状爆炸品，应先用水润湿后，再用锯末或棉絮等柔软的材料轻轻收集，转到安全地带处置勿使残留。操作人员不准穿带铁钉的鞋和携带火柴、打火机等进入装卸现场，禁止吸烟。

运输时须经公安部门批准，按规定的行车时间和路线凭准运证方可起运。起运时包装要完整，装载应稳妥，装车高度不可超过栏板，不得与酸、碱、氧化剂、易燃物等其他危险物品混装，车速应加以控制，避免颠簸、震荡，铁路运输禁止溜放。

 【案例】

三门峡"2·1"重大运输烟花爆竹爆炸事故

2013 年 2 月 1 日 8 时 57 分，石某驾驶某货车，沿连霍高速自西向东行驶至连霍高速河南省三门峡市境内 741 公里 900 米义昌大桥上，车上违法装载、运输的烟火药剂爆炸物和烟花爆竹发生爆炸，致使义昌大桥坍塌，车辆坠落桥下，造成 13 人死亡、9 人受伤、直接经济损失约 7632 万元。

- **事故车辆所载货物情况**

货车所载货物系从陕西省某花炮制造有限公司装载的烟火药剂爆炸物（土地雷）和烟花爆竹（开天雷）。经核实，土地雷和开天雷均不属于《烟花爆竹安全与质量标准》所规定的产品，属非法产品。两种货物总重量约 12365 kg，超载 6440 kg，超载 108%；装药量共计约 1085.2 kg。其中：

土地雷外包装物为塑料编织袋，共装载 350 袋，每袋重约 28 kg，总重约 9800 kg。每袋内装土地雷 20 发，单发装药量约 118 g，总装药量约 826 kg。

开天雷为纸箱包装，共 270 箱，包装箱上的生产厂家是河北阜城礼花制品有限公司，牌子是美神牌（系假冒注册商标生产）。每箱重约 9.5 kg，总重约 2565 kg。每箱内装开天雷 20 个。单发装药量 48 g，总装药量 259.2 kg。

- **现场烟花爆竹残片等检验、分析情况**

（1）现场提取到烟花爆竹残片及部分原药，经河南省公安厅刑科所检验：从送检的炮皮、炮皮中黑色粉末、炮壳中黑色粉末中检出氯离子、高氯酸根离子、硝酸根离子、含硫物质和硫、氯、钾、镁、铝元素。

（2）经公安部物证鉴定中心检验：从爆炸残留物中检出高氯酸钾，铝粉，含 Mg、Al、S、Cl、K、O、Al、Si、Fe 元素的颗粒，2 号中定剂和硝化甘油；检出含 O、Mg、Al、Si、S、Cl、K、Ca、Ba、Fe 元素的球形颗粒，含 O、Al、Si、K、Fe 元素的片状颗粒和 Sr 元素。

综合以上检验情况，认定货车所装载物品主要为高氯酸盐类和硝酸盐类火药。参考现场爆炸破坏情况等，爆炸物品主要是货车上运输的烟火药剂爆炸物（土地雷）。

- **事故直接原因**

石某等人使用不具有危险货物运输资质的货车，不按照规定进行装载，长途运输违法生产的烟火药剂爆炸物（土地雷）和烟花爆竹（开天雷），途中紧急刹车，导致车厢内爆炸物发生撞击、摩擦引发爆炸，是事故发生的直接原因。

- **桥梁坍塌原因分析**

（1）爆炸对大桥破坏的计算分析。根据烟花爆竹装药量及义昌大桥相关资料，运用《抗偶然爆炸结构设计手册(TM5－1300)》和《常规武器防护设计原理(TM5－855－1)》的计算方法和爆炸毁伤数值模拟通用软件,计算给出了烟花爆炸产生的破片及冲击波对车厢底部桥梁的破坏参数,结果表明:不考虑汽车残片对桥梁的破坏作用,计算的车厢板下面峰值压力分布,可以发现车厢底板处桥面的最高峰值压力为 165.23 MPa,车厢宽度边缘处为 101.87 MPa,车厢两端为 60.75 MPa,车厢四角处为 36.96 MPa,爆炸导致货车底部 3 根 T 型梁发生冲切破坏,其余 2 根梁也受到一定程度的损失,桥梁发生严重破坏。此外,不考虑破片作用,单纯考虑装药爆炸时,也会造成车厢底部桥梁的冲切破坏。考虑破片和爆炸冲击波作用下,局部破坏更严重。计算得到的冲切破坏区与现场破坏现象相吻合。

(2)倒塌过程。经过对现场坠落桥梁结构(构件)残留部分相对位置分析,桥梁倒塌机理过程为:运送爆炸物车辆由西向东行驶至义昌大桥第 3 孔桥时发生爆炸;南半幅坍塌桥面处,塌落的桥面及大梁西段部分被炸碎,形成一个明显破碎严重的区域,长 9.4 m、宽 6.8 m,即北侧 3 片 T 梁被炸断;被炸断的 3 片 T 梁残存部分(长约 30.6 m)一端失去支撑,随之坠落;坠落过程中,由于自身重力和爆炸力作用,将南半幅 2 号墩北立柱撞断;北立柱断裂后,2 号墩失去平衡,由于第 2 孔上部构造和第 3 孔未炸断的上部结构质量作用,2 号墩盖梁北端向下倾斜,南立柱被压弯(向南弯),倾斜到一定程度,南立柱断裂;第 2 孔上部结构和第 3 孔剩余上部结构随之坠落。至此,南半幅 2 号桥墩倒塌,造成第 2 孔、第 3 孔上部结构共 80 m桥面全部坠落。

● 事故防范措施

(1)加强货运企业和货运市场安全监管,督促落实企业安全主体责任。交通运输部门,要加强运输企业和运输市场,尤其是挂靠经营运输企业的监管,依法督促企业落实安全生产主体责任,认真执行危险货物运输的法律法规和规章,严禁不具备资质运输烟花爆竹,伪装普通物品运输危险货物。要加强对运输企业、运输市场的监督检查,严格查处违法装载、违法运输和伪装运输烟花爆竹行为,对违反规定、顶风作案的单位和个人,要从严惩处,对构成犯罪的,依法从严追究刑事责任。

(2)加强烟花爆竹企业安全监管,严格查处非法违法生产行为。陕西省各级安全监管部门要加强对烟花爆竹企业的监管监察,对转包、证照不齐全、不具备安全生产条件的企业,要依法责令停止生产;对具备安全生产条件的企业,要严查其超许可范围、超药量、超定员和改变工房用途生产行为。严禁非法生产、组装烟花爆竹成品和半成品,会同公安、检察机关,依法严厉打击非法违法生产烟火药剂爆炸物品。

(3)加强路面管控,严查非法违法运输行为。各级公安机关要加强巡逻和路面管控,严格查处非法违法运输危险货物行为。严格查处无证运输,运输烟花爆竹必须随车携带公安机关核发的烟花爆竹道路运输许可证,保证货证相符。运输车辆必须符合国家规定,按公安机关批准的运输路线行驶,实行专车运输,严禁超装超载和中途随意停靠。公安机关和交通运输部门充分利用治安卡点、收费站和省际检查点,采取抽查的方式,对危险品运输车辆进行抽查,并配备必要的烟花爆竹检测仪器,严防伪装违法运输烟花爆竹行为,依法严格查处非法违法运输行为。

(4)加强烟花爆竹产品质量安全,认真落实部门监管职责。质量技术监督、工商行政管理部门要严格履行对烟花爆竹产品的质量监督、市场监督职责,进一步完善质量检测检验制度,加大质量监控和对伪劣违禁产品的查禁力度,要制定具体的质量抽查检验实施方案,对辖区内生产及流入市场的烟花爆竹产品加强质量抽查和检验，依法严格查禁伪劣和违禁产品。

第五节　火灾爆炸危险性与防火防爆措施

　　火灾和爆炸事故，大多是由危险性物质的物性造成的。而化学工业需要处理多种大量的危险性物质，这类事故的多发性是化学工业的一个显著特征。火灾和爆炸的危险性取决于处理物料的种类、性质和用量，危险化学反应的发生，装置破损泄漏以及错误操作的可能性等。化学工业中的火灾和爆炸事故形式多种多样，但究其原因和背景，便可以发现有共同的特点，即人的行为起着重要作用。实际上，装置的结构和性能、操作条件以及有关的人员是一个统一体，对装置没有进行正确的安全评价和综合的安全管理是事故发生的重要原因。近些年来，一些从事化工行业管理和研究的人员发现并认识到上述问题，努力寻求系统的安全管理，于是创造出了系统安全评价方法。对物料和装置进行正确的危险性评价，并以此为依据制定完善的对策，赖以对装置进行安全操作。

(一)物料的火灾爆炸危险

1.气体

　　爆炸极限和自燃点是评价气体火灾爆炸危险性的主要指标。气体的爆炸极限越宽，爆炸下限越低，火灾爆炸的危险性越大。气体的自燃点越低，越容易起火，火灾爆炸的危险性就越大。此外，气体温度升高，爆炸下限降低；气体压力增加，爆炸极限变宽。所以气体的温度、压力等状态参数对火灾爆炸危险性有一定影响。

　　气体的扩散性能对火灾爆炸危险性也有重要影响。可燃气体或蒸汽在空气中的扩散速度越快，火焰蔓延得越快，火灾爆炸的危险性就越大。密度比空气小的可燃气体在空气中随风漂移，扩散速度比较快，火灾爆炸危险性比较大。密度比空气大的可燃气体泄漏出来，往往沉积于地表死角或低洼处，不易扩散，火灾爆炸危险性比密度较小的气体小。

2.液体

　　闪点和爆炸极限是液体火灾爆炸危险性的主要指标。闪点越低，液体越容易起火燃烧，燃烧爆炸危险性越大。液体的爆炸极限与气体的类似，可以用液体蒸气在空气中爆炸的浓度范围表示。液体蒸气在空气中的浓度与液体的蒸汽压有关，而蒸汽压的大小是由液体的温度决定的。所以，液体爆炸极限也可以用温度极限来表示。液体爆炸的温度极限越宽，温度下限越低，火灾爆炸的危险性越大。

　　液体的沸点对火灾爆炸危险性有重要的影响。液体的挥发度越大，越容易起火燃烧。而液体的沸点是液体挥发度的重要表征。液体的沸点越低，挥发度越大，火灾爆炸的危险性就越大。

　　液体的化学结构和相对分子质量对火灾爆炸危险性也有一定的影响。在有机化合物中，醚、醛、酮、酯、醇、羧酸等，火灾危险性依次降低。不饱和有机化合物比饱和有机化合物的火灾危险性大。有机化合物的异构体比正构体的闪点低，火灾危险性大。氯、羟基、氨基等芳烃苯环上的氢取代衍生物，火灾危险性比芳烃本身低，取代基越多，火灾危险性越低。但硝基衍生物恰恰相反，取代基越多，爆炸危险性越大。同系有机化合物，如烃或烃的含氧化合物，相对分子质量越大，沸点越高，闪点也越高，火灾危险性越小。但是相对分子质量大的液体，一般发热量高，蓄热条件好，自燃点低，受热容易自燃。

3. 固体

固体的火灾爆炸危险性主要取决于固体的熔点、着火点、自燃点、比表面积及热分解性能等。固体燃烧一般要在气化状态下进行。熔点低的固体物质容易蒸发或气化，着火点低的固体则容易起火。许多低熔点的金属有闪燃现象，其闪点大都在100 ℃以下。固体的自燃点越低，越容易着火。固体物质中分子间隔小，密度大，受热时蓄热条件好，所以它们的自燃点一般都低于可燃液体和可燃气体。粉状固体的自燃点比块状固体低一些，其受热自燃的危险性要大一些。

固体物质的氧化燃烧是从固体表面开始的，所以固体的比表面积越大，和空气中氧的接触机会越多，燃烧的危险性越大。许多固体化合物含有容易游离的氧原子或不稳定的单体，受热后极易分解释放出大量的气体和热量，从而引发燃烧和爆炸，如硝基化合物、硝酸酯、高氯酸盐、过氧化物等。物质的热分解温度越低，其火灾爆炸危险性就越大。

（二）化学反应的火灾爆炸危险

1. 氧化反应

所有含有碳和氢的有机物质都是可燃的，特别是沸点较低的液体被认为有严重的火险。如汽油类、石蜡油类、醚类、醇类、酮类等有机化合物，都是具有火险的液体。许多燃烧性物质在常温下与空气接触就能反应释放出热量，如果热的释放速率大于消耗速率，就会引发燃烧。

在通常工业条件下易于起火的物质被认为具有严重的火险，如粉状金属、硼化氢、磷化氢等自燃性物质，闪点等于或低于28 ℃的液体，以及易燃气体。这些物质在加工或贮存时，必须与空气隔绝，或是在较低的温度条件下进行。

在燃烧和爆炸条件下，所有燃烧性物质都是危险的，这不仅是由于存在将其点燃并释放出危险烟雾的足够多的热量，而且由于小的爆炸有可能扩展为易燃粉尘云，引发更大的爆炸。

2. 水敏性反应

许多物质与水、水蒸气或水溶液发生放热反应，释放出易燃或爆炸性气体。这些物质如锂、钠、钾、钙、铷、铯及以上金属的合金或汞齐、氢化物、氮化物、硫化物、碳化物、硼化物、硅化物、碲化物、硒化物、砷化物、磷化物、酸酐、浓酸或浓碱。

在上述物质中，截至氢化物的8种物质，与潮气会发生不同程度的放热反应，并释放出氢气。从氮化物到磷化物的9种物质，与潮气会发生不同程度的迅速反应，并生成挥发性的、易燃的，有时是自燃或爆炸性的氢化物。酸酐、浓酸或浓碱与潮气作用只是释放出热量。

3. 酸敏性反应

许多物质与酸和酸蒸汽发生放热反应，释放出氢气和其他易燃或爆炸性气体。这些物质包括前述的除酸酐和浓酸以外的水敏性物质，金属和结构合金，以及砷、硒、碲和氰化物等。

（三）工艺装置的火灾爆炸危险

化工企业的火灾和爆炸事故，主要原因是对某些事物缺乏认识，例如，对危险物料的物性，对生产规模及效果，对物料受到的环境和操作条件的影响，对装置的技术状况和操作方法的变化等事物认识不足。特别是新建或扩建的装置，当操作方法改变时，如果仍按过去的经验制定安全措施，往往会因为人为的微小失误而铸成大错。

分析化工装置的火灾和爆炸事故，主要原因可以归纳为以下五项，各项中都包含一些小的条目。

1. 装置不适当

(1)高压装置中高温、低温部分材料不适当；

(2)接头结构和材料不适当；

(3)有易使可燃物着火的电力装置；

(4)防静电措施不够；

(5)装置开始运转时无法预料的影响。

2. 操作失误

(1)阀门的误开或误关；

(2)燃烧装置点火不当；

(3)违规使用明火。

3. 装置故障

(1)贮罐、容器、配管的破损；

(2)泵和机械的故障；

(3)测量和控制仪表的故障。

4. 不停车检修

(1)切断配管连接部位时发生无法控制的泄漏；

(2)破损配管没有修复，在压力下降的条件下恢复运转；

(3)在加压条件下，某一物体掉到装置的脆弱部分而发生破裂；

(4)不知装置中有压力而误将配管从装置上断开。

5. 异常化学反应

(1)反应物质匹配不当；

(2)不正常的聚合、分解等；

(3)安全装置不合理。

在工艺装置危险性评价中，物料评价占有很重要的位置。对于有关物料，如果仅仅根据一般的文献调查和小型试验决定操作条件，或只是用热平衡确定反应的规模和效果，往往会忽略副反应和副产物。上述现象是对装置危险性没有进行全面评价的结果。火灾和爆炸事故的蔓延和扩大，问题往往出在平时操作中并无危险，但一旦遭遇紧急情况时却无应急措施的物料上。所以，目前装置危险性评价的重点是放在由于事故而爆发火灾并转而使事故扩大的危险性上。

(四)防火防爆措施

把人员伤亡和财产损失降至最低限度是防火防爆的基本目的。预防发生、限制扩大、灭火熄爆是防火防爆的基本原则。对于易燃易爆物质的安全处理，以及对于引发火灾和爆炸的点火源的安全控制是防火防爆的基本内容。

1. 易燃易爆物质的安全处理

对于易燃易爆气体混合物,应该避免在爆炸范围内加工。可采取下列措施:

(1)限制易燃气体组分的浓度在爆炸下限以下或爆炸上限以上;

(2)用惰性气体取代空气;

(3)把氧气浓度降至极限值以下。

对于易燃易爆液体,加工时应该避免使其蒸汽的浓度达到爆炸下限。可采取下列措施:

(1)在液面之上施加惰性气体覆盖;

(2)降低加工温度,保持较低的蒸汽压,使其无法达到爆炸浓度。

对于易燃易爆固体,加工时应该避免暴热使其蒸汽达到爆炸浓度,应该避免形成爆炸性粉尘,可采取下列措施:

(1)粉碎、研磨、筛分时,施加惰性气体覆盖;

(2)加工设备配置充分的降温设施,迅速移除摩擦热、撞击热;

(3)加工场所配置良好的通风设施,使易燃粉尘迅速排除不至于达到爆炸浓度。

2. 着火源的安全控制

对于着火源的控制,在本章第一节的"燃烧要素"中已对8种着火源做了简单介绍,这里仅对引发火灾爆炸事故较多的几种火源做进一步的说明。

(1)明火。

明火主要是指生产过程中的加热用火、维修用火及其他火源。加热易燃液体时,应尽量避免采用明火,而采用蒸汽、过热水或其他热载体加热。如果必须采用明火,设备应该严格密闭,燃烧室与设备应该隔离设置。凡是用明火加热的装置,必须与有火灾爆炸危险的装置相隔一定的距离,防止装置泄漏引起火灾。在有火灾爆炸危险的场所,不得使用普通电灯照明,必须采用防爆照明电器。

有易燃易爆物质的工艺加工区,应该尽量避免切割和焊接作业,最好将需要动火的设备和管段拆卸至安全地点维修。进行切割和焊接作业时,应严格执行动火安全规定。在积存有易燃液体或易燃气体的管沟、下水道、渗坑内及其附近,在危险消除之前不得进行明火作业。

(2)摩擦与撞击。

在化工行业中,摩擦与撞击是许多火灾和爆炸的重要原因。如机器上的轴承等转动部分摩擦发热起火;金属零件、螺钉等落入粉碎机、提升机、反应器等设备内,由于铁器和机件撞击起火;铁器工具与混凝土地面撞击产生火花等。

机器轴承要及时加油,保持润滑,并经常清除附着的可燃污垢。可能摩擦或撞击的两部分应采用不同的金属制造,摩擦或撞击时便不会产生火花。铅、铜和铝都不产生火花,而铍青铜的硬度不逊于钢。为避免撞击起火,应该使用铍青铜的或镀铜钢的工具,设备或管道容易遭受撞击的部位应该用不产生火花的材料覆盖起来。

搬运盛装易燃液体或气体的金属容器时,不要抛掷、拖拉、震动,防止互相撞击,以免产生火花。防火区严禁穿带钉子的鞋,地面应铺设不发生火花的软质材料。

(3)高温热表面。

加热装置、高温物料输送管道和机泵等,其表面温度都比较高,应防止可燃物落于其上而着火。可燃物的排放口应远离高温热表面。如果高温设备和管道与可燃物装置比较接近,高温热表面应该有隔热措施。加热温度高于物料自燃点的工艺过程,应严防物料外泄或空气进入系统。

(4)电气火花。

电气设备所引起的火灾爆炸事故,多由电弧、电火花、电热或漏电造成。在火灾爆炸危险场所,根据实际情况,在不至于引起运行上特殊困难的条件下,应该首先考虑把电气设备安装在危险场所以外或另室隔离。在火灾爆炸危险场所,应尽量少用携带式电气设备。

根据电气设备产生火花、电弧的情况以及电气设备表面的发热温度,对电气设备本身采取各种防爆措施,以供在火灾爆炸危险场所使用。在火灾爆炸危险场所选用电气设备时,应该根据危险场所的类别、等级和电火花形成的条件,并结合物料的危险性,选择相应的电气设备。一般是根据爆炸混合物的等级选用电气设备的。防爆电器设备所适用的级别和组别应不低于场所内爆炸性混合物的级别和组别。当场所内存在两种或两种以上的爆炸性混合物时,应按危险程度较高的级别和组别选用电气设备。

【案例】

漳州"4·6"重大爆炸着火事故

2015年4月6日18时56分,腾龙芳烃(漳州)有限公司二甲苯装置在停产检修后开车时,二甲苯装置加热炉区域发生爆炸着火事故,导致二甲苯装置西侧约67.5 m外的607号、608号重石脑油储罐和609号、610号轻重整液储罐爆裂燃烧。4月7日16时40分,607号、608号、610号储罐明火全部被扑灭;之后,610号储罐于4月7日19时45分和4月8日2时9分两次复燃,均被扑灭;607号储罐于4月8日2时9分复燃,4月8日20时45分被扑灭;609号储罐于4月8日11时5分起火燃烧,4月9日2时57分被扑灭。

事故造成6人受伤(其中5人被冲击波震碎的玻璃刮伤),另有13名周边群众陆续到医院检查留院观察,直接经济损失9457万元。

● **事故原因分析**

直接原因:

在二甲苯装置开工引料操作过程中出现压力和流量波动,引发液击,存在焊接质量问题的管道焊口作为最薄弱处断裂。管线开裂泄漏出的物料扩散后被鼓风机吸入风道,经空气预热器后进入炉膛,被炉膛内高温引爆,此爆炸力量以及空间中泄漏物料形成的爆炸性混合物的爆炸力量撞裂储罐,爆炸火焰引燃罐内物料,造成爆炸着火事故。即有焊接缺陷的管线41-8″-PL 03040-A53F-H受开工引料操作波动引起的液击冲击,21号焊口断裂,是本次事故的直接原因。

间接原因:

(1)腾龙芳烃(漳州)有限公司安全观念淡薄,安全生产主体责任不落实。①重效益、轻安全。"7·30"事故(2013年7月30日凌晨4点35分,该项目一条尚未投用的加氢裂化管线,在充入氢气测试压力过程中,焊缝开裂闪燃,发生爆炸)后,拒不执行省安监局下发的停产指令,违规试生产;超批准范围建设与试生产。②工程建设质量管理不到位。未落实施工过程安全管理责任,对施工过程中的分包、无证监理、无证检测等现象均未发现;工艺管道存在焊接缺陷,留下重大事故隐患。工艺安全管理不到位。一是二甲苯单元工艺操作规程不完善,未根据实际情况及时修订,操作人员工艺操作不当产生液击;二是工艺联锁、报警管理制度不落实，解除工艺联锁未办理报批手续；三是试生产期间，事故装置长时间处于高负荷甚至超负荷状态运行。

（2）施工单位中石化第四建设有限公司违反合同规定，未经业主同意，将项目分包给扬州市扬子工业设备安装有限公司，质量保证体系没有有效运行，质检员对管道焊接质量把关不严，存在管道未焊透等问题。

（3）分包商扬州市扬子工业设备安装有限公司施工管理不到位，施工现场专业工程师无证上岗，对焊接质量把关不严；焊工班长对焊工管理不严；焊工未严格按要求施焊，未进行氩弧焊打底，焊口未焊透、未熔合，焊接质量差，埋下事故隐患。

（4）南京金陵石化工程监理有限公司未认真履行监理职责，内部管理混乱，招收的监理工程师不具备从业资格，对施工单位分包、管道焊接质量和无损检测等把关不严。

（5）岳阳巨源检测有限公司未认真履行检测机构的职责，管理混乱，招收 12 名无证检测人员从事芳烃装置检测工作，事故管道检测人员无证上岗，检测结果与此次事故调查中复测数据不符，涉嫌造假。

（6）地方党委、政府及其有关部门没有正确处理好严格监管与服务的关系，存在监管"严不起来、落实不下去"现象。

- **事故防范措施**

（1）切实落实企业主体责任，全面开展隐患排查治理。

各生产经营单位必须切实坚持安全第一，牢固树立安全发展理念，认真履行安全生产主体责任，加大安全投入，确保设备设施完好有效、稳定运行。要建立健全隐患排查治理制度，落实企业主要负责人的隐患排查治理第一责任，实行谁检查、谁签字、谁负责，做到不打折扣、不留死角、不走过场。

①过火及受冲击波影响的装置区、罐区的处理和重建，应制订详细的实施方案并请专家评审合格后实施；需继续使用的设备、管道等应委托专业机构评估，确认合格后才能继续使用。

②全面校核排查所有材料材质，重点是采购与设计是否相符，特别是低价中标的材料，需由供应商确认，彻底排除材质问题。复核所有管线的设计和交工资料，对资料与现场不符的要全面审核、检测、整改，确认合格后更新交工资料，做到资料与现场相符；目前相符的也应与施工单位一起制定合理的检查确认方案，彻底排除施工质量隐患，确保风险可控。

③全面梳理振动管道，严重振动的管道应立即整改。开车过程经常发生振动的管道，应从工艺操作、加固减震上采取措施，优化配管。

④请相关专家重新进行装置安全仪表系统完整性等级评估，杜绝高配置低执行现象，生产期间应保证正常投用；强化工艺联锁管理，SIS 联锁旁路处理应办理相关报批手续，并采取安全保护措施。

⑤结合企业实际，全面清理、修订管理制度，并请专家评审；强化制度执行情况的监督检查。

⑥按照现场实际情况全面修订操作规程，对高风险操作进行辨识并完善处置措施，请专家评审后执行。

⑦加强操作人员岗位培训，制定详细的培训计划和培训目标，培训、考核合格后方可持证上岗。

⑧科学安排生产计划，防止装置长时间高负荷、超负荷运行。

（2）切实落实部门监管责任，严格行政许可审批。

（3）加大政府监管力度，提高政策决策执行力。

（4）明确石油化工建设工程质量监管职责，消除监管缺失。

（5）推动修订有关规范，提高设防标准。

第六节 有火灾爆炸危险物质的加工处理

为了防火防爆安全，对火灾爆炸危险性比较大的物料，应该采取安全措施。首先应考虑通过工艺改进，用危险性小的物料代替火灾爆炸危险性比较大的物料。如果不具备上述条件，则应该根据物料的燃烧爆炸性能采取相应的措施，如密闭或通风、惰性介质保护、降低物料蒸汽浓度、减压操作以及其他能提高安全性的措施。

（一）用难燃溶剂代替可燃溶剂

在萃取、吸收等单元操作中，采用的多为易燃有机溶剂。用燃烧性能较差的溶剂代替易燃溶剂，会显著改善操作的安全性。选择燃烧危险性较小的液体溶剂，沸点和蒸汽压数据是重要依据。对于沸点高于110℃的液体溶剂，常温（约20℃）时蒸汽压较低，其蒸气不足以达到爆炸浓度。如醋酸戊酯在20℃的蒸汽压为800 Pa，其蒸汽浓度 c 为：

$$c = \frac{MpV}{760RT} = \frac{130 \times 6 \times 1000}{760 \times 0.083 \times 293} \approx 42\,(g/m^3)$$

而醋酸戊酯的爆炸浓度范围为119～541 g/m³，常温浓度只是比爆炸下限的1/3略高一些。除醋酸戊酯以外，丁醇、戊醇、乙二醇、氯苯、二甲苯等都是沸点在110℃以上燃烧危险性较小的液体。

在许多情况下，可以用不燃液体代替可燃液体，这类液体有氯的甲烷及乙烯衍生物，如二氯甲烷、三氯甲烷、四氯化碳、三氯乙烯等。例如，为了溶解脂肪、油脂、树脂、沥青、橡胶以及油漆，可以用四氯化碳代替有燃烧危险的液体溶剂。

使用氯代烃时必须考虑其蒸气的毒性，以及发生火灾时可能分解释放出光气。为了防止中毒，设备必须密闭，室内不应超过规定浓度，并在发生事故时要戴防毒面具。

（二）根据燃烧性物质的特性分别处理

遇空气或遇水燃烧的物质，应该隔绝空气或采取防水、防潮措施，以免燃烧或爆炸事故发生。燃烧性物质不能与性质相抵触的物质混存、混用；遇酸、碱有分解爆炸危险的物质应该防止与酸碱接触；对机械作用比较敏感的物质要轻拿轻放。燃烧性液体或气体，应该根据它们的密度考虑适宜的排污方法；根据它们的闪点、爆炸范围、扩散性等采取相应的防火防爆措施。

对于自燃性物质，在加工或贮存时应该采取通风、散热、降温等措施，以防其达到自燃点，引发燃烧或爆炸。多数气体、蒸汽或粉尘的自燃点都在400℃以上，在很多场合要有明火或火花才能起火，只要消除任何形式的明火，就基本达到了防火的目的。有些气体、蒸汽或固体易燃物的自燃点很低，只有采取充分的降温措施，才能有效地避免自燃。有些液体如乙醚，受阳光作用能生成危险的过氧化物，对于这些液体，应采取避光措施，盛放于金属桶或深色玻璃瓶中。

有些物质能够提高易燃液体的自燃点，如在汽油中添加四乙基铅，就是为了增加汽油的易燃性。而另一些物质，如铈、钒、铁、钴、镍的氧化物，则可以降低易燃液体的自燃点，对于这些情况应予以注意。

（三）密闭和通风措施

为了防止易燃气体、蒸汽或可燃粉尘泄漏与空气混合形成爆炸性混合物，设备应该密闭，特别是带压设备更需要保持密闭性。如果设备或管道密封不良，正压操作时会因可燃物泄漏使附近空气达到爆炸下限；负压操作时会因空气进入而达到可燃物的爆炸上限。开口容器、破损的铁桶、没有防护措施的玻璃瓶不得盛贮易燃液体。不耐压的容器不得盛贮压缩气体或加压液体，以防容器破裂造成事故。

为了保证设备的密闭性，对于危险设备和系统，应尽量少用法兰连接。输送危险液体或气体，应采用无缝管。负压操作可防止爆炸性气体逸入厂房，但在负压下操作，要特别注意设备清理打开排空阀时，不要让大量空气吸入。

加压或减压设备，在投产或定期检验时，应检查其密闭性和耐压程度。所有压缩机、液泵、导管、阀门、法兰、接头等容易漏油、漏气的机件和部位应该经常检查。填料如有损坏应立即更换。以防渗漏。操作压力必须加以限制，压力过高，轻则密闭性遭破坏，渗漏加剧；重则设备破裂，造成事故。

氧化剂如高锰酸钾、氯酸钾、铬酸钠、硝酸铵、漂白粉等粉尘加工的传动装置，密闭性能必须良好，要定期清洗传动装置，及时更换润滑剂，防止粉尘渗进变速箱与润滑油相混，由于涡轮、涡杆摩擦生热而引发爆炸。

即使设备密封很严，但总会有部分气体、蒸汽或粉尘渗漏到室内，必须采取措施使可燃物的浓度降至最低。同时还要考虑到爆炸物的量虽然极微，但也有局部浓度达到爆炸范围的可能。完全依靠设备密闭，消除可燃物在厂房内的存在是不可能的。往往借助于通风来降低车间内空气中可燃物的浓度。通风可分为机械通风和自然通风；按换气方式也可分为排风和送风。

对于有火灾爆炸危险的厂房的通风，由于空气中含有易燃气体，所以不能循环使用。排除或输送温度超过 80 ℃的空气、燃烧性气体或粉尘的设备，应该用非燃烧材料制成。空气中含有易燃气体或粉尘的厂房，应选用不产生火花的通风机械和调节设备。含有爆炸性粉尘的空气，在进入排风机前应进行净化，防止粉尘进入排风机。排风管道应直接通往室外安全处，排风管道不宜穿过防火墙或非燃烧材料的楼板等防火分隔物，以免发生火灾时，火势顺管道通过防火分隔物。

（四）惰性介质的惰化和稀释作用

1.惰性气体保护作用

惰性气体反应活性较差，常用作保护气体。惰性气体保护是指用惰性气体稀释可燃气体、蒸汽或粉尘的爆炸性混合物，以抑制其燃烧或爆炸。常用的惰性气体有氮气、二氧化碳、水蒸气以及卤代烃等燃烧阻滞剂。

易燃固体物料在粉碎、研磨、筛分、混合以及粉状物料输送时，应施加惰性气体保护。输送易燃液体物料的压缩气体应该选用惰性气体。易燃气体在加工过程中，应该用惰性气体作为稀释剂。对于有火灾爆炸危险的工艺装置、贮罐、管道等，应该配备惰性气体，以备发生危险时使用。

2. 惰性气体用量

在易燃物料的加工中，惰性气体的用量取决于系统中氧的最高允许浓度。氧的最高允许浓度值因采用不同的惰性气体而有所不同。表 5-13 列出了不同物质采用二氧化碳或氮气稀释时氧的最高允许含量。

表 5-13　不同可燃物质氧的最高允许含量/%

可燃物质	CO_2 稀释	N_2 稀释	可燃物质	CO_2 稀释	N_2 稀释
甲烷	11.5	9.5	丁二醇	10.5	8.5
乙烷	10.5	9	丙酮	12.5	11
丙烷	11.5	9.5	苯	11	9
丁烷	11.5	9.5	一氧化碳	5	4.5
汽油	11	9	二硫化碳	8	
乙烯	9	8	氢	5	4
丙烯	11	9	煤粉	12~15	
乙醚	10.5		硫黄粉	9	
甲醇	11	8	铝粉	2.5	7
乙醇	10.5	8.5	锌粉	8	8

惰性气体的用量，可根据表 5-13 数据按式(5-33)计算。

$$V_x = \frac{21 - X}{X} V \qquad (5-33)$$

式中：V_x 为惰性气体用量，m^3；X 为查得的氧的最高允许含量，%；V 为设备中原有的空气（含氧21%）容积，m^3。如果惰性气体中含有部分氧，式(5-33)则修正为

$$V_x = \frac{21 - X}{X - X'} V \qquad (5-34)$$

式中：X' 为惰性气体中的氧含量，%。

从式(5-33)和式(5-34)可以看出，不必用惰性气体取代空气中的全部氧，只要稀释到一定程度即可。惰性气体的这种功能称为惰化防爆。有些易燃气体溶解在溶剂中比在气相中稳定，这也是由于溶剂的惰化作用。比如，在总压 0.7 MPa 以下时，溶解在丙酮中的乙炔比气相乙炔稳定。

（五）减压操作

化工物料的干燥，许多是从湿物料中蒸发出其中的易燃溶剂。如果易燃溶剂蒸气在爆炸下限以下的浓度范围，便不会引发燃烧或爆炸。为了满足上述条件，这类物料的干燥，一般

是在负压下操作。文献中的爆炸极限数据多为 20 ℃、0.101325 MPa 下的体积分数。所以由爆炸下限不难计算出溶剂蒸气的分压,如果干燥压力在此分压以下,便不会发生燃烧或爆炸。比如,乙醚的爆炸下限为 1.7%,在爆炸下限的条件下,乙醚蒸气的分压为 0.101325 × 1.7%,即 0.0017 MPa(13 mmHg)。爆炸下限下的易燃蒸气的分压即为减压操作的安全压力。

实际上在减压条件下,干燥箱中的空气完全被溶剂蒸气排除,从而消除了爆炸条件。此时溶剂蒸气与空气比较,相对浓度很大,但单位体积的质量数却很小。减压操作应用的实质是爆炸下限下的质量浓度。

(六)燃烧爆炸性物料的处理

在化学工业污水中,往往混有易燃物质或可燃物质,为了防止下水系统发生燃烧爆炸事故,对易燃或可燃物质排放必须严格控制。如果苯、汽油等有机溶剂的废液排入下水道,因为这类溶剂在水中的溶解度很小,而且密度比水小浮于水面之上,在水面上形成一层易燃蒸汽。遇火引发燃烧或爆炸,随波逐流,火势会很快蔓延。

性质互相抵触的不同废水排入同一下水道,容易发生化学反应,导致事故的发生。如硫化碱废液与酸性废水排入同一下水道,会产生硫化氢,造成中毒或爆炸事故。对于输送易燃液体的管道沟,如果管理不善,易燃液外溢造成大量易燃液的积存,一旦触发火灾,后果严重。

【案例】

东营"7·29"一般火灾事故

2017 年 7 月 29 日 8 时许,地处东营市东营区史口生态化工循环经济产业园区的山东神驰化工集团有限公司(以下简称神驰化工),停产检修期间,动力车间污水处理装置在焊接凝结水罐顶部护栏过程中洒落的高温熔渣与北侧 1.5 m 处的隔油池可燃物发生爆燃引发火灾。事故未造成人员伤亡(后经调查,救火过程中造成 2 名救火人员轻伤),直接经济损失 18992.35 元。

- **事故经过**

2017 年 7 月 29 日 7 时许,金友公司刘某(施工负责人)安排作业人员石某(焊工)、王某(管工)在未开具动火作业证、未通知神驰化工人员的情况下对神驰化工污水处理厂凝结水罐进行罐顶护栏焊接安装作业;7 时 30 分,开始施工;8 时 20 分,在电焊施工作业过程中洒落的高温熔渣引燃冷凝水罐北侧 1.5 m 处隔油池内可燃物,隔油池内可燃物着火后烧毁与其距离较近的化水车间岩棉墙壁。

- **事故直接原因**

(1)2017 年 7 月 29 日 8 时 20 分,山东金友设备安装有限公司施工人员石磊在未开具动火作业许可证情况下擅自动火作业,焊接动力车间污水处理装置 50 m^3 冷凝水罐顶部防护栏时产生的高温熔渣落入北侧 1.5 m 处隔油池,引燃隔油池可燃物发生爆燃引发火灾。

(2)神驰化工自今年 7 月 2 日开始停工检维修,生产装置物料全部退料后开始扫线作业,扫线物料最终吹扫至公司污水处理厂隔油池内。停工检修期间大量含油污水汇集到隔油池内,未及时清理致使隔油池内可燃物达到可燃条件。

● 事故防范措施

（1）切实强化企业安全生产主体责任的落实。

各类生产经营单位要从根本上强化安全意识，真正落实企业安全生产主体责任，建立健全并严格执行各项规章制度和操作规程，要通过不懈的努力，切实持续改进和提升企业安全生产水平，全面提高企业的安全管理水平，坚决防止各类事故发生。

（2）切实加强事故应急管理及外来施工队伍安全管理工作。

各类生产经营单位要加强应急管理工作，健全完善企业整体预案并定期演练，提高处置事故灾难的能力。要切实履行发包单位安全生产责任，严格安全条件审核、强化培训，严格办理动火作业手续，动火作业前要进行危害因素辨识。根据危害因素辨识，制定严格的预防措施，编制施工方案、应急预案，杜绝违章作业。

（3）积极采取措施，严查安全隐患。

针对事故，开展一次特殊作业专项执法检查，查处企业动火和临时用电等特殊作业在审批和操作过程中存在的问题隐患，加强特殊作业人员安全教育和技能培训，严格特殊作业签批管理，杜绝类似事故再次发生。

第七节　燃烧爆炸敏感性工艺参数的控制

在化学工业生产中，工艺参数主要是指温度、压力、流量、物料配比等。严格控制工艺参数在安全限度以内，是实现安全生产的基本保证。

（一）反应温度的控制

温度是化学工业生产的主要控制参数之一。各种化学反应都有其最适宜的温度范围，正确控制反应温度不但可以保证产品的质量，而且也是防火防爆所必需的。如果超温，反应物有可能分解起火，造成压力升高，甚至导致爆炸；也可能因温度过高而产生副反应，生成危险的副产物或过反应物。升温过快、过高或冷却设施发生故障，可能会引起剧烈反应，乃至冲料或爆炸。温度过低会造成反应速度减慢或停滞，温度一旦恢复正常，往往会因为未反应物料过多而使反应加剧，有可能引起爆炸。温度过低还会使某些物料冻结，造成管道堵塞或破裂，致使易燃物料泄漏引发火灾或爆炸。

1. 移出反应热

化学反应总是伴随着热效应，放出或吸收一定的热量。大多数反应，如各种有机物质的氧化反应、卤化反应、水合反应、缩合反应等都是放热反应。为了使反应在一定的温度下进行，必须从反应系统移出一定的热量，以免因过热而引发爆炸。例如，乙烯氧化制取环氧乙烷是典型的放热反应。环氧乙烷沸点低，只有 $10.7\ ℃$，而爆炸范围极宽为 $3\% \sim 100\%$，没有氧气也能分解爆炸。此外，杂质存在易引发自聚放热，使温度升高；遇水发生水合反应，也释放出热量。如果反应热不及时移出，温度不断升高会使乙烯燃烧放出更多的热量，从而引发爆炸。

温度的控制可以靠传热介质的流动移走反应热来实现。移走反应热的方法有夹套冷却、内蛇管冷却或两者兼用，还有稀释剂回流冷却、惰性气体循环冷却等。还可以采用一些特殊结构的反应器或在工艺上采取一些措施，达到移走反应热控制温度的目的。例如，合成甲醇是强放热反应,必须及时移走反应热以控制反应温度,同时对废热反应加以利用。可在反应器内装配热交换器,混合合成气分两路,其中一路控制流量以控制反应温度。目前,强放热反应的大型反应器,其中普遍装有废热锅炉,靠废热蒸汽带走反应热,同时废热蒸汽作为加热源可以利用。

加入其他介质,如通入水蒸气带走部分反应热,也是常用方法。乙醇氧化制取乙醛就是采用乙醇蒸气、空气和水蒸气的混合气体,将其送入氧化炉,在催化剂作用下生成乙醛。利用水蒸气的吸热作用将多余的反应热带走。

2. 防止搅拌中断

化学反应过程中,搅拌可以加速热量的传递,如果中断搅拌可能造成散热不良,或局部反应剧烈而发生危险,因此要采取措施防止搅拌中断。例如双路供电、增设人工搅拌装置等。

3. 传热介质选择

传热介质,即热载体,常用的有水、水蒸气、碳氢化合物、熔盐、汞和熔融金属、烟道气等。充分了解传热介质的性质,进行正确选择,对传热过程安全十分重要。

(1)避免使用性质与反应物料相抵触的介质。

应尽量避免使用性质与反应物料相抵触的物质作为冷却介质。例如,环氧乙烷很容易与水剧烈反应,甚至极微量的水分渗入液态环氧乙烷中,也会引发自聚放热产生爆炸。又如,金属钠遇水剧烈反应而爆炸。所以在加工过程中,这些物料的冷却介质不得用水,一般采用液体石蜡。

(2)防止传热面结垢。

在化学工业中,设备传热面结垢是普遍现象。传热面结垢不仅会影响传热效率,更危险的是在结垢处易形成局部过热点,造成物料分解而引发爆炸。结垢的原因有:由于水质不好而结成水垢;物料黏结在传热面上;特别是因物料聚合、缩合、凝聚、炭化而引起结垢,极具危险性。换热器内传热流体宜采用较高流速,这样既可以提高传热效率,又可以减少污垢在传热表面的沉积。

(3)传热介质使用安全。

传热介质在使用过程中处于高温状态,安全问题十分重要。高温传热介质,如联苯混合物(73.5%联苯醚和26.5%联苯)在使用过程中要防止低沸点液体(如水或其他液体)进入,低沸点液体进入高温系统,会立即气化超压而引起爆炸。传热介质运行系统不得有死角,以免容器试压时积存水或其他低沸点液体。传热介质运行系统在水压试验后,一定要有可靠的脱水措施,在运行前应进行干燥吹扫处理。

4. 热不稳定物质的处理

在化工生产过程中,对热不稳定物质的温度控制十分重要。对热不稳定物质要注意降温和隔热措施。对能生成过氧化物的物质,加热之前要从物料中除去。在某些易燃的染料或助剂的生产中,要注意控制烘干温度,烘房温度超过90 ℃时,发泡剂就可能起火。热不稳定物质的储存温度应控制在安全限度之内。例如当乐果原油储存温度超过55 ℃,1605 原油与乳化剂共用一根保温管,乐果原油桶外水浴温度超过65 ℃时,都曾发生过爆炸事故。对于那些受热不稳定的物质在使用中注意同其他热源隔绝。受热后易发生分解并能引起爆炸的危险物,如偶氮染料及其半成品重氮盐等在反应过程中要严格控制温度,反应后必须清除反应锅壁上剩余的重氮盐。

(二)物料配比和投料速率控制

1. 物料配比控制

在化工生产中，物料配比极为重要，这不仅决定着反应进程和产品质量，而且对安全也有着重要影响。例如，松香钙皂的生产，是把松香投入反应釜内，加热至240℃，缓慢加入氢氧化钙，生成目的产物和水。反应生成水在高温下变成蒸汽。投入的氢氧化钙如果过量，水的生成量也相应增加，生成的水蒸气量过多而容易造成跑锅，与火源接触有可能引发燃烧。对于危险性较大的化学反应，应该特别注意物料配比关系。比如，环氧乙烷生产中乙烯和氧的反应，其浓度接近爆炸范围，尤其是在开车时催化剂活性较低，容易造成反应器出口氧浓度过高，为保证安全，应设置联锁装置，经常核查循环气的组成。

催化剂对化学反应速率影响很大，如果催化剂过量。就有可能发生危险。可燃物或易燃物料与氧化剂的反应，要严格控制氧化剂的投料速率和投料量。对于能形成爆炸性混合物的生产，物料配比应严格控制在爆炸极限以外。如果工艺条件允许，可以添加水蒸气、氮气等惰性气体稀释。

2. 投料速率控制

对于放热反应，投料速率不能超过设备的传热能力，否则，物料温度将会急剧升高，引起物料的分解、突沸，造成事故。加料时如果温度过低，往往造成物料的积累、过量，温度一旦适宜反应加剧，加之热量不能及时导出，温度和压力都会超过正常指标，导致事故。如某农药厂的"保棉丰"反应釜，按工艺要求，应在不低于75℃的温度下，4 h内加100 kg双氧水。但由于投料温度为70℃，开始反应速率慢，加之投入冷的双氧水使温度降至52℃，因此操作人员将投料速度加快，在反应1 h 20 min时投入双氧水80 kg，造成双氧水与原油剧烈反应，反应热来不及导出而温度骤升，仅在6 s内温度就升至200℃以上，导致釜内物料气化引起爆炸。

投料速度太快，除影响反应速度外，也可能造成尾气吸收不完全，引起毒性或可燃性气体外逸。如某农药厂乐果生产硫化岗位，由于投料速度太快，硫化氢尾气来不及吸收而外逸，引起中毒事故。当反应温度不正常时，首先要判明原因，不能随意采用补加反应物的办法提高反应温度，更不能采用先增加投料量而后补热的办法。

在投料过程中，值得注意的是投料顺序的问题。例如，氯化氢合成应先加氢后加氯；三氯化磷合成应先投磷后加氯；磷酸酯与甲胺反应时，应先投磷酸酯，再滴加甲胺等。反之就有可能发生爆炸。投料过少也可能引起事故。加料过少，使温度计接触不到料面，温度计显示出的不是物料的真实温度，导致判断错误，引起事故。

(三)物料成分和过反应的控制

对许多化学反应，由于反应物料中危险杂质的增加会导致副反应或过反应，引发燃烧或爆炸事故。对于化工原料和产品，纯度和成分是质量要求的重要指标，对生产和管理安全也有着重要影响。比如，乙炔和氯化氢合成氯乙烯，氯化氢中游离氯不允许超过0.005%，因为过量的游离氯与乙炔反应生成四氯乙烷会立即起火爆炸。又如在乙炔生产中，电石中含磷量不得超过0.08%，因为磷在电石中主要是以磷化钙的形式存在，磷化钙遇水生成磷化氢，遇空气燃烧，导致乙炔和空气混合物的爆炸。

反应原料气中，如果其中含有的有害气体不清除干净，在物料循环过程中会不断积累，最终会导致燃烧或爆炸等事故的发生。清除有害气体，可以采用吸收的方法，也可以在工艺上采取措施，使之无法积累。例如高压法合成甲醇，在甲醇分离器之后的气体管道上设置放空管，通过控制放空量以保证系统中有用气体的比例。这种将部分反应气体放空或进行处理的方法也可以用来防止其他爆炸性介质的积累。有时有害杂质来自未清除干净的设备。例如在六氯环己烷（"六六六"）生产中，合成塔可能留有少量的水，通氯后水与氯反应生成次氯酸，次氯酸受光照射产生氧气，与苯混合发生爆炸。所以这类设备一定要清理干净，符合要求后才能投料。

有时在物料的贮存和处理中加入一定量的稳定剂，以防止某些杂质引起事故。如氰化氢在常温下呈液态，贮存时水分含量必须低于 1%，置于低温密闭容器中。如果有水存在，可生成氨，作为催化剂引起聚合反应，聚合热使蒸汽压力上升，导致爆炸事故的发生。为了提高氰化氢的稳定性，常加入浓度为 0.001%~0.5% 的硫酸、磷酸或甲酸等酸性物质作为稳定剂或吸附在活性炭上加以保存。丙烯腈具有氰基和双键，有很强的反应活性，容易发生聚合、共聚或其他反应，在有氧或氧化剂存在或接受光照的条件下，迅速聚合并放热，压力升高，引发爆炸。在贮存时一般添加对苯二酚作稳定剂。

许多过反应的生成物是不稳定的，容易造成事故。所以在反应过程中要防止过反应的发生。如三氯化磷合成是把氯气通入黄磷中，产物三氯化磷沸点为 75 ℃，很容易从反应釜中移出。但如果反应过头，则生成固体五氯化磷，100 ℃时才升华。五氯化磷比三氯化磷的反应活性高得多，由于黄磷的过氧化而发生爆炸的事故时有发生。苯、甲苯硝化生成硝基苯和硝基甲苯，如果发生过反应，则生成二硝基苯和二硝基甲苯，二硝基化合物不如硝基化合物稳定，在蒸馏时容易发生爆炸。所以，对于这一类反应，往往保留一部分未反应物，使过反应不至于发生。在某些化工过程中，要防止物料与空气中的氧反应生成不稳定的过氧化物。有些物料，如乙醚、异丙醚、四氢呋喃等，如果在蒸馏时有过氧化物存在，极易发生爆炸。

（四）自动控制系统和安全保险装置

1. 自动控制系统

自动控制系统按其功能分为以下四类：自动检测系统；自动调节系统；自动操纵系统；自动信号、联锁和保护系统。自动检测系统是对机械、设备或过程进行连续检测，把检测对象的参数如温度、压力、流量、液位、物料成分等信号，由自动装置转换为数字，并显示或记录出来的系统。自动调节系统是通过自动装置的作用，使工艺参数保持在设定值的系统。自动操纵系统是对机械、设备或过程的启动、停止及交换、接通等，由自动装置进行操纵的系统。自动信号、联锁和保护系统是机械、设备或过程出现不正常情况时，会发出警报并自动采取措施，以防事故的安全系统。

化工自动化系统，大多数是对连续变化的参数，如温度、压力、流量、液位等进行自动调节。但是还有一些参数，需要按一定的时间间隔做周期性的变化。这样就需要对调节设施如阀门等做周期性的切换。上述操作一般是靠程序控制来完成的。如小氮肥的煤气发生炉，造气过程由制气循环的六道工序组成。整个过程是由气动执行机构操纵旋塞做两次正转和两次逆转 90°实现的。电子控制器按工艺要求发出指令，程序控制的气动机构做二次正转和二次逆转，并且在二次回收、吹风、回收三处打开空气阀门，在其余各处关闭空气阀门，阻止空气进入气柜，防止氧含量增高而发生爆炸。

2. 信号报警、保险装置和安全联锁

在化学工业生产中，可配置信号报警装置，情况失常时发出警告，以便及时采取措施消除隐患。报警装置与测量仪表连接，用声、光或颜色示警。例如在硝化反应中，硝化器的冷却水为负压，为了防止器壁泄漏造成事故，在冷却水排出口装有带铃的导电性测量仪，若冷却水中混有酸，导电率提高，则会响铃示警。随着化学工业的发展，警报信号系统的自动化程度不断提高。例如反应塔温度上升的自动报警系统可分为两级，急剧升温检测系统，以及与进出口流量相对应的温差检测系统。警报的传送方式按故障的轻重设置信号。

信号装置只能提醒人们注意事故正在形成或即将发生，但不能自动排除事故。而保险装置则能在危险状态下自动消除危险状态。例如氨的氧化反应是在氨和空气混合物爆炸极限边缘进行的，在气体输送管路上应该安装保险装置，以便在紧急状态下切断气体的输入。在反应过程中，空气的压力过低或氨的温度过低，都有可能使混合气体中氨的浓度提高，达到爆炸下限。在这种情况下，保险装置就会切断氨的输送，只允许空气流过，因而可以防止爆炸事故的发生。

安全联锁就是利用机械或电气控制依次接通各个仪器和设备，使之彼此发生联系，达到安全运行的目的。例如硫酸与水的混合操作，必须先把水加入设备，再注入硫酸，否则将会发生喷溅和灼伤事故。把注水阀门和注酸阀门依次联锁起来，就可以达到此目的。某些需要经常打开孔盖的带压反应容器，在开盖之前必须卸压。频繁的操作容易疏忽出现差错，如果把卸掉罐内压力和打开孔盖联锁起来，就可以安全无误。

【案例】

连云港"12·9"重大爆炸事故

2017年12月9日2时9分，连云港聚鑫生物科技有限公司间二氯苯装置发生爆炸事故，造成10人死亡、1人轻伤，直接经济损失4875万元。

● 事故经过

2017年12月8日19时左右，聚鑫公司四车间尾气处理操作工吴某发现尾气处理系统真空泵处冒黄烟，随即报告班长沈某。沈某检查确认后，将通往活性炭吸附器的风门开到最大，黄烟不再外冒。

22时42分左右，沈某在车间控制室看到DCS系统显示1#保温釜温度"150℃"（已超DCS量程上限150℃），认为是远传温度计损坏，未做出相应处置。

23时57分左右，蒸馏操作工杨某发现1#高位槽顶部冒黄烟，报告班长赵某，赵某和七车间前来协助处理的班长张某等人赶到现场，赵某到1#高位槽操作平台进行处理，黄烟变小后，人员全部离开了现场。

12月9日2时8分41秒，付某关闭压缩空气进气阀，看到1#保温釜压力快速上升；9分2秒，田某快速打开1#保温釜放空阀进行卸压；9分30秒，1#保温釜尾气放空管道内出现红光，紧接着保温釜釜盖处冒出淡黑色烟雾，付某、田某、杨某3人迅速跑离现场。

2时9分49秒，保温釜内喷出的物料发生第一次爆炸；9分59秒，现场发生了第二次爆炸。爆炸造成四车间及相邻六车间厂房坍塌。

- **事故直接原因**

尾气处理系统的氮氧化物(夹带硫酸)窜入1#保温釜,与加入回收残液中的间硝基氯苯、间二氯苯、124-三氯苯、135-三氯苯和硫酸根离子等形成混酸,在绝热高温下,与釜内物料发生化学反应,持续放热升温,并释放氮氧化物气体(冒黄烟);使用压缩空气压料时,高温物料与空气接触,反应加剧(超量程),紧急卸压放空时,遇静电火花燃烧,釜内压力骤升,物料大量喷出,与釜外空气形成爆炸性混合物,遇燃烧火源发生爆炸。

- **事故防范措施**

(1)进一步强化安全生产红线意识。

(2)严格落实部门监管职责和行政许可审批手续。

(3)进一步加大中介服务机构监管力度。

(4)全面管控危险化学品安全风险。危险化学品企业要坚持风险预控、关口前移,强化风险管控,全面加快风险分级管控和隐患排查治理体系建设,切实落实安全生产主体责任。要按照化工(危险化学品)企业安全风险评估和分级办法,组织广大职工全面排查、辨识、评估安全风险,落实风险管控责任,采取有效、有力措施控制重大安全风险,对风险点实施标准化管控。要进一步健全完善隐患排查治理体系,按照管控措施清单,全面排查、及时治理、消除事故隐患,实施闭环管理。要按照安全生产标准化和化工过程安全管理的要求,严格加强变更管理,规范变更申请、变更风险评估、变更审批、变更验收的程序,严格管控变更风险。

(5)切实加强环保尾气系统改建项目的安全风险评估。环保部门要研究出台新建、改建环保尾气系统安全风险评估管理办法,督促企业科学设计与建设、改造环保尾气系统,加强尾气系统的变更管理。企业要聘请工艺、自动控制等专家对所有涉及环保尾气系统新建、改造工程,从原生产装置、控制手段、操作方式、操作人员资质等方面开展安全风险辨识,实施有效管控,严防环保隐患转化成安全生产隐患,导致生产安全事故发生。

第八节　消防设施及措施

(一)火灾分类

根据国家标准《火灾分类》GB/T 4968—2008,根据可燃物的类型和燃烧特性,将火灾定义为六个不同的类别。

A类火灾:固体物质火灾。这种物质通常具有有机物性质,一般在燃烧时能产生灼热的余烬。

B类火灾:液体或可熔化的固体物质火灾。

C类火灾:气体火灾。

D类火灾:金属火灾。

E类火灾:带电火灾。物体带电燃烧的火灾。

F类火灾:烹饪器具内的烹饪物(如动植物油脂)火灾。

(二)灭火的原理及措施

根据燃烧三要素,只要消除可燃物或把可燃物浓度充分降低,隔绝氧气或把氧气量充分减少,把可燃物冷却至燃点以下,均可达到灭火的目的。

1.抑制反应物接触

抑制可燃物与氧气的接触,可以减少反应热,使之小于移出的热量,把可燃物冷却到燃点以下,起到控制火灾乃至灭火的作用。水蒸气、泡沫、粉末等覆盖在燃烧物表面上,都是使可燃物与氧气脱离接触的窒息灭火方法。矿井火灾的密闭措施,则是大规模抑制与氧气接触的灭火方法。

对于固体可燃物,抑制其与氧气接触的方法除移开可燃物外,还可以将整个仓库密闭起来防止火势蔓延,也可以用挡板阻止火势扩大。对于可燃液体或蒸汽的泄漏,可以关闭总阀门,切断可燃物的来源。如果关闭总阀门尚不足以抑制泄漏时,可以向排气管道排放,或转移至其他罐内,减少可燃物的供给量。对于可燃蒸气或气体,可以移走或排放,降低压力以抑制喷出量。如果是液化气,由于蒸发消耗了潜热而自身被冷却,蒸汽压会自动降低。此外,容器冷却也可降低压力,所以火灾时喷水也起抑制可燃气体供给量的作用。

2.减小反应物浓度

氧气含量在15%以下,燃烧速度就会明显变慢。减小氧气浓度是抑制火灾的有效手段。在火灾现场,水、不燃蒸发性液体、氮气、二氧化碳以及水蒸气都有稀释降低可燃物浓度的作用。降低可燃物蒸汽压或抑制其蒸发速度,均能收到降低可燃气体浓度的效果。

3.降低反应物温度

把火灾燃烧热排到燃烧体系之外,降低温度使燃烧速度下降,从而缩小火灾规模,最后将燃烧温度降至燃点以下,起到灭火作用。低于火灾温度的不燃性物质都有降温作用。对于灭火剂,除利用其显热外,还可利用它的蒸发潜热和分解热起降温作用。

冷却剂只有停留在燃烧体系内,才有降温作用。水的蒸发潜热较大,降温效果好,但多数情况下水易流失到燃烧体系之外,利用率不高,强化液、泡沫等可以弥补水的这个弱点。

4.初期灭火

火灾发生后,火灾规模的许多情形都会随时间呈指数扩大。在灾情扩大之前的初期迅速灭火,是事半功倍的明智之举。火灾扩大之前,一个人用少量的灭火剂就能扑灭的火灾称为初期火灾。初期火灾的灭火活动称为初期灭火。对于可燃液体,其灭火工作的难易取决于燃烧表面积的大小。一般把 1 m^2 可燃液体表面着火视为初期灭火范围。通常建筑物起火 3 min 后,就会有约 10 m^2 的地板、7 m^2 的墙壁和 5 m^2 的天花板着火,火灾温度可达 700 ℃左右,此时已超出了初期灭火范围。

为了做到初期灭火,应彻底清查、消除能引起火灾扩大的条件。要有完善的防火计划,火灾发生时能够恰当应对。对消防器材应经常检查维护,紧急情况时能及时投入使用。

(三)灭火剂及其应用

1.水

(1)灭火作用。

水是应用历史最长、范围最广、价格最廉的灭火剂。水的蒸发潜热较大,与燃烧物质接触被加热汽化吸收大量的热，使燃烧物质冷却降温，从而减弱燃烧的强度。水遇到燃烧物后汽化生成大量的蒸汽，能够阻止燃烧物与空气接触，并能稀释燃烧区的氧，使火势减弱。

对于水溶性可燃、易燃液体的火灾，如果允许用水扑救，水与可燃、易燃液体混合，可降低燃烧液体浓度以及燃烧区内可燃蒸汽浓度，从而减弱燃烧强度。由水枪喷射出的加压水流，其压力可达数兆帕。高压水流强烈冲击燃烧物和火焰，会使燃烧强度显著降低。

（2）灭火形式。

经水泵加压由直流水枪喷出的柱状水流称作直流水；由开花水枪喷出的滴状水流称作开花水；由喷雾水枪喷出，水滴直径小于 100 μm 的水流称作雾状水。直流水、开花水可用于扑救一般固体如煤炭、木制品、粮食、棉麻、橡胶、纸张等的火灾，也可用于扑救闪点高于 120 ℃，常温下呈半凝固态的重油火灾。雾状水大大提高了水与燃烧物的接触面积，降温快效率高，常用于扑灭可燃粉尘、纤维状物质、谷物堆囤等固体物质的火灾，也可用于扑灭电气设备的火灾。与直流水相比，开花水和雾状水射程均较近，不适于远距离使用。

（3）注意事项。

禁水性物质如碱金属和一些轻金属，以及电石、熔融状金属的火灾不能用水扑救。非水溶性，特别是密度比水小的可燃、易燃液体的火灾，原则上也不能用水扑救。直流水不能用于扑救电气设备的火灾，浓硫酸、浓硝酸场所的火灾以及可燃粉尘的火灾。原油、重油的火灾，浓硫酸、浓硝酸场所的火灾，必要时可用雾状水扑救。

2. 泡沫灭火剂

泡沫灭火剂是重要的灭火物质。多数泡沫灭火装置都是小型手提式的，对于小面积火焰覆盖极为有效。也有少数装置配置固定的管线，在紧急火灾中提供大面积的泡沫覆盖。对于密度比水小的液体火灾，泡沫灭火剂有着明显的长处。

泡沫灭火剂由发泡剂、泡沫稳定剂和其他添加剂组成。发泡剂称为基料，稳定剂或添加剂则称为辅料。泡沫灭火剂由于基料不同有多种类型，如化学泡沫灭火剂、蛋白泡沫灭火剂、水成膜泡沫灭火剂、抗溶性泡沫灭火剂、高倍数泡沫灭火剂等。

3. 干粉灭火剂

干粉灭火剂是一种干燥易于流动的粉末，又称粉末灭火剂。干粉灭火剂由能灭火的基料以及防潮剂、流动促进剂、结块防止剂等添加剂组成。一般借助于专用的灭火器或灭火设备中的气体压力将其喷出，以粉雾形式灭火。

4. 其他灭火剂

还有二氧化碳、卤代烃等灭火剂。手提式的二氧化碳灭火器适于扑灭小型火灾，而大规模的火灾则需要固定管输出的二氧化碳系统，释放出足够量的二氧化碳覆盖在燃烧物质之上。采用卤代烃灭火时应特别注意，这类物质加热至高温会释放出高毒性的分解产物。例如应用四氯化碳灭火时，光气是分解产物之一。

（四）灭火器及其应用

1. 灭火器类型

根据其盛装的灭火剂种类有泡沫灭火器、干粉灭火器、二氧化碳灭火器等多种类型。根据其移动方式则有手提式灭火器、背负式灭火器、推车式灭火器等几种类型。

2. 使用与保养

泡沫灭火器使用时需要倒置稍加摇动，而后打开开关对着火焰喷出药剂。二氧化碳灭火器只需一手持喇叭筒对着火源，一手打开开关即可。四氯化碳灭火器只需打开开关液体即可喷出。而干粉灭火器只需提起圈环干粉即可喷出。

灭火器应放置在使用方便的地方，并注意有效期限。要防止喷嘴堵塞，压力或质量小于一定值时，应及时加料或充气。

3. 灭火器配置

小型灭火器配置的种类与数量，应根据火险场所险情、消防面积、有无其他消防设施等综合考虑。小型灭火器是指 10 L 泡沫、8 kg 干粉、5 kg 二氧化碳等手提式灭火器。应根据装置所属的类别和所占的面积配置不同数量的灭火器。易发生火灾的高险地点，可适当增设较大的泡沫或干粉等推车式灭火器。

(五)消防设施

1. 水灭火装置

(1)喷淋装置。

喷淋装置由喷淋头、支管、干管、总管、报警阀、控制盘、水泵、重力水箱等组成。当防火对象起火后，喷头自动打开喷水，具有迅速控制火势或灭火的特点。

喷淋头有易熔合金锁封喷淋头和玻璃球阀喷淋头两种形式。对于前者，防火区温度达到一定值时，易熔合金熔化锁片脱落，喷口打开，水经溅水盘向四周均匀喷洒；对于后者，防火区温度达到释放温度时，玻璃球破裂，水自喷口喷出。可根据防火场所的火险情况设置喷头的释放温度和喷淋头的流量。喷淋头的安装高度为 3.0~3.5 m，防火面积为 7~9 m^2。

(2)水幕装置。

水幕装置是能喷出幕状水流的管网设备。它由水幕头、干支管、自动控制阀等构成，用于隔离冷却防火对象。每组水幕头需与供水管连接的配管上安装自动控制装置，所控制的水幕头一般不超过 8 只。供水量应能满足全部水幕头同时开放的流量，水压应能保证最高最远的水幕头有 3 m 以上的压力。

2. 泡沫灭火装置

泡沫灭火装置按发泡剂不同分为化学泡沫和空气机械泡沫装置两种类型。按泡沫发泡倍数分为低倍数、中倍数和高倍数三种类型。按设备形式分为固定式、半固定式和移动式三种类型。泡沫灭火装置一般由泡沫液罐、比例混合器、混合液管线、泡沫室、消防水泵等组成。泡沫灭火器主要用于灌区灭火。

3. 蒸汽灭火装置

蒸汽灭火装置一般由蒸汽源、蒸汽分配箱、输汽干管、蒸汽支管、配汽管等组成。把蒸汽施放到燃烧区，使氧气浓度降至一定程度，从而终止燃烧。试验得知，对于汽油、煤油、柴油、原油的灭火，燃烧区每立方米空间内水蒸气的量应不少于 0.284 kg。经验表明，饱和蒸汽的灭火效果优于过热蒸汽。

4. 二氧化碳灭火装置

二氧化碳灭火装置一般由储气钢瓶组、配管和喷头组成。按设备形式分为固定和移动两种类型。按灭火用途分为全淹没系统和局部应用系统。二氧化碳灭火用量与可燃物料的物性、防火场所的容积和密闭性等有关。

5. 氮气灭火装置

氮气灭火装置的结构与二氧化碳灭火装置类似，适于扑灭高温高压物料的火灾。用钢瓶贮存时，1 kg氮气的体积为0.8 m³，灭火氮气的储备量不应少于灭火估算用量的3倍。

6. 干粉灭火装置

干粉是微细的固体颗粒，有碳酸氢钠、碳酸氢钾、磷酸二氢铵、尿素干粉等。密闭库房、厂房、洞室灭火干粉用量每立方米空间应不少于0.6 kg；易燃、可燃液体灭火干粉用量每平方燃烧表面应不少于2.4 kg。空间有障碍或垂直向上喷射，干粉用量应适当增加。

7. 烟雾灭火装置

烟雾灭火装置由发烟器和浮漂两部分组成。烟雾剂盘分层装在发烟器筒体内。浮漂是借助液体浮力，使发烟器漂浮在液面上，发烟器头盖上的喷孔要高出液面350~370 mm。

烟雾灭火剂由硝酸钾、木炭、硫黄、三聚氰胺和碳酸氢钠组成。硝酸钾是氧化剂，木炭、硫黄和三聚氰胺是还原剂，它们在密闭系统中可维持燃烧而不需要外部供氧。碳酸氢钠作为缓燃剂，使发烟剂燃烧速度维持在适当范围内而不至于引燃或爆炸。烟雾灭火剂燃烧产物85%以上是二氧化碳和氮气等不燃气体。灭火时，烟雾从喷孔向四周喷出，在燃烧液面上布上一层均匀浓厚的云雾状惰性气体层，使液面与空气隔绝，同时降低可燃蒸气浓度，达到灭火目的。

8. 其他消防设施设备

(1)火灾自动报警系统(包括吸气式报警系统)：火灾报警控制器、联动控制装置、各种火灾探测器、手动火灾报警按钮、消火栓按钮、区域火灾报警显示器燃气体报警控制器、探测器。

(2)防火分隔设施：卷帘帘板、卷门机、卷帘门控制器、防火门。

(3)送风、排烟系统：风机、风口、排烟风道、防火阀、排烟防火阀、电动排烟窗、挡烟垂壁。

(4)火灾应急照明和疏散指示标志系统：应急照明灯、疏散指示灯、消防应急电源。

(5)消防通信系统：应急广播系统、消防电话系统。

 【案例】

上海市青浦区积极推进"智慧消防"建设

智慧消防，是利用物联网、人工智能、虚拟现实、移动互联网+等最新技术，配合大数据云计算平台、火警智能研判等专业应用，实现城市的消防的智能化，是智慧城市消防信息服务的数字化基础，也是智慧城市智慧感知、互联互通、智慧化应用架构的重要组成部分(图5-5)。伴随着城市建设的快速发展，城市消防安全风险的不断上升，城市高层、超高层建筑和大型建筑日益增多，建筑消防安全问题越来越突出。消防灭火救援科技需求紧迫，需要提升社会火灾防控能力，实现消防工作与经济社会协调发展。运用大数据、物联网等技术构建"智慧消防"系统，有效整合各方力量，摸清火患底数，加快构建城市公共安全、火灾防控体系，成为掌握灭火、救灾主动权的关键，同时还为确保消防人员的安全构建一道有力的保障。

从2017年上半年开始，上海青浦消防支队就已经在多方协调、提前动员，考虑到单位数

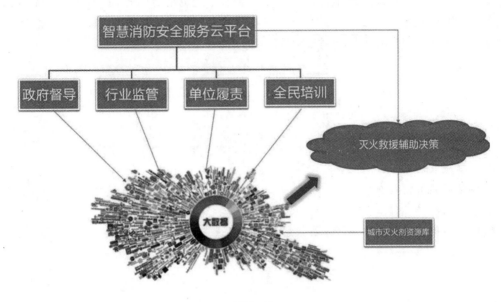

图 5 - 5

量、人员密集程度等情况，将"智慧消防"建设首先放在了青浦区徐泾镇进行试点，针对住户、单位的不同类型，以及不同的火灾危险程度，因地制宜地安装了无线消防感知设备。

首先，消防安全重点单位消防物联网建设。对于火灾危险性大的 60 家消防安全重点单位，计划在 2017 年 6 月底前全部接入城市消防远程控制系统。此外，通过安装消防系统信息传输装置的方式，将单位已有的各类消防设施报警信号接入智能安防系统平台，实现对重点单位消防设施运行、报警情况的动态感知。

其次，居民小区无线消防感知设施建设。2017 年 8 月底前，将在徐泾镇 18 个小区居民家中免费安装约 16000 个无线感烟报警器、无线感温报警器、无线手动报警器等设备。无线报警器没有局限性且安装方便、不需要穿孔打洞、信号传输稳定，相较以往将报警器安装在公共部位，安装入户可以在最短的时间内起到预警功能。

再次，小单位和小商户无线消防感知设施建设。2017 年 8 月底前，将在徐泾镇约 150 家小单位、小商户免费安装约 1500 个无线感烟报警器等设备，并将报警信号接入青浦公安分局的智能安防系统平台，通过科技化的手段精准实现远端消防安全监控。同时协调徐泾镇网格化中心、派出所，落实专人实行每日定点巡查制度，通过制度化的巡查及时消除这些单位、商户存在的火灾隐患。

在各小区、单位和商户安装的前端无线感知设备，再加上场所原有的消防设备，共同构成了"智慧消防"的第一道感知层，而这些设备的报警、故障等信号将会通过包括无线、有线方式在内的第二道传输层，传输到社会面智能安防系统平台的三道应用层，三层共同构成了"智慧消防"的整体框架。整体框架搭建完成后，相关数据经过处理分析后将会被直接发送到手机、电脑等终端上，供单位安全负责人、居民业主、消防部门等使用，实现接收报警、查看消防提示通知、无线报警器的远程控制、消防隐患问题的投诉举报、上传维护保养记录等功能。

最后，青浦消防支队预计将用 1 ~ 2 年的时间，深度运用物联网、大数据、云计算、人工智能等前沿科学技术，加快推进全区"智慧消防"建设，争取在建立适应信息化、智能化和现代化要求的消防防控工作上取得突破性进展。

思考题

1. 灭火的原理是什么？
2. 对于密度比水小的可燃、易燃液体的火灾，应该使用何种灭火剂？
3. 根据盛装的灭火剂种类，灭火器分为哪几类？
4. 消防设施有哪些？
5. 智慧消防是指什么？
6. 结合实际情况，分析如何开展智慧消防的建设工作。

第六章

毒腐化学品与防毒防腐措施

毒害性、腐蚀性是危险化学品的重要危险特性之一。绝大部分危险化学品均具有毒害性。例如，氯酸钾既是氧化剂，又是剧毒物品；一氧化碳在《常用危险化学品的分类及标志》（GB 13690—92）中被列为易燃气体，同时又具有毒性；甲酸、氢氟酸既是腐蚀品，同时又具有毒性，也属于毒害品。因此，许多危险化学品既具有易燃、易爆等特性，同时还具有毒害性和腐蚀性。危险化学品的毒害性和腐蚀性对操作人员的危害分别体现在中毒和化学灼伤两个方面，而危险化学品对物体的危害则主要是对设备、建筑等的腐蚀。

第一节　毒性化学品的分类与毒性评价

（一）毒性化学品的分类

1.致癌物

致癌物严格地说只是致癌的外部因素。这些外因大致可以分为化学致癌物、物理致癌物、生物致癌物和食物致癌物。化学致癌物包括天然的和人工合成的。物理致癌物或致癌方式有慢性机械刺激、电磁场、X射线、放射线、放射性物质等，都和癌症的发生有一定的关系。

世界卫生组织下属的国际癌症研究中心将致癌物质分为四大类：

Ⅰ类：对人体有明确致癌性的物质或混合物，如黄曲霉素、砒霜、石棉、六价铬、二噁英、甲醛、酒精饮料、烟草、槟榔以及加工肉类（2015年11月新增）。

Ⅱ类A：对人体致癌的可能性较高的物质或混合物，在动物实验中发现充分的致癌性证据，对人体虽有理论上的致癌性，而实验性的证据有限，如丙烯酰胺、无机铅化合物、氯霉素等。

Ⅱ类B：对人体致癌的可能性较低的物质或混合物，在动物实验中发现的致癌性证据尚不充分，对人体的致癌性的证据有限。用以归类相比二类A致癌可能性较低的物质，比如氯仿、DDT、敌敌畏、萘卫生球、镍金属、硝基苯、柴油燃料、汽油等。

Ⅲ类：对人体致癌性尚未归类的物质或混合物，对人体致癌性的证据不充分，对动物致癌性证据不充分或有限；或者有充分的实验性证据和充分的理论机理表明其对动物有致癌性，但对人体没有同样的致癌性，如苯胺、苏丹红、咖啡因、二甲苯、糖精及其盐、安定、氧化铁、有机铅化合物、静电磁场、三聚氰胺、汞与其无机化合物等。

Ⅳ类：对人体可能没有致癌性的物质，缺乏充足证据支持其具有致癌性的物质，如己内酰胺。

2. 剧毒物质

剧毒物质是指只要少量侵入机体，短时间内即能致人、畜死亡或严重中毒的物质，如六氯苯、羰基铁、氰化钠、氢氟酸、氢氰酸、氯化氰、氯化汞、砷酸汞、汞蒸气、砷化氢、光气、氟光气、磷化氢、三氧化二砷、有机砷化物、有机磷化物、有机氟化物、有机硼化物、铍及其化合物、丙烯腈、乙腈等。通常情况下，存放剧毒品的地方都会被贴上标签，这个标签上通常都画着骷髅骨或者交叉的骨头。

3. 高毒物质

高毒物质是对人每公斤体重的致死量介于 0.05 g 到 0.5 g 的有毒物质，如氟化钠、对二氯苯、甲基丙烯腈、丙酮氰醇、二氯乙烷、三氯乙烷、偶氮二异丁腈、黄磷、三氯氧磷、五氯化磷、三氯化磷、五氧化二磷、三氯甲烷、溴甲烷、二乙烯酮、氧化亚氮、铊化合物、四乙基铅、四乙基锡、三氯化锑、溴水、氯气、五氧化二钒、二氧化锰、二氯硅烷、三氯甲硅烷、苯胺、硫化氢、硼烷、氯化氢、氟乙酸、丙烯醛、乙烯酮、氟乙酰胺、碘乙酸乙酯、溴乙酸乙酯、氯乙酸乙酯、有机氰化物、芳香胺、叠氮钠、砷化钠等。

4. 中毒物质

中毒物质是对人每公斤体重的致死量介于 0.5 g 到 5 g 的有毒物质，如苯、四氯化碳、三氯硝基甲烷、乙烯吡啶、三硝基甲苯、五氯酚钠、硫酸、砷化镓、丙烯酰胺、环氧乙烷、环氧氯丙烷、烯丙醇、二氯丙醇、糖醛、三氟化硼、四氯化硅、硫酸镉、氯化镉、硝酸、甲醛、甲醇、肼（联氨）、二硫化碳、甲苯、二甲苯、一氧化碳、一氧化氮等。

5. 低毒物质

低毒物质是对人每公斤体重的致死量介于 5 g 到 15 g 的有毒物质，如三氯化铝、钼酸胺、间苯二胺、正丁醇、叔丁醇、乙二醇、丙烯酸、甲基丙烯酸、顺丁烯二酸酐、二甲基甲酰胺、己内酰胺、亚铁氰化钾、铁氰化钾、氨及氢氧化胺、四氯化锡、氯化锗、对氯苯氨、硝基苯、三硝基甲苯、二苯甲烷、苯乙烯、二乙烯苯、邻苯二甲酸、四氢呋喃、对硝基氯苯、吡啶、三苯基磷、烷基铝、苯酚、三硝基酚、对苯二酚、丁二烯、异戊二烯、氢氧化钾、盐酸、氯磺酸、乙醚、丙酮等。

（二）毒性化学品的毒性评价

1. 常见化学品的毒性分级

我国对职业性接触毒物危害程度分级制定了国家标准 GBZ 230—2010（表 6-1），并对我国 56 种常见接触毒物的危害程度进行了分级。以急性中毒毒性、急性中毒发病状况、慢性中毒患病状况、慢性中毒后果致癌性和最高容许浓度等六项指标为基础的定级标准（表 6-2）。

表 6-1　职业性接触毒物危害程度分级和评分依据

分项指标		极度危害	高度危害	中度危害	轻度危害	轻微危害	权重系数
积分值		4	3	2	1	0	
急性吸入 LC_{50}	气体[a] / $(cm^3 \cdot m^{-3})$	<100	≥100 ~ <500	≥500 ~ <2500	≥2500 ~ <20000	≥20000	5
	蒸气/ $(mg \cdot m^{-3})$	<500	≥500 ~ <2000	≥2000 ~ <10000	≥10000 ~ <20000	≥20000	
	粉尘和烟雾 / $(mg \cdot m^{-3})$	<50	≥50 ~ <500	≥500 ~ <1000	≥1000 ~ <5000	≥5000	
急性经口 LD_{50} / $(mg \cdot kg^{-1})$		<5	≥5 ~ <50	≥50 ~ <300	≥300 ~ <2000	≥2000	1
急性经皮 LD_{50} / $(rng \cdot kg^{-1})$		<50	≥50 ~ <200	≥200 ~ <1000	≥1000 ~ <2000	≥2000	
刺激与腐蚀性		pH≤2 或 pH≥11.5；腐蚀作用或不可逆损伤作用	强刺激作用	中等刺激作用	轻刺激作用	无刺激作用	2
致敏性		有证据表明该物质能引起人类特定的呼吸系统致敏或重要脏器的变态反应性损伤	有证据表明该物质能导致人类皮肤过敏	动物试验证据充分，但无人类相关证据	现有动物试验证据不能对该物质的致敏性作出结论	无致敏性	2
生殖毒性		明确的人类生殖毒性：已确定对人类的生殖能力、生育或发育造成有害效应的器物，人类母体接触后可引起子代先天性缺陷	推定的人类生殖毒性：动物试验生殖毒性明确，但对人类生殖毒性作用尚未确定因果关系，推定对人的生殖能力或发育产生有害影响	可疑的人类生殖毒性：动物试验生殖毒性明确，但无人类生殖毒性资料	人类生殖毒性未定论：现有证据或资料不足以对毒物的生殖毒性作出结论	无人类生殖毒性：动物试验阴性，人群调查结果未发现生殖毒性	3
致癌性		Ⅰ组，人类致癌物	ⅡA组，近似人类致癌物	ⅡB组，可能人类致癌物	Ⅲ组，未归入人类致癌物	Ⅳ组，非人类致癌物	4
实际危害后果与预后		职业中毒病死率≥10%	职业中毒病死率<10%；或致残（不可逆损害）	器质性损害（可逆性重要脏器损害），脱离接触后可治愈	仅有接触反应	无危害后果	5

续表 6-1

分项指标	极度危害	高度危害	中度危害	轻度危害	轻微危害	权重系数
积分值	4	3	2	1	0	
扩散性 (常温或工业 使用时状态)	气态	液态,挥发性 高(沸点< 50 ℃) 固态,扩散性 极高(使用时 形成烟或烟 尘)	液态,挥发性 中(沸点 ≥ 50 ℃ ~<150 ℃); 固态,扩散性 高(细微而轻 的粉末,使用 时可见尘雾形 成,并在空气 中停留数分钟 以上)	液态,挥发性 低(沸点 ≥ 150 ℃); 固态,晶体、 粒状固体、扩 散性中,使用 时能见到粉尘 但很快落下, 使用后粉尘留 在表面	固态,扩散性 低(不会破碎 的固体小球 (块),使用时 几乎不产生粉 尘)	3
蓄积性 (或生物 半减期)	蓄积系数(动 物实验,下 同)<1,生物 半 减 期 > 4000 h	蓄积系数≥1 ~<3;生物 半减期> 400 h ~ < 4000 h	蓄积系数≥3 ~<5,生物 半减期≥ 40 h~<400 h	蓄积系数 >5; 生物半减期 ≥4 h ~ <40 h	生物半减期 <4 h	1

注1:急性毒性分级指标以急性吸入毒性和急性经皮毒性为分级依据。无急性吸入毒性数据的物质,参照急性经口毒性分级。无急性经皮毒性数据、且不经皮吸收的物质,按轻微危害分级,无急性经皮毒性数据、但可经皮肤吸收的物质,参照急性吸入毒性分级。

注2:强、中、轻和无刺激作用的分级依据 GB/T21604 和 GB/T 21609。

注3:缺乏蓄积性、致癌性、致敏性、生殖毒性分级有关数据的物质的分项指标暂按极度危害赋分。

注4:工业使用在5年内的新化学品,无实际危害后果资料的,该分项指标暂按极度危害赋分;工业使用在5年以上的物质,无实际危害后果资料的,该分项指标按轻微危害赋分。

注5:一般液态物质的吸入毒性按蒸气类划分。

a 1 cm^3/m^3 =1 ppm, ppm 在 mg/cm^3 在气温为20℃,大气压为101.3 kPa(760 mmHg)的条件下的换算公式为:1 ppm =24.04/Mr mg/m^3 其中 Mr 为该气体的相对分子质量。

表 6-2 职业性接触毒物危害程度分级及其行业举例

级别	毒物名称	行业举例
I 级(极度危害)	汞及其化合物	汞冶炼、汞齐法生成氯碱
	苯	含苯黏胶剂的生产和使用(制皮鞋)
	砷及其无机化合物(非致癌的无机砷化合物除外)	砷矿开采和冶炼、含砷金属矿(铜、锡)的开采和冶炼
	氯乙烯	聚氯乙烯树脂生产
	铬酸盐、重铬酸盐	铬酸盐和重铬酸盐生产
	黄磷	黄磷生产
	铍及其化合物	铍冶炼、铍化合物的制造
	对硫磷	对硫磷生产及储运
	羰基镍	羰基镍制造

续表 6 – 2

级别	毒物名称	行业举例
Ⅰ级(极度危害)	八氟异丁烯	二氟—氯甲烷裂解及其残液处理
	氯甲醚	双氯甲醚、一氯甲醚生产、离子交换树脂制造
	锰及其无机化合物	锰矿开采和冶炼、锰铁和锰钢冶炼、高锰焊条制造
	氰化物	氰化钠制造、有机玻璃制造
Ⅱ级(高度危害)	三硝基甲苯	三硝基甲苯制作和军火加工生产
	铅及其化合物	铅的冶炼、蓄电池制造
	二硫化碳	二硫化碳制作、黏胶纤维制造
	氯	液氯烧碱生产、食盐电解
	丙烯腈	丙烯腈制造、聚丙烯腈制造
	四氯化碳	四氯化碳制造
	硫化氢	硫化染料制造
	甲醛	酚醛和尿醛树脂生产
	苯胺	苯胺生产
	氟化氢	电解铝、五氯酚钠生产
	五氯酚及其钠盐	五氯酚、五氯酚钠生产
	铬及其化合物	铬冶炼、铬化合物生产
	敌百虫	敌百虫生产、储运
	氯丙烯	环氧氯丙烷制造、丙烯磺酸钠生产
	钒及其化合物	钒铁矿开采和冶炼
	溴甲烷	溴甲烷制造
	硫酸二甲酯	硫酸二甲酯的制造、储运
	金属镍	镍矿的开采和冶炼
	甲苯二异氰酸酯	聚氨酯塑料生产
	环氧氯化烷	环氧氯化烷生产
	砷化氢	含砷有色金属矿的冶炼
	敌敌畏	敌敌畏的生产和储运
	光气	光气制造
	氯丁二烯	氯丁二烯制造、聚合
	一氧化碳	煤气制造、高炉炼铁、炼焦
	硝基苯	硝基苯生产

续表 6 - 2

级别	毒物名称	行业举例
Ⅲ级(中度危害)	苯乙烯	苯乙烯制造、玻璃钢制造
	甲醇	甲醇生产
	硝酸	硝酸制造、储运
	硫酸	硫酸制造、储运
	盐酸	盐酸制造、储运
	甲苯	甲苯制造
	二甲苯	喷漆
	三氯乙烯	三氯乙烯制造、金属清洗
	二甲基甲酰胺	二甲基甲酰胺制造、顺丁橡胶的合成
	六氟丙烯	六氟丙烯制造
	苯酚	酚树脂生产、苯酚生产
	氮氧化物	硝酸制造
Ⅳ级(轻度危害)	溶剂汽油	橡胶制品(轮胎、胶鞋等)生产
	丙酮	丙酮生产
	氢氧化钠	烧碱生产、制造
	四氟乙烯	聚全氟乙烯生产
	氨	氨制造、氮肥生产

2. 实验室空气的安全性

化学品的毒性可以通过皮肤吸收、消化道吸收及呼吸道吸收等三种方式对人体健康产生危害。掌握正确的操作方法,避免误接触及误食等能使前两种方式的中毒概率降到最低。而对于通过呼吸道吸收的毒物(也是最广的),由于其看不见、摸不着,往往容易对身体造成伤害。因此,一方面应从改进生产、实验等方式(规程)来降低有害物质在空气中的浓度;另一方面,个人对此也应引起重视,该戴防护罩的地方必须戴,不必戴防护罩的地方也应保持空气新鲜。我国于 2019 年更新了工作场所空气中化学因素、粉尘及生物因素的职业接触限值(参见 GBZ 2.1—2019)(表 6 - 3),有害因素时间加权平均容许浓度、短时间接触容许浓度和最高容许浓度三类,由此可以了解些常见化学品的毒性大小,以便引起足够的重视。

表 6 - 3　工作场所空气中有毒物质容许浓度

编号	物质名称	最高容许浓度 $/mg \cdot m^{-3}$
(一)	有毒物质	
1	一氧化碳	30
2	一甲胺	5

续表 6 – 3

编号	物质名称	最高容许浓度/mg·m^{-3}
3	乙醚	500
4	乙腈	3
5	二甲胺	40
6	二甲苯	100
7	二甲基甲酰胺	10
8	二甲基二氯硅烷	2
9	二氧化硫	15
10	二氧化(硒)	0.1
11	二氯丙醇(皮)	5
12	二硫化碳(皮)	10
13	二异氰酸甲苯酯	0.2
14	丁烯	100
15	丁二烯	100
16	丁醛	10
17	三乙基氯化锡(皮)	0.01
18	三氧化二砷及五氧化砷	0.3
19	三氧化铬、铬酸盐、重铬酸盐(换算成 CrO_3)	0.05
20	三氯氢硅	3
21	己内酰胺	10
22	五氧化二磷	1
23	五氯酚及其钠盐	0.3
24	六六六	0.1
25	丙体六六六	0.05
26	丙酮	400
27	丙烯腈(皮)	2
28	丙烯醛	0.3
29	丙烯醇(皮)	2
30	甲苯	100
31	甲醛	3
32	光气	0.5
	有机磷化合物	
33	内吸磷(皮)	0.02
34	对硫磷(皮)	0.05
35	甲拌磷(皮)	0.01

续表 6－3

编号	物质名称	最高容许浓度 /mg·m^{-3}
36	马拉硫磷(皮)	2
37	甲基内吸磷(皮)	0.2
38	甲基对硫磷(皮)	0.1
39	乐戈(乐果)(皮)	1
40	敌百虫(皮)	1
41	敌敌畏(皮)	0.3
42	吡啶	4
43	金属汞	0.01
44	升汞	0.1
45	有机汞化合物(皮)	0.005
46	松节油	300
47	环氧氯丙烷(皮)	1
48	环氧乙烷	5
49	环己酮	50
50	环己醇	50
51	环己烷	100
52	苯(皮)	40
53	苯及其同系物的一硝基化合物(硝基苯及硝基甲苯等)(皮)	5
54	苯及其同系物的二及三硝基化合物(二硝基苯、三硝基苯等)(皮)	1
55	苯的硝基及二硝基氯化物(一硝基氯苯、二硝基氯苯等)(皮)	1
56	苯胺、甲苯胺、二甲胺(皮)	5
57	苯乙烯	40
58	五氧化二钒烟	0.1
59	五氧化二钒粉尘	0.5
60	钒铁合金	1
61	苛性碱(换算成 NaOH)	0.5
62	氟化氢及氟化物(换算成 F)	1
63	氨	30
64	臭氧	0.3
65	氧化氮(换算成 NO$_2$)	5
66	氧化锌	5
67	氧化镉	0.1
68	砷化氢	0.3
69	铅烟	0.03

续表 6 - 3

编号	物质名称	最高容许浓度 /mg·m^{-3}
70	铅尘	0.05
71	四乙基铅（皮）	0.005
72	硫化铅	0.5
73	铍及其化合物	0.001
74	钼（可溶性化合物）	4
75	钼（不溶性化合物）	6
76	黄磷	0.03
77	酚（皮）	5
78	萘烷、四氢化萘	100
79	氰化氢及氢氰酸盐（换算成 HCN）（皮）	0.3
80	联苯 – 联苯醚	7
81	硫化氢	10
82	硫酸及三氧化硫	2
83	锆及其化合物	5
84	锰及其化合物（换算成 MnO_2）	0.2
85	氯	1
86	氯化氢及盐酸	15
87	氯苯	50
88	氯萘及氯联苯（皮）	1
89	氯化苦	1
90	二氯乙烷	15
91	三氯乙烯	30
92	四氯化碳（皮）	25
93	氯乙烯	30
94	氯丁二烯（皮）	2
95	溴甲烷（皮）	1
96	碘甲烷（皮）	
97	溶剂汽油	350
98	滴滴涕（DDT）	0.3
99	羰基镍	0.001
100	钨及碳化钨	6
101	醋酸甲酯	100
102	醋酸乙酯	300
103	醋酸丙酯	300

续表 6 – 3

编号	物质名称	最高容许浓度 /mg·m^{-3}
104	醋酸丁酯	300
105	醋酸戊酯	100
106	甲醇	50
107	丙醇	200
108	丁醇	200
109	戊醇	100
110	糠醛	10
111	磷化氢	0.3
（二）	生产性粉尘	
1	含有 10% 以上游离二氧化硅的粉尘（石英、石英岩等）	2
2	石棉粉尘及含有 10% 以上石棉的粉尘	2
3	含有 10% 以下游离二氧化硅的滑石粉尘	4
4	含有 10% 以下游离二氧化硅的水泥粉尘	6
5	含有 10% 以下游离二氧化硅的煤尘	10
6	铝、氧化铝、铝合金粉尘	4
7	玻璃棉和矿渣棉粉尘	5
8	烟草及茶叶粉尘	3
9	其他粉尘	10

注：有"（皮）"标记者为除经呼吸道吸收外，尚易经皮肤吸收的有毒物质。

第二节　化工常见毒性化学品的毒性作用

有毒物质对人体的危害主要为引起中毒，化学品的毒性作用可分为如下临床类型：引起刺激、过敏、缺氧、昏迷和麻醉、全身中毒、致癌、致畸、致突变、尘肺等。

（一）刺激

刺激意味着身体同化学品接触已相当严重，一般受刺激的部位为皮肤、眼睛和呼吸系统。

1．皮肤

当某些化学品和皮肤接触时，化学品可使皮肤保护层脱落，而引起皮肤干燥、粗糙、疼痛，这种情况称作皮炎，许多化学品能引起皮炎。

2．眼睛

化学品和眼部接触导致的伤害轻至轻微的、暂时性的不适，重至永久性的伤残，伤害严重程度取决于中毒的剂量，采取急救措施的快慢。

3．呼吸系统

雾状、气态、蒸汽化学刺激物与上呼吸系统（鼻和咽喉）接触，会引起灼烧感。这一般是由可溶物引起的，如氨水、甲醛、二氧化硫、酸、碱，它们易被鼻咽部湿润的表面所吸收。处理这些化学品必须小心对待，如在喷洒药物时，需防止吸入这些蒸汽。

一些刺激物对气管的刺激可引起气管炎症，甚至严重损害气管和肺组织，如二氧化硫、氯气、煤尘等。一些化学物质将会渗透到肺泡区，引起强烈的刺激。在工作场所一般不易检测这些化学物质，但它们能严重危害工人健康。化学物质和肺组织反应马上或几个小时后便引起肺水肿。这种症状由强烈的刺激开始，随后会出现咳嗽、呼吸困难（气短）、缺氧以及痰多，例如二氧化氮、臭氧以及光气。

（二）过敏

接触某些化学品可引起过敏，开始接触时可能不会出现过敏症状，然而长时间的暴露会引起人体的反应，即便是接触低浓度化学物质也会产生过敏反应，皮肤和呼吸系统可能会受到过敏反应的影响。

1.皮肤

皮肤过敏是一种看似皮炎（皮疹或水疱）的症状，这种症状不一定在接触的部位出现，而可能在身体的其他部位出现，引起这种症状的化学品，如环氧树脂、胺类硬化剂、偶氮染料、煤焦油衍生物和铬酸。

2.呼吸系统

呼吸系统对化学物质的过敏会引起职业性哮喘，这种症状的反应常包括咳嗽（特别是夜间）和呼吸困难（如气喘和呼吸短促）。引起这种反应的化学品有：甲苯、聚氨酯、福尔马林。

（三）缺氧（窒息）

窒息涉及对身体组织氧化作用的干扰，这种症状分为三种：单纯窒息、血液窒息和细胞内窒息。

1.单纯窒息

单纯窒息是由于周围氧气被惰性气体所代替，如氮气、二氧化碳、乙烷、氢气或氦气，致使氧气量不足以维持生命的继续。一般情况下，空气的含氧21%。如果空气中氧浓度降到17%以下，机体组织将供氧不足，就会引起头晕、恶心、调节功能紊乱等症状。这种情况一般发生在空间有限的工作场所，缺氧严重时导致昏迷，甚至死亡。

2.血液窒息

血液窒息是由于化学物质直接影响机体传送氧的能力。典型的血液窒息性物质是一氧化碳，空气中一氧化碳含量达到0.05%时就会导致血液携氧能力严重下降。

3.细胞内窒息

细胞内窒息是由于化学物质直接影响机体和氧结合的能力，如氰化氢、硫化氢这些物质影响细胞和氧的结合能力，尽管血液中含氧充足。

（四）昏迷和麻醉

接触高浓度的某些化学品，如乙醇、丙醇、丙酮、丁酮、乙炔、烃类、乙醚、异丙醚会导致中枢神经抑制。这些化学品有类似醉酒的作用，一次大量接触可导致昏迷甚至死亡。但也会导致一些人沉醉于这种麻醉品。

(五)全身中毒

人体是由八大系统组成即运动系统、神经系统、内分泌系统、循环系统、呼吸系统、消化系统、泌尿系统和生殖系统。全身中毒是指化学物质引起的对一个或多个系统产生有害影响并扩展到全身的现象。这种作用不局限于身体的某一点或某一区域。

肝脏的功能是净化血液中的有毒物质并在排泄前将它们转化成无害的和水溶性的物质。然而，有一些物质对肝脏有害，根据接触的剂量和频率，可能造成肝脏损伤，降低肝脏功能，甚至引起病变(肝硬化)，例如，酒精、四氯化碳、三氯乙烯、氯仿，也可能被误认为病毒性肝炎，因为这些化学物质引起肝损伤的症状(黄皮肤、黄眼睛)类似于病毒性肝炎。

肾脏是泌尿系统的一部分，它的作用是排除由身体产生的废物，维持水、盐平衡，并控制和维持血液中的酸度。泌尿系统各部位都可能受到有毒物质损害，例如慢性铍中毒常伴有尿路结石、杀虫脒中毒可出现出血性膀胱炎等，但最常见的还是肾损害。不少生产性毒物对肾有毒性，尤以重金属和卤代烃最为突出，如汞、铅、铊、镉、四氯化碳、氯仿、六氟丙烯、二氯乙烷、溴甲烷、溴乙烷、碘乙烷等。

神经系统控制机体的活动功能，也能被一定的化学物质所损害。长期接触一些有机溶剂会引起疲劳、失眠、头痛、恶心，更严重的将导致运动神经障碍、瘫痪、感觉神经障碍；神经末梢不起作用与接触己烷、锰和铅有关，导致腕垂病；接触有机磷酸盐化合物如对硫磷，可能导致神经系统失去功能；接触二硫化碳，可引起精神紊乱(精神病)。接触一定的化学物质也可能对生殖系统产生影响，导致男性不育、怀孕妇女流产，如二溴化乙烯、苯、氯丁二烯、铅、有机溶剂和二硫化碳等化学物质与男性工人不育有关，接触麻醉性气体、戊二醛、氯丁二烯、铅、有机溶剂、二硫化碳和氯乙烯等化学物质与流产有关。

(六)致癌

长期接触一定的化学物质可能引起细胞的无节制生长，形成恶性肿瘤。这些肿瘤可能在第一次接触这些物质以后许多年才表现出来，这一时期被称为潜伏期，一般为4~40年。造成职业肿瘤的部位是多样的，未必局限于接触区域，如砷、石棉、铬、镍等物质可能导致肺癌；鼻腔癌和鼻窦癌是由铬、镍、木材、皮革粉尘等引起的；膀胱癌与接触联苯胺、萘胺、皮革粉尘等有关；皮肤癌与接触砷、煤焦油和石油产品等有关；接触氯乙烯单体可引起肝癌；接触苯可引起再障。

(七)致畸

接触化学物质可能对未出生胎儿造成危害，干扰胎儿的正常发育。在怀孕的前三个月，胎儿的神经系统及重要器官正在发育，一些研究表明化学物质可能干扰正常的细胞分裂过程，如麻醉性气体、水银和有机溶剂，从而导致胎儿畸形。

(八)致突变

某些化学品对工人遗传基因的影响可能导致后代发生异常。实验结果表明，80%~85%的致癌化学物质对后代有影响。

(九)尘肺

尘肺是由于肺的换气区域发生了小尘粒的沉积，而肺组织对这些沉积物的反应很难在早期被发现，当 X 射线检查发现这些变化时病情已经较重了。尘肺病患者肺的换气功能下降，在紧张活动时将发生呼吸短促症状，这种作用是不可逆的。能引起尘肺病的物质有石英晶体、石棉、滑石粉、煤粉和铍。

化学毒物引起的中毒往往是多器官、多系统的损害。如常见毒物铅可引起神经系统、消化系统、造血系统及肾脏损害；三硝基甲苯中毒可出现白内障、中毒性肝病、贫血、高铁血红蛋白血症等。同一种毒物引起的急性中毒和慢性中毒其损害的器官及表现亦可有很大差别。例如，苯急性中毒主要表现为对中枢神经系统的麻醉作用，而慢性中毒主要为造血系统的损害。这在有毒化学品对机体的危害作用中是一种很常见的现象。此外，有毒化学品对机体的危害，尚取决于一系列因素和条件，如毒物本身的特性(化学结构、理化特性)，毒物的剂量、浓度和作用时间，毒物的联合作用，个体的敏感性等等。总之，机体与有毒化学品之间的相互作用是一个复杂的过程，中毒后的表现也千变万化。

【案例】

1.2014 年，山东某燃化有限公司储运车间由石脑油储罐向重整装置送料过程中发生石脑油泄漏(泄漏事件从 22 时 30 分至 23 点 40 分，泄漏量约 240 m^3)，在处置过程中发生硫化氢中毒事故，造成 4 人死亡、3 人中毒。

事故原因：维护人员为防冻防凝拆开倒罐管线上的一处法兰排水后未及时复原，在向生产装置送料(经事故后检测，硫化氢含量为 0.38%)时，操作人员错误开启倒灌阀门，造成石脑油泄漏，在处置泄漏过程中，现场人员未佩戴个体防护用品，释放出的硫化氢气体致使人员中毒。(人员管理的问题)

2.2014 年，安徽某化工有限公司发生一起非法违法较大中毒事故，造成 4 人死亡、2 人中毒。

2013 年 9 月 1 日，该公司将部分空闲厂房和场地以 300 万元/年租给山东籍人员王某，王某在未办理任何审批手续的情况下，自行购买安装设备、组织人员生产农药莠灭净。

1 月 9 日 9 时许，王某所聘技术人员张某去异丙醇输送泵泵池(深约 2.6 m，宽约 1.5 m，长约 5 m)查看，入池后中毒晕倒，随后现场另 3 名工人未佩戴个体防护用品下去施救，也倒入池内。其他 2 名工人听到呼救后，在泵池边用铁钩将 4 人救出，4 人经抢救无效死亡。最后实施救援的 2 人在施救过程中，也轻微中毒。

事故原因：异丙醇溶剂泄漏到泵池内，其中溶解副产物硫化氢、氰化氢气体逸出，聚集在泵池内，技术人员未经过受限空间审批、未做任何气体检测进入池内造成中毒，其余 3 人未佩戴防护用品盲目施救，造成伤亡扩大。(非法生产和进入受限空间管理问题)

第三节　毒性化学品侵入人体途径与毒理作用

(一)毒物进入人体的途径

毒物可经呼吸道、消化道和皮肤进入人体内。在工业生产中，毒物主要经呼吸道和皮肤

进入人体内，亦可经消化道进入，但比较次要。

1. 呼吸道

呼吸道是工业生产中毒物进入人体内的最重要途径。凡是以气体、蒸汽、雾、烟、粉尘形式存在的毒物，均可经呼吸道侵入体内。人的肺脏由亿万个肺泡组成，肺泡壁很薄，壁上有丰富的毛细血管，毒物一旦进入肺部，很快就会通过肺泡壁进入血液循环系统而被运送到全身。对于通过呼吸道吸收的毒物，最重要的影响因素是其在空气中的浓度，浓度越高，吸收越快。

2. 皮肤

在工业生产中，毒物经皮肤吸收引起中毒亦比较常见。脂溶性毒物经表皮吸收后，还需有水溶性，才能进一步扩散和吸收，故水、脂皆溶的物质(如苯胺)易被皮肤吸收。

3. 消化道

在工业生产中，毒物经消化道吸收多半是由于个人卫生习惯不良，手沾染的毒物随进食、饮水或吸烟等而进入人体消化道。进入呼吸道的难溶性毒物被清除后，可经由咽部被咽下而进入消化道。

（二）毒物在体内的毒理作用

1. 分布

毒物被吸收后，随血液循环(部分随淋巴液)分布到全身。当在作用点达到一定浓度时，就可发生中毒。毒物在体内各部位分布是不均匀的，同一种毒物在不同的组织和器官分布量有多有少。有些毒物相对集中于某组织或器官中，则称这个器官为靶器官。例如铅、氟主要集中在骨质，苯多分布于骨髓及类脂质。

2. 生物转化

被吸收后的毒物受到体内生化作用的影响，其化学结构发生一定改变，称之为毒物的生物转化。其结果可使毒性降低(解毒作用)或增加(增毒作用)。毒物的生物转化可归结为氧化、还原、甲基化、去甲基化、水解及结合。经生物转化形成的毒物代谢产物可排出体外。

3. 排出

毒物在体内可经转化后或不经转化而排出。毒物可经由肾脏、呼吸道及消化道排出，其中经肾随尿排出是其最主要的途径。尿液中毒物浓度与血液中的浓度密切相关，常测定尿中毒物及其代谢物，以监测和诊断毒物吸收和中毒程度。

4. 蓄积

当毒物进入体内的总量超过转化和排出总量时，体内的毒物就会逐渐增加，这种现象称为毒物的蓄积。此时毒物大多相对集中于某些部位，毒物对这些蓄积部位可产生毒作用。毒物在体内的蓄积是发生慢性中毒的基础。

【案例】

2014 年，辽宁省某化工有限公司配套污水处理站在安装污泥泵的过程中发生中毒事故，造成 3 人死亡。

4 月 24 日 11 时，化工公司 3 名职工在公司南厂区污水处理站进行检维修工作，需在厌氧池(长 4 m、宽 1 m、深 4 m，水深约 1 m，厌氧池顶部有盖板，当天早上，工人将盖板打开进行自然通风)底部安装一台污泥泵。1名工人从厌氧池出口进入准备安装时跌入厌氧池，另2名工人在实施抢救过程中，也跌入厌氧池。

事故原因：厌氧池底污泥中含有硫化氢，致使硫化氢在厌氧池中聚集，在没有对厌氧池进行完全置换、未对厌氧池内气体含量进行检测、未履行进入受限空间审批程序情况下，员工进入厌氧池内晕倒，其他员工未佩戴任何防护用品盲目施救，导致伤亡扩大。(进入受限空间管理和科学施救问题)

第四节　急性职业中毒的现场抢救

在工业生产中，常见化学试剂中毒现场应急抢救处理方法如下：

(1)二硫化碳中毒的现场应急抢救处理方法。

吞食时，给患者洗胃或用催吐剂催吐，并将患者躺下并加保暖，保持通风良好。

(2)甲醛中毒的现场应急抢救处理方法。

吞食时，立刻饮食大量牛奶，接着用洗胃或催吐等方法，使吞食的甲醛排出体外，然后服下泻药。有可能的话，可服用1%的碳酸铵水溶液。

(3)有机磷中毒的现场应急抢救处理方法。

使患者确保呼吸道畅通，并进行人工呼吸。若误食，用催吐剂催吐，或用自来水洗胃等方法将其除去。沾在皮肤、头发或指甲等地方的有机磷，要彻底把它洗去。

(4)三硝基甲苯中毒的现场应急抢救处理方法。

沾到皮肤时，用肥皂和水尽量把其彻底洗净。若吞食时，可进行洗胃或用催吐剂催吐，将其大部分排除之后，才服泻药。

(5)苯胺中毒的现场应急抢救处理方法。

如果苯胺沾到皮肤时，用肥皂和水把其洗擦除净。若吞食时，用催吐剂、洗胃及服泻药等方法把它除去。

(6)氯代烃中毒的现场应急抢救处理方法。

将患者转移至远离药品处，并使其躺下、保暖。若吞食时，用清水冲洗胃，然后饮服于200 mL水中溶解30 g硫酸钠制成的溶液，不要喝咖啡之类兴奋剂。吸入氯仿时，把患者的头降低，使其伸出舌头，以确保呼吸道畅通。

(7)草酸中毒的现场应急抢救处理方法。

立刻饮服下列溶液，使其生成草酸钙沉淀：①在200 mL水中，溶解30 g丁酸钙或其他钙盐制成的溶液；②大量牛奶，可饮食用牛奶溶解的蛋白作镇痛剂。

(8)乙醛、丙酮中毒的现场应急抢救处理方法。

用洗胃或服催吐剂等方法，除去吞食的药品，随后服下泻药。呼吸困难时要输氧，丙酮不会引起严重中毒。

(9)乙二醇中毒的现场应急抢救处理方法。

用洗胃、服催吐剂或泻药等方法，除去吞食的乙二醇。然后，静脉注射10 mL10%的葡萄糖酸钙溶液，使其生成草酸钙沉淀。聚乙二醇及丙二醇均为无害物质。

(10)酚类化合物中毒的现场应急抢救处理方法。

吞食的场合：马上给患者饮清水、牛奶或吞食活性炭，以减缓毒物被吸收的程度。接着反复洗胃或催吐。然后，再饮服 60 mL 蓖麻油及于 200 mL 水中溶解 30 g 硫酸钠制成的溶液。不可饮服矿物油或用乙醇洗胃。

烧伤皮肤的场合：先用乙醇擦去酚类物质，然后用肥皂水及水清洗，脱去沾有酚类物质的衣服。

(11)乙醇中毒的现场应急抢救处理方法。

用自来水洗胃，除去未吸收的乙醇。然后，一点点地吞服 4 g 碳酸氢钠。

(12)甲醇中毒的现场应急抢救处理方法。

用 1% ~2% 的碳酸氢钠溶液充分洗胃。然后，把患者转移到暗房，以抑制二氧化碳的结合能力。为了防止酸中毒，每隔 2 ~3 h，经口每次吞服 5 ~15 g 碳酸氢钠。同时为了阻止甲醇的代谢，在 3 ~4 天内，每隔 2 h，以平均每千克体重 0.5 mL 的剂量，饮服 50% 的乙醇溶液。

(13)烃类化合物中毒的现场应急抢救处理方法。

把患者转移到空气新鲜的地方。因为如果呕吐物一旦进入呼吸道，则会发生严重的危险事故，故除非平均每千克体重吞食超过 1 mL 的烃类物质，否则应尽量避免洗胃或用催吐剂催吐。

(14)硫酸铜中毒的现场应急抢救处理方法。

将 0.3 ~1.0 g 亚铁氰化钾溶解于水中，饮服，也可饮服适量肥皂水或碳酸钠溶液。

(15)硝酸银中毒的现场应急抢救处理方法。

将 3 ~4 茶匙食盐溶解于一酒杯水中饮服。然后，服用催吐药，或者进行洗胃或饮牛奶。接着用大量水吞服 30 g 硫酸镁泻药。

(16)钡中毒的现场应急抢救处理方法。

将 30 g 硫酸钠溶解于 200 mL 水中饮服，或用洗胃导管导入胃中。

(17)铅中毒的现场应急抢救处理方法。

保持患者每分钟排尿量 0.5 ~1 mL，至连续 1 ~2 h 以上。饮服 10% 的右旋糖酐水溶液（按每千克体重 10 ~20 mL 计），或者以每分钟 1 mL 的速度静脉注射 20% 的甘露醇水溶液，至每千克体重达 10 mL 为止。

(18)汞中毒的现场应急抢救处理方法。

饮食打溶的蛋白，用水及脱脂奶粉作沉淀剂，立刻饮服二巯基丙醇溶液及于 200 mL 水中溶解 30 g 硫酸钠制成的溶液作泻剂。

(19)砷中毒的现场应急抢救处理方法。

吞食时，使患者立刻呕吐，然后饮食 500 mL 牛奶，再用 2 ~4 L 温水洗胃，每次用 200 mL。

(20)二氧化硫中毒的现场应急抢救处理方法。

把患者移到空气新鲜的地方，保持安静。进入眼睛时，用大量水清洗，并要洗漱咽喉。

(21)氰中毒的现场应急抢救处理方法。

不管怎样要立刻处理。每隔 2 min 给患者吸入亚硝酸异戊酯 15 ~30 s。这样可使氰基与高铁血红蛋白结合，生成无毒的氰络高铁血红蛋白。接着给患者饮服硫代硫酸盐溶液，使其与氰络高铁血红蛋白解离的氰化物相结合，生成硫氰酸盐。

①吸入时把患者移到空气新鲜的地方，使患者横卧着，然后脱去沾有氰化物的衣服，马

上进行人工呼吸。

②吞食时用手指摩擦患者的喉头，使之立刻呕吐，决不要等待洗胃用具到来才处理。因为患者在数分钟内，即有死亡的危险。

(22)卤素气中毒的现场应急抢救处理方法。

把患者转移到空气新鲜的地方，保持安静。吸入氯气时，给患者嗅 1:1 的乙醚与乙醇的混合蒸气；若吸入溴气时，则给其嗅稀氨水。

(23)氨气中毒的现场应急抢救处理方法。

立刻将患者转移到空气新鲜的地方，然后输氧。进入眼睛时，将患者躺下，用水洗涤角膜至少 5 min。其后，再用稀醋酸或稀硼酸溶液洗涤。

(24)强碱中毒的现场应急抢救处理方法。

①吞食时立刻用食道镜观察，直接用 1% 的醋酸水溶液将患部洗至中性。然后，迅速饮服 500 mL 稀的食用醋(1 份食用醋加 4 份水)或鲜橘子汁将其稀释。

②沾到皮肤时立刻脱去衣服，尽快用水冲洗至皮肤不滑止。接着用经水稀释的醋酸或柠檬汁等进行中和。但是，若沾着生石灰时，则用油之类东西，先除去生石灰。

③进入眼睛时撑开眼睑，用水连续冲洗 15 min。

(25)强酸中毒的现场应急抢救处理方法

①吞服时立刻饮服 200 mL 氧化镁悬浮液，或者氢氧化铝凝胶、牛奶及水等，迅速把毒物稀释。然后，至少再食用 10 多个打溶的鸡蛋液作缓和剂。因碳酸钠或碳酸氢钠会产生二氧化碳气体，故不要使用。

②沾到皮肤时用大量水冲洗 15 min。如果立刻进行中和，因会产生中和热，而有进一步扩大伤害的危险。因此，经充分水洗后，再用碳酸氢钠之类稀碱液或肥皂液进行洗涤。但是，当沾着草酸时，若用碳酸氢钠中和，会因为碱而产生很强的刺激物，故不宜使用。此外，也可以用镁盐和钙盐中和。

③进入眼睛时撑开眼睑，用水冲洗 15 min。

(26)镉(致命剂量 10 mg)、锑(致命剂量 100 mg)中毒的现场应急抢救处理方法。

若吞食时，尽快为患者催吐，并进行洗胃处理。

(27)化学药品吞食时的现场应急抢救处理方法。

患者因吞食药品中毒而发生痉挛或昏迷时，非专业医务人员不可随便进行处理。除此以外的其他情形，则可采取下述方法处理。毫无疑问，进行应急处理的同时，要立刻找医生治疗，并告知其引起中毒的化学药品的种类、数量、中毒情况(包括吞食、吸入或沾到皮肤等)以及发生时间等有关情况。

①为了降低胃中药品的浓度，延缓毒物被人体吸收的速度并保护胃黏膜，可饮食下述任一种东西：如牛奶、打溶的蛋液、面粉、淀粉或土豆泥的悬浮液以及水等。

②如果一时弄不到上述东西，可于 500 mL 蒸馏水中，加入约 50 g 活性炭。用前再添加 400 mL 蒸馏水，并把它充分摇动润湿，然后，给患者分次少量吞服。一般 10～15 g 活性炭，大约可吸收 1 g 毒物。

③用手指或匙子的柄摩擦患者的喉头或舌根，使其呕吐。若用这个方法还不能催吐时，可于半酒杯水中，加入 15 mL 吐根糖浆(催吐剂之一)，或在 80 mL 热水中，溶解一茶匙食盐，给予饮服(但吞食酸、碱之类腐蚀性药品或烃类液体时，因有胃穿孔或胃中的食物一旦吐出

而进入气管的危险，因而，遇到此类情况不可催吐）。绝大部分毒物于 4 h 内，即从胃转移到肠。

④用毛巾之类东西，盖上患者身体进行保温，避免从外部升温取暖（注：把 2 份活性炭、1 份氧化镁和 1 份丹宁酸混合均匀而成的东西，称为万能解毒剂。用时可将 2~3 茶匙此药剂，加入一酒杯水做成糊状，即可服用）。

第五节　防止职业中毒的技术措施

（一）防止职业中毒的一般技术措施

（1）产生有毒有害气体的作业，均应积极创造条件采用新工艺，以无毒、低毒的物料，代替有毒和高毒的物料，采取无毒害或毒害较小的工艺流程。

（2）应将散发有毒物质的工艺过程与其他无毒的工艺过程隔开。

（3）散发有毒有害物质的作业场所，应用密闭的方法防止毒物逸散，在密闭不严或不能密闭之处，应安装通风排毒设施维持负压操作，并将逸散的毒物排出。

（4）作业场所采用通风排毒设备时，应同时设计净化、回收设备，综合利用资源，使毒物排放达到国家或地方排放标准的要求。

（5）对生产中所使用的含有有毒有害物质的原料、产品，要做到严密包装，用具、器材、容器应坚固，符合运输安全要求，防止在运输中破损、外逸或扩散。

（6）产生有毒有害气体的工业作业场所应与其他作业场所相隔离，并设置一定的卫生防护距离。

（7）有毒有害气体的浓度可能突然增高，或空气中含有两种或两种以上有害物质能对人体具有叠加或增强作用时，不得采用循环空气作为空气调节或热风采暖。

（8）工作场所存在两种或两种以上毒物，混合后具有协同作用时，应隔开进行生产，分别单独设置排风系统，不得将两者的排风系统联在一起，通过车间的排风管道必须保持负压。

（9）采取集中空调系统的车间，其换气量除满足稀释有毒有害气体需要量，保持冷、热调节外，系统的新风量≥30 m³/h·人。可能突然逸出大量有害物质或易造成急性中毒或易燃易爆的化学物质的作业场所，换气次数应≥12 次/h。

（10）防毒系统中所用材料其材质应无毒无害、防老化，并不应在光、热效应下产生二次污染。

（二）毒物源控制技术措施

（1）密闭毒物发生源，应合理采用局部排风设施就地排出毒物，防止毒物的逸出和扩散。

（2）在生产规模较大或有剧毒化学物质的作业场所应设置供发生紧急情况时使用的排气系统。

（3）产生有毒物质的工作场所，有毒有害物质发生源布置在同一建筑物内时，应将毒性大的与毒性小的隔开；有毒有害物质发生源应布置在工作地点的机械通风或自然通风的下风侧；如布置在多层建筑物内时，有毒有害物质发生源应布置在建筑物的上层，必须布置在下层时，应采取有效措施防止污染上层空气。

（4）有低浓度有毒有害气体散发，且其散发点较分散的情况下，宜采用全面通风换气使工作场所空气中有毒有害气体、蒸气达到职业接触限值要求。全面通风换气量应按各种有毒气体分别稀释至职业接触限值所需要的空气量的总和计算。

（5）排毒罩口与有害气体或蒸汽的发生源之间的距离应尽量靠近并加设围挡；排毒罩口应尽量靠近毒物发生源；排毒罩口的形状和大小应与毒物发生源的逸散区域和范围相适应；罩口应迎着毒物气流的方向；进风口与排风口位置必须保持一定的距离，防止排出的污染物又被吸入室内。

（6）应尽量采用仅一面可开启的密闭排毒柜，对于有热压的有害气体可以采用局部自然排风设施，排出浓度应符合排放标准。

（7）有毒气体被吸入排毒罩口的过程，不应通过操作者的呼吸带，排毒要求的控制风速为 $0.25 \sim 3$ m/s，常用者为 $0.5 \sim 1.5$ m/s。管道风速采用 $8 \sim 12$ m/s，并应测定操作者呼吸带空气中有毒物质浓度。

（8）柜形排风罩内有热源存在时，应在排风罩上部排风。

（9）产生剧毒物质车间的排风系统和一般车间的排风系统应分开。

（10）输送含有剧毒气体的正压风管，不得通过其他房间。

（11）挥发性有毒溶剂应使用管道输送。

（12）密闭设备宜尽量减少漏风的缝隙和孔洞，仅设置必要的观察窗、操作口及检修口。

（13）密闭设备内应有一定的排风量，保持一定负压；排风量一般要求能使操作口和检修门开启时，达到要求的控制风速并安装压力计观察压力。

（三）毒物排放控制技术措施

（1）当车间有毒气体通过天窗排出时，则在该车间屋顶应避免设置机械通风进风口。

（2）可能突然产生大量有害物质的作业场所，应设置事故排风装置，事故排风宜由经常使用的排风系统和事故排风的排风系统共同保证。事故排风的排风量应根据工艺资料计算确定。当缺乏上述资料时，换气次数不得少于 12 次/h。

（3）事故排风的通风机，应分别在室内、室外便于操作的地点设置开关，其供电系统的可靠性等级，应由工艺设计确定，并应符合国家现行《工业与民用供电系统设计规范》以及其他有关规范的要求。

（4）事故排风的吸风口，应设在有害气体散发量可能最大的地点。当发生事故向室内散发密度比空气大的气体和蒸气时，吸风口应设在地面以上 $0.3 \sim 1.0$ m 处；散发密度比空气小的气体和蒸气时，吸风口应设在上部地带，且对于可燃气体和蒸气，吸风口应尽量紧贴顶棚布置，其上缘距顶棚不得 >0.4 m。

（5）事故排风的排风口，不应布置在人员经常停留或经常通行的地点。排风口应设在大于 20 m 范围内最高建筑物的屋顶面 3 m 以上，当其与机械送风系统进风口的水平距离 <20 m 时，应高于进风口 6 m 以上。

（6）散发有毒有害气体设备的尾气必须经净化设备处理，达到国家排放标准后方可排入大气。若直接排入大气时，应引至屋顶以上 3 m 高处放空，若邻近建筑物高于本车间时，应加高排放口高度。

第六节　腐蚀性化学品类型

凡能腐蚀人体、金属和其他物质的物质，称为腐蚀性物质。按腐蚀性的强弱，腐蚀性物质可分为两级，按其酸碱性及有机物、无机物则可分为 8 类：

（1）一级无机酸性腐蚀物质。这类物质具有强腐蚀性和酸性。主要是一些具有氧化性的强酸，如氢氟酸、硝酸、硫酸、氯磺酸等。还有遇水能生成强酸的物质，如二氧化氮、二氧化硫、三氧化硫、五氧化二磷等。

（2）一级有机酸性腐蚀物质。具有强腐蚀性及酸性的有机物，如甲酸、氯乙酸、磺酸酰氯、乙酰氯、苯甲酰氯等。

（3）二级无机酸性腐蚀物质。这类物质主要是氧化性较差的强酸，如烟酸、亚硫酸、亚硫酸氢铵，磷酸等，以及与水接触能部分生成酸的物质，如四氧化碲。

（4）二级有机酸性腐蚀物质。主要是一些较弱的有机酸，如乙酸、乙酸酐、丙酸酐等。

（5）无机碱性腐蚀物质。具有强碱性无机腐蚀物质，如氢氧化钠、氯氧化钾，以及与水作用能生成碱性的腐蚀物质，如氧化钙、硫化钠等。

（6）有机碱性腐蚀物质。具有碱性的有机腐蚀物质，主要是有机碱金属化合物和胺类，如二乙醇胺、甲胺、甲醇钠。

（7）其他无机腐蚀物质。如漂白粉、三氯化碘、溴化硼等。

（8）其他有机腐蚀物质。如甲醛、苯酚、氯乙醛、苯酚钠等。

第七节　毒腐化学品的生产、储运安全技术

（一）毒性化学品的生产安全技术

工业中毒一般属于法定职业病。病人享受有关劳保待遇，诊断时应结合职业史、病史、临床检查、现场劳动卫生学调查和实验室检查等方面的材料，进行综合分析，并要做好鉴别诊断。在毒性化学品的生产过程中要做好以下防护措施：

1. 防毒措施

（1）改革工艺或实验路线，消除或改造毒源。在选择工艺路线时，尽量以无毒、低毒物质代替有毒、高毒物质进行实验、生产。自动化、密闭化、管道化、连续化的实验、生产过程可以减少人与毒物的接触机会和毒物泄漏现象。

（2）保持空气新鲜。通风排毒措施可分为两大类，即自然通风和机械通风。一般要求是保证实验、生产场所有良好的气象条件和足够的换气量。环境中的有害物质浓度不得超过最高容许浓度。正确使用通风柜、换气扇等设施，防止进风口与出风口短路。另外，对于刚装修好的房间或空调房间，一定要经常或定时换气，防止有毒气体的浓度上升，危害人体。

（3）采取个人防护措施。在其他技术措施不能从根本上防毒时，必须采取个人防护措施。其作用是隔离和屏蔽（如防护服、口罩、鞋帽、防护面罩、防护手套、防音器等）及吸收过滤（如防护眼镜、呼吸防护器等）有毒物质。选用合适的防护用品，可以减轻受毒物影响的程度，起到一定的保护作用。养成良好的卫生习惯也是消除和降低化学品毒害的自救方法。保

持个人卫生，就可以防止有毒化学品附着在皮肤上，防止有害物质通过皮肤、口腔、消化道侵入人体。例如，禁止在有毒作业场所吃饭、饮水、吸烟，饭前洗手漱口，勤洗澡，定期清洗工作服等。

2. 加强化学毒性防护教育与管理

(1)全面了解毒物的性质，有针对性地采取防治手段。要预防化学中毒，首先必须掌握在实验、生产过程中存在的毒物的种类、物质、来源、泄漏及散发的条件，然后选择防护手段。

(2)健全组织，加强管理，严格执行规章制度和安全操作规程。违章操作、违章检修、设备缺陷或维护不当、不重视防护是发生化学中毒，尤其是急性中毒的重要原因。

(3)加强宣传教育，普及防毒知识提高自救能力。通过宣传教育，提高个人对化学安全工作重要性的认识，了解防治常识，提高自救互救能力。

3. 加强急性中毒的现场救护

(1)救护者的个人防护。救护者在进入危险区抢救之前，首先要做好呼吸系统和皮肤的个人防护，佩戴好供氧式防毒面具或氧气呼吸器，穿好防护服。进入设备内抢救时要系好安全带，然后再进行抢救。否则，不但中毒者不能获救，救护者也会中毒，致使中毒事故扩大。

(2)切断毒物来源。

(3)采取有效措施防止毒物继续侵入人体：转移中毒者；清除毒物。

①迅速脱去被污染的衣服、鞋袜、手套等。

②立即彻底清洗被污染的皮肤，清除皮肤表面的化学刺激性毒物，冲洗时间要达到15～30 min。

③如毒物系水溶性，可用大量水冲洗或中和剂冲洗。非水溶性刺激物的冲洗剂，须用无毒或低毒物质，或抹去污染物，再用水冲洗。

④对于黏稠的物质，用大量肥皂水冲洗，要注意皮肤皱褶、毛发和指甲内的污染物。

⑤较大面积地冲洗，要注意防止着凉、感冒。

⑥毒物进入眼睛时，应尽快用大量流水缓慢冲洗眼睛15 min以上，冲洗时把眼睑撑开，让伤员的眼睛向各个方向缓慢移动。

(4)促进生命器官功能恢复。中毒者若停止呼吸，应立即进行人工呼吸。人工呼吸的方法有压背式、振臂式、口对口(鼻)式三种。最好采用口对口式人工呼吸法。同时针刺人中、涌泉、太冲等穴位，必要时注射呼吸中枢兴奋剂(如可拉明或洛贝林)。

(5)及时解毒和促进毒物排出。发生急性中毒后应及时采取各种解毒及排毒措施，降低或消除毒物对机体的作用。如排尿、催吐或洗胃、防止吸收、缓解剂、吸氧等。

(二)毒性化学品的储运安全技术

1. 毒性化学品的储存安全技术

(1)毒性化学品的库房应保持库房干燥、通风。机械通风排毒应有安全防护和处理措施。库房耐火等级不低于二级。

(2)毒性化学品的仓库应远离居民区和水源。

(3)毒性化学品应避免阳光直射、曝晒，远离热源、电源、火源，在库内(区)固定和方便的位置配备与毒害性商品性质相匹配的消防器材、报警装置和急救药箱。

（4）不同种类的毒害性商品，视其危险程度和灭火方法的不同应分开存放，性质相抵的毒害性商品不应同库混存（具体见 GB 17916—2013 中附录 A）。

（5）剧毒性商品应专库储存或存放在彼此间隔的单间内，并安装防盗报警器和监控系统，库门装双锁，实行双人收发、双人保管制度。

（6）库区和库房内保持整洁。对散落的毒害性商品应按照其安全技术说明书提供的方法妥善收集处理，库区的杂草及时清除。用过的工作服、手套等劳保用品应放在库外安全地点，妥善保管并及时处理。更换储存毒害性商品品种时，要将库房清扫干净。

（7）库房温度不宜超过 35 ℃。易挥发的毒害性商品，库房温度应控制在 32 ℃ 以下，相对湿度应在 85% 以下。对于易潮解的毒害性商品，库房相对湿度应控制在 80% 以下。

（8）入库商品应附有产品检验合格证和安全技术说明书。进口商品还应有中文安全技术说明书或者其他说明。

（9）入库商品应根据毒害性商品类别分别入库，采取隔离、隔开、分离储存。

（10）商品质量应符合相关产品标准，由存货方负责检验。

（11）保管方对商品外观、内外标志、容器包装、衬垫等进行感官检验。

（12）每种商品应打开外包装进行验收，发现问题需扩大检查比例，验后将商品包装复原，并做标记。

（13）验收应在库房外安全地点进行。

（14）毒性化学品的包装标签应符合 GB 15258 的规定。

（15）毒性化学品的包装应完整无损，无水湿、污染。

（16）毒性化学品的性状、颜色等应符合相关产品标准。

（17）毒性化学品的液体商品颜色无变化、无沉淀、无杂质。

（18）毒性化学品的固体商品无变色、无结块、无潮解、无熔化现象。

（19）毒性化学品的验收应执行双人复核制。

（20）包装破漏时，应更换包装方可入库，整修包装需在专门场所进行。撒在地上的毒害性商品要清扫干净，集中存放，统一处理。

（21）毒性化学品的堆垛要符合安全、方便的原则，便于堆码、检查和消防扑救，苫垫物料应专用。

（22）毒性化学品的货垛下应有防潮设施，垛底距地面距离不小于 15 cm。

（23）毒性化学品的货垛应牢固、整齐、通风，垛高不超过 3 m。

（24）毒性化学品的间距应保持：①主通道≥180 cm；②支通道≥80 cm；③墙距≥30 cm；④柱距≥10 cm；⑤垛距≥10 cm；⑥顶距≥10 cm

（25）每天对毒性化学品的库区进行检查，检查易燃物等是否清理，货垛是否牢固，有无异常。

（26）毒性化学品的库区遇特殊天气应及时检查商品有无受损。

（27）定期检查库内设施、消防器材、防护用具是否齐全有效。

（28）毒性化学品的库区作业人员应持有毒害性商品养护上岗作业资格证书。

（29）毒性化学品的库区作业人员应佩戴手套和相应的防毒口罩或面具，穿防护服。

（30）毒性化学品的库区作业中不应饮食，不应用手擦嘴、脸、眼睛。每次作业完毕后，应及时用肥皂（或专用洗涤剂）洗净面部、手部，用清水漱口，防护用具应及时清洗，集中存放。

(31)毒性化学品的库区操作时轻拿轻放,不应碰撞、倒置,防止包装破损,商品散漏。

2.毒性化学品的运输安全技术

(1)毒害品除有特殊包装要求的剧毒品采用化工物品专业罐车运输外,毒害品应采用厢式货车运输。

(2)运输毒害品过程中,押运人员要严密监视,防止货物丢失、撒漏。行车时要避开高温、明火场所。

(3)装卸作业前,对刚开启的仓库、集装箱、封闭式车厢要先通风排气,驱除积聚的有毒气体。当装卸场所的各种毒害品浓度低于最高容许浓度时方可作业。

(4)作业人员应根据不同货物的危险特性,穿戴好相应的防护服、手套、防毒口罩、防毒面具和护目镜等。

(5)认真检查毒害品的包装,应特别注意剧毒品、粉状的毒害品的包装,外包装表面应无残留物。发现包装破损、渗漏等现象,则拒绝装运。

(6)装卸作业时,作业人员尽量站在上风处,不能停留在低洼处。

(7)避免易碎包装件、纸质包装件的包装损坏,防止毒害品撒漏。

(8)对刺激性较强和散发异臭的毒害品,装卸人员应采取轮班作业。

(9)在夏季高温期,尽量安排在早晚气温较低时作业;晚间作业应采用防爆式或封闭式安全照明。

(10)忌水的毒害品(如磷化铝、磷化锌等),应防止受潮。装运毒害品之后的车辆及工具要严格清洗消毒,未经安全管理人员检验批准,不得装运食用、药用的危险货物。

(11)配装时应做到:

①无机毒害品不得与酸性腐蚀品、易感染性物品配装;

②有机毒害品不得与爆炸品、助燃气体、氧化剂、有机过氧化物及酸性腐蚀物品配装;

③毒害品严禁与食用、药用的危险货物同车配装。

(三)腐蚀性化学品的生产安全技术

(1)存放腐蚀性物品时应避开易被腐蚀的物品,注意其容器的密封性,并保持生产区内部的通风。

(2)产生腐蚀性挥发气体的厂区,应有良好的局部通风或全室通风,且远离有精密仪器设备的实验室。应将使用腐蚀性物品的实验室设在高层,以使腐蚀性挥发气体向上扩散。

(3)装有腐蚀性物品的容器必须采用耐腐蚀的材料制作。例如,不能用铁质容器存放酸液,不能用玻璃器皿存放浓碱液等。使用腐蚀性物品时,要仔细小心,严格按照操作规程操作。

(4)酸、碱废液,不能直接倒入下水道,应经过处理达到安全标准后才能排放。应经常检查,定期维修更换腐蚀性气体、液体流经的管道、阀门。

(5)搬运、使用腐蚀性物品要穿戴好个人防护用品。若不慎将酸或碱溅到皮肤或衣服上,可用大量水冲洗。

(6)对散布有酸、碱气体的房间内的易被腐蚀器材,要设置专门防腐罩或采取其他防护措施,以保证器材不被侵蚀。

(四)腐蚀性化学品的储运安全技术

1. 腐蚀性化学品的储存安全技术

(1)腐蚀性化学品的库房应阴凉、干燥、通风、避光。应经过防腐蚀、防渗处理,库房的建筑应符合 GB 50046 的规定。

(2)储存发烟硝酸、溴素、高氯酸的库房应干燥通风,耐火要求应符合 GB 50016 的规定,耐火等级不低于二级。

(3)溴氢酸、碘氢酸应避光储存,溴素应专库储存。

(4)腐蚀性化学品的货棚应干燥卫生,露天货场应防潮防水。

(5)腐蚀性商品应避免阳光直射、暴晒,远离热源、电源、火源,库房建筑及各种设备应符合 GB 50016 的规定。

(6)腐蚀性商品应按不同类别、性质、危险程度、灭火方法等分区分类储存,性质和消防施救方法相抵的商品不应同库储存。

(7)应在腐蚀性化学品的库区设置洗眼器等应急处置设施。

(8)腐蚀性化学品的库房应保持清洁。

(9)腐蚀性化学品库区的杂物、易燃物应及时清理,排水保持畅通。

(10)腐蚀性化学品库区的温度和湿度应该满足表 6-4 中要求。

表 6-4 腐蚀性化学品库区的温度和湿度要求

类别	主要品种	适宜温度/℃	适宜相对湿度/%
酸性腐蚀品	发烟硫酸、亚硫酸	0~30	≤80
	硝酸、盐酸及氢卤酸、氟硅(硼)酸、氯化硫、磷酸等	≤30	≤80
	磺酰氯、氯化亚砜、氧氯化磷、氯磺酸、溴乙酰、三氯化磷等卤化物	≤30	≤75
	发烟硝酸	≤25	≤80
	溴素、溴水	0~28	–
	甲酸、乙酸、乙酸酐等有机酸类	≤32	≤80
碱性腐蚀品	氢氧化钾(钠)、硫化钾(钠)	≤30	≤80
其他腐蚀品	甲醛溶液	0~30	–

(11)入库腐蚀性化学品应附有产品检验合格证和安全技术说明书。进口商品还应有中文安全技术说明书或商品性状、理化指标应符合相关产品标准,由存货方负责检验。

(12)保管方应对商品外观、内外标志、容器包装及衬垫进行感官检验。

(13)验收应在库房外安全地点或验收室进行。

(14)每种商品随机开箱验收 2~5 箱,发现问题应扩大开箱验收比例,验后将商品包装复原,并做标记。

(15)腐蚀性化学品的包装标签应符合 GB 15258 的规定。

(16)腐蚀性化学品的包装封闭严密，完好无损，无水湿、污染。

(17)腐蚀性化学品的包装、容器衬垫适当，安全、牢固。

(18)腐蚀性化学品的性状、颜色、黏稠度、透明度均应符合相关产品标准。

(19)腐蚀性液体商品颜色无异状，无渗漏。

(20)腐蚀性固体商品无变色，无潮解，无熔化等现象。

(21)腐蚀性化学品应执行双人复核制。

(22)腐蚀性商品堆垛应便于堆码、检查和消防扑救，货垛整齐。

(23)腐蚀性化学品的库房、货棚或露天货场储存的商品，货垛下应有隔潮设施，货架与库房地面距离一般不低于15 cm，货场的垛堆与地面距离不低于30 cm。

(24)根据商品性质、包装规格采用适当的堆垛方法，要求货垛整齐，堆码牢固，数量准确，不应倒置。

(25)腐蚀性化学品的堆垛高度应控制在：

①大铁桶液体：立放；固体：平放，不应超过3 m。

②大箱(内装坛、桶)不应超过1.5 m。

③化学试剂木箱不应超过3 m；纸箱不应超过2.5 m。

④袋装：3～3.5 m。

(26)腐蚀性化学品的堆垛间距应保持在：

①主通道≥180 cm；

②支通道≥80 cm；

③墙距≥30 cm；

④柱距≥10 cm；

⑤垛距≥10 cm；

⑥顶距≥30 cm。

(27)根据腐蚀性化学品库房条件和商品性质，应采用机械(要有防护措施)方法通风、去湿、保温。

(28)每天对腐蚀性化学品的库房内外进行安全检查，及时清理易燃物，应维护货垛牢固，无异常，无泄漏。

(29)遇特殊天气应及时检查商品有无受潮，货场货垛苫垫是否严密。

(30)定期检查库内设施、消防器材、防护用具是否齐全有效。

(31)作业人员应持有腐蚀性商品养护上岗作业资格证书。

(32)作业时应穿戴防护服、护目镜、橡胶浸塑手套等防护用具，应做到：

①操作时轻搬轻放，防止摩擦振动和撞击；

②不应使用沾染异物和能产生火花的机具，作业现场远离热源和火源；

③分装、改装、开箱检查等应在库房外进行；

④有氧化性强酸不应采用木制品或易燃材质的货架或垫衬。

2.腐蚀性化学品的运输安全技术

(1)运输过程中发现货物洒漏时，要立即用干砂、干土覆盖吸收；货物大量溢出时，应立即向当地公安、环保等部门报告，并采取一切可能的警示和消除危害措施。

(2)运输过程中发现货物着火时，不得用水柱直接喷射，以防腐蚀品飞溅，应用水柱向高空喷射形成雾状覆盖火区；对遇水发生剧烈反应，能燃烧、爆炸或放出有毒气体的货物，不得用水扑救；着火货物是强酸时，应尽可能抢出货物，以防止高温爆炸、酸液飞溅；无法抢出货物时，可用大量水降低容器温度。

（3）扑救易散发腐蚀性蒸气或有毒气体的货物时，应穿戴防毒面具和相应的防护用品。扑救人员应站在上风处施救。如果被腐蚀物品灼伤，应立即用流动自来水或清水冲洗创面 15～30 min，之后送医院救治。

（4）装卸作业前应穿戴具有防腐蚀的防护用品，并穿戴带有面罩的安全帽。对易散发有毒蒸气或烟雾的，应配备防毒面具。并认真检查包装、封口是否完好，要严防渗漏，特别要防止内包装破损。

（5）装卸作业时，应轻装、轻卸，防止容器受损。液体腐蚀品不得肩扛、背负；忌震动、摩擦；易碎容器包装的货物，不得拖拉、翻滚、撞击；外包装没有封盖的组合包装件不得堆码装运。

（6）具有氧化性的腐蚀品不得接触可燃物和还原剂。

（7）有机腐蚀品严禁接触明火、高温或氧化剂。

（8）配装时应做到：

①特别注意：腐蚀品不得与普通货物配装；

②酸性腐蚀品不得与碱性腐蚀品配装；

③有机酸性腐蚀品不得与有氧化性的无机酸性腐蚀品配装；

④浓硫酸不得与任何其他物质配装。

【事故案例】

（1）2014 年 7 月 19 日 2 时 57 分许，沪昆高速湖南邵阳段 1309 公里加 33 米处，一辆自东向西行驶运载乙醇的轻型货车，与前方停车排队等候的大型普通客车发生追尾碰撞，轻型货车运载的乙醇瞬间大量泄漏起火燃烧，致使大型普通客车、轻型货车等 5 辆车被烧毁。事故造成 54 人死亡、6 人受伤（其中 4 人因伤势过重医治无效死亡），直接经济损失 5300 余万元。

事故原因：

①轻型货车未取得危险货物道路运输证，属于违法运输危险货物。

②轻型货车《公告》车辆类型为蓬式运输车，注册登记时载明车辆类型为轻型仓栅式货车。

③轻型货车存在非法改装和伪装。非法加装可移动的塑料罐体用于运输乙醇；在车辆前部和车身货箱两侧有"洞庭渔业"字样，用于伪装运输乙醇。

④轻型货车核定载货量 1.58 t，实际装载乙醇 6.52 t，属于严重超载运输。

⑤××化工有限公司一直使用非法改装的无危险货物道路运输许可证的肇事轻型货车运输乙醇。

⑥××公司对承包经营车辆管理不严格，对事故大客车在实际运营中存在的站外发车、不按规定路线行驶。

⑦××汽车销售有限公司不具备二类底盘销售资格，超范围经营出售车辆二类底盘，并违规提供整车合格证。

⑧××××机动车辆检测有限公司和××汽车检测站有限公司对机动车安全技术性能检

验工作不规范，检验过程中无送检人签字，检验报告批准人不具备授权签字资格。

(2)2014年3月1日14时45分许，晋济高速山西晋城段岩后隧道内9公里加605米处，两辆运输甲醇的半挂货车发生追尾相撞，碰撞致使后车前部与前车尾部铰合在一起，造成前车尾部的防撞设施及卸料管断裂、甲醇泄漏，后车正面损坏。为关闭主卸料管根部球阀，前车向前移动1.18 m后停住。此时后车发生电气短路，引燃地面泄漏的甲醇，形成流淌火迅速引燃了两辆事故车辆(后车罐体没有泄漏燃烧)及隧道内的其他车辆。事故共造成40人死亡、12人受伤和42辆车烧毁，直接经济损失8197万元。

事故原因：

①两辆事故危险化学品罐式半挂车实际运输介质均与设计充装介质、《公告》和《合格证》签注的运输介质不相符。

②不同介质化学特性有差异，在计算压力、卸料口位置和结构、安全泄放装置的设置要求等方面均存在差异，不按出厂标定介质充装，造成安全隐患。

③两辆事故危险化学品罐式半挂车未按国家标准要求安装紧急切断装置，属于不合格产品。

④被追尾碰撞车辆未经过检验机构检验销售出厂，不符合《危险化学品安全管理条例》的规定。

⑤被追尾碰撞车辆罐体壁厚为4.5 mm，不符合国家标准GB 18564.1—2006的规定，属于不合格产品。

⑥肇事车辆(后车)行车记录仪有故障不能使用。

⑦两辆事故车辆都存在明显安全缺陷，但相关检验机构违规出具"允许使用"的检验报告。

⑧×××物流有限公司对从业人员安全培训教育制度不落实，驾驶员和押运员习惯性违章操作，罐体底部卸料管根部球阀长期处于开启状态。

⑨肇事车辆在行车记录仪发生故障后，仍然继续从事运营活动。

⑩××汽车运输有限责任公司仍然存在"以包代管"问题。

思考题

1.通过铁路运输剧毒化学品时，必须按照《铁路剧毒品运输跟踪管理暂行规定》执行，具体条款有哪些？

2.通过公路运输剧毒化学品应办理什么手续？

3.危险化学品的包装物、容器生产监督管理机构和生产许可证发放机构分别是谁？

4.包装代号6HA1表示什么？

5.运输危险化学品的车辆应专车专用，并有明显标志，要符合交通管理部门对车辆和设备的哪些规定？

6.储存危险化学品有哪些基本要求？

7.危险化学品入库有什么要求？

8.危险化学品出库有什么要求？

9.发现呼吸道中毒应如何处置？

10.危险化学品废弃物处置有什么规定？

第七章

化工系统安全分析与评价

　　化学工业所用的原料、产品多数都有毒有害、具有腐蚀性，或者易燃易爆，而且生产规模化、连续化，加上工艺、工程复杂，潜在的危险性很大。一旦发生事故所造成的后果非常严重，不仅影响正常的生产，人身安全和健康往往受到非常大的威胁，如发生重大事故，对社会和环境会构成严重破坏。因此，现代化学工业生产装置采用传统的安全管理理念已经过时，必须采用现代安全管理模式。现代安全管理模式是系统地从计划、设计、制造、运行、贮运和维修等全过程进行控制，建立使系统安全的最优方案，为决策提供依据。预防和辨识危险、分析事故原因、影响后果评价以及后续对策就是安全评价。

　　安全评价，亦称为危险评价或者风险评价，是为了实现工程、系统安全，采用安全系统工程的原理与方法，对工程或者系统中存在的有害因素、危险进行辨识和分析，判断工程或者系统发生职业危害、事故的可能性及其严重程度，从而为制定管理决策和防范措施提供科学的依据。安全评价需要有安全评价理论的支撑，也需要理论与实际、经验相结合，二者不可或缺。

　　1. 安全评价的目的

　　安全评价目的是对工程、系统、生产经营活动中有可能存在的有害因素、危险以及可能导致的危险、危害后果和程度进行查找、分析和预测，提出可行的、合理的安全对策措施，预防事故和对危险源进行监控，以达到事故率最低、损失最少和安全投资效益最优。

　　安全评价的作用：①可以使事故和职业危害有效地减少；②可以使安全管理系统地进行；③可以达到最佳安全效果但投资最少；④可以改进各项安全标准的制定和积累可靠性数据；⑤可以使安全技术人员的业务水平迅速提高。

　　2. 安全评价的三个阶段

　　(1)准备工作：①评价对象和范围的确定，施工安全评价计划编制；②有关工程施工安全评价所需的相关法律法规、标准、规章、规范等资料准备；③要求评价组织方提交相关材料，说明评价目的、评价内容、评价方式，以及所需资料(包括图纸、文件、资料、档案、数据)的清单、拟开展现场检查的计划，其他需要各单位配合的事项；④对评价组织方需要的资料，被评价方应提前准备。

　　(2)实施评价：①审查相关单位提供的工程施工技术和管理资料；②按照事先拟定的现场检查计划，对工程施工项目部的安全管理、施工技术所采取的安全实施、施工环境的安全管理以及监控预警的安全控制工作是否到位进行检查，对是否符合相关法规、规范的要求进行查看，并按照相关规定进行评价和打分；③计算安全评价总分并对安全水平进行划分；④在此基础上，评价组织方给出安全评价结论，编制安全评价报告。

（3）编制评价报告：①评价报告内容应该全面系统、条理清楚、数据完整、提出建议可行、评价结论客观公正；文字简洁、准确，论点明确；②评价报告的主要内容应包括在内，如评价对象的基本情况、评价范围和评价重点、安全评价结果及安全管理水平、安全对策意见和建议，施工现场问题照片以及明确整改时限；③安全评价报告采用纸质和电子载体。

3. 安全评价的分类

安全评价按照实施阶段的不同分为三类：

（1）安全预评价：在建设项目可行性研究阶段、工业园区规划阶段或生产经营活动组织实施之前，根据相关的基础资料，辨识与分析建设项目、工业园区、生产经营活动潜在的危险、有害因素，确定其与安全生产法律法规、标准、行政规章、规范的符合性，预测发生事故的可能性及其严重程度，提出科学、合理、可行的安全对策措施建议，做出安全评价结论的活动。

（2）安全验收评价：在建设项目竣工后正式生产运行前或工业园区建设完成后，通过检查建设项目安全设施与主体工程同时设计、同时施工、同时投入生产和使用的情况或工业园区内的安全设施、设备、装置投入生产和使用的情况，检查安全生产管理措施到位情况，检查安全生产规章制度健全情况，检查事故应急救援预案建立情况，审查确定建设项目、工业园区建设满足安全生产法律法规、标准、规范要求的符合性，从整体上确定建设项目、工业园区的运行状况和安全管理情况，做出安全验收评价结论的活动。

（3）安全现状评价：针对生产经营活动中工业园区的事故风险、安全管理等情况，辨识与分析其存在的危险、有害因素，审查确定其与安全生产法律法规、规章、标准、规范要求的符合性，预测发生事故或造成职业危害的可能性及其严重程度，提出科学、合理、可行的安全对策措施建议，做出安全现状评价结论的活动。安全现状评价既适用于对一个生产经营单位或一个工业园区的评价，也适用于某一特定的生产方式、生产工艺、生产装置或作业场所的评价。

安全评价方法是进行定性、定量安全评价的工具。安全评价内容十分丰富，安全评价目的和对象的不同，安全评价的内容和指标也不同。因此，安全评价方法有很多种，每种评价方法都有其适用范围和应用条件。在进行安全评价时，应该根据安全评价对象和安全评价目标，选择适用的安全评价方法。安全评价方法有：预先危险性分析（PHA）法；安全检查表（SCA）法；危险与可操作性分析（HAZOP）法；事故树分析（ATA）法；事件树分析（ETA）法；火灾/爆炸危险指数评价法；作业条件危险性评价（LEC）法；故障类型和影响分析（FMEA）法；矩阵法。

我国安全评价机构实行准入制度，资质审查通过后方可从事相关业务。只有具有安全评价资质的注册安全评价师方可从事出具编写有效的评价报告签名。评价报告有固定格式，有相应规范要求。签名栏必须手写，加盖评价机构公章。

第一节　安全系统工程简介

安全系统工程（security system engineering, SSE），是指在系统思想指导下，运用先进的系统工程的理论和方法，对安全及其影响因素进行分析和评价，建立综合集成的安全防控系统并使之持续有效运行。有狭义的安全系统工程概念和广义的安全系统工程概念。狭义的安全系统工程概念是采用系统论的方法，结合有关专业知识和工程学原理进行生产安全管理和工程的研究，是系统工程学的一个分支。其主要研究内容是危险的识别与分析、事故预测、消除与控制导致事故的危险、安全系统各单元间的关系和相互影响分析、各单元之间的关系协调、系统安全的最佳设计等。目的是使生产条件安全化，使事故减少到最低水平。而广义的安全系统工程概念是通过科学、高效的现代化社会安全体制的建立，保障人类社会系统（经济、文化、政治系统）的安全运行，有效维护社会成员的人身安全以及经济利益、文化利益、政治利益，通过规模化创新，实现解决人类安全问题的整体突破。

从社会系统作为一个整体来看，安全系统观是基于安全与发展双层目标架构的社会系统观的有机组成部分。在安全与发展高度统一的卓越治理模式即社会系统工程下实现安全系统观，应当构建涵盖人类所有重要安全领域的综合集成的安全理论——安全实践体系，实现综合集成的科学化安全模式——安全系统工程。面对开放、动态、复杂的特殊系统即人类社会系统及自然环境系统可能出现的空前严峻的安全危机，需要寻找、构建并完善以整体最优地解决安全问题的科学模式——安全系统工程。

安全系统工程的发展过程大致经历了四个阶段：

（1）20世纪50年代后期，美国军事工业的发展，导致军事装备零部件的可靠性和安全性问题研究。此后发展到其他工业生产部门，使可靠性管理与质量管理相对分工。

（2）20世纪60年代初应用事故树分析法（FTA）和故障类型和影响分析法（FMEA），自此，采用系统工程方法对工业安全展开管理。

（3）从20世纪60年代中期开始，引用了系统工程计划的方法，对系统开发的各阶段，如计划编制、开发研究、制造标准、操作程序等进行安全评价。

（4）20世纪70年代后，系统工程方法在安全管理和工程中广泛应用，形成了安全系统工程学科。

安全系统工程不仅从生产现场的管理方法来预防事故，而且是从机器设备的设计、制造和研究操作方法阶段采取预防措施，并着眼于人—机系统运行的稳定性，保障系统的安全。

安全系统工程在国际上已有较长的历史。其主要应用领域包括军工、航天航空、化工石油、铁路及公路交通等等。经过多年的发展，国际上已经有了一些比较成熟的安全系统标准。其中，比较有代表性的有：

（1）IEC 61508：为电器、电子及可编程电子器械领域安全相关系统是一个非常重要的国际标准。它提出的功能隐患方法（functional hazard analysis）在安全系统领域有很重要的意义。

（2）Mil – Std – 882：美国的系统安全军用标准。在全球范围内军工领域适用和借鉴。

（3）Def Stan 00 – 56：英国的国防标准。

（4）ISO 26262：2011年11月正式成为国际标准，是道路交通系统方面的主要标准。中国也制定了相应的国家标准。

第二节　预先危险性分析

（一）预先危险性分析

预先危险性分析（preliminary hazard analysis，PHA），亦称初始危险分析，是安全评价的一种方法。重点是在每项生产活动之前，特别是在设计初始阶段，对系统可能存在的危险类别、出现条件、事故后果等进行概略的分析，尽可能地找出潜在的危险性。

预先危险性分析的目的是：①与系统有关的主要危险的大概识别；②产生危险的原因鉴别；③事故出现对人体及系统产生的影响预测；④已识别的危险性等级判定，并提出消除或控制危险性的措施。

预先危险性分析所需要资料包括：①设计方案的系统和分系统的设计图纸与资料；②在预期寿命内，系统各组成部分的功能、活动、工作顺序的流程图与相关资料；③在预期的实验、制造、储存、使用、修理等活动中与安全要求相关的背景材料。

预先危险性分析的步骤是：①危害辨识，通过技术诊断、经验判断等方法，查找系统中存在的危险、有害因素；②确定可能发生的事故类型，根据过去的经验与教训，仔细分析危险、有害因素对系统的负面影响，分析事故的可能类型；③针对已经确定的危险、有害因素，制定预先危险性分析表；④确定危险、有害因素的危害等级，按危害等级排序，有计划处理；⑤预防事故发生的安全对策制定。

为了评判危险、有害因素的危害等级以及它们对系统破坏性的影响大小，预先危险性分析法给出了各类危险性的划分标准。该法将危险性划分为 4 个等级：

Ⅰ级——安全：不会造成人员伤亡及系统损坏；

Ⅱ级——临界：处于事故的边缘，暂时还不至于造成人员伤亡；

Ⅲ级——危险：会造成人员伤亡和系统损坏，需要立即采取防范措施；

Ⅳ级——灾难性：会造成人员重大伤亡以及系统被严重破坏的灾难性事故，必须予以果断排除并进行重点防范。

在进行预先危险性分析时，一是应考虑生产工艺的特点，列出其危险性和状态，比如原料、中间产品、衍生品和成品的危害性；作业环境、设备、设施和装置、操作过程的危险性；各系统、各单元之间的联系；消防和其他安全设施。二是预先危险性分析过程中应考虑所有因素：①危险设备和物料，如燃料、高反应活性物质、有毒物质、爆炸高压系统以及其他储运系统；②设备与物料之间与安全有关的隔离装置，如物料的相互作用、火灾、爆炸的产生和发展、控制、停车系统；③影响设备与物料的环境因素，如地震、洪水、振动、静电、湿度等；④操作、测试、维修以及紧急处置规定；⑤辅助设施，如储槽、测试设备等；⑥与安全有关的设施设备，如调节系统、备用设备等。

预先危险性分析是进一步进行危险性分析的先导，是一种宏观概略定性分析方法。在项目发展初期阶段使用预先危险性分析有很多优点：一是方法简单易行、经济、有效；二是能为项目开发组提供分析和设计方面的指导；三是能识别可能存在的危险，只用很少的费用、时间就可以实施改进。

预先危险性分析适用范围是在固有系统中采取新的方法，接触新物料、新设备或新设施的危险性评价，一般在项目的发展初期使用。对已建成的装置或现有装置，只进行粗略的危险性和潜在事故情况分析时，也可以用此法。

(二) 预先危险性分析举例

现以某装置的预先危险性分析的部分工作为例作详细分析与说明，其中的数据资料仅作为参考。此装置在通过预先危险性分析之后可知其可能引发的主要抑或潜在的危险突发状况类型，经分析，其可能诱发的主要危险状况分别是灼伤、爆炸引发火灾、重物击打、机械伤害事故，而潜在的危险状况包括中毒、窒息、触电、高空物体坠落等。以下将针对这些潜在危险事故中的部分进行简要分析。

1. 灼伤

事故危险等级判定为Ⅲ级——危险等级。诱发此事故的危险因素主要有3个，分别是：醋酸废水、浓缩液等有毒液体泄漏；腐蚀性气体；所用液碱、片碱发生腐蚀。触发这类危险因素而导致事故发生的条件很多，例如：醋酸废水、浓缩液等此类带有毒性的物料在化工生产环节中发生泄漏；工作人员在对系统进行检修时，对设备清洁不彻底，导致有毒物料残余；在取样进行检测时操作不当使浓缩液溢出；在物料输出时，粉末状盐类飞扬于空气中也是触发条件之一。当工作人员进入这些触发条件的发生范围之内时，便与这些危险因素相接触，引发事故的产生。此外，以下4个因素也会触发事故的发生：

(1)生产环境中的有毒物质浓度超标；

(2)有毒物料泄漏的防范意识淡薄，在有毒现场未带防护器具；

(3)不熟识泄漏物料属性，应急不当；

(4)防范知识贫乏，防护器具使用不当。

以上这些都会引发事故，导致工作人员受到伤害的同时造成物料损失。灼伤事故的防范措施：

(1)管理上严格监督，确保安全设备的功能正常；

(2)化工产品、物料取样时，必须做好个人防护工作，且密封好样品口径；

(3)生产操作必须严格遵守操作执行标准；

(4)其他防范措施：①设立紧急避险通道或安全点，配备紧急救护器具和药品；②聘请专业的急救人员，做好工作人员的相关应急知识培训；③严格禁止不当的生产操作。

2. 火灾爆炸

事故危险等级判定为Ⅳ级——灾难性等级。诱发此事故的危险因素主要是烧伤、炸伤以及所使用液碱、片碱的腐蚀。例如：离心泵长时间地空转会因为温度过高而产生爆炸，此时工作人员在使用离心泵的过程中就会被炸伤。此外，设备或离心机油箱的压力过大、离心机高温而未接冷却水、可燃气体浓度超标、局部空气流通不畅、雨天电器渗水、无防静电设施等都会导致火灾或爆炸的发生。工作人员在日常工作中习惯性的疏忽，检查工作不到位，是事故发生的重要因素之一，致使人身安全受到威胁。火灾爆炸事故的防范措施：①对离心泵做定时检查，发现不妥及时采取有效措施进行处理，避免出现短路等问题；②对离心机做定时检查，保证其压力与温度保持正常；③加强防静电设施的检查；④加强员工操作规范流程等相关知识的培训；⑤确保环境内安全设施如灭火器的功能正常；⑥定期进行安全培训，提高员工的安全应急与逃生知识。

3. 物体坠击

事故危险等级判定为Ⅱ级——临界等级。诱发此事故的危险因素主要是高处物体坠落。生产中工作人员通常习惯性由上向下抛掷工具，高楼层工作人员一般习惯将身体部位伸出护栏外与同事进行交流，这些行为都极易导致高空物体坠击事故的发生。此外，化工生产的部分楼道间由于空气水分含量的聚集非常容易发生水汗现象，工作人员在行走时不小心也容易导致高空坠落事故。有些工作人员在工作时通常得过且过，难以集中注意力，工作图省事，检查不仔细，操作不规范，致使工具坠落引发事故，使人体受到不同程度的伤害。高空物体坠击事故的防范措施：①提高个人安全意识，多注意行走路面，防止摔倒；②有序上下楼，抓紧扶梯，谨慎慢行；③禁止倚靠护栏或将身体部位向护栏外伸展；④加强员工的安全知识培训，提高整体人员的安全意识。

【实例】

二元醇模试装置由原料配制、溶剂加氢、产物分离3部分组成，其中原料储罐10 L，催化剂装量为200 mL。原料处理量为2.4 L/h，氢气量达到1200 L/h。主要设备包括高压进料泵、氢气循环压缩机、气体质量流量计、恒温浴槽等，操作过程中所涉及的易燃易爆物质主要是氢气、甲醇、己二酸二甲酯、1,6－己二醇、对苯二甲酸二甲酯、1,4－环己烷二甲醇等，预先危险性分析表参见表7－1，仅供参考。

表7-1　二元醇模试装置预先危险性分析表

潜在事故	危险因素	触发事件	形成事故原因事件	事故后果	危险等级	措施
火灾爆炸	氢气、甲醇、己二酸二甲酯、1,4－环己烷二甲醇、对苯二甲酸二甲酯	1. 反应器进、出口泄漏；2. 取料过程物料流速过快	1. 开车前未进行全系统试漏；2. 取样过程未将取样罐压力降至安全压力下	人员受伤、污染环境	Ⅲ	1. 制定开车前检查表，完善规定动作；2. 落实安全操作规程，杜绝各种违章操作
中毒	己二酸二甲酯、对苯二甲酸二甲酯、1,4－环己烷、二甲酸二甲酯	物料泄漏	1. 物料凝结导致泵泄漏进而引发中毒；2. 产物冷却失灵，轻组分从排气口放出；3. 升降温速度过快导致管阀件泄漏	人员受伤、污染环境	Ⅱ	1. 制定开车前检查表，认真完成开车前各项检查；2. 加强实验过程中的巡检
烫伤	1,4－环己烷、二甲酸二甲酯、1,6－己二醇；1,4－环己烷二甲醇	冷却器故障	1. 反应器出口至冷却器开车检查不到位；2. 对评价装置操作不熟悉	人员受伤	Ⅱ	1. 完善应急预案，针对实验风险开展相应的应急工作；2. 加强实验过程中的巡检

某气体站预先危险性分析，见表7－2。

表7-2 气体站预先危险性分析表

序号	危险因素	形成事故的原因事件	事故情况	事故后果	危险等级
1	火灾爆炸	气瓶、管线破裂或阀门泄漏,达到爆炸极限	发生火灾或爆炸事故,人员伤亡,设备损坏;厂房受损;停产	厂房受损设备损坏人员伤亡	III
2	物理爆炸	各种气瓶的充装压力高,为1.0~25 MPa,且气瓶不按期检查,超期使用;或在搬运过程中发生碰撞,安全装置失效,均可发生钢瓶物理爆炸事故	发生物理爆炸,人员伤亡,设备损坏;停产	设备损坏人员伤亡	III
3	中毒窒息	氩气、氮气、二氧化碳等气体的管道或设备破裂或密封不严,导致其泄漏;场所通风不佳,人员防护不合理,导致过量摄入,引起窒息死亡	人员接触泄漏的氩气、氮气、二氧化碳等窒息性气体	人员受伤	III
4	物体打击	各种气瓶在装卸搬运过程中防护措施不到位,违规操作,发生碰撞、挤压事故	人员伤亡,设备损坏	人员受伤	II
5	低温冻伤	液氮贮存、加料、使用时发生泄漏溅落人体,造成皮肤局部冻伤	液氮溅出或倾翻	人员冻伤	II
6	噪声	风机、泵及减压装置等产生噪声的设备长时间工作	人员伤害	听力受损	I

第三节　安全检查表法

20世纪30年代,工业企业迅猛发展,由于安全系统工程尚未出现,安全工作者为了解决工业生产中遇到的日益增多的事故,采用系统工程的方法编制了一种可以检验系统安全与否的表格。此后,安全系统工程开始萌芽,安全检查表的编制也逐步成熟,创立了理论,使得安全检查表的编制越来越科学、全面和完善。

为了系统、全面地找出工程或者系统中的不安全因素,对工程或者系统进行剖析,列出各种层次的不安全因素,随后确定需要检查的项目,以提问的方式把需要检查的项目按工程或系统的组成顺序编制成表格,以便于进行检查或评审,这种表格就称为安全检查表。安全检查表法(safety checklist analysis, SCA)是根据相关的标准、规范,对工程或者系统中已知的危险类别、设计缺陷,以及与一般工艺设备、操作、管理有关的潜在危险性和有害性进行安全检查,发现潜在危险,督促各项安全法规、制度、标准实施,及时发现并制止违章行为的一个有效的工具。由于这种检查表可以事先编制并组织实施,适用于工程或者系统的各个阶段,是系统安全工程的一种最基本、最初步、最简便、最广泛应用的系统危险性评价方法,已发展成为预测和预防事故的重要手段。

安全检查表法是安全检查的最有效工具，运用安全系统工程的方法，找出系统以及设备、机器装置和操作管理、工艺、组织措施中的各种不安全因素，列成表格进行科学分析，是一种最通用的定性安全评价方法，广泛适用于各类工程或者系统的设计、运行、管理、验收等各个阶段以及事故调查过程。根据安全检查的目的、需要、被检查的对象不同，可编制各种类型的相对通用的安全检查表，如项目工程设计审查、项目工程竣工验收、企业综合安全管理状况、企业主要危险设备与设施、不同专业类型的检查表，以及面向车间、工段、岗位不同层次的安全检查表等。

安全检查表法的优点：①可事先编制，故可有充裕的时间组织有经验的人员来编写，能做到系统化、完整化、科学化，不遗漏任何可能导致生产事故的因素，为事故树的绘制以及分析打下基础。由于编制系统全面，可全面查找危险、有害因素，避免了传统安全检查中易遗漏、疏忽的弊端。②根据已制定的规章制度、法律、法规和标准规范等来检查遵守、执行情况，易得出正确的评估和准确评价，使检查工作法规化、规范化。③通过编制安全检查表和事故树分析，将经验上升到理论，从感性认知到理性认识，再用理论去指导实践，能充分认识各种影响事故发生的因素，以及危险程度（或重要程度）。④安全检查表依照重要性的顺序排列，有问有答，通俗易懂，令人印象深刻，能使全体人员清楚地认识到哪些原因最重要，哪些次要，能促进员工采取正确的操作方法，起到安全教育的警示作用。表内还可注明改进措施的要求，每隔一段时间重新检查改进情况。⑤安全检查表与安全生产责任结合，对不同的检查对象采用不同的安全检查表，易于责任的分清，还可以提出相应的改进措施，并进行检验。⑥建立在已有的安全检查基础和系统安全工程之上的安全检查表属于定性分析，简单易学，也容易掌握，为安全预测和做决策提供坚实可靠的基础。

安全检查表法的不足：①所做的评价只能定性，不能定量；②只能对已经存在的对象进行评价；③编制安全检查表的难度和工作量大，检查表的质量受编制者的知识水平以及经验积累的限制；④要有事先编制的各类检查表，有赋分以及评级标准。

（一）安全检查表法的内容

安全检查表法包括四个方面的内容：①收集评价对象的有关数据资料；②选择或编制安全检查表；③现场检查评价；④编写评价结果分析。

1. 资料收集

2. 选择或编制安全检查表

选择指导性或强制性的安全检查表，应按照国家有关法律、法规、标准、规范的要求，根据系统或经验分析得到的结果，把评价项目及环境的危险因素集中起来，选择若干指导性或强制性的安全检查表。例如，国际上有美国杜邦公司的过程危险检查表、日本厚生劳动省的安全检查表，国内有机械工厂安全性评价表、危险化学品经营单位安全评价现场检查表、加油站安全检查表、液化石油充装站安全评价现场检查表、光气及光气化产品生产装置安全检查表等。安全评价人员必须熟知国家与地方的安全评价法规、标准中规定的各类安全检查表，根据评价对象正确选择合适的安全检查表。

当没有合适的安全检查表可选用时，应根据评价对象正确选择评价单元，依据法规、标准要求来编制安全检查表。编制安全检查表是安全检查表法的重点和难点，编制检查表的项目内容时应注意以下问题：应重点突出、繁简适当，具有启发性；应针对不同评价对象有所侧重，尽量避免重复；可操作性强，有明确的定义；应包括可能导致事故的所有不安全因素，若有各种安全隐患确保能及时发现。

确定安全检查表的评价单元需要按照评价对象的特征进行选择。例如，对企业的安全生产条件安全检查表进行编制时，评价单元可划分为以下几个单元：安全管理单元、厂址与平面布置单元、生产储存场所建筑单元、生产储存工艺技术与装备单元、电气与配电设施单元、防火防爆防雷防静电单元、公用工程与安全卫生单元、消防设施单元、安全操作与检修作业单元、事故预防与救援处理单元和危险物品安全管理单元等。

为了使安全检查表法的评价具有系统安全程度的量化结果，根据不同的评价计值方法，开发了多种有效的安全检查表，主要有否决型检查表、半定量检查表和定性检查表三种类型。

（1）否决型检查表是设定一些特别重要的检查项目作为否决项，只要这些检查项目不符合，则认定该系统总体安全状况视为不合格，检查结果就为"不合格"。这种检查表具有重点突出的特点。《危险化学品经营单位安全评价导则》中"危险化学品经营单位安全评价现场检查表"就属于此类型检查表。

（2）半定量检查表是对每个检查项目设定一个分值，计算总分来表示检查结果，根据总分大小划分评价等级。这种检查表具有可以对检查对象进行比较的特点。但难点在于对检查项目的准确赋值。

（3）定性检查表是先列出检查项目然后逐项检查，检查结果以"是""否"或"不适用"表示，检查结果不能量化，但能得出与法律、法规、标准、规范中某一具体条款是否一致的结论。这种检查表具有编制相对简单，可作为企业安全综合评价或定量评价以外的补充性评价的特点。《中国石油化工总公司石化企业安全性综合办法》中的检查表属于此类检查表。

3. 现场检查评价

根据安全检查表所列出的所有项目，在现场逐项进行检查，对检查真实情况如实记录和评定。

4. 编写评价结果分析

根据检查记录与评定，依照确定的安全检查表评价计值方法，给出安全程度评级。不同分析对象，定性的分析结果不同，但必须做出与标准或规范是否一致的结论。另外，安全检查表分析通常应提出一系列的提高安全性的可能途径，供管理者参考。

安全检查表应列出需查明的所有可能会导致事故的不安全因素。采用提问的方式，回答"是"与"否"。"是"表示符合要求，"否"表示存在问题有待于进一步改进。因此，在每个提问后面也可以设置改进措施栏。安全检查表均需注明检查时间、检查者、直接负责人等，以便分清责任。应做到全面、系统地设计安全检查表，应明确检查项目。

（二）安全检查表分类

安全检查表的内容决定其应用的针对性和效果。安全检查表必须包括企业或者系统的全部主要检查部位，特别是主要的、潜在的不安全因素，应能从检查部位中引申和发现与之相关的其他潜在危险因素。每项检查要点需定义明确，便于操作。安全检查表的格式内容应包括分类、项目、检查要点、检查情况及处理、检查日期及检查者。通常情况下检查项目内容及检查要点要用提问方式列出。检查情况用"是""否"或者用"√""×"表示。

安全检查表项目大致可分以下几类：

1. 设计审查用安全检查表

主要用于对企业生产性建设和技改工程项目进行设计审核时，供设计人员和安全监察人员以及安全评价人员使用，也可作为"三同时"的安全预评价审核的依据。其主要内容应包括：平面布置；装置、设备、设施工艺流程的安全性；机械设备设施的可靠性；主要安全装置与设备、设施布置及操作的安全性；消防设施与消防器材；防尘防毒设施、措施的安全性；危险物质的储存、运输、使用；通风、照明、安全通道等方面。

这些内容，要求全面、系统、明确，符合安全防护措施规范和标准，并按一定格式的要求列成表格。

2. 企业（厂级）安全检查表

主要用于全厂性安全检查和安全生产动态的检查、安全监察部门进行日常安全检查以及24 小时安全巡回检查时使用。其主要内容包括：各生产设备、设施、装置、装备的安全可靠性，各个系统的重点不安全部位和不安全点（源）；主要安全设备、装置与设施的灵敏性、可靠性；危险物质的储存与使用；消防和防护设施的完整可靠性；作业职工操作管理及遵章守纪等。

检查要突出重点部位的危险因素源点、影响大的不安全状态和不安全行为，按一定格式要求列成表格。

3. 各专业性安全检查表

主要用于专业性的安全检查或特种设备的安全检查，如防火防爆、防尘防毒、防冻防凝、防暑降温、压力容器、锅炉、工业气瓶、配电装置、起重设备、机动车辆、电气焊等。检查表的内容应符合专业安全技术防护措施要求，如设备结构、设备安装、设备运行的安全性及运行参数指标的安全性、安全附件和报警信号装置的安全可靠性、安全操作的主要要求及特种作业人员的安全技术考核等，按一定格式要求列成表格。

（三）安全检查表编制

1. 安全检查表的主要编制依据

安全检查表应该列举需要查明的所有能导致工伤或事故的不安全状态或隐患。为了使检查表在内容上符合安全要求、简明易行、突出重点，又结合实际，进行编制时应依据以下四个方面：①国家、地方的相关安全法规、规定、规程、规范和标准，行业、企业的规章制度、标准及企业安全生产操作规程；②国内外同行业事故或同类产品统计案例分析以及国内外及本企业在安全管理与生产中的有关经验；③行业及企业安全生产的经验教训，特别是本单位安全生产的实践经验，引发事故的各种潜在不安全因素以及杜绝或减少事故发生的成功经验；④系统安全分析的研究成果，包括新的方法、技术、法规和标准。如采用事故树分析方法找出的不安全因素，确定的危险部位及防范措施，或作为防止事故控制点源列入检查表。

2. 安全检查表的格式

安全检查表的格式没有统一的规定，可以依据不同的要求，设计不同需要的安全检查表（表7-3）。原则上应条目清晰，内容上全面、详细、具体。

表 7-3　安全检查表

序号	检查项目	检查内容	依据标准	结论	备注

3. 编制安全检查表的程序

安全检查表的编制和对待其他事物一样，都有一个处理问题的程序。

(1)系统功能的分解。一般工程系统都比较复杂，难以直接编制总的安全检查表。可按系统工程观点将系统进行功能分解，建立功能结构图。这样既可以显示各构成要素、部件、组件、子系统与总系统之间的关系，又可以通过各构成要素的不安全状态的有机组合求得总系统的检查表。

(2)人、机、物、管理和环境因素。车间中的人、机、物、管理和环境都是生产系统的子系统。从安全的观点出发，不只是考虑"人—机系统"，应该是"人—机—物—管理—环境系统"。

(3)潜在危险因素的探求。一个复杂的或新的系统，人们一时难以认识到潜在的危险因素和不安全状态，对于这类系统可以采用类似"黑箱法"原理探求，即首先设想系统可能存在哪些危险以及潜在危险部分，并推论其事故发生的过程和概率，然后逐步将危险因素具体化，最后寻求处理危险的方法。通过分析不仅可以发现其潜在的危险因素，而且可以掌握事故发生的机理和规律。

4. 编制安全检查表应注意的问题

(1)编制安全检查表的过程，实质是理论知识、实践经验系统化的过程，一个高水平的安全检查表需要专业技术的全面性、多学科的综合性和对实际经验的统一性。为此，应组织技术人员、管理人员、操作人员和安全人员深入现场共同编制。

(2)按隐患要求列出的检查项目应齐全、具体、明确，突出重点，抓住要害。为了避免重复，尽可能将同类性质的问题列在一起，系统的列出问题或状态。另外应规定检查方法，并有合格标准。防止检查表笼统化、行政化。

(3)各类检查表都有其适用对象，各有侧重，不宜通用。

(4)危险性部位应详细检查，确保一切隐患在可能发生事故之前就被发现。

(5)编制安全检查表应将安全系统工程中的事故树分析、事件树分析、预先危险性分析和可操作性研究等方法进行综合。

例表 7-4 所示为二元醇模试装置开车安全检查表。

表 7-4　二元醇模试装置开车安全检查表

序号	项目		正常√ 不正常×	原因	确认 人员	备注
1	原料、实验必需品	氢气、氮气气源压力≥5 MPa； 防护用具(手套、夜班手电、铜扳手)、氢气检漏仪全部准备到位				

续表 7-4

序号	项目		正常√ 不正常×	原因	确认 人员	备注
2	控制单元	打开控制柜电源开关, 确定所有仪表显示正常				
3	气路单元	确定氢气、氮气气源进入系统的进气阀开关正常, 并且关闭; 确定氢气进气阀、氮气进气阀、背压阀关闭状态, 氢气稳压阀、背压阀处于松弛常压状态; 确定氢气质量流量计及旁路进出口阀开关正常, 并处于关闭状态; 确定反应器、气液分离罐上压力表指针归零				
4	器罐连接阀门	确定气液分离罐 S-1 与气液分离罐 S-2 间的连通阀开关正常; 确定气液分离罐 S-1 液位阀开关正常, 并且开启; 确定气液分离罐 S-1、气液分离罐放液阀 S-2 开关正常; 确定气液分离罐放液阀 S-2 上端补压截止阀 BV-9 开关正常, 并处于关闭状态				
5	水路单元	确定气液分离器上冷却水管连接正常, 并能正常进入、流出; 进料泵通电正常				

👉【实例】

某剧毒化工厂对剧毒化学品辅助设施安全性方面进行综合检查评价, 现场检查内容、事实记录及检查结果见表 7-5。用"辅助设施评价单元安全检查表"对企业质检科辅助设施评价单元进行分析评价, 在 10 项检查内容中, 合格项 8 项, 占全部检查项目的 80%, 不合格项 2 项, 可视为基本符合安全要求。其中, 不合格项主要是质检科危险化学品储存区域未设置疏散指示标志, 未安装火灾报警系统。针对不合格项, 企业应进行整改, 在危险化学品储存区域设置疏散指示标志, 安装火灾报警系统, 保证危险化学品储存安全。

表 7-5　某剧毒化工厂剧毒化学品辅助设施评价单元安全检查表

序号	检查项目	实际情况	评价依据	检查结果	备注
1	生产、储存、运输、经营、使用的企业必须执行国家有关消防安全的规定	危险品库房经公安消防部门检查合格	《中华人民共和国消防法》	符合要求	

续表 7-5

序号	检查项目	实际情况	评价依据	检查结果	备注
2	应建立防毒器具存放柜管理台账，应建立消防器材管理台账，应建立劳动保护用具(品)发放台账	安全管理台账已建立	HG/T 23001—1992	符合要求	
3	仓库条件根据危险化学品特点应符合国家标准对安全、消防的要求并定期进行安全检查	仓库定期进行安全检查	《危险化学品安全管理条例》、HG/T 23008—1992	符合要求	
4	化学危险品贮存建筑物、场所消防用电设备应能充分满足消防用电的需要	满足消防需求	《常用化学危险品贮存通则》第5.3.1条	符合要求	
5	化学危险品贮存区域或建筑物内输配电线路、灯具、火灾事故照明和疏散指示标志，都应符合安全要求	未设置疏散指示标志	《常用化学危险品贮存通则》第5.3.2条	不符合要求	计划在×××年×月×日前设置疏散指示标志
6	贮存化学危险品的建筑必须安装通风设备，并注意设备的防护措施	安装通风换气设备	《常用化学危险品贮存通则》第5.4.1条	符合要求	
7	根据危险品特性和仓库条件，必须配置相应的消防设备、设施和灭火药剂，并配备经过培训的兼职和专职消防人员	质检科已配备消防器材	《常用化学危险品贮存通则》第9.1条	符合要求	
8	贮存化学危险品建筑物内应根据仓库条件安装自动监测和火灾报警系统	未安装火灾报警系统	《常用化学危险品贮存通则》第9.2条	不符合要求	因企业现在使用的试剂室在1~2年内可能会搬迁，公司会在试剂室新址设计时设置自控监测系统，现要求公司保卫科值班人员加强巡逻检查

续表 7 - 5

序号	检查项目	实际情况	评价依据	检查结果	备注
9	剧毒品应专库贮存或存放在彼此间隔的单间内,需安装防盗报警器,库房门装双锁	剧毒品储存库房贮存于单间内,已安装防盗报警器,库房门装双锁	《毒害性商品储藏养护技术条件》第3.2.4条	符合要求	
10	定期检查库内设施、消防器材、防护用具是否齐全有效	安全设施定期检查	《毒害性商品储藏养护技术条件》第6.2.1.3条	符合要求	

第四节　危险与可操作性分性法

危险与可操作性分析(hazard and operability study,HAZOP)是英国帝国化学工业公司(ICI)蒙德分部于20世纪60年代发展起来的以引导词为核心的系统危险分析方法,已经有60年应用历史。

危险与可操作性分析是过程系统(包括流程工业)的危险(安全)分析(process hazard analysis,PHA)中一种应用最广的评价方法,是一种形式结构化的方法。该方法全面、系统地研究系统中每一个元件,可评价重要的参数偏离了指定的设计条件所导致的危险性和可操作性。它主要通过研究工艺管线和仪表图、带控制点的工艺流程图(P&IDS)或工厂的仿真模型,重点分析由管路和每一个设备操作所引发潜在事故的影响,通过选择相关的参数,如流量、温度、压力和时间,检查每一个参数偏离设计条件的影响。采用经过挑选的关键词表,例如"大于""小于""部分"等,来描述每一个潜在的偏离。最终识别出所有的故障原因,得出当前的安全保护装置的安全性结论和并提出安全措施。所做的评估结论包括非正常原因、不利后果和所要求的安全措施。

危险与可操作性分析既适用于设计阶段,也适用于现有的生产装置(全寿命周期概念,每两年进行一次),也可以应用于连续的或者间歇的化工过程。HAZOP分析方法特别适用于处于设计、运行、报废等各阶段的化工、石油化工等大型生产装置进行危险分析。近年来,应用范围也在扩大,如有关可编程电子系统、道路或铁路等运输系统、检查操作顺序和规程、评价工业管理规程、评价特殊系统(如航空、航天、核能、军事设施、火药炸药生产和应用系统等)、医疗设备、突发事件分析、软件和信息系统危险分析。

HAZOP分析方法中规定了7个引导词,按照引导词逐个找出偏差。其目的是使分析在一定的范围内,防止过多提问和遗漏。引导词及其定义见表7-6。

表 7-6　引导词及其定义

引导词	定义	备注
NONE	无，应该有但没有	如需要输入物料，但物流量为0
MORE	多、高，较所要求的任何相关物理参数在量上的增加	如流量过多、流速过快、压力过高、液位过高等
LESS	少、低，与 MORE 相反	如温度、压力低于规定值
REVERSE	逻辑相反	如发生逆反应或反向输送
PART	只完成了规定要求的一部分	如系统组成不同于应该的成分
AS WELL AS	多，在质上的增加；例如：多余的成分——杂质	如有其他组分在流动或者液体发生相变
OTHER THAN	操作、设备等其他参数总代用词（正常运行以外需要发生的）	发生了异常事件和状态

危险与可操作性分析的特点是：①从生产系统中的工艺参数出发来研究系统中的偏差，运用启发性引导词来研究因温度、压力、流量等状态参数的变动可能引起的各种故障的原因、存在的危险以及采取的对策。②HAZOP 所研究的状态参数正是操作人员控制的指标，针对性强，利于提高安全操作能力。③HAZOP 分析结果既可用于设计的评价，又可用于操作评价；既可用来编制、完善安全规程，又可作为可操作的安全教育材料。④HAZOP 分析方法易于掌握，使用引导词进行分析，既可扩大思路，又可避免漫无边际地提出问题。

常用的 HAZOP 分析术语见表 7-7。

表 7-7　常用的 HAZOP 分析术语

术语	定义
工艺单元（或研究节点）	具有规定界限之内的设备（如两个容器之间的管道）单元，研究设备内可能发生偏差的参数。对流程图（P&IDS）上标明的参数分析偏差（如反应器）
设计意图	工艺流程的设计思路、目的和设计运行状态
参数	工艺流程操作变量参数，例如，温度、压力
引导词	用于和参数结合创造偏差的一组词，如多、少、部分
后果	偏差所能引起的损失，包括人员伤亡、财产损失或其他可能的安全后果
保护措施	能减少危害事件发生概率或减轻危害事件后果的危害程度的工程设计或管理程序（现有的）
建议措施或对策	在设计操作程序方面的改动建议，以降低危害事件发生的概率或后果的严重程度，以达到控制风险水平的目的
操作步骤	在间断性工艺中（或由 HAZOP 分析组分析）的操作步骤。可能是手动的、自动的或计算机控制的操作。间歇过程每一步使用的偏差与连续过程不同

续表 7 - 7

术语	定义
目的	确定在偏差情况下如何进行操作,采用一系列形式,用说明书或用图形表示(例如工艺说明、流程图、管道流程图、P&IDS),用简单的词定性或定量设计意图,去指导和发现工艺中的危险性
工艺参数	与工艺过程有关的物理或化学特性,一般包括:反应性、混合性、浓度、pH 和具体参数(如压力、温度、相、流量)
偏差	使用关键词系统地对每个节点的工艺参数进行研究,分析偏离工艺参数的情况;偏差的通常形式为"引导词 + 工艺参数"
原因	偏差发生的原因,一旦出现偏差表示具有可能的原因,就意味着找到偏差处理的方法,这些原因可能是硬件故障、人为失误、未预料到的工艺状态(如组分的改变)、内部干扰(如动力损耗)等

HAZOP 分析评价要遵循以下原则:①节点范围不能过粗;②节点范围不能过细;③管线节点:定义为物料流动通过且不发生组分和相态变化的、具有共同设计意图的一件或多件工艺设备(如过滤器、泵等);④容器节点:定义为储存反应或处理物料的容器,在其中材料可发生或不发生物理/化学变化。

节点分析要注意以下几点:①确认节点的设计意图;②列出重要参数和引导词;③确定偏差并记录;④确定偏差的后果;⑤分析偏差的原因;⑥列出现有保护措施;⑦若现有保护措施不充分,制定改进措施建议。

HAZOP 分析评价包括准备、分析和完成分析报告 3 个基本步骤:①HAZOP 分析评价的准备工作,即确定分析对象和范围、成立分析小组、收集资料、编制分析计划等。②HAZOP 分析,将评价对象划分为若干分析节点(工艺单元),连续过程节点确定为管道(物料的通道),即分析管道内介质状态及工艺参数产生的偏差;间歇过程节点确定为主体设备。根据引导词表,选择合适的引导词和工艺参数,分析节点可能产生的偏差和偏差的原因及后果。③制定对策及给出评价结论。具体分析流程如图 7 - 1 所示。

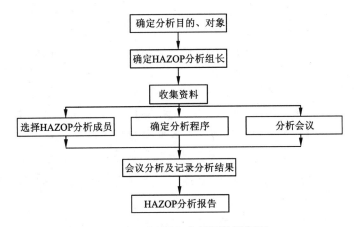

图 7 - 1　HAZOP 分析评价流程图

其中：分析会议是 HAZOP 评价的关键环节，主要的工作流程及任务如图 7-2 所示。

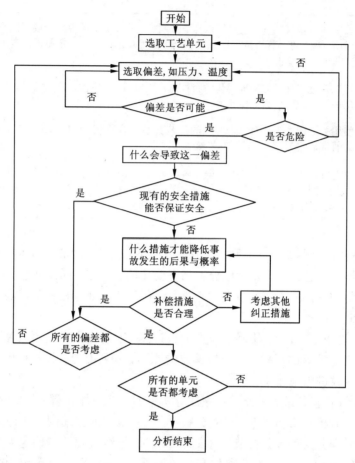

图 7-2　HAZOP 分析会议流程图

【案例】

HAZOP 评价法的评价对象和过程重点针对工艺操作环节，就油气集输管道而言，管线部分几乎不涉及工艺操作过程，工艺操作主要涉及站场部分，因此集输管道站场采用此法进行安全评价。以某油田 $30 \times 10^4 m^3/d$ 处理能力的集输站为例（主要工艺单元包括：预处理、低压气压缩、天然气脱水、三甘醇再生、外输、仪表风、燃料气、收发球、放空等单元），选取某一节点采用 HAZOP 方法进行分析评价，并对该方法进行分析。

考虑节点的目的和功能，同时兼顾节点内容简单清晰的原则，将节点视为完成一个特定功能的单元。根据站场工艺流程图、工艺及仪表控制图等，将该站清管球接收单位作为一个节点，采用 HAZOP 法对收球筒节点（单元）进行安全评价，收球筒节点的工艺流程和工艺与仪表控制图如图 7-3 所示。

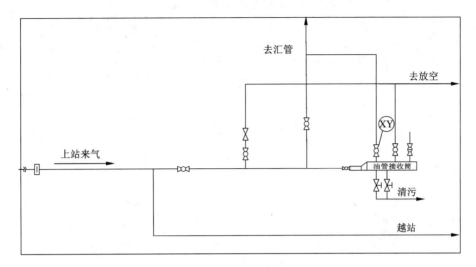

图7-3　清管球接收单元的工艺流程图

收球节点的工艺描述为：若不接收清管球，部分输管站内出现异常，紧急截断阀关闭，直接通过旁通管线去下一站；若接收清管球，打开紧急切断阀 ESD，打开清管接收筒前面的电动调节阀 XV1，筒上方的阀门 XV2，天然气通过 XV2 直接去汇管，当清管球进入收球筒时，由信号灯和报警设施 YA-YS 发出信号，然后关闭阀门 XV1、XV2，打开去汇管的电动调节阀门 XV3，天然气通过汇管进入分离。此时打开放空线阀门 V1 放空泄压，排污阀 V2 排污，压力为 0 时，打开注水阀门 V3 注水，最后打开盲板取出清管球（图7-4）。

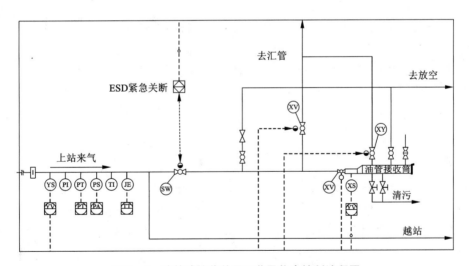

图7-4　清管球接收单元工艺及仪表控制流程图

HAZOP 评价：通过对收球筒装置的 HAZOP 分析，找出了在收球筒工艺及操作过程可能出现的偏差、原因和可能后果，共计27条（表7-8）。评价结论对后续设计完善、安全补偿及安全管理等均具有较大的参考价值。

表 7 -8　收球筒 HAZOP 评价记录表

序号	偏差	原因	后果	已有安全措施	建议措施
1	无流量	排污阀 V2 故障、堵塞	不能排污,影响清管作业进度	设置备有排污阀	
2	无流量	放空阀 V1 故障或堵塞	不能放空泄压影响清管作业进度		
3	无流量	去汇管处阀门 XV2 故障	胀管,引发连接处开裂,爆炸	设置有旁通阀门	
4	流量过小	排污阀 V2 沉积杂质多,通道被堵	不能排污,影响清管作业进度		
5	流量过小	排污阀 V2 阀体锈蚀,操作不灵活	不能排污,影响清管作业进度		
6	流量过小	环境温度过低,排污阀 V2 冻裂	不能排污,影响清管作业进度		
7	流量过小	排污阀 V2 阀杆弯曲变形	不能排污,影响清管作业进度		
8	流量过小	注水阀门 V3 锈蚀或操作不灵活	取球前不能进行湿法作业		
9	流量过小	进气量低	清管球推进速度缓慢	放空,增加压差	
10	流量过小	液体污物多	清管球推进速度缓慢	加大压差和排污	
11	流量过小	清管器密封不严漏气	清管球推进速度缓慢	顶管	
12	流量过大	排污阀 V2 阀杆开启过快	引发紊流或将天然气排放		
13	流量过大	去火炬放空阀 V1 故障	天然气外流,浪费资源,引发火灾爆炸事故		
14	流量过大	电动调节阀 XV1 故障,出现内漏	球进筒后,放空降压无法达到开盲板要求	设有火炬放空	
15	流量过大	电动调节阀 XV2 故障,出现内漏	球进筒后,放空降压无法达到开盲板要求		
16	流量过大	电动调节阀 XV1 关闭不到位	球进筒后阀门内漏,放空降压无法达到要求		
17	流量过大	电动调节阀 XV2 关闭不到位	球进筒后阀门内漏,放空降压无法达到要求		

续表 7-8

序号	偏差	原因	后果	已有安全措施	建议措施
18	流量过大	进气量大	清管球速度高冲击快开盲板	放缓冲球	
19	流量过大	收球筒快开盲板密封不好，漏气	引发火灾爆炸事故		规程要求收球前检查
20	流量过大	清管球速度过高冲开盲板	引发伤人事故		放缓冲球
21	流量过大	电动调节阀 XV1 开启过快	清管球进入收球筒较快		
22	逆向流	球进筒后，电动调节阀 XV1 内漏	放空降压无法达到打开要求		
23	压力偏高	放空压力指示器故障	带压打开盲板，伤人事故		
24	压力偏高	违章操作	带压打开盲板，伤人事故		
25	压差高	清管球故障时，前加压，后放空	清管球冲击快开盲板		
26	压力偏低	直接去汇管处阀门 XV2 故障开	清管球推力不足		
27	压差低	进气量偏小	清管器推力不足，卡管，清管球停止前进	放空，提高压差	

表 7-9 所示为××万吨/年 PVC 生产装置——乙炔发生工段节点 1 HAZOP 工作表。

表 7-9 ××万吨/年 PVC 生产装置——乙炔发生工段节点 1 HAZOP 工作表

分析题目：	XXXX 公司 XX 万吨/年 PVC 生产装置 HAZOP 分析
图纸编号：	乙炔发生工段 日期：
小组成员：	郭 XX、聂 XX、刘 XX、袁 XX、XX(安全)、XX(仪表)、XX(设备)
分析部分：	节点 1：乙炔发生，包括电石开放斗 V1201、上贮斗 V1202、下贮斗 V1203、振动给料机 L1202、乙炔发生器 R1201、渣浆分离器 V1207、安全水封 V1206、正水封 V1204、逆水封 V1205 及其相关管线
设计目的：	电石通过皮带送至料斗，经过氮气置换后连续加进乙炔发生器；上清液经渣浆分离器后连续加入乙炔发生器与电石反应产生乙炔，连续产生的乙炔送至清净系统(操作条件：80~90 ℃、微正压)

续表 7-9

序号	引导词	要素	偏差	可能原因	后果	安全措施	注释	建议安全措施	执行人
1	过高	R1201 压力	R1201 压力过高	1)电石加料速度过快	①乙炔冲破安全水封泄漏到环境中,遇火源引发火灾爆炸;②乙炔冲破防爆膜泄漏到环境中,遇火源引发火灾爆炸	①手动调整振动给料机的给料速度;②R1201 设有远传压力指示报警;③水封点设有乙炔检测报警器、严禁烟火、防爆电器、防静电;④定时更换防爆膜			
				2)R1201 温度过高	①乙炔冲破安全水封泄漏到环境中,遇火源引发火灾爆炸;②乙炔冲破防爆膜泄漏到环境中,遇火源引发火灾爆炸	R1201 设有远传温度记录指示控制,控制上清液的加入速度			
				3)渣浆分离器堵塞	①乙炔冲破安全水封泄漏到环境中,遇火源引发火灾爆炸;②乙炔冲破防爆膜泄漏到环境中,遇火源引发火灾爆炸	正水封 V1204 设有液位显示报警(高),可判断渣浆分离器是否堵塞	建议立即整改	建议增设液位超高联锁停止电石、上清液进料	郭 XX
				4)清净系统堵塞	①乙炔冲破安全水封泄漏到环境中,遇火源引发火灾爆炸;②乙炔冲破防爆膜泄漏到环境中,遇火源引发火灾爆炸	清净系统设有多点压力指示,可判断清净系统可能堵塞			

续表 7-9

序号	引导词	要素	偏差	可能原因	后果	安全措施	注释	建议安全措施	执行人
				5）R1201液位过高	①乙炔冲破安全水封泄漏到环境中，遇火源引发火灾爆炸；②乙炔冲破防爆膜泄漏到环境中，遇火源引发火灾爆炸；③单台装置停产	①可手动停止上清液进料；②乙炔发生器设有远传液位指示报警；③乙炔发生器两用一备			
				6）压力表误指示	①乙炔冲破安全水封泄漏到环境中，遇火源引发火灾爆炸；②乙炔冲破防爆膜泄漏到环境中，遇火源引发火灾爆炸	下贮斗设有远传压力指示报警，可与乙炔发生器压力指示互为验证			
2	过低	R1201压力	R1201压力过低	1）排渣速度过快	空气进入乙炔发生器，形成爆炸性混合物，可能造成火灾爆炸	①R1201设有远传压力指示报警（高、低）；②R1201设有逆水封V1205；③装置停车时，发生器压力低时及时通氮	建议立即整改	修改乙炔发生器的远传压力表量程范围，增加负压显示	郭XX
				2）压力计误指示	空气进入乙炔发生器，形成爆炸性混合物，可能造成火灾爆炸	下贮斗设有远传压力指示报警，可与乙炔发生器压力指示互为验证			

续表 7-9

序号	引导词	要素	偏差	可能原因	后果	安全措施	注释	建议安全措施	执行人
3	过高	R1201 温度	R1201 温度过高	1）电石加料速度过快	①反应速度快，产生大量乙炔，造成系统压力高；②造成清净系统温度高，设备已损坏	①操作规程有电石加料速度的控制限制，并对员工进行了培训合格上岗；②R1201 设有远传温度显示报警；③DCS 系统手动调整振动给料机的给料速度			
				2）上清液进料温度过高	①反应速度快，产生大量乙炔，造成系统压力高；②造成清净系统温度高，设备已损坏	上清液设有远传温度指示控制			
				3）上清液进料过少或无	①反应速度快，产生大量乙炔，造成系统压力高；②造成清净系统温度高，设备已损坏	R1201 设有远传温度记录指示控制，控制上清液的加入速度			
				4）温度计误指示	①反应速度快，产生大量乙炔，造成系统压力高；②造成清净系统温度高，设备已损坏	清净系统设有多点温度指示，可互为校验			
4	过低	R1201 温度	R1201 温度过低	1）上清液进料流量过大	①电石反应效率低，造成收率低，成本大；②上清液中乙炔含量加大，造成收率低	①R1201 设有远传温度显示报警；②R1201 设有远传温度记录指示控制，控制上清液的加入速度			
				2）温度计误指示		清净系统设有多点温度指示，可互为校验			

续表 7-9

序号	引导词	要素	偏差	可能原因	后果	安全措施	注释	建议安全措施	执行人
5	过高	安全水封 V1206 渣位	安全水封 V1206 渣位过高	1)安全水封 V1206 未及时排渣	安全水封失效，可能造成设备超压	操作规程有安全水封定期排渣规定，排渣要记录			
				2)气相带入的渣量过多	安全水封失效，可能造成设备超压	操作规程有安全水封定期排渣规定，排渣要记录			
6	过高	V1204 液位	V1204 液位过高	渣浆分离器堵塞	造成 R1201 压力高				
7	过低	V1204 液位	V1204 液位过低	排液阀内漏	乙炔通过 V1204 排液阀泄漏到环境中，遇火源可能引发火灾爆炸		建议立即整改	建议 V1204 排液管上设双阀	郭 XX

HAZOP 分析所研究的状态参数正是操作人员控制的指标，针对性强。其分析结果既可用于设计评价，又可用于操作评价；既可用来编制、完善安全规程，又可作为可操作的安全教育材料。

第五节 事故树分析法

从系统的角度来说，事故或故障既有可能由设备中具体部件(硬件)的缺陷和性能恶化所引起，也有可能由软件如自控装置中的程序错误等引起，更有可能由操作人员操作不当而引起。事故树分析(accident tree analysis，ATA)又称故障树分析(fault tree analysis，FTA)，是安全系统工程中最重要的分析方法之一，是一种演绎的安全系统分析方法。事故树分析从一个可能的事故或要分析的特定事故(顶上事件)开始，自上而下、一层层分析，寻找顶上事件的直接原因和间接原因，直到找出基本原因(底事件)为止，并用逻辑图把这些事件之间的逻辑关系表达出来。图中各因果关系用不同的逻辑门连接起来，得到的图形就像一棵倒置的树。

20 世纪 60 年代初期，很多高新产品在研制过程中，因对系统可靠性、安全性研究不够，新产品在没有确保安全的情况下就投入市场，造成大量使用事故的发生，用户纷纷要求厂家进行经济赔偿，从而迫使企业寻找一种科学方法确保安全。

1961 年美国贝尔电话研究所在研究民兵式导弹发射控制系统的安全性时提出事故树分析法，经过改进，对预测导弹发射偶然事故的分析卓有成效。后来美国波音公司对事故树分析法进行了重要改进并应用于实际。美国原子能委员会 1974 年利用事故树分析法对核电站的危险性进行评价，发表了著名的《拉斯姆逊报告》，该报告对事故树分析作了大规模有效的应用。此后，在社会各界引起了极大的反响，受到了广泛的重视，从而迅速在许多国家和许多企业应用和推广。中国在 1978 年开展事故树分析法的研究。当时很多部门和企业进行了普及和推广工作，并取得一定成果，促进了企业的安全生产。20 世纪 80 年代末，铁路运输系统开始把事故树分析法应用到安全生产和劳动保护上来，也已取得了较好的效果。事故树分析法可用于洲际导弹、核电站等复杂系统和其他各类系统的可靠性及安全性分析，各种生产的安全管理可靠性分析和伤亡事故分析，同时也可向成功树进行转换。

事故树分析采用逻辑的方法，形象地进行危险的分析工作，特点是直观、明了，思路清晰、逻辑性强，可以做定性分析，也可以做定量分析，体现了以系统工程方法研究安全问题的系统性、准确性和预测性。它是安全系统工程的主要分析方法之一。

事故树分析法是一种从系统到部件，再到零件，按"下降形"分析的方法。它从系统开始，采用逻辑符号绘制出一个逐步展开成树状的分枝图，从而分析故障事件（又称顶端事件）发生的概率，也可以分析零件、部件或子系统故障对系统故障的影响，包括人为因素和环境条件等。事故树分析法使用逻辑图，因此，无论是设计人员还是使用和维修人员都能很容易掌握和运用，且由它可派生出很多其他专门用途的"树"，如可绘制专用于研究维修问题的维修树、研究经济效益及方案比较的决策树等。

由于事故树是由逻辑门所构成的逻辑图，因此特别适合用计算机来计算；且对于复杂系统的事故树的构成和分析，也只有在高性能计算机的条件下才能实现。

事故树分析法也存在一些不足，如构建故障树的多余量相当繁重、难度大，而且对分析人员也有较高要求，因而其推广和普及受到限制。此外，在构建故障树时需要使用逻辑运算，普通分析人员在没有完全掌握时，很容易发生失察和错误，例如很大可能漏掉重大影响系统故障的事件，而且由于分析人员所取的研究范围不一致，所得到的结论的可信性也就有所区别。

事故树分析的方法有两种：定性分析和定量分析。定性分析就是找出所有可能导致顶上事件发生的故障模式，既求解出故障的所有最小割集（minimal cut set，MCS）。定量分析包括两方面的内容：①输入系统各单元（底事件）的失效概率求解系统的失效概率；②求出各单元（底事件）的结构重要度、概率重要度和关键重要度，然后根据关键重要度的大小排序，得出最佳故障诊断和修理顺序，同时也可作为首先改善相对不大可靠的单元的数据。

（一）数学基础

1.基本概念

集：从最普遍的意义上说，集就是具有某种共同可识别特点的项（事件）的集合。这些共同特点使之能够区别于他类事物。

并集：把集合 A 的元素和集合 B 的元素合并在一起，这些元素的全体构成的集合叫作 A 与 B 的并集，记为 $A \cup B$ 或 $A + B$。若 A 与 B 有公共元素，则公共元素在并集中只出现一次。

交集：两个集合 A 与 B 的交集是两个集合的公共元素所构成的集合，记为 $A \cap B$ 或 $A \cdot B$。根据定义，两上集合的交集是可以交换的，即 $A \cap B = B \cap A$。

补集：在整个集合（Ω）中集合 A 的补集为一个不属于 A 集的所有元素的集。补集又称余，记为 $\neg A$ 或 A'。

2.布尔代数规则

布尔代数用于集的运算，与普通代数运算法则不同，可用于故障分析。布尔代数可以帮助我们将事件表达为另一些基本事件的组合,将系统失效表达为基本元件失效的组合。演算这些方程即可求出导致系统失效的元件失效组合(即最小割集),进而根据元件失效的概率,计算出系统失效的概率。布尔代数规则如下(X、Y 代表两个集合):

(1)交换律: $X \cdot Y = Y \cdot X$, $X + Y = Y + X$

(2)结合律: $X \cdot (Y \cdot Z) = (X \cdot Y) \cdot Z$, $X + (Y + Z) = (X + Y) + Z$

(3)分配律: $X \cdot (Y + Z) = X \cdot Y + X \cdot Z$, $X + (Y \cdot Z) = (X + Y) \cdot (X + Z)$

(4)吸收律: $X \cdot (X + Y) = X$, $X + (X \cdot Y) = X$

(5)互补律: $X + \neg X = 1$, $X \cdot \neg X = \varphi$(φ 表示空集)

(6)幂等律: $X \cdot X = X$, $X + X = X$

(7)德·摩根律: $\neg(X \cdot Y) = \neg X + \neg Y$, $\neg(X + Y) = \neg X \cdot \neg Y$

(8)对合律: $\neg(\neg X) = X$

(9)重叠律: $X + \neg XY = X + Y = Y + \neg Y X$

(二)事故树分析的程序

(1)熟悉系统:要求确实了解系统情况,包括工作程序、各种重要参数、作业情况,围绕所分析的事件进行工艺、系统、相关数据等资料的收集,必要时画出工艺流程图和布置图。

(2)调查事故:要求在过去事故实例、有关事故统计基础上,尽量广泛地调查所能预想到的事故,即包括已发生的事故和可能发生的事故。

(3)确定顶上事件:所谓顶上事件,就是我们所要分析的对象事件。选择顶上事件,一定要在详细了解系统运行情况、有关事故的发生情况、事故的严重程度和事故的发生概率等资料的情况下进行,而且事先要仔细寻找造成事故的直接原因和间接原因。然后,根据事故的严重程度和发生概率确定要分析的顶上事件,将其扼要地填写在矩形框内。

顶上事件可以是已经发生过的事故,如车辆追尾、道口火车与汽车相撞等事故,也可以是未发生的事故。通过编制事故树,找出事故原因,制定具体措施,防止事故再次发生。

(4)确定控制目标:根据以往的事故记录和同类系统的事故资料,进行统计分析,求出事故发生的概率(或频率)。然后根据这一事故的严重程度,确定我们要控制的事故发生概率的目标值。

(5)调查分析原因:顶上事件确定之后,为了编制好事故树,必须将造成顶上事件的所有直接原因事件找出来,尽可能不要漏掉。直接原因事件可以是机械故障、人的因素或环境原因等。方法有:

1)调查与事故有关的所有原因事件和各种因素,包括设备故障、机械故障、操作者的失误、管理和指挥错误、环境因素等,尽量详细查清原因和影响。

2)召开有关人员座谈会。

3)根据以往的一些经验进行分析,确定造成顶上事件的原因。

(6)绘制事故树:这是 ATA 的核心部分。在找出造成顶上事件的各种原因之后,就可以从顶上事件起进行演绎分析,一级一级地找出所有直接原因事件,直到所要分析的深度,再用相应的事件符号和适当的逻辑门把它们从上到下分层连接起来,层层向下,直到最基本的原因事件,这样就构成一个事故树。

画成的事故树图是逻辑模型事件的表达。既然是逻辑模型,那么各个事件之间的逻辑关系就应该相当严密、合理，否则在计算过程中将会出现许多意想不到的问题。因此，对事故树的绘制要十分慎重。在制作过程中，一般要进行反复推敲、修改，除局部更改外，有的甚至要推倒重来，有时还要反复进行多次，直到符合实际情况，比较严密为止。

在用逻辑门连接上下层之间的事件原因时，注意逻辑门的连接问题是非常重要的，不可含糊，它涉及各种事件之间的逻辑关系，直接影响着后续的定性分析和定量分析。例如：若下层事件必须全部同时发生，上层事件才会发生时，必须用"与门"连接。

（7）定性分析：根据事故树结构进行化简，求出事故树的最小割集（一般用 g 表示）和最小径集，确定各基本事件的结构重要度排序。当割集的数量太多，可以通过程序进行概率截断或割集阶截断。

（8）计算顶上事件发生概率：首先根据所调查的情况和资料，确定所有原因事件的发生概率，并标在事故树上。根据这些基本数据，求出顶上事件（事故）发生概率。

（9）进行比较：要根据可维修系统和不可维修系统分别考虑。对可维修系统，把求出的概率与通过统计分析得出的概率进行比较，如果二者不符，则必须重新研究，看原因事件是否齐全，事故树逻辑关系是否清楚，基本原因事件的数值是否设定得过高或过低等等。对不可维修系统，求出顶上事件发生概率即可。

（10）定量分析：定量分析包括下列 3 个方面的内容：

1）当事故发生概率超过预定的目标值时，要研究降低事故发生概率的所有可能途径，可从最小割集着手，从中选出最佳方案。

2）利用最小径集，找出根除事故的可能性，从中选出最佳方案。

3）求各基本原因事件的临界重要度系数，从而对需要治理的原因事件按临界重要度系数大小进行排队，或编出安全检查表，以求加强人为控制。

这一阶段的任务是很多的，它包括计算顶上事件发生概率即系统的点无效度和区间无效度，此外还要进行重要度分析和灵敏度分析。

事故树分析方法原则上是这 10 个步骤，但在具体分析时，可以根据分析的目的、投入的人力物力、人的分析能力以及对基础数据的掌握程度等，分别进行不同的步骤，可视具体问题灵活掌握。如果事故树规模很大，也可以借助计算机进行分析。目前我国故障树分析一般都考虑到第 7 步进行定性分析为止，也能取得较好的效果。

（三）事故树分析的功能

（1）ATA 可以事前预测事故及不安全因素，估计事故的可能后果，寻求最经济的预防手段和方法。

（2）事后用 ATA 分析事故原因，十分方便明确。

（3）ATA 的分析资料既可作为直观的安全教育资料，也有助于推测类似事故的预防对策。

（4）当积累了大量事故资料时，可采用计算机模拟，使 ATA 对事故的预测更为有效。

（5）在安全管理上用 ATA 对重大问题进行决策，具有其他方法所不具备的优势。

(四)事故树的符号与意义

事故树是由各种符号和其连接的逻辑门组成的。最简单、最基本的符号有事件符号、逻辑门符号和转移符号。表 7 – 10 列出的是一些常用符号及意义。

表 7 – 10 事故树的符号及意义

种类	符号	名称	意义
事件符号	▭	顶上事件或中间原因事件	表示由许多其他事件相互作用而引起的事件。这些事件都可进一步往下分析,处在事故树的顶端或中间。必须注意,顶上事件一定要清楚明了,不要太笼统。例如"交通事故""爆炸着火事故",对此人们无法下手分析,而应当选择具体事故。如"机动车追尾""机动车与自行车相撞""建筑工人从脚手架上坠落死亡""道口火车与汽车相撞"等具体事故
	○	基本事件	事故树中最基本的原因事件,不能继续往下分析,处在事故树的底端。可以是人的差错,也可以是设备、机械故障、环境因素等。它表示最基本的事件,不能再继续往下分析了。例如,影响司机瞭望条件的"曲线地段""照明不好",司机本身问题影响行车安全的"酒后开车""疲劳驾驶"等原因,将事故原因扼要记入圆形符号内
	⌂	正常事件	正常情况下应该发生的事件,位于事故树的底部。如:"机车或车辆经过道岔""因走动取下安全带"等,将事件扼要记入屋形符号内
	◇	省略事件	表示事前不能分析,或者没有再分析下去的必要的事件。由于缺乏资料不能进一步展开或不愿继续分析而有意省略的事件,也处在事故树的底部。例如,"司机间断瞭望""天气不好""臆测行车""操作不当"等,将事件扼要记入菱形符号内

续表 7 – 10

种类	符号	名称	意义
逻辑门符号 A	A ⊙ B1 B2	与门	表示在输入事件 B1、B2 同时发生的情况下，输出事件 A 才会发生的连接关系。二者缺一不可，表现为逻辑积的关系，即 A = B1∩B2。在有若干输入事件时，也是如此。即下面的输入事件都发生，上面输出事件才能发生
	A B1 B2	或门	表示输入事件 B1 或 B2 中，任何一个事件发生都可以使事件 A 发生，表现为逻辑和的关系即 A = B1∪B2。在有若干输入事件时，情况也是如此。即下面输入事件只要有一个发生，就会引起上面输出事件发生
	A ⊙ α B1 B2	条件与门	表示只有当 B1、B2 同时发生，且满足条件 α 的情况下，A 才会发生，相当于三个输入事件的与门。即输入事件都发生还必须满足条件 α，输出事件才能发生
	A α B1 B2	条件或门	表示 B1 或 B2 任何一个事件发生，且满足条件 β，输出事件 A 才会发生。即任何一个输入事件发生同时满足条件 α，上面输出事件就会发生
	α	限制门	它是逻辑上的一种修正符号，即输入事件发生且满足条件 γ 时，才产生输出事件。相反，如果不满足，则不发生输出事件。即下面一个输入事件发生同时条件 α 也发生，输出事件就会发生
转移符号	△	转入符号	表示从其他部分转入，△ 内记入从何处转入的标记。即表示此处与有相同字母或数字的转出符号相连接
	△	转出符号	表示向其他部分转出，△ 内记入向何处转出的标记。即表示此处和有相同字母或数字的转入符号相连接

☞【应用实例】

管线泄漏事故树分析

以管线泄漏为事故树的顶上事件，分析可能发生管线泄漏事故的主要原因有管道损坏、管道壁面孔洞、阀门垫片开裂三种。原因一：管道损坏是材质缺陷、施工缺陷或内部胀破三种原因造成的。材质缺陷包括强度设计不符合规定、管材选择不当、管材质量差等三种类型，管材质量差是由制造加工质量差与使用前未检测造成的；施工缺陷包括安装质量差、焊接质量差、撞击挤压三种原因，撞击挤压则是由施工时违章作业或马虎大意造成的；内部胀破包括管道内高压、管壁变薄两种原因，管道内高压是由反应失控或违章超压作业造成的，管壁变薄是在检修不到位的前提下，管道内腐蚀磨损或物料摩擦造成的。原因二：管道壁面孔洞是由砂眼、应力裂纹和管道内腐蚀穿孔造成的，腐蚀穿孔又包含管道内外腐蚀严重、未刷防腐漆或防腐层剥落三种。原因三：阀门垫片开裂包含垫片质量问题、安装受力不均匀、选型错误、失效四种原因。绘制管线泄漏事故树，如图 7 – 5 所示。

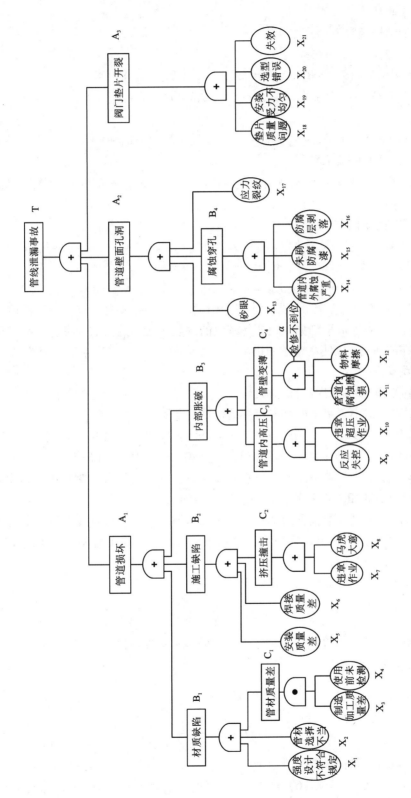

图 7-5 气体管线泄露事故树

1. 最小割集的计算

该事故树的结构函数为

$$T = A_1 + A_2 + A_3$$

$$= (B_1 + B_2 + B_3) + (X_{13} + B_4 + X_{17}) + (X_{18} + X_{19} + X_{20} + X_{21})$$

$$= [(X_1 + X_2 + C_1) + (X_5 + X_6 + C_2) + (C_3 + C_4)] + (X_{13} + X_{14} + X_{15} + X_{16} + X_{17}) + (X_{18} + X_{19} + X_{20} + X_{21})$$

$$= [(X_1 + X_2 + X_3 X_4) + (X_5 + X_6 + X_7 + X_8) + (X_9 + X_{10} + \alpha X_{11} + \alpha X_{12})] + (X_{13} + X_{14} + X_{15} + X_{16} + X_{17}) + (X_{18} + X_{19} + X_{20} + X_{21})$$

$$= X_1 + X_2 + X_3 X_4 + X_5 + X_6 + X_7 + X_8 + X_9 + X_{10} + \alpha X_{11} + \alpha X_{12} + X_{13} + X_{14} + X_{15} + X_{16} + X_{17} + X_{18} + X_{19} + X_{20} + X_{21}$$

由此可得 20 个最小割集：

$K_1 = \{X_1\}$、$K_2 = \{X_2\}$、$K_3 = \{X_3, X_4\}$、$K_4 = \{X_5\}$、$K_5 = \{X_6\}$、$K_6 = \{X_7\}$、$K_7 = \{X_8\}$、$K_8 = \{X_9\}$、$K_9 = \{X_{10}\}$、$K_{10} = \{\alpha X_{11}\}$、$K_{11} = \{\alpha X_{12}\}$、$K_{12} = \{X_{13}\}$、$K_{13} = \{X_{14}\}$、$K_{14} = \{X_{15}\}$、$K_{15} = \{X_{16}\}$、$K_{16} = \{X_{17}\}$、$K_{17} = \{X_{18}\}$、$K_{18} = \{X_{19}\}$、$K_{19} = \{X_{20}\}$、$K_{20} = \{X_{21}\}$

这 20 个最小割集中，每个最小割集代表顶上事件发生的一种可能，事故树最小割集越多，系统越危险。因此，最小割集反映的是系统的危险程度。通过最小割集，我们可以找出安全系统中存在的漏洞，以便制定预防措施，控制事故的发生，提高系统安全性。

2. 结构重要度分析

依据结构重要度"四原则"进行分析：

(1) 根据单事件最小割集中的基本事件结构重要度最大，知：

$I_\Phi(1) = I_\Phi(2) = I_\Phi(5) = I_\Phi(6) = I_\Phi(7) = I_\Phi(8) = I_\Phi(9) = I_\Phi(10) = I_\Phi(13) = I_\Phi(14) = I_\Phi(15) = I_\Phi(16) = I_\Phi(17) = I_\Phi(18) = I_\Phi(19) = I_\Phi(20) = I_\Phi(21)$，且最大；

(2) 仅在同一个最小割集中出现的所有基本事件，且在其他最小割集中不再出现，则此割集中的基本事件结构重要度相等，知：$I_\Phi(3) = I_\Phi(4)$；

(3) 若所有的最小割集中包含的基本事件数目相等，则在不同的最小割集中出现次数多者基本事件结构重要度大，出现次数少者结构重要度小，出现次数相等者则结构重要度相等，知：$I_\Phi(\alpha) > I_\Phi(11) = I_\Phi(12)$；

(4) 采用基本事件结构重要度计算公式：

$$I_\Phi(j) = \sum_{X_j \in K_j} \frac{1}{2^{n_j - 1}}$$

式中：n_j 表示基本事件 X_j 所在的最小割集中包含的基本事件数目。

根据公式，得：

$$I_\Phi(3) = I_\Phi(4) = \frac{1}{2^{2-1}} = \frac{1}{2}$$

$$I_\Phi(11) = I_\Phi(12) = \frac{1}{2^{2-1}} = \frac{1}{2}$$

所以，各基本事件结构重要度排序为：

$I_\Phi(1) = I_\Phi(2) = I_\Phi(5) = I_\Phi(6) = I_\Phi(7) = I_\Phi(8) = I_\Phi(9) = I_\Phi(10) = I_\Phi(13) = I_\Phi(14) = I_\Phi(15) = I_\Phi(16) = I_\Phi(17) = I_\Phi(18) = I_\Phi(19) = I_\Phi(20) = I_\Phi(21) > I_\Phi(\alpha) > I_\Phi(3) = I_\Phi(4) =$

$I_\Phi(11) = I_\Phi(12)$

评价结论：由计算结果可知，基本事件 X_1、X_2、X_5、X_6、X_7、X_8、X_9、X_{10}、X_{13}、X_{14}、X_{15}、X_{16}、X_{17}、X_{18}、X_{19}、X_{20}、X_{21} 的结构重要度最大；其次是条件事件 α；再次是 X_3、X_4、X_{11}、X_{12}。

3. 最小径集的计算

$$T' = A_1'A_2'A_3'$$

$$= B_1'B_2'B_3' \cdot X_{13}'B_4'X_{17}' \cdot X_{18}'X_{19}'X_{20}'X_{21}'$$

$$= (X_1'X_2'C_1' \cdot X_5'X_6'C_1' \cdot C_3'C_4') \cdot X_{13}'X_{14}'X_{15}'X_{16}'X_{17}' \cdot X_{18}'X_{19}'X_{20}'X_{21}'$$

$$= [(X_1'X_2'(X_3'+X_4') \cdot (X_5'X_6'X_7'X_8') \cdot X_9'X_{10}'(X_{11}'X_{12}'+\alpha')] \cdot$$
$$X_{13}'X_{14}'X_{15}'X_{16}'X_{17}' \cdot X_{18}'X_{19}'X_{20}'X_{21}'$$

$$= X_1'X_2'X_3'X_5'X_6'X_7'X_8'X_9'X_{10}'X_{11}'X_{12}'X_{13}'X_{14}'X_{15}'X_{16}'X_{17}'X_{18}'X_{19}'X_{20}'X_{21}' +$$
$$\alpha'X_1'X_2'X_3'X_5'X_6'X_7'X_8'X_9'X_{10}'X_{13}'X_{14}'X_{15}'X_{16}'X_{17}'X_{18}'X_{19}'X_{20}'X_{21}' +$$
$$X_1'X_2'X_4'X_5'X_6'X_7'X_8'X_9'X_{10}'X_{11}'X_{12}'X_{13}'X_{14}'X_{15}'X_{16}'X_{17}'X_{18}'X_{19}'X_{20}'X_{21}' +$$
$$\alpha'X_1'X_2'X_4'X_5'X_6'X_7'X_8'X_9'X_{10}'X_{13}'X_{14}'X_{15}'X_{16}'X_{17}'X_{18}'X_{19}'X_{20}'X_{21}'$$

由此求得 4 个最小径集：

$P_1 = \{X_1, X_2, X_3, X_5, X_6, X_7, X_8, X_9, X_{10}, X_{11}, X_{12}, X_{13}, X_{14}, X_{15}, X_{16}, X_{17}, X_{18}, X_{19}, X_{20}, X_{21}\}$

$P_2 = \{\alpha, X_1, X_2, X_3, X_5, X_6, X_7, X_8, X_9, X_{10}, X_{13}, X_{14}, X_{15}, X_{16}, X_{17}, X_{18}, X_{19}, X_{20}, X_{21}\}$

$P_3 = \{X_1, X_2, X_4, X_5, X_6, X_7, X_8, X_9, X_{10}, X_{11}, X_{12}, X_{13}, X_{14}, X_{15}, X_{16}, X_{17}, X_{18}, X_{19}, X_{20}, X_{21}\}$

$P_4 = \{\alpha, X_1, X_2, X_3, X_5, X_6, X_7, X_8, X_9, X_{10}, X_{13}, X_{14}, X_{15}, X_{16}, X_{17}, X_{18}, X_{19}, X_{20}, X_{21}\}$

4 个最小径集中，每个最小径集代表预防顶上事件的一种途径，事故树最小径集越多，系统越安全。

因此，最小径集反映的是系统的安全程度。

4. 结构重要度排列

依据结构重要度"四原则"进行分析：

$(1)\ I_\Phi'(1) = I_\Phi'(2) = I_\Phi'(5) = I_\Phi'(6) = I_\Phi'(7) = I_\Phi'(8) = I_\Phi'(9) = I_\Phi'(10) = I_\Phi'(13) = I_\Phi'(14) = I_\Phi'(15) = I_\Phi'(16) = I_\Phi'(17) = I_\Phi'(18) = I_\Phi'(19) = I_\Phi'(20) = I_\Phi'(21)$

$(2)\ I_\Phi'(3) = I_\Phi'(4)$

$(3)\ I_\Phi'(\alpha) > I_\Phi'(11) = I_\Phi'(12)$

$(4)\ I_\Phi'(1) = \dfrac{1}{2^{19}} + \dfrac{1}{2^{18}} + \dfrac{1}{2^{19}} + \dfrac{1}{2^{18}} = \dfrac{6}{2^{19}}$

$$I_\Phi'(3) = \dfrac{1}{2^{19}} + \dfrac{1}{2^{18}} = \dfrac{3}{2^{19}}$$

$$I_\Phi'(\alpha) = \dfrac{1}{2^{18}} + \dfrac{1}{2^{18}} = \dfrac{4}{2^{19}}$$

$$I_\Phi'(11) = \dfrac{1}{2^{19}} + \dfrac{1}{2^{19}} = \dfrac{2}{2^{19}}$$

则，基本事件结构重要度排序为：

$I_\Phi'(1) = I_\Phi'(2) = I_\Phi'(5) = I_\Phi'(6) = I_\Phi'(7) = I_\Phi'(8) = I_\Phi'(9) = I_\Phi'(10) = I_\Phi'(13)$

$$= I_\phi{}'(14) = I_\phi{}'(15) = I_\phi{}'(16) = I_\phi{}'(17) = I_\phi{}'(18) = I_\phi{}'(19) = I_\phi{}'(20)$$
$$= I_\phi{}'(21) > I_\phi{}'(\alpha) > I_\phi{}'(3) = I_\phi{}'(4) > I_\phi{}'(11) = I_\phi{}'(12)$$

评价结论：由计算结果可知，基本事件 X_1、X_2、X_5、X_6、X_7、X_8、X_9、X_{10}、X_{13}、X_{14}、X_{15}、X_{16}、X_{17}、X_{18}、X_{19}、X_{20}、X_{21} 的结构重要度最大；其次是条件事件 α；再次是 X_3、X_4；最后是 X_{11}、X_{12}。

5. 结论分析

由以上事故树分析，可得以下评价结果，见表 7-11。

表 7-11 气体管线泄漏事故树分析结果汇总表

项目	最小割集数目/个	最小径集数目/个	重要基本事件数目/个
管线泄漏事故	20	4	17

管线泄漏事故树最小割集有 20 个，最小径集有 4 个，重要基本事件有 17 个。20 个最小割集代表了管线泄漏事故发生的 20 种途径；4 个最小径集表示防止管线泄漏事故发生的途径有 4 个；17 个重要基本事件表示最有可能导致泄漏事故发生的事件有 17 个，主要包括：管材强度设计不合规定、管材选择不当、管材安装质量差、管材焊接质量差、违章作业、马虎大意、反应失控、违章超压作业、管道砂眼、管道内外腐蚀严重、管道未刷防腐漆、管道防腐层剥落、管道应力裂纹、阀门垫片质量问题、阀门垫片安装受力不均匀、阀门垫片选型错误、阀门垫片失效；其次是检修不到位；再次是制造加工质量差、使用前未检测、管道内腐蚀磨损和物料摩擦造成的。

第六节　道化学公司火灾爆炸危险指数评价法

道化学公司（DOW）火灾爆炸危险指数评价法，又称为道化学公司方法，是美国道化学公司首创的化工生产危险度定量评价方法。1964 年公布第一版，1993 年提出了第七版（又称《道七版》）。它以物质系数（MF）为基础，以已往的事故统计资料及物质的潜在能量和现行安全措施为依据，再考虑工艺过程中其他因素如操作方式、工艺条件、设备状况、物料处理、安全装置情况等的影响，来计算每个单元的危险度数值，然后按数位大小划分危险度级别。定量地对工艺装置及所含物料的实际潜在火灾、爆炸和反应性危险进行分析评价。其目的是：①量化潜在火灾、爆炸和反应性事故的预期损失；②确定可能引起事故发生或使事故扩大的装置；③向有关部门通报潜在的火灾、爆炸危险性；④使有关人员及工程技术人员了解到各工艺部门可能造成的损失，以此确定减轻事故严重性和总损失的有效、经济的途径。分析时对管理因素考虑较少，因此，它主要是对化工生产过程中固有危险的度量。

道化学公司火灾爆炸危险指数评价法主要适用范围：①存储、处理、生产易燃易爆、可燃、活性物质的操作过程；②污水处理设备（设施）、公用工程系统、发电设备、变压器、热氧化器等工艺单元。

（一）道化学火灾爆炸指数评价法计算过程

1. 确定工艺单元

进行危险指数评价的第一步就是确定评价单元，单元是一个（套）生产装置、设施或场所，或同属一个工厂且边缘距离小于 500 m 的几个(套)生产装置等。

选择工艺单元的几项要点：①工艺单元的可燃、易燃或者化学活性物质的最低量为 2268 kg 或者 2.27 m³；②当设备串联布置且中间为相互有效隔开，应认真考虑单元划分的合理性；③仔细考虑操作状态和操作时间。

2.确定物质系数

物质系数(MF)是表述由燃烧或化学反应引起的火灾、爆炸过程中潜在能量释放的尺度，是一个最基础的数值。物质系数是由美国消防协会确定的物质可燃性 NF 和化学活性 NR 求得的。单一物质存在时，其物质系数可由物质系数表查出。

当物质是混合时应该遵循以下原则：①若单元中存在多种危险性的反应物和一种生成物的危险混合物时，由于发生化学反应的速度很快，反应物存在的时间足够短，因此可把生成物的物质系数作为工艺单元的物质系数；②如果存在多种物质组成的混合物，当它们的含量基本相同但物质系数不同时，将其中物质系数最大的物质的浓度在 5% 以上(质量浓度)当作工艺单元的物质系数；③若几种混合物中某种物质的浓度高，一旦发生泄漏，引起火灾、爆炸事故，工艺单元混合物的性质与高浓度物质的性质相似，这时用该高浓度物质的物质系数作为工艺单元的物质系数。

3.确定工艺危险系数

工艺单元危险系数(F3) = 一般工艺危险系数(F1) × 特殊工艺危险系数(F2)

一般工艺危险系数(F1)是确定事故危险程度的主要因素，其中包括 6 项内容，分别为：放热反应、吸热反应、物料处理和输送、封闭结构单元、通道、排放和泄漏。特殊工艺危险系数(F2)是影响事故发生概率的主要原因，特定的工艺条件是导致火灾、爆炸事故的主要原因。特殊工艺危险共包括：毒性物质、负压操作、燃烧范围或其附近的操作、粉尘爆炸、释放压力、低温、易燃和不稳定物质的数量、腐蚀、泄漏、明火设备的使用、热油交换系统、转动设备。

4.确定火灾爆炸指数

火灾、爆炸危险指数是用来估计生产过程中的事故可能造成的破坏，已发展成为能够给出单一工艺单元潜在火灾、爆炸损失相对值的综合指数。

单元的火灾爆炸危险指数(FEI) = 物质系数(MF) × 工艺单元危险系数(F3)

(二)高压聚乙烯反应单元火灾爆炸危险性分析及预防

高压聚乙烯是目前世界上产量最大、成本较低、用途广泛的通用塑料之一，其薄膜制品、电器绝缘材料、注塑、吹塑制品、涂层、板材、管材在工农业和日常生活中得到普遍应用。根据反应器类型，聚乙烯生产可分为釜式法和管式法两种。以管式法为例，管式法高压聚乙烯是以乙烯单体在 250～300 MPa 的高压条件下，用氧或有机过氧化物为引发剂经聚合而制得的。因所得的产品密度一般为 0.910～0.935 g/cm³，故又称低密度聚乙烯。从化工安全角度考虑，高压聚乙烯生产庞大、复杂，物料涉及易燃易爆物质，生产在高温高压下进行，具有较大的火灾危险性，若稍有疏忽就可能引起燃烧、爆炸，并且事故发生后常因扑救困难，导致重大损失。因此，如何保证其安全高效地运行，值得深入探讨。图 7－6 所示为高压聚乙烯生产工艺流程。

本工艺以 3.5 MPa 的高纯度乙烯为原料，以有机过氧化物为引发剂，经一次压缩机和二次压缩机两次压缩到反应所需压力 250 MPa，进入管式反应器，在引发剂作用下，在 168 ℃时开始引发自由基聚合反应成低密度聚乙烯。生成的低密度聚乙烯与未反应的乙烯经反应器末端减压出料阀，进入产品冷却器，冷却到一定温度以后，进入高压分离器，压力降至 25 MPa 左右，分离出大部分未反应的乙烯返回二次压缩机入口。从高压分离器底部出来的聚合物经低压分离器，压力降至 0.30 MPa，分离出的乙烯返回增压机入口，熔融的聚合物从低压分离器底部出料，经水下切粒，脱水干燥得聚乙烯颗粒，再经风送脱气掺混，加工，可制得各种具有优良性能的低密度聚乙烯成品。

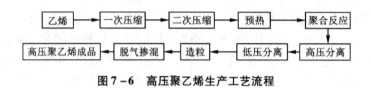

图 7-6 高压聚乙烯生产工艺流程

1.高压聚乙烯生产过程的火灾危险性

（1）反应压力高，速度快，易分解。管式法高压聚乙烯反应一般在 250～300 MPa 下进行，温度保持在 280～295 ℃。在该温度和高压下，一旦出现超温高压的异常情况，乙烯能分解成碳、甲烷、氢气等，分解所产生的热量可以使分解过程进一步加剧直到爆炸。

（2）高压设备和管道易泄漏，形成乙烯与空气的爆炸性混合气体，遇火源产生燃烧或爆炸。此外，可能导致工作人员中毒。

（3）聚合反应为放热反应，反应速度极快不稳定，易引起乙烯爆炸性分解。乙烯聚合转化率升高 1% 则反应物温度升高 12～13 ℃，如果此热量得不到及时移出，当物料温度上升到 350 ℃ 以上时，高压下乙烯会发生爆炸性分解。

（4）乙烯可能在管道或压缩设备中聚合或分解，导致设备胀裂。同时，聚乙烯颗粒在输送过程中有可能产生静电，从而导致局部的爆炸和燃烧。

（5）调节剂、引发剂和其他的助剂也都是属于易燃易爆物品。

2.道化学公司火灾爆炸危险指数评价

按照道化学公司火灾爆炸危险指数（第七版）进行评价。

（1）工艺单元划分。

由于评价时只选择对工艺有严重影响的单元进行评价，因此将管式法高压聚乙烯生产过程划分为一次压缩、二次压缩、聚合反应、高压分离、低压分离 5 个单元。现以火灾危险性最大的聚合反应装置为例进行评价，基础数据如下：

物料：乙烯＋丙烯＋引发剂有机过氧化物；每 10 min 处理量为 3750 kg；进气温度 90 ℃；出气温度 280 ℃；乙烯沸点 -103.9 ℃；反应器操作温度 280～295 ℃；反应器设计压力 284.4 MPa；操作压力 250 MPa。

（2）物质系数（MF）选取。

取乙烯物质系数为反应单元的物质系数。查美国道化学公司火灾爆炸指数评价（第七版）的《物质系数表》，再经温度修正得 MF ＝24。

（3）一般工艺危险系数（F1）确定。

放热化学反应系数取 0.5；物料处理与输送系数取 0.5；密闭或室内工艺单元系数取 0.3

（单元内安装了合理的通风装置，由反应器各安全阀排出的乙烯气体可引至紧急放空罐集中排空，紧急放空罐安装的自动高压蒸汽系统与安全阀联锁，当安全阀动作时，自动蒸汽阀开启注入蒸汽）。故一般工艺危险系数 F1 为 2.3。

（4）特殊工艺危险系数值（F2）确定。

1）毒性物质：系数为 0.2。

2）释放压力：系数为 1.8。

3）易燃及不稳定物质的质量：系数为 3.8。

4）腐蚀与磨蚀：系数为 0.1。

5）泄漏—接头与填料：系数为 1.5。

6）转动设备：系数为 0.5。

综上所述，评价单元的特殊工艺危险系数为 F2 为 8.9。

（5）确定单元危险系数值。

$F3 = F1 \times F2 = 2.3 \times 8.9 = 20.47$，因 F3 最大值为 8，故 F3 = 8。

（6）确定火灾爆炸指数（F&EI）。

$FEI = 24 \times 8 = 192$

根据 FEI 及危险等级（表 7 - 12），聚合反应的危险等级为非常大。

表 7 - 12　F&EI 及危险等级

危险等级	最轻	较轻	中等	很大	非常大
F&EI	1 ~ 60	61 ~ 96	97 ~ 127	128 ~ 158	>159

（7）安全措施补偿（C）。

1）工艺控制系数补偿（C_1）。

工艺控制系数补偿系数的取值见表 7 - 13，因此，C_1 为 0.74。

表 7 - 13　工艺控制系数补偿系数

项目	取值范围	聚合反应
A 应急电源	0.98	0.98
B 冷却	0.97 ~ 0.99	0.99
C 抑爆	0.84 ~ 0.98	0.98
D 紧急停车装置	0.96 ~ 0.99	0.96
E 计算机控制	0.93 ~ 0.99	0.93
F 操作指南或规程	0.91 ~ 0.99	0.91
G 活性化学物质检查	0.91 ~ 0.98	0.98
H 其他工艺过程分析	0.91 ~ 0.98	0.98

2）物质隔离补偿系数（C_2）。

物质隔离补偿系数的取值见表 7 - 14，因此，C_2 为 0.93。

表 7 - 14　物质隔离补偿系数

项目	取值范围	聚合反应
A 远距离控制阀	0.96 ~ 0.98	0.98
B 紧急排放系统	0.91 ~ 0.97	0.97
C 联锁装置	0.98	0.98

3）防火措施补偿系数（C3）。

防火措施补偿系数的取值见表 7 - 15〔C 项消防水系统为临时高压系统（0.7 ~ 1.2 MPa），供水时间可持续 6 h 以上，故取最小值 0.94；D 项包括二氧化碳、可燃气报警器、防爆墙等，本单元内设自动探测系统与防爆墙，故取补偿系数〕，因此，C_3 为 0.66。

表 7 - 15　防火措施补偿系数

项目	取值范围	聚合反应
A 泄漏检测装置	0.94 ~ 0.98	0.98
B 钢筋混凝土结构	0.95 ~ 0.98	0.95
C 消防水供应	0.94 ~ 0.97	0.94
D 特殊灭火系统	0.91	0.91
E 喷洒灭火系统	0.74 ~ 0.97	0.97
F 引发剂泡沫灭火系统	0.92 ~ 0.98	0.92
G 手提式灭火器/消防水炮	0.93 ~ 0.98	0.98
H 电缆保护	0.94 ~ 0.98	0.98
I 水幕	0.97 ~ 0.98	0.97

（8）补偿后的火灾爆炸指数。

安全措施补偿系数 $C = C_1 \times C_2 \times C_3 = 0.74 \times 0.93 \times 0.66 = 0.45$

经过安全措施补偿后的火灾爆炸指数 F&EI = $0.45 \times 192 = 86.4$，即危险等级降为"较轻"。

（9）单元危险分析。

①根据火灾爆炸指数提供的经验公式，其影响半径 $R = 0.256 \times$ F&EI $= 0.256 \times 86.4 = 22.1$（m）。这表明一旦发生火灾，将影响周围半径为 22.1 m，高为 22.1 m 的圆柱形区域。根据装置设备设施布置，影响区域包括反应器、高压分离器、低压分离器、卧式挤压机、引发剂泵等，可见其危险性是相当大的。

②危害系数：根据单元 MF = 24、F3 = 8，由道化学公司火灾爆炸危险指数《单元危害系数计算图》（第七版），得本单元的危害系数为 0.87，它表示在单元影响区域内，一旦发生火灾、爆炸，有 87% 的部分将遭遇到破坏。

3. 防火防爆措施探讨

（1）通过对管式法高压聚乙烯生产工艺进行火险分析可知：装置很容易发生泄漏、分解，其发生火灾、爆炸事故的危险性很大。根据火灾、爆炸危险指数分析可知：聚合反应的 F&EI

=192，危险等级为非常大，但经安全措施补偿以后，危险等级下降为较轻，说明尽管高压聚乙烯生产工艺的火灾、爆炸危险很大，但只要采取必要的安全措施，安全稳定、持续生产的目标是可以达到的。

（2）针对高压聚乙烯生产工艺的特点，严格控制温度和压力，防止分解和泄漏是关键。此外，杜绝火源（如静电火花、雷击等）也是预防火灾、爆炸事故的重要方面。

（3）在装置内外应设置充足的灭火设施。这些设施包括自动报警系统、自动泡沫灭火系统、喷洒灭火系统、消火栓系统等，一旦发生火灾，能保证企业消防队有足够的灭火装置，将火灾损失降到最低。

（4）设防火防爆分区。在容易发生爆炸的反应器、高压分离器四周设置防爆墙，使其与其他部分隔离，保证人身和设备的安全。此外，控制室、配电室等采用封闭式结构，万一聚合或压缩部分发生爆炸事故，可确保操作人员和控制仪表的安全。

（5）加大职工培训考核力度，全面提高技术素质及操作水平。使干部职工能真正熟练掌握操作规程及事故应急预案，明确装置危险部位及事故预防处理办法。

（6）针对目前低密度聚乙烯的需求量日益增大，各大型化工厂纷纷扩大生产装置、提高生产能力、改进产品性能、采用新型高效引发剂的趋势，建议对其进行严格的专业技术人员论证、专家组审查、部门审定后才开车运行，并严格修改有关操作规程。坚持安全第一的原则，最大限度地减少火灾、爆炸事故的发生。

第七节　事件树分析法

事件树分析（event tree analysis，ETA）法是一种源于决策树分析（decision tree analysis，DTA），按事故发展的时间顺序，由初始事件开始分析推论事件发展过程中每个环节可能的后果，从而对危险源进行辨识的方法。作为归纳推理分析方法，事件树分析法在安全系统工程中经常使用。这种方法将系统可能发生的某种事故与导致事故发生的各种原因之间的逻辑关系用一种称为事件树的树形图表示，通过对事件树的定性与定量分析，找出事故发生的主要原因，为确定安全对策提供可靠依据，以达到预测与预防事故发生的目的。事件树分析法已广泛用于核产业、宇航、化工、电力、交通、机械等领域，它可以进行故障诊断、系统薄弱环节分析，指导系统安全运行，实现系统的优化设计等。

使用事件树分析法可以事前预测可能发生的事故以及存在的不安全因素，估测事故的可能后果，寻找最可行的预防手段和方法。事故发生后采用 ETA 分析事故原因，非常方便、明确。事件树分析法的资料可作为安全教育素材，也对推测类似事故的预防对策提供借鉴。随着大量事故资料积累，采用计算机模拟（大数据），可更有效对事故进行预测。对安全管理上的重大问题进行决策，ETA 具有其他方法所不具备的优势。

1. ETA 分析程序

（1）确定初始事件。事件树分析作为一种系统地研究危险源的初始事件怎样与后续事件形成时序逻辑关系而最终导致事故的方法，对初始事件正确选择十分重要。初始事件是事故在未发生时，其发展过程中的危害或危险事件，如设备损坏、机器故障、能量外逸或失控、人为误动作等。初始事件可以用以下两种方法确定：①依据系统设计、系统运行经验、系统危险性评价、事故经验等确定；②根据事故树分析或系统重大故障，从其中间事件或初始事件中选择。

（2）判定安全功能。系统中包含许多安全功能，常见的安全功能列举如下：①对初始事件自动采取控制措施的系统，如自动停车系统等；②提醒操作者初始事件发生的报警系统，根据报警或工作程序要求操作者采取措施；③缓冲装置，如减振、压力泄放系统或排放系统等；④局限或屏蔽措施等。

（3）绘制事件树。从初始事件开始，按事件发展过程绘制事件树（一般自左向右），用树枝代表事件发展途径。首先考察初始事件一旦发生时最先起作用的安全功能，把可以发挥功能的状态画在上面的分枝，不能发挥功能的状态画在下面的分枝。然后依次考察各种安全功能的两种可能状态，把发挥功能的状态（又称成功状态）画在上面的分枝，把不能发挥功能的状态（又称失败状态）画在下面的分枝，直到到达系统故障或事故为止。

（4）简化事件树。在绘制事件树的过程中，可能会遇到一些与初始事件或与事故无关的安全功能，或者其功能关系相互矛盾、不协调的情况，需要用工程知识和系统设计知识进行辨别，然后从树枝中去掉，即构成简化的事件树。

在绘制事件树时，要在每个树枝上写出事件状态，树枝横线上面写明事件过程内容特征，横线下面注明成功或失败的状况说明。

2. 定性分析

事件树定性分析在绘制事件树的过程中就已进行。绘制事件树必须根据事件的客观条件和事件的特征做出符合科学性的逻辑推理，用与事件有关的技术知识确认事件可能状态，所以在绘制事件树的过程中就已对每一发展过程和事件发展的途径作了可能性的分析。事件树画好之后的工作，就是找出发生事故的途径和类型以及预防事故的对策。

（1）找出事故联锁。事件树的各分枝代表初始事件一旦发生其可能的发展途径，而最终导致事故的途径即为事故联锁。一般地，导致系统事故的途径有很多，即有许多事故联锁。事故联锁中包含的初始事件和安全功能故障的后续事件之间具有"逻辑与"的关系。显然，事故联锁越多，系统越危险；事故联锁中事件树越少，系统越危险。

（2）找出预防事故的途径。事件树中最终达到安全的途径指导我们如何采取措施预防事故。在达到安全的途径中，发挥安全功能的事件构成事件树的成功联锁。如果能保证这些安全功能发挥作用，则可以防止事故发生。一般地，事件树中包含的成功联锁可能有多个，即可以通过若干途径来防止事故发生。显然，成功联锁越多，系统越安全，成功联锁中事件树越少，系统越安全。

由于事件树反映了事件之间的时间顺序，所以应该尽可能地从最先发挥作用的安全功能着手。

3. 定量分析

事件树定量分析是指根据每一事件的发生概率，计算各种途径的事故发生概率，比较各个途径概率的大小，做出事故发生可能性序列，确定最易发生事故的途径。一般地，当各事件之间相互统计独立时，其定量分析比较简单。当事件之间相互统计不独立时（如共同原因故障、顺序运行等），则定量分析变得非常复杂。这里仅讨论前一种情况。

（1）各发展途径的概率。各发展途径的概率等于自初始事件开始的各事件发生概率的乘积。

（2）事故发生概率。事件树定量分析中，事故发生概率等于导致事故的各发展途径的概率和。

定量分析要有事件概率数据作为计算的依据，而且事件过程的状态又是多种多样的，一般都因缺少概率数据而不能实现定量分析。

（3）事故预防。事件树分析把事故的发生发展过程表述得清楚而有条理，对设计事故预防方案，制定事故预防措施提供了有力的依据。

从事件树上可以看出，最后的事故是一系列危害和危险的发展结果，如果中断这种发展过程就可以避免事故发生。因此，在事故发展过程的各阶段，应采取各种可能措施，控制事件的可能性状态，减少危害状态出现概率，增大安全状态出现概率，把事件发展过程引向安全的发展途径。

在事件不同发展阶段采取措施阻截事件向危险状态转化，最好在事件发展前期过程采取措施，从而产生阻截多种事故发生的效果。但有时因为技术经济等原因无法控制，这时就要在事件发展后期过程采取控制措施。显然，要在各条事件发展途径上都采取措施才行。

【应用实例】

实例1：烟叶工作站的联合工房集烟叶收购、仓储、配送为一体，烟叶及其包装材料都属于可燃固体，当烟叶的受热温度达到它的自燃点（175℃）时，就能够发生燃烧。此类物品在烟叶收购季节大规模库存时，火灾危险性和可能性大大增加，一旦发生火灾，造成的经济损失均较大，因此联合工房是烟叶工作站的消防安全重点部位。图7-7所示为某烟站联合工房的火灾隐患检查消除事件树。

根据烟叶工作站消防验收报告、各项安全管理规章制度以及有关人员在烟站实际参与的安全管理情况，得出本事件树各分枝事件的概率，如表7-16所示。

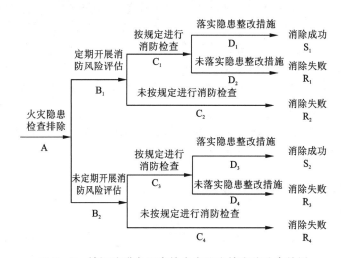

图7-7　某烟站联合工房的火灾隐患检查消除事件树

表7-16　火灾隐患检查消除事件树各分枝事件概率

编号	各分枝事件	概率
A	检查消除火灾隐患	1.0
B_1	定期开展火灾风险评估	0.97
B_2	未定期开展火灾风险评估	0.03
C_1	按规定进行防火巡查检查（1）	0.98

续表 7－16

编号	各分枝事件	概率
C_2	未按规定进行防火巡查检查(1)	0.02
C_3	按规定进行防火巡查检查(2)	0.96
C_4	未按规定进行防火巡查检查(2)	0.04
D_1	落实隐患整改措施(1)	0.97
D_2	未落实隐患整改措施(1)	0.03
D_3	落实隐患整改措施(2)	0.98
D_4	未落实隐患整改措施(2)	0.02

计算该事件树中各发展途径的概率:

$$P[S_1] = P[A] \times P[B_1] \times P[C_1] \times P[D_1] = 1.0 \times 0.97 \times 0.98 \times 0.94 = 0.893564$$

$$P[R_1] = P[A] \times P[B_1] \times P[C_1] \times P[D_2] = 1.0 \times 0.97 \times 0.98 \times 0.06 = 0.057036$$

同理可得: $P[R_2] = 0.0194$, $P[S_2] = 0.027648$, $P[R_3] = 0.001152$, $P[R_4] = 0.0012$

对于图 7-7 所示的事件树,初始事件总的失败概率为:

$$P_{4-1} = P[R_1] + P[R_2] + P[R_3] + P[R_4] = 0.057036 + 0.0194 + 0.001152 + 0.0012 = 0.078788$$

整改措施:根据上述小概率事件的原则,该工房火灾隐患消除失败的概率为 0.078788,大于 0.05,所以该烟叶工作站在检查消除火灾隐患方面的能力建设中存在不足,火灾危险性较大,应立即采取整改措施。整改措施有两个方面:

(1)烟站应定期开展火灾风险评估,实时评估烟站的火灾危险性,根据危险等级有重点地进行消防安全检查工作,找出火灾隐患并且把隐患消除在萌芽状态,从而有效减少火灾事件的发生。

(2)烟站若没有定期开展火灾风险评估,应按规定进行防火安全检查,全面排查火灾隐患,并落实隐患整改措施,防止火灾的发生。

实例 2: 某大型化工装置环氧乙烷产品罐区进行专项风险分析。

环氧乙烷罐区由 4 个直径 9.7 m、容量 400 m³ 的球罐组成,区域大小为 36 m×36 m,配有喷淋系统、水炮等消防措施。距离最近的建筑物是乙二醇(EG)装车操作室,直线距离为 121 m。

由于环氧乙烷的易燃易爆特性,少量的泄漏就容易引发爆炸(蒸汽云爆炸,vapor cloud explosion,VCE)和火灾,所以设定的初始事件是"环氧乙烷罐区发生了足以引起 VCE 和火灾的泄漏",根据英国健康与安全执行局以及挪威船级社的文献中的数据,该事件的发生概率为 1×10^{-4}/年。

在 VCE 和火灾发生后,球罐下部的保温层可能会被损坏,从而进一步加剧事态的严重性。而喷淋系统是否能够正常工作,也决定了事故的后续走向。同时,在发生事故的紧急情况下,当班领导和操作人员的反应也是极其关键的,及时、正确的决定和操作可以有效避免人员伤亡。如果事态失控,可能导致大规模的沸腾液体扩展蒸汽爆炸(BLEVE),造成人员伤亡和巨大的财产损失。事件树分析图见图7-8,图中给出了事故可能的发展方向与关键节点以及相应的后果和概率。事故后果及严重程度见表7-17。

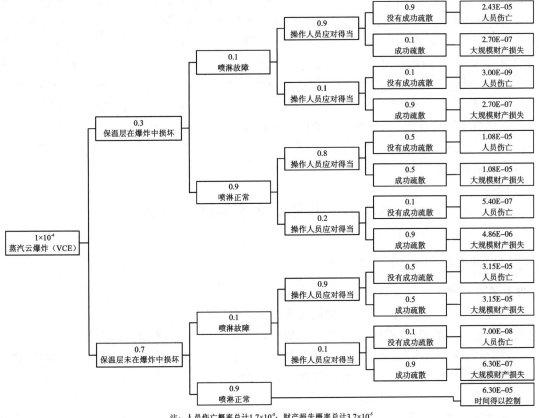

注:人员伤亡概率总计1.7×10^{-5};财产损失概率总计3.7×10^{-5}。

图7-8 事件树分析

表7-17 事故后果及严重程度

后果	概率	严重程度
第一次爆炸(VCE)	1×10^{-4}/年	冲击波,可能引起人员伤亡
后续事态被控制(保温、喷淋、人员应对均正常)	6.3×10^{-5}/年(各项加和)	没有更严重的后果
后续事态失控(各种应对措施不同程度失效)	3.7×10^{-5}/年(各项加和)	在VCE基础上发生二次爆炸,BLEVE
后续事态失控,造成财产损失但无人员伤亡	2.0×10^{-5}/年(各项加和)	设备和产品损失可达数千万元
后续事态失控,造成财产损失和人员伤亡	1.7×10^{-5}/年(各项加和)	救火人员和建筑物内人员伤亡

通过分析可以看到,高质量的保温层、有效可靠的喷淋和正确的紧急事故应对是阻止事态朝不可控方向发展的有力手段。

分析发现:①保温层在第一次爆炸(VCE)后被损坏的概率为0.3,这是基于高质量的保温层做出的假设。如果保温层质量不好，按最坏的工况考虑，这个概率上升为 0.9。于是后续事态失控并发生二次爆炸（BLEVE）的概率从 3.7×10^{-5}/年直线上升为 9.1×10^{-5}/年，增大近 3 倍。②假设喷淋系统失效概率为 0.1，而在一般工程设计中，可燃气体检测器触发警报后，需要操作工人手动打开喷淋，同时雨淋阀组设置为 FC（failure closed），这样无法满足安全完整性等级 1 级（SIL-1）的要求，使得 BLEVE 的概率大大提高，增至 1×10^{-4}/年。③充足的人员，正确的应对能力也是十分关键的。在分析中引入了人因条件，假设操作人员在不同的心理压力情况下会有不同的反应：(a)故障和失误会造成恐慌，使得出错概率大大增加；(b)正确应对会缓解恐慌，减轻压力，降低出错概率；(c)复杂而冗长的操作出错概率高。

在分析中可以看到：人因参数直接影响事故的后续发展。通过类似计算得到，若增加至 11 人或者编制完善的紧急预案并进行认真培训，能够有效提升操作人员正确应对的概率，出现人员死亡的概率则从 1.7×10^{-5}/年降低至 0.79×10^{-5}/年。

第八节　其他定性定量评价方法

（一）其他定性评价方法

1. 危险和可操作性研究

危险和可操作性研究是一种定性的安全评价方法，其基本过程是以关键词为引导，找出过程中工艺状态的变化（即偏差），然后分析偏差产生的原因、后果及可采取的对策。

危险和可操作性研究是基于这一原理，即背景各异的专家们如若在一起工作，就能够在创造性、系统性和风格上互相影响和启发，能够发现和鉴别更多的问题，要比他们独立工作并分别提供工作结果更为有效。

虽然危险和可操作性研究起初是专门为评价新设计和新工艺而开发的，但这种方法同样可以用于整个工程、系统生命周期的各个阶段。

危险和可操作性研究的本质，就是由各种专业人员按照规定的方法，通过系列会议对工艺流程图和操作规程进行分析，对偏离设计的工艺条件进行过程危险和可操作性研究。

危险和可操作性研究方法与其他安全评价方法明显的不同之处在于：其他方法可由某人单独去做，而危险和可操作性研究则必须由一个多方面的、专业的、熟练的人员组成的小组来完成。

2. 作业条件危险性评价方法

美国的格雷厄姆和金尼研究了人们在具有潜在危险环境中作业的危险性，提出了以所评价的环境与某些作为参考环境的对比为基础，将作业条件的危险性作为因变量（D）、事故或危险事件发生的可能性（L）、暴露于危险环境的频率（E）及危险严重程度（C）作为自变量，确定了它们之间的函数式。

根据实际经验，他们给出了 3 个自变量各种不同情况的分数值，采取对所评价的对象根据情况进行"打分"的办法，然后根据公式计算出其危险性分数值，再按危险性分数值划分的危险程度等级表，查出其危险程度。该方法简便、可操作性强，有利于掌握企业内部危险点的危险情况，有利于促进整改措施的实施。但 3 种因素中事故发生的可能性只有定性概念，没有定量标准。评价实施时很可能在取值上因人而异，影响评价结果的准确性。

作业条件危险性评价法对作业条件的局部评价，不能普遍适用。在评价开始之前确定定量的取值标准，如"完全可以预料"是平均多长时间发生一次，"相当可能"为多长时间发生一次，等等，这样就可以按统标准评价系统内各子系统的危险程度。

3. 日本劳动省"六阶段"安全评价方法

日本劳动省"六阶段"安全评价是一种最早的综合型的安全评价模式，在此模式中既有定性的评价方法，又有定量的安全评价方法，考虑较为周到。

在这一综合的评价模式中应用了定性评价（安全检查表）、定量危险性评价、按事故信息评价和系统安全评价（事件树、事故树分析）等评价方法，分为 6 个阶段，采取逐步深入、定性和定量结合、层层筛选的方式对危险进行识别、分析和评价，非采用措施修改设计、消除危险。这 6 个阶段如下：

第一阶段：资料准备；

第二阶段：定性评价（安全检查表检查）；

第三阶段：定量评价；

第四阶段：安全措施；

第五阶段：由过去的事故情况进行再评价；

第六阶段：危险度为 I 的装置，用事故树、事件树进行再评价。评价后如果发现需要改进的地方，要对设计内容进行修改，然后才能建厂。

4. 危险度评价法

危险度评价法是借鉴日本劳动省"六阶段"的定量评价表，结合我国国家标准 GB 50160—2018《石油化工企业设计防火规范》、HG 20660—2017《压力容器中化学介质毒性危害和爆炸危险度评价分类》)等有关标准、规程，编制了"危险度评价取值表"，规定了危险度由物质（A）、容量（B）、温度（C）、压力（D）和操作等 5 个项目共同确定，其危险度分别按 A = 10 分，B = 5 分，C = 2 分，D = 0 分赋值计分，由累计分值确定单元危险度。危险度分级如下：

$$\begin{Bmatrix} 物质 \\ 0\sim10 \end{Bmatrix} + \begin{Bmatrix} 容量 \\ 0\sim10 \end{Bmatrix} + \begin{Bmatrix} 温度 \\ 0\sim10 \end{Bmatrix} + \begin{Bmatrix} 压力 \\ 0\sim10 \end{Bmatrix} + \begin{Bmatrix} 操作 \\ 0\sim10 \end{Bmatrix} = \begin{Bmatrix} 16\ 分以上 \\ 11\sim15 \\ 1\sim10 \end{Bmatrix}$$

16 分以上为 1 级，属高度危险；

11 ~ 15 分为 2 级，需与周围情况用其他设备联系起来进行评价；

1 ~ 10 分为 3 级，属低危险度。

危险度评价取值见表 7 - 18。

表 7 - 18　危险度评价取值

项目	分值			
	A(10 分)	B(5 分)	C(2 分)	D(0 分)
物质（指单元中危险、有害程度最大的物质）	(1)甲类可燃气体 (2)甲$_A$类物质及液态烃类 (3)甲类固体 (4)极度危害介质	(1)乙类可燃气体 (2)甲$_B$、乙$_A$类可燃液体 (3)乙类固体 (4)高度危害介质	(1)乙$_B$、丙$_A$、丙$_B$类可燃液体 (2)丙类固体 (3)中、轻度危害介质	不属于 A、B、C 项的物质

续表 7 – 18

项目	分值			
	A(10 分)	B(5 分)	C(2 分)	D(0 分)
容量	(1) 气体·1000 m³ 以上 (2) 液体 100 m³ 以上	(1)气体 500～1000 m³ (2)液体 50～100 m³	(1)气体 100～500 m³ (2)液体 10～50 m³	(1) 气体 < 100 m³ (2) 液体 < 10 m³
温度	在 1000 ℃ 以上使用,其操作温度在燃点以上	(1)在1000 ℃以上使用,但操作温度在燃点以下 (2)在 250～1000 ℃ 使用,其操作温度在燃点以上	(1)在 250～1000 ℃ 使用,但操作温度在燃点以下 (2)在低于250 ℃时使用,操作温度在燃点以上	在低于 250 ℃ 时使用,操作温度在燃点以下
压力	100 MPa	20～100 MPa	1～20 MPa	1 MPa 以下
操作	(1)临界放热和特别剧烈的放热反应操作 (2)在爆炸极限范围内或其附近的操作	(1)中等放热反应操作 (2)系统进入空气或不纯物质,有可能发生的危险操作 (3)使用粉状或雾状物质,有可能发生粉尘爆炸的操作 (4)单批式操作	(1)轻微放热反应操作 (2)在精制过程中伴有化学反应 (3)单批式操作,但开始使用机械等手段进行程序操作 (4)有一定危险的操作	无危险的操作

(二)其他定量评价方法

为了保障生产的安全性和可靠性,仅是概略地做出"安全"或"危险"的估计,已不能满足要求,而应当在"安全"与"危险"之间,拟定一个明确的界限或确定一个衡量标准,从而鉴别怎样是安全的或是危险的。在安全技术领域里,已成功地运用数学和现代计算技术分析研究有关安全的各个因素之间的数量关系,揭示它们之间的数量变化和规律性,为安全性预测及选择最优方案,提供了科学的方法,也就是对安全进行定量的分析与评价。

定量评价方法是指运用大量实验结果和广泛的事故资料统计分析获得的指标或规律(数学模型),对生产系统的工艺、设备、设施、环境、人员、管理状况进行量的计算,评价结果是定量的指标,如事故发生的概率、事故的伤害(破坏)范围、定量的危险性、事故致因因素的事故关联度或重要度。

安全的定量分析,是以既定的生产系统或作业活动为对象,在预期的应用中或既定的时间内,对可能发生的事故类型、事故的严重程度及事故出现的概率所进行的分析和计算。"概率"这个概念就是对安全性的一个数量度量。它所要研究的问题,实际上就是分析可能发生什么样的事故,以及事故是怎样发生的,即在定性分析的基础上,进步探讨多少时间发生一次,也就是事故发生的可能性概率。

安全定量分析的数学基础主要是数理统计、概率论和逻辑代数等。定量分析的主要参数包括故障率(失效率)、误操作率以及其他特定的指数和统计数值等。在取得完善的和可靠的基础数据的基础上,应用逻辑运算方法进行计算,便可求得事故的概率,或按预定的程序和数值,确定其数量等级。

典型的定量评价方法有概率风险评价法、伤害(或破坏)范围评价法和危险指数评价法等几种。

1. 概率风险评价法

概率风险评价法是根据零部件或子系统的事故发生概率,求取整个系统的事故发生概率。本方法从 1974 年拉姆逊教授评价民用核电站的安全性开始,继而有 1977 年的英国坎威岛石油化工联合企业的危险评价,1979 年德国对 19 座大型核电站的危险性评价,1979 年荷兰雷杰蒙德 6 项大型石油化工装置的危险评价等,都是使用概率评价方法。一方面,这些评价项目都耗费了大量的人力、物力,在方法的讨论、数据的取舍、不确定性的研究以及灾害模型的研究等方面均有所创建,对大型企业的危险评价方法影响较大。系统结构简单、清晰,相同元件的基础数据相互借鉴性强,如在航空、航天、核能等领域,这种方法得到了广泛的应用。另一方面,该方法要求数据准确、充分,分析过程完整,判断和假设合理。对于化工、煤矿等行业,由于系统复杂,不确定性因素多,人员失误概率的估计十分困难,因此,这类方法至今未能在此类行业中取得进展。随着模糊概率理论的进一步发展,概率风险评价方法的缺陷将会得到一定程度的克服。

但是使用概率风险评价方法需要取得组成系统各零部件和子系统发生故障的概率数据,其主要应用范围如下:

(1)提供某种技术的危险分析情况,用于制定政策、答复公众咨询、评价环境影响等。

(2)提供危险定量分析值及减小危险的措施,帮助建立有关法律和操作程序。

(3)在工厂设计、运行、质量管理、改造及维修时提出安全改进措施。

概率风险评价是评价和改善技术安全性的一种方法。用这种方法可建造导致不希望后果的事件链(称为事件树)或事故树,用来分析事故原因。通过估计事件发生概率或事故率以及损失值,可定量表示危险性大小。损失值通常用生命损失、受伤人数、设备和财产损失表示,有时也用生态危害来表示。

在核工业中,概率法用来替代传统的决定论方法评价工厂的安全性。使用概率风险评价方法便于设计冗余安全系统和高度防护装置。

概率风险评价一般由 3 个步骤组成:①辨识引发事件;②建立已辨识事件发生的后果及概率的模型;③进行危险性量化分析。

概率风险评价可进行不同层次的分析。核工业中进行三级概率风险评价:一级评价仅考虑反应堆芯熔化的概率;二级评价分析释放到环境中的放射性物质浓度;三级评价分析事故产生的个体和群体危险。后者常称作综合性或大规模危险评价。

概率风险评价为安全评价起了很大的促进作用。但是,该方法的一些不足之处影响了它的应用范围。

2. 伤害(或破坏)范围评价法

伤害(或破坏)范围评价法是根据事故的数学模型,应用计算数学方法,求取事故对人员的伤害范围或对物体的破坏范围的安全评价方法。液体泄漏模型、气体泄漏模型、气体绝热扩散模型,池火火焰与辐射强度评价模型、火球爆炸伤害模型、爆炸冲击波超压伤害模型、蒸汽云爆炸超压破坏模型、毒物泄漏扩散模型和锅炉爆炸伤害 TNT 当量法都属于伤害(或破坏)范围评价法。

伤害(或破坏)范围评价法是应用数学模型进行计算,只要计算模型以及计算所需要的初值和边值选择合理，就可以获得可信的评价结果。评价结果是事故对人员的伤害范围或（和）对物体的破坏范围，因此评价结果直观、可靠，评价结果可用于危险性分区，同时还可以进一步计算伤害区域内的人员及其伤害程度，以及破坏范围物体损坏程度和直接经济损失。但该类评价方法计算量比较大，一般需要使用计算机进行计算，特别是计算的初值和边值选取往往比较困难，而且评价结果对评价模型以及初值和边值的依赖性很大，评价模型或初值和边值选择稍有偏差，评价结果就会出现较大的失真。因此，该类评价方法适用于系统的事故模型以及初值和边值比较确定的安全评价。

3. 危险指数评价法

危险指数评价法应用系统的事故危险指数模型，根据系统及其物质、设备（设施）、工艺的基本性质和状态，采用推算的办法，逐步给出事故的可能损失、引起事故发生或使事故扩大的设备、事故的危险性以及采取安全措施的有效性的安全评价方法。常用的危险指数评价法有：道化学公司火灾爆炸危险指数评价法；蒙德火灾爆炸毒性指数评价法；易燃、易爆、有毒重大危险源评价法。

在危险指数评价法中，由于指数的采用，使得系统结构复杂、难以用概率计算事故可能性的问题，通过划分为若干个评价单元的办法得到解决。这种评价方法，一般将有机联系的复杂系统，按照一定的原则划分为相对独立的若干个评价单元，针对评价单元逐步推算事故可能的损失和事故危险性以及采取安全措施的有效性，再比较不同评价单元的评价结果，确定系统最危险的设备和条件。评价指数值同时含有事故发生可能性和事故后果两方面的因素，避免了事故概率和事故后果难以确定的缺点。该类评价方法的缺点：采用的安全评价模型对系统安全保障设施（或设备、工艺）功能的重视不够，评价过程中的安全保障设施（或设备、工艺）的修正系数，一般只与设施（或设备、工艺）的设置条件和覆盖范围有关，而与设施（或设备、工艺）的功能多少、优劣等无关。特别是忽略了系统中的危险物质和安全保障设施（或设备、工艺）间的相互作用关系，而且，给定各因素的修正系数后，这些修正系数只是简单地相加或相乘，忽略了各因素之间的重要度的不同。因此，只要系统中危险物质的种类和数量基本相同，系统工艺参数和空间分布基本相似，即使不同系统服务年限有很大不同而造成实际安全水平已经有了很大的差异，其评价结果也是基本相同的，从而导致该类评价方法的灵活性和敏感性较差。

思考题

1. 编制安全检查表的依据是什么？安全检查表有什么优点？
2. 根据检查的对象和目的的不同，安全检查表可分为哪些类型？每类的主要内容是什么？
3. 预先危险性分析有什么优点？
4. 简述事件树分析法的步骤。
5. 事故树分析法的特点是什么？
6. 什么是最小割集、最小径集？它们在事故树分析法中有什么作用？
7. 危险与可操作性分析的特点是什么？用到了哪些引导词？
8. 针对一个熟悉的系统编写安全检查表。
9. 试对一个充满液化气的钢瓶进行预先危险性分析。
10. 以厨房内液化气钢瓶泄漏爆燃为顶上事故编写事故树。

第二部分

化工环境保护技术

第八章

化工废水处理技术

第一节　化工污染概述

化工污染是指化学工业生产过程中产生的废水、废气、废渣等,这些废物在一定浓度以上大多是有害的(有的还是剧毒物质),进入环境造成污染的现象。有些化工产品在使用过程中又会引起污染,甚至比生产本身所造成的污染更为严重、也更为广泛。在我国,化工行业是一个具有高效益、高利润的行业,与此同时也是一个高能耗、高污染的行业。化工行业作为我国工业化进程的支柱行业之一,对推动我国经济发展起到了决定性作用,但其带来的环境污染也是不可低估的。据统计,目前化学工业生产过程中排放的废水、废气、废渣分别占工业总排放量的40%~45%、7%~10%、9%~12%,在工业部门位于前列。然而,我国的工业污染又在环境污染中占70%。因此,我国化工企业的环境污染问题一直是环保部门关注的焦点。几十年来,国家各级生态环境主管部门在化工污染治理方面投入大量资金,建立了大批治理污染的设施。虽然取得了比较明显的环境效益,但化工污染治理技术的发展远远落后于化学工业生产的发展,存在着污染治理技术不够成熟、费用高等问题。因此,解决我国化工污染的任务还相当艰巨。

一、化工污染三阶段

由于近代化学工业迅速发展,化工污染也随之严重。从化学工业的发展过程来看,化工污染大体可以分为三个阶段。

1. 化工污染的发生期

早期的化学工业(大约在19世纪末)是以生产酸、碱等无机化工原料为主,虽然也有些有机化工原料的工业,如以煤焦油为原料合成染料以及酒精工业等,但都还是处于发展的初级阶段。特别在生产规模上与无机化学工业相比要小得多,所以当时化学工业主要的污染物还是酸、碱、盐等无机污染物。这一时期的无机化工生产规模没法与现在的化学工业相比,品种也比较少,因此产生的污染物质比较单一,不足以构成大面积的流域性污染,环境污染问题还不明显。

2. 化工污染的发展时期

从20世纪初到20世纪40年代,由于冶金、炼焦工业的迅速发展,化学工业也随之发展，并进入以煤为原料来生产化工产品的煤化学工业时期。从那时起，煤不再单纯作为燃料燃烧，而成为化学工业的主要原料。一系列以煤、焦炭和煤焦油为原料的有机化学工业产品开始大量生产，大量新建的化工企业不断出现，世界化学工业有了较快的发展。同时，在这个时期的无机化学工业的规模和数量也不断扩大，所以造成的无机污染在数量上及危害程度都有所加剧；同时，有机化学工业也开始发展，导致有机污染物对环境污染的影响加大，有时有机污染物与无机污染物协同作用，造成更大的污染。因此，化学工业污染现象显得更加严重。

3. 化工污染的泛滥时期

从 20 世纪 50 年代开始，世界各国陆续发现了储量丰富的油气田，从此石油工业迅速发展，已成为现代能源及国民经济的重要组成部分。石油工业的崛起，引起世界各国的燃料结构逐步从煤转向石油和天然气。从而化学工业也进入了以石油和天然气为主要原料的"石油化学时代"，石油化学工业开始迅猛发展。随着石油化学工业的高速发展，环境污染泛滥成灾，达到了前所未有的地步。污染类型也发生了质的转变，由原先的煤烟型转化为石油型污染。

化工污染是化学工业发展过程中亟待解决的一个重大问题，若不能妥善解决，势必会制约化学工业的可持续发展。现在环保要求不断苛刻，化学工业发展已进入了治理与防止化工污染的年代。

二、化工污染及其来源

化工污染物按其性质可分为无机化工污染物和有机化工污染物；按污染物的形态可分为废气、废水和废渣。化工污染物都是在生产和使用过程中产生的，其产生原因和进入环境的途径多种多样，其主要来源可分为以下两个方面。

1. 化工生产的原料、半成品和产品

（1）化学反应不完全。

因受转化率的限制，所有化工生产中的原料不可能全部转化为半成品或成品。未反应的原料虽有一部分可回收利用，但最终总有一部分回收不完全或不可回收而被排放进入自然环境。我国是农药生产和使用大国，但农药生产工艺落后、设备老化，导致原料利用率低、损耗较大，一般只有 30% ~40% 得到利用，即有 60% ~70% 的原料以"三废"的形式排入环境。

（2）原料不纯。

化工原料有时本身纯度不够，有的杂质不参与化学反应，最后要被排出；有的杂质参与化学反应，生成的反应产物同样也是目的产品的杂质，对自然环境而言可能也是有害污染物。氯碱工业是最基本的化学工业之一，采用电解饱和食盐溶液的方法来制取氯气、氢气和烧碱，但只能利用食盐中的氯化钠，其余占原料约 10% 的杂质则被排出，成为污染源。

（3）物料泄漏。

由于生产设备、管道等封闭不严密或者操作、管理水平有限，物料在生产、储存、运输过程中往往会发生泄漏现象。这不仅会给化工企业自身造成经济损失，还可能造成严重的环境污染事故，并产生难以预料的后果。

（4）产品使用不当及其废弃物。

2.化工生产过程的排放

(1)燃烧过程。

在化工生产中，为保证化学反应的顺利进行，需使化学反应维持在一定温度和压力下进行，有时需要供热，有时需要冷却。燃料(如煤、石油、天然气)燃烧可为化工生产提供热量，但燃料在燃烧过程中会不可避免地产生大量烟气和烟尘，对环境造成极大危害。

(2)冷却水。

化工生产常在高温下进行，因此，对成品或半成品需要进行冷却，采用水进行冷却时，将排出冷却水。如果采用直接冷却，冷却水与反应物直接接触，不可避免地在排出冷却水时带走部分物料，形成污水污染；如果采用间接冷却，虽然冷却水不直接与反应物接触，但排出的冷却水温度升高，也会形成热污染。另外，为了保证冷却水系统不产生腐蚀和不结垢，常常在冷却水系统中投加水质稳定剂，如缓蚀阻垢剂、杀菌灭藻剂等，当加有这些药剂的冷却水排出时，也会形成污水污染。

(3)副反应和副产品。

在化工生产中，原料在发生化学反应时会同时发生一些副反应，并随之产生一系列副产物。副产物虽然有的经过回收可成为有用的物质，但往往由于副产物的数量不大、成分复杂，要进行回收存在许多困难，不经济。所以，往往将副产物作为废料排弃，从而引起环境污染。

(4)生产事故。

化工生产过程中经常发生的事故是设备事故。由于原料、成品或半成品很多具有腐蚀性，容器、管道等易被腐蚀，如检修不及时，就易出现"跑、冒、滴、漏"等现象，流失的原料、成品或半成品就会对周围环境造成污染。相对而言，偶然发生的事故是工艺过程事故。由于化工生产条件的特殊性，如反应条件控制不好，或催化剂更换不及时，或有非目的产物生成需排放，或为保障安全而大量排气、排液，这种废气、废液和非目的产物若数量比平时多、浓度比平时高，就会造成严重污染，甚至人身伤亡。

三、化工污染的特点

由于化学工业门类繁多、工艺复杂、产品多样，生产中排放的污染物种类多、数量大、毒性强，因此化学工业一度被称为最大的污染源。我国化学工业所带来的环境污染问题尤其严重，不仅面广、量大，而且极其复杂的组成导致治理过程中难度非常大，远远超出其他产业。一项2000年的统计资料显示，化学工业产生的废水是全国总量的20%、废气占5%、废渣占8%。化工厂一般多集中在水源较丰富的江、河、湖、海附近，生产废水大都直接被排入附近水域，因此化学工业对水域的污染尤为突出。不仅如此，化工废水中数量较多的铅、砷、铬、镉、汞等重金属，严重危害生态环境的有机毒物(如硫化物、医药中间体、PCBs、POPs、挥发酚等)，还有很多不能被环境亲和的废弃物(如黏胶、树脂、塑料等)，导致资源生产能力的严重破坏。

1.化工废水污染的特点

化工废水是指在化工生产中排放出的工艺废水、冷却水、废气洗涤水、设备及场地冲洗水等废水。化工废水多种多样，多数具有剧毒、不易净化，在生物体内有一定的积累作用，在水体中具有明显的耗氧性质，易使水质恶化。由于化工废水中的污染物质种类多样，因此往往不可能用一种处理单元就能够把所有的污染物质去除干净。一般地,一种废水往往需要通过由几种方法和几个处理单元组成的处理系统处理后,才能够达到排放要求。

(1)有毒性、刺激性或腐蚀性。

化工废水中含有多种污染物,有些是有毒或剧毒的物质,如氰、酚、砷、汞、镉、铅、苯和二噁英等,在一定浓度下对人和其他生物体产生毒性影响;还有一些具有刺激性或腐蚀性的物质,如无机酸、碱类等。

(2)有机物浓度高。

化工废水特别是石油化工废水中各种有机酸、醇、醛、酮、醚和环氧化物等有机物浓度较高,一经排入水体,就会在水中进一步氧化分解而消耗大量的溶解氧,直接威胁水生生物的生存。

(3)pH 不稳定。

化工生产排放的废水,有的呈强酸性、有的呈强碱性,这对水生生物、农作物及构筑物均有极大危害。

(4)营养化物质较多。

有的化工废水中氮、磷等营养盐含量过高,排入水体后使得营养盐的输入和输出失去平衡,从而导致水生态系统的物种分布失衡,单一物种(如铜绿微囊藻)疯长,破坏了水生态系统的物质和能量流动,水体溶解氧量迅速下降,鱼类及其他水生生物大量死亡,造成化工厂周围水域出现富营养化现象。

(5)恢复比较困难。

受到化工有害物质污染的水域,即使停止污染,要恢复至其原始状态也相当困难,尤其是重金属污染物,停止排放后仍难以消除。

2.化工废气污染的特点

(1)易燃、易爆气体较多。

如低沸点的酮、醛、易聚合的不饱和烃等,当大量易燃、易爆气体排(或泄)放,如不采取适当措施,容易引起火灾、爆炸事故,危害极大。

(2)排放物大多具有刺激性或腐蚀性。

如二氧化硫、氮氧化物、氯气、氟化氢等气体都具有刺激性或腐蚀性,尤其以二氧化硫和氮氧化物的排放量最大。这些气体直接损害人体健康,腐蚀金属、建筑物和雕塑的表面,还易形成酸雨降落到地面,污染土壤、森林、河流、湖泊。

(3)废气中浮游粒子种类多、危害大。

化工生产排出的浮游粒子包括粉尘、烟气、酸雾等,种类繁多,对环境的危害较大。特别是当浮游粒子与有害气体共存时,能产生协同作用,对人体危害更为严重。

3.化工废渣污染的特点

(1)直接污染土壤。

化工废渣长期存放不但侵占土地、浪费资源,而且污染物在风化作用下会到处流散。尤其是有毒废渣,不仅会使土壤受到污染,还可导致农作物等受到污染,危害人类健康。土壤一旦受到污染,很难得到恢复,甚至成为不毛之地。

(2)间接污染水体。

工业废渣可通过人为投入、被风吹入、雨水带入等途径进入地表水,或通过渗透作用进入地下水，间接造成水体污染，引起水质下降、利用价值降低或丧失现象。工业废渣对水体的污染以化工废渣最为突出，尤其是将化工废渣不做任何处理直接倒入江、河、湖泊或沿海海域，可造成更为严重的水环境污染。

（3）间接污染大气。

化工废渣在堆放过程中，在一定温度下，由于水分的作用，会使废渣中某些有机物发生分解，产生有害气体扩散到大气中，造成大气污染。如石油化工厂排出的重油渣、沥青块等，在自然条件下产生多环芳烃（polycyclic aromatic hydrocarbons，PAHs）气体这类致癌物质；废弃的尾矿、粉煤灰或磷石膏等，本身颗粒很细（微米级），干燥后会随风飞扬，恶化周围环境。

第二节　化工废水及其处理原则

一、化工废水的来源及分类

（一）化工废水的来源

化工废水主要来源于化工生产过程，其成分取决于生产过程中采用的原料及所用工艺，主要包括以下几个方面：

1. 物料流失形成的废水

化工生产的原料和产品在生产、包装、运输、堆放过程中，因部分物料流失，又经雨水或用水冲刷而形成的废水。

2. 化学反应不完全产生的废水

由于工艺条件的限制，化工生产过程中化学反应不完全而产生的废料，由于累积杂质较多、无法使用，常以废水形式排放。

3. 副反应过程生成的废水

化工生产主反应过程中，常伴随副反应的发生，并产生副产物。在某些情况下，副产物数量不大且成分比较复杂，便作为废水排放。

4. 冷却水

化工生产常在高温下进行，因此需要对成品或半成品进行冷却。一般循环冷却水不含污染物，可直接排放。但如果冷却方式为冷却水与反应物料直接接触，则不可避免地形成含有物料的废水。

5. 特定工艺产生的废水

一些特定生产过程排放的废水，如蒸馏和汽提的排水、高沸残液、酸洗或碱洗过程排放的废水等。

6. 地面和设备冲洗水及初期雨水

化工厂地面和设备的冲洗水以及初期雨水，因常带有某些污染物，最终也形成废水。

（二）化工废水的分类

（1）按废水中所含主要污染物的化学性质分类，可分为含无机污染物为主的无机废水（如无机盐、氮肥、磷肥、硫酸、硝酸、纯碱等行业排出的废水）、含有机污染物为主的有机废水(如有机原料、合成材料、农药、染料等行业排出的废水)和既含无机物又含有机物的废水(如氯碱、感光材料、涂料等行业排出的废水)。

(2)按废水中所含主要污染物的主要成分分类,可分为酸性废水、碱性废水、含氰废水、含酚废水、含铬废水、含汞废水、含油废水等。

第一种分类法不涉及废水中所含污染物的主要成分,也不能表明废水的危害性;第二种分类法明确地指出了废水中主要污染物的成分,并能表明废水的危害性。

二、化工废水的水污染指标及处理原则

(一)化工废水的水污染指标

化工废水和受纳水体的物理、化学、生物等方面的特征是通过水污染指标来表示的。水污染指标是控制和检测废水处理设备、处理效果和运行状态的重要依据。目前,最常用的水污染指标有:

1. 水温(water temperature)

温度是水体的一项重要物理指标。日常监测中发现水温突然升高,表明水体可能受到新污染源的污染。

2. pH

pH 是指水中氢离子活度的负对数。pH =7 表示水是中性,pH <7 的水呈碱性,pH >7 的水呈酸性。清洁天然水的 pH 为 6.5~8.5,pH 异常表示水体受到污染。

3. 悬浮性固体(suspended solids, SS)

悬浮性固体通常指在水中不溶解而又存在于水中不能通过过滤器的物质,包括黏土颗粒、无机沉淀、有机沉淀、有机垢、腐蚀产物等。

测定 SS 通常用玻璃砂芯滤器、滤纸、滤膜等作为滤器,现国际上常采用 $0.45~\mu m$ 作为滤器的孔径标准。SS 表示水中不溶解的固态物质含量,既是重要的水质指标,也是污水处理厂设计的重要参数。

4. 溶解氧(dissolved oxygen, DO)

溶解氧指在一定条件下,溶解在水中的空气的分子态氧的含量。水中 DO 的含量与空气中氧的分压、大气压和水温有直接关系。在 20 ℃、100 kPa 下,纯水中 DO 的含量约是 9 mg/L。

DO 是评价水体自净能力的指标。DO 含量较高,表示水体自净能力较强;DO 含量较低,表示水体中污染物不易被氧化分解,鱼类也因此得不到足够氧气而易窒息死亡。

5. 生化需氧量(biochemical oxygen demand, BOD)

生化需氧量指在一定条件下,微生物分解存在于水中的可生化降解有机物所消耗的溶解氧的量,单位为 mg/L。它是反映水中有机污染物含量的一个综合指标。

污水中各种有机物得到完全氧化分解的时间,总共约需 100 天。为了缩短检测时间,一般 BOD 以被检验的水样在 20 ℃下的耗氧量为代表,称其为 5 日生化需氧量,简称 BOD_5。对生活污水来说,它约等于完全氧化分解耗氧量的 70%。

6. 化学耗氧量(chemical oxygen demand, COD)

化学耗氧量指水样在一定条件下,以氧化 1 L 水样中还原性物质所消耗的氧化剂的量为指标,折算成每升水样全部被氧化后,需要的氧的毫克数,单位为 mg/L。它反映了水中受还

原性物质污染的程度，也作为有机物相对含量的综合指标之一。

一般测量 COD 所用的氧化剂为高锰酸钾或重铬酸钾，使用不同的氧化剂得出的数值也不同，因此需要注明检测方法。为了具有可比性，各国都有统一的监测标准。根据所加强氧化剂的不同，分别称为重铬酸钾耗氧量 COD_{Cr}（习惯上称为化学需氧量，COD）和高锰酸钾耗氧量 COD_{Mn}（习惯上称为耗氧量，oxygen consumption，OC，也称为高锰酸盐指数）。

7. 高锰酸盐指数

高锰酸盐指数是指在一定条件下，以高锰酸钾（$KMnO_4$）为氧化剂，处理水样时所消耗的氧化剂的量，单位为 mg/L。

8. 总有机碳（total organic carbon，TOC）

总有机碳指水体中溶解性和悬浮性有机物含碳的总量，以碳含量表示，单位为 mg/L。

水中有机物的种类很多，除含碳外，还含有氢、氮、硫等元素，目前还不能全部进行分离鉴定，常以"TOC"表示。TOC 是一个快速检定的综合指标，它以碳的数量表示水中含有机物的总量。但由于它不能反映水中有机物的种类和组成，因而不能反映总量相同的总有机碳所造成的不同污染后果。由于 TOC 的测定采用燃烧法，能将有机物全部氧化，因此它比 BOD_5 或 COD 更能直接表示有机物的总量，通常作为评价水体有机物污染程度的重要依据。

9. 菌落总数（colonies number）

菌落总数是指在一定条件下（如需氧情况、营养条件、pH、培养温度和时间等），每克（或每毫升）检样所生长出来的细菌菌落总数。按国家标准规定，即在需氧情况下，37 ℃培养 48 h，能在普通营养琼脂平板上生长的细菌菌落总数。厌氧或微需氧菌、有特殊营养要求的以及非嗜中温细菌，由于现有条件不能满足其生理需求，故难以繁殖生长，因此菌落总数并不表示实际中的所有细菌总数。

10. 大肠菌群（escherichia coli）

大肠菌群指一群既有需氧的又有厌氧的，在 37 ℃、24 h 内能分解乳糖并能产酸、产气的革兰氏阴性、无芽孢的大肠杆菌。大肠菌群能表示水体受人粪便污染的程度和作为饮用水的安全程度。

（二）化工废水的处理原则

化工废水的处理应从源头控制和末端治理相结合，尽量减少化工废水的排放量，使化工废水处理后能达标排放或能够综合利用，在处理过程中应遵循以下原则：

（1）成分和性质类似于城市污水的有机废水，如造纸废水、制糖废水、食品加工废水等，可以排入城市污水处理系统。

（2）流量大、污染轻的废水，如冷却废水，不宜排入城市污水处理系统，以免增加城市污水处理厂的负荷，应在厂内适当处理后循环使用。

（3）含有难以生物降解的有毒污染物废水，如含有重金属、放射性物质、高浓度酚、氰等废水，应与其他废水分流，不应排入城市污水处理系统，而应进行单独处理，以便于处理和回收有用物质。

（4）可生物降解的有毒废水，经厂内处理后，可按容许排放标准排入城市污水处理系统，由污水处理厂进一步进行生物氧化降解处理。

第三节　化工废水处理方法

针对不同污染物的特征,现已发展了多种不同的废水处理方法。按其作用原理可分为四大类,即物理处理法、化学处理法、物理化学处理法和生物处理法。

一、物理处理法

物理处理法是通过物理作用分离和去除废水中不溶解的呈悬浮状态的污染物质(包括油膜、油珠)的方法。在化工废水的处理中,物理处理法占有重要地位。与其他方法相比,物理处理法具有设备简单、操作方便、成本低、效果稳定等优点。它主要用于去除废水中的漂浮物、悬浮固体、沙和油类等,一般用作其他处理方法的预处理或补充处理。在处理过程中,污染物的化学性质不发生变化。物理处理法主要包括:重力分离法、筛滤截留法和离心分离法。

(一)重力分离(gravity separation)法

重力分离法是利用重力作用使废水中的悬浮物与水分离,去除悬浮物而使废水净化的方法。可分为沉降法和上浮法,即悬浮物密度大于废水者沉降,小于废水者上浮。该方法是最常用、最基本的废水处理方法,应用历史较长。

1.沉淀池(sedimentation tank)

沉淀池是应用沉淀作用去除水中悬浮物的一种构筑物,净化水质的设备。根据池内水流方向的不同,沉淀池可分为平流式沉淀池、竖流式沉淀池、辐流式沉淀池和斜板(管)沉淀池。

(1)平流式沉淀池(horizontal sedimentation tank)。

在平流式沉淀池内,水按水平方向流过沉降区并完成沉降过程。图8-1所示为设有链带式刮泥机的平流式沉淀池结构示意图。废水由进水槽经淹没孔口进入,进水孔口后设有挡板或穿孔整流墙对进水进行消能稳流,使进水沿过流断面均匀分布;沉淀池末端设有溢流堰(或淹没孔口)和集水槽,澄清水溢过堰口(或淹没孔口),经集水槽排出;溢流堰前设有挡板以阻隔浮渣,防止浮渣随出水流出,浮渣通过可转动的排渣管收集和排出;池体下部靠近进水端设有污泥斗,斗壁倾角为50°~60°,池底以0.01°~0.02°的坡度倾向泥斗;刮泥刮渣板在池的底部把沉泥刮入泥斗,在水面则将浮渣推向池尾的排渣管;泥斗内设有排泥管,开启排泥阀时,沉淀污泥在静水压力作用下由排泥管排出池外。

平流式沉淀池的优点是结构简单、效果良好,但排泥较困难。

(2)竖流式沉淀池(vertical sedimentation tank)。

竖流式沉淀池多用于小流量废水中絮凝性悬浮固体的分离,呈圆形或正多边形。图8-2所示为圆形竖流式沉淀池的结构示意图,上部圆筒形部分为沉降区,下部倒圆锥形部分为污泥区,二者之间有0.3~0.5 m的缓冲层。沉淀池运行时,废水经进水管进入中心管,借助反射板的阻挡作用,使水向四周分布,沿沉降区断面缓慢竖直上升。沉速大于水流速度的颗粒下沉至污泥区,澄清水由周边溢流堰溢流入集水槽。溢流堰内侧设有半浸没式挡渣板,用来阻止浮渣被出水带出。

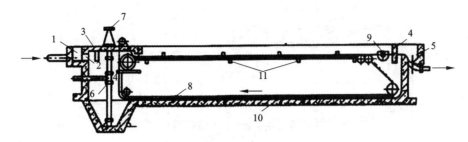

图 8 - 1　平流式沉淀池结构示意图

1—进水槽；2—进水孔；3—进水挡板；4—出水挡板；5—出水槽；6—排泥管；
7—排泥阀门；8—链带；9—排渣管槽；10—导轨；11—链条支撑

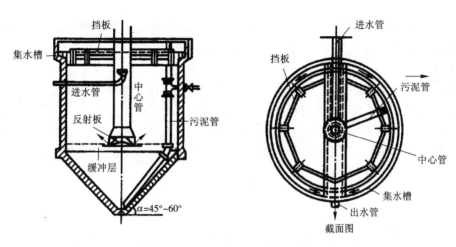

图 8 - 2　竖流式沉淀池结构示意图

竖流式沉淀池中心进水口处流速较大，呈紊流状态，容易影响初期沉降效果；排泥设备复杂、造价高、施工麻烦，因而应用较少。

（3）辐流式沉淀池（radial - flow sedimentation tank）。

辐流式沉淀池的结构示意图如图 8 - 3 所示。进水管设在池中心，中心进水管周围设有穿孔导流板，使废水沿圆周方向向四周均匀分布，导流板外围设有旋转挡板，由于池直径比深度大很多，水向四周流动呈辐射状，流动过程中水流速度逐渐减小，悬浮物下沉进入池底，出水由四周溢流堰溢流进入集水槽。辐流式沉淀池多采用机械刮泥机刮泥，刮入泥斗中的污泥借静水压力或污泥泵排出。当废水含有大量悬浮物且水量大时，宜采用辐流式沉淀池。

（4）斜板（管）沉淀池［plate（tube）sedimentation tank］。

在处理水量不变、沉淀池有效容积一定的条件下，增加沉淀池表面积或过流率，单位面积上水力负荷就会减小，悬浮物去除率增加。据此，在普通沉淀池中加设斜板或斜管形成斜板（管）沉淀池，也称浅层沉淀。斜板或斜管可增大沉淀池的沉降面积，缩短悬浮物沉降距离，使沉淀效率大大提高。但浅层沉降是建立于自由沉淀理论基础上，二沉池中活性污泥或生物膜不适用斜板或斜管沉淀。

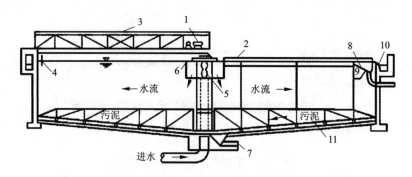

图 8 – 3　辐流式沉淀池结构示意图

1—驱动；2—装在一侧桁架上的刮渣板；3—桥；4—浮渣挡板；5—转动挡板；6—转筒；

7—排泥管；8—浮渣刮板；9—浮渣箱；10—出水堰；11—刮泥板

斜板(管)沉淀池按水流和污泥流的流动方式，可分为同向流、异向流和横向流三种形式。同向流是水流和污泥流均向下；异向流是水流向上、污泥流向下；而横向流是水流大致水平、污泥流向下。

图 8 –4 所示为异向流斜板(管)沉淀池结构示意图。沉淀池进口需考虑整流消能措施，使水流均匀进入斜板(管)下的配水区，进水区高度应不小于 1. 5 m，以便均匀配水。斜板(管)长度一般为 800 ~ 1000 mm，放置倾角宜为 50° ~ 60°，倾角愈小，沉淀面积愈大，沉淀效率愈高，但对排泥不利。斜板(管)间距越小，表面积增加越大，沉淀效率也越高，但从施工和排泥角度看，一般为 50 ~ 150 mm。

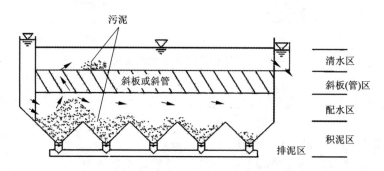

图 8 – 4　异向流斜板(管)沉淀池结构示意图

2. 沉砂池(grit chamber)

沉砂池的工作原理是以重力分离或离心分离为基础，控制进入沉砂池的废水流速或旋流速度，使密度较大的无机固体颗粒下沉，而有机悬浮物随水流带走。沉砂池通常设置在泵站或沉淀池之前，用以分离废水中密度较大的砂粒、灰渣等无机固体颗粒，使水泵和管道免受磨损和阻塞，同时也减轻沉淀池的无机物负荷，使污泥具有良好的流动性，便于排放输送。按照池内水流方向的不同，沉砂池分为平流沉砂池、曝气沉砂池、旋流沉砂池和多尔沉砂池四种形式。其中，以平流沉砂池应用最为广泛。近年来，曝气沉砂池也得到了推广应用。

（1）平流沉砂池（horizontal – flow grit chamber）。

平流沉砂池是平面为长方形的沉砂池。它是最常用的一种形式，截留效果好、工作稳定、构造较简单。图8-5所示的是平流沉砂池的一种。它的主体部分（上部过水部分）是一条加宽、加深了的明渠，由入流渠、沉砂区、出流渠等部分组成，两端设有闸板以控制水流。在池底设有1~2个倒棱台形的贮砂斗，斗底有带闸阀的排砂管。工作时为保证沉砂池有较好的沉砂效果，又使密度较小的有机悬浮物不被截留，需严格控制水流速度，水平流速一般控制在0.15~0.3 m/s为宜，停留时间不少于30 s。

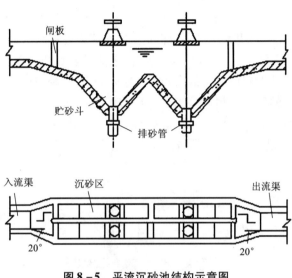

图8-5 平流沉砂池结构示意图

（2）曝气沉砂池（aerated grit chamber）。

曝气沉砂池是一种矩形渠道，沿渠壁一侧的整个长度方向、距池底60~90 cm处安设穿孔曝气管进行曝气；曝气装置下部设集砂槽，池底有 $i = 0.1° ~ 0.5°$ 的坡度，以保证砂粒滑入；集砂槽侧壁倾角不应小于60°，曝气装置的一侧可以设置挡板，使池内水流具有较好的旋流运动（图8-6）。

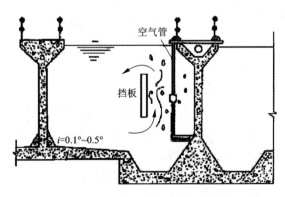

图8-6 曝气沉砂池结构示意图

由于曝气作用,废水中有机颗粒经常处于悬浮状态,砂粒互相摩擦并承受曝气的剪切力,砂粒上附着的有机污染物能够被去除,有利于取得较为纯净的砂粒。在旋流的离心力作用下,这些密度较大的砂粒被甩向外部、沉入集砂槽,而密度较小的有机物随水流向前流动、被带到下一处理单元,解决了平流沉砂池中部分有机悬浮物沉积在池内的弊端。另外,在水中曝气可脱臭、改善水质,有利于后续处理,还可起到预曝气作用。

(3)旋流沉砂池(ortex – type grit chamber)。

旋流沉砂池是利用机械力控制废水流态与流速、加速砂粒的下沉并使有机物被水流带走的沉砂装置。

旋流沉砂池由流入口、流出口、沉砂区、砂斗、涡轮驱动装置以及排砂系统等组成(图8 – 7)。污水由流入口切线方向进入沉砂区,进水渠道设有跌水堰,使沉积在渠道底部的砂子向下滑入沉砂池;也可在进水口设一挡板,使水流及砂粒进入沉砂池时向池底流动,加强附壁效应。沉砂池中间设有可调速的桨板,使池内的水流保持环流。由于悬浮物所受离心力不同,相对密度较大的砂粒被甩向池壁,在重力作用下沉入砂斗;而较轻的悬浮物,则在沉砂池中间部分与砂分离,有机物随出水旋流排出。砂斗内的沉砂可以采用空气提升、排砂泵排砂等方式排出,再经砂水分离达到清洁排砂的标准。

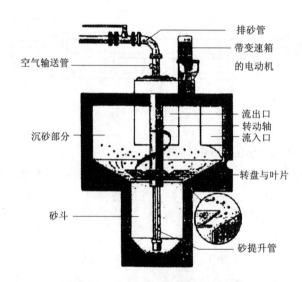

图8 – 7 旋流沉砂池结构示意图

(4)多尔沉砂池(dole grit chamber)。

多尔沉砂池(图8 – 8)适用于所有污水厂的沉砂、分砂(即砂水分离)。污水从沉砂池一侧以平流方式进入池内,沙砾在重力作用下沉于池底,被刮砂机上的弧形刮板依次推移至池边的贮砂斗中,并落入集砂槽内,再经耙式步进输砂机逐渐刮至池外,刮出的砂无须再进行砂水分离就可运走。多尔沉砂池的特点在于:结构简单,安装方便;传动件大部分在水上,使用寿命长;操作简单,便于维护;流态好,除砂效率高。

3. 隔油池(oil separation tank)

石油开采与炼制、煤化工、石油化工及轻工业行业的生产过程排出大量含油废水,油品

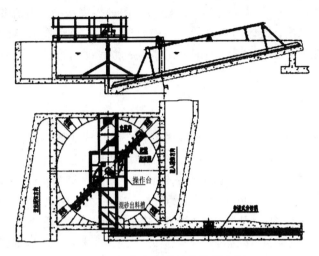

图8-8 多尔沉砂池结构示意图

相对密度一般都小于1。化工、炼油废水中的油类一般以3种状态存在：①悬浮状态，这部分油在废水中分散颗粒较大，易于上浮分离，占总含油量的80%～90%；②乳化状态，这部分油在废水中分散颗粒较小，直径一般为0.05～25μm，不易上浮分离，占总含油量的10%～15%；③溶解状态，这部分油仅占总含油量的0.2%～0.5%。因此，只要去除前两部分油，废水中的绝大多数油类物质即被去除，一般能够达到排放要求。对于呈悬浮状态的油类，一般用隔油池进行分离；对于乳化油，则采用浮选法进行分离。常用的隔油池有平流隔油池和斜板隔油池。国内多采用平流隔油池，其构造与平流式沉淀池相似，在实际运行中主要起隔油作用，但也有一定的沉淀作用。

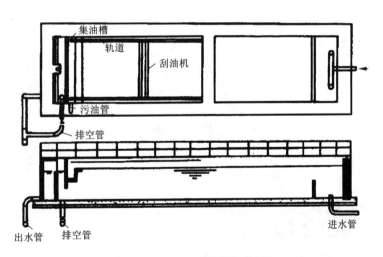

图8-9 平流隔油池结构示意图

平流隔油池结构见图8-9。废水从池的一端经穿孔墙整流后流入，保持池内一定的水平流速(2~5 mm/s)。废水流动过程中,密度小于水的油珠浮出水面;密度大于水的颗粒杂质及重油沉于池底。处理后的水从池的另一端经溢流堰进入集水槽,溢流堰前端设置挡板,阻止浮油及浮渣进入集水槽,挡板前端设置集油槽收集浮油,经污油管导出池外。大型隔油池设有刮油刮泥机,刮板运行时,将浮油刮入出水端,将底部的重油及沉渣刮入集泥斗,经排泥管排出。

(二)筛滤截留法

筛滤截留法是指利用留有孔眼的装置或由某种介质组成的滤层,截留废水中粗大的悬浮物和杂物,以保护后续处理设施能正常运行的一种预处理方法。筛滤的构件包括平行的棒、条、金属网、格网或穿孔板。其中,由平行的棒或条构成的,称为格栅;由金属丝织物或穿孔板构成的,称为筛网。它们所去除的物质称为筛余物。格栅,用以截阻可能堵塞水泵机组及管道阀门的较粗大的悬浮物;筛网,用以截阻、去除废水中用格栅难以去除的纤维、纸浆等较细小的悬浮物;布滤设备,用以截阻、去除废水中的细小悬浮物;砂滤设备,用以过滤截留更为微细的悬浮物。

1. 格栅过滤(grating filter)

格栅,又称钢格栅、钢格板或格栅板,是用一组平行的刚性栅条制成的框架,可以用来拦截水中的大块悬浮物。格栅通常倾斜设在其他处理构筑物之前或泵站集水池进口处的渠道中,以防漂浮物阻塞构筑物的孔道、闸门和管道或损坏水泵等机械设备。因此,格栅起着净化水质和保护设备的双重作用。

格栅按形状,可分为平面格栅和曲面格栅两种;按结构形式及除渣方式,可分为人工格栅和机械格栅两大类,机械格栅又可分为回转式、旋转式、齿耙式等多种形式。目前,工业废水处理中应用较多的是机械格栅,其安装示意图见图8-10。

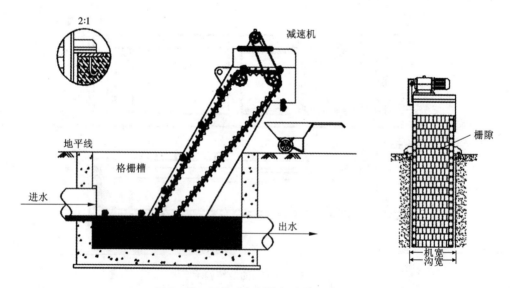

图8-10 回转式机械格栅安装示意图

栅条间距随被拦截的漂浮物尺寸不同，分为细、中、粗三种。细格栅的栅条间距为 $3 \sim 10$ mm，中格栅和粗格栅的栅条间距分别为 $10 \sim 25$ mm 和 $50 \sim 100$ mm。新设计的废水处理厂一般都采用粗、中两道格栅，也有采用粗、中、细三道格栅的。

格栅栅条的断面形状有正方形、圆形、矩形和带半圆的矩形等数种。其中，圆形断面栅条的水力条件好，水流阻力小，但刚度较差；其他形状断面的栅条则刚好相反，虽然强度大、不易弯曲变形，但水力损失较大。实际应用中，多采用矩形断面的栅条。

2. 筛网过滤(mesh filter)

化工废水中如含有较细小的或纤维类悬浮物，常用筛网进行去除。筛网通常用金属丝或化学纤维编织而成，其常见形式有：转鼓式筛网、转盘式筛网、振动筛网、水力筛网等。不论何种形式，其结构要求既能截留污物，又便于卸料和清理筛面。筛孔尺寸可根据需要选择 $0.15 \sim 1.0$ mm。

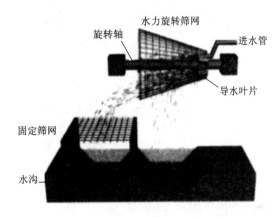

图 8 – 11　水力回转筛网结构示意图

图 8 – 11 所示为一种水力回转筛网的结构示意图，它由旋转锥筒筛和固定筛网组成。运动筛网水平放置，呈截顶圆锥形，进水端在运动筛网小端，废水在从小端到大端流动的过程中，纤维等杂质被筛网截留，并沿倾斜面卸到固定筛网以进一步脱水。水力筛网的动力来自进水水流的冲击力和重力作用。因此，水力筛网的进水端要保持一定压力，且一般采用不透水的材料制成，而不用筛网。水力筛网已有较多的应用实例，但还未有定型的产品。

3. 颗粒介质过滤(particulate filtration)

颗粒介质过滤适用于去除废水中的微粒物质和胶状物质，常用作离子交换和活性炭处理前的预处理。常用的介质过滤设备有：普通快滤池、V 形滤池、无阀过滤器等。

(1)普通快滤池(rapid filter)。

普通快滤池滤料一般为单层细砂级配滤料(级配是在同一种滤料中，不同粒径的滤料颗粒在滤料中所占的质量分数)或煤、砂双层滤料。图 8 – 12 是普通快滤池结构示意图，一般用钢筋混凝土建造，池内有排水槽、滤料层、垫料层和配水系统；池外有集水管廊，配有进水管、出水管、冲洗水管、冲洗水排出管等。

普通快滤池工作过程包括过滤和反洗。过滤，即截留污染物；反洗，即把被截留的污染物从滤料层中洗去，使之恢复过滤能力。过滤开始时，原水自进水管(浑水管)经集水渠、洗砂排水槽分配进入滤池，在池内水从上而下穿过滤料层、垫料层(承托层)，由配水系统收集，并经清水管排出。过滤一段时间后，滤料发生阻塞，水头损失增大，产水量锐减，又由于水流冲刷使一些截留的悬浮物从滤料表面剥落随出水流出，影响出水水质，这时应进行反洗。反洗时，关闭进水阀和清水阀，开启排水阀及反冲洗进水阀，反冲洗水从下而上通过配水系统、垫料层、滤料层，由洗砂排水槽收集，经集水渠内的排水管排走。反洗过程中，反洗水使滤料层膨胀流化，滤料颗粒相互摩擦、碰撞，使附着在滤料表面的悬浮物被冲刷下来，由反洗水带走。滤池反洗后，重新进入过滤状态，开始过滤的出水水质较差应排出。

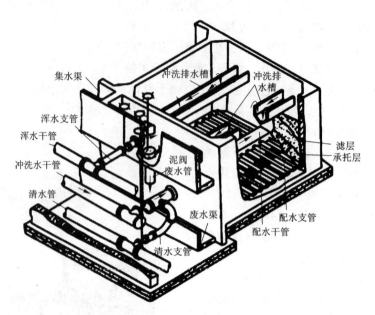

图 8-12　普通快滤池结构示意图

（2）V形滤池(V filter)。

V形滤池，又称均粒滤料滤池，指的是采用粒径较粗且较均匀的滤料，并在各滤格两侧设有V形进水槽的滤池布置形式。冲洗采用气水微膨胀兼有表面扫洗的冲洗方式，冲洗排泥水通过设在滤格中央的排水槽排出池外。其主要特点是滤料粒径较大、滤层较厚，截污能力强，过滤周期长。

V形滤池结构示意图如图8-13所示，其工作过程包括过滤、反冲洗和气冲洗过程。过滤时，待处理水经进水阀、溢过堰口，再经侧孔进入被待滤水淹没的V形槽，分别经槽底均匀的配水孔和V形槽堰进入滤池。滤后水经滤头流入池底部，由方孔汇入气-水分配管渠，再经出水堰、清水渠进入清水池。反冲洗时，关闭进水阀，但有一部分进水仍从两侧常开的方孔流入滤池，由V形槽一侧流向排水渠一侧，形成表面扫洗。而后打开排水阀，将池面水从排水槽中排出，直至滤池水面与V形槽顶相平。反冲洗过程常采用"气冲→气、水同时反冲→水冲"三步。气冲时，开启进气阀，打开供气设备，空气经气-水分配渠的上小孔均匀进入滤池底部，由滤头喷出，将滤料表面杂质擦洗下来并悬浮于水中，被表面扫洗水冲入排水槽。气、水同时反冲洗是在气冲洗的同时，启动冲洗水泵，开启冲洗水阀，反冲洗水也进入气-水分配渠，气、水分别经小孔和方孔流入滤池底部配水区，经滤头均匀进入滤池，使滤料得到进一步冲洗，表面扫洗仍继续进行。水冲进行时，应停止气冲洗，单独水冲，表面扫洗仍继续，最后将水中杂质全部冲入排水槽。

（3）无阀过滤器(Valveless filter)。

无阀过滤器广泛应用于地表水净化、循环水旁流过滤、生产废水除悬浮杂质、有机污水经生化和二沉处理后的过滤。钢制无阀过滤器主要利用虹吸原理进行定期反冲洗，过滤器进水、出水、冲洗及排水均不用阀门，靠水力作用自动运行。

图8-14所示为无阀过滤器结构示意图，由顶部的冲洗水箱、中部的过滤室、底部的集

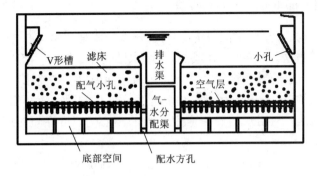

图 8 – 13 V 形滤池结构示意图

水室以及进水装置和冲洗虹吸装置五部分组成。运行时，进水由进水管送入滤池，自上而下穿过滤层，滤后水从排水系统，通过联络管进入过滤水箱，水箱充满后，由出水管溢流排走。随着过滤的运行，滤层阻力增大，虹吸上升管内水位不断上升，当水位达到虹吸辅助管的管口时，水自该管急剧下落，通过水射器，由抽气管抽吸虹吸管顶部的空气，虹吸管内产生负压，使虹吸上升管和下降管中水位很快上升，汇合连通形成虹吸。此时过滤室中的水和进水经上升管和下降管进入排水井，水箱中的水倒流经过滤层，形成滤池的反冲洗。直至过滤水箱内水位下降至虹吸破坏管管口以下时，虹吸管吸进空气破坏虹吸，反冲洗过程结束，滤池进入新周期的循环运行。

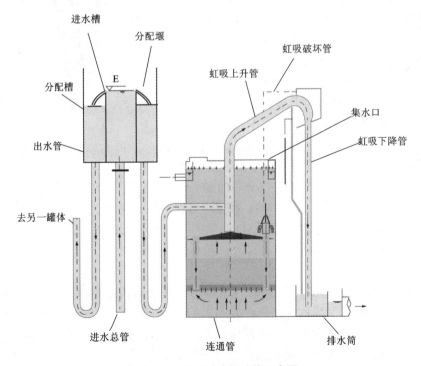

图 8 – 14 无阀过滤器结构示意图

（三）离心分离（centrifugal separation）法

物体作高速旋转时，会产生离心力场。离心分离法就是利用离心力，使废水中密度不同的悬浮物进行分离的方法。含悬浮物（或油）的废水做高速旋转时，密度大于水的悬浮固体被抛向外围，而密度小于水的悬浮物（如乳化油）则被推向内层。如将水和悬浮物从不同的出口分别引出，即可使二者得以分离。因此，对于密度差较小的固—液两相，采用重力法分离困难，可采用离心分离法，利用水的旋流产生较大的离心力，可在短时间内获得理想的分离效果。

按照离心力产生的方式不同，离心分离设备可分为水旋和器旋两类。前者如水力旋流器、旋流沉淀池，其特点是器体固定不动、而由沿切向高速进入器内的物料产生离心力；后者指各种离心机，其特点是高速旋转的转鼓带动物料产生离心力。

1. 水力旋流器（hydroclone）

水力旋流器，简称水旋器，有压力式和重力式两种。压力式水力旋流器是借助水压能产生离心力分离固体颗粒。水力旋流器由钢板或其他耐磨材料制成，其构造如图 8 - 15 所示。它的上部是一个中空的圆柱体，下部是一个与圆柱体相通的倒锥体，二者组成水力旋流器的工作筒体。进水管以渐收方式，按切线方向与圆筒相接。当废水借水泵提供的能量沿切向进入圆筒时，其流速可达 6 ~ 10 m/s，并沿器壁形成向下做螺旋运动的一次涡流。其中直径和密度较大的悬浮固体颗粒被甩向器壁，在下旋水流推动和重力作用下沿器壁下滑，在锥底形成浓缩液连续排除。其余液流则向下旋流至一定程度后，便在越来越窄的锥壁反向压力作用下改变方向，由锥底向上做螺旋运动，形成二次涡流，经溢流管进入溢流筒后，从出水管排除。另

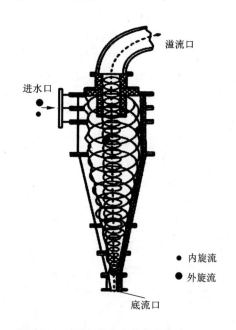

图 8 - 15　压力式水力旋流器结构示意图

外，在水旋器中心，还形成一束绕轴线分布的自下而上的空气涡流柱。

水力旋流器具有体积小、结构简单、处理能力强、安装检修方便等优点，因而适用于各类小水量工业废水和高浊度河水中氧化铁皮、泥沙等密度较大的无机杂质的分离。其缺点是设备容易磨损、动力消耗较大。

2. 离心机（centrifuge）

离心机的种类和形式很多。按分离因素的大小，可分为高速离心机、中速离心机和低速离心机，中、低速离心机又统称常速离心机；按转鼓几何形状的不同，可分为转筒式、管式、盘式和板式离心机；按操作过程可分为间歇式和连续式离心机；按转鼓的安装角度，则分为立式和卧式离心机。中、低速离心机多用于分离纤维类悬浮物和污泥脱水等液固分离，而高速离心机则适用于分离乳化油和蛋白质等密度较小的细微悬浮物。

（1）常速离心机（normal speed centrifuge）。

用常速离心机进行固液分离的基本要求是悬浮物与水有较大的密度差。其分离效果主要取决于离心机的转速及悬浮物密度和粒度的大小。国内某些厂家采用转筒式连续离心机进行污泥脱水或从废水中回收纤维类物质，可使泥饼含水率降低到80%左右，纤维回收率可达60%～70%。

常速离心机还有一类间歇式过滤离心机。其转鼓壁上钻有小孔，鼓内壁衬以滤布。转鼓旋转时，注入鼓内的废水在离心力的作用下被甩向鼓壁，并通过滤布从圆孔溢出鼓外，而悬浮物则被滤布截留，从而以离心分离和阻力截留的双重作用完成液固分离过程。

（2）高速离心机（high speed centrifuge）。

高速离心机是利用高速旋转的转子或转鼓产生离心力，使需要分离的不同物料加速分离的装置。高速离心机有管式和盘式等类型，主要用于分离乳浊液中的有机分散相物质和细微悬浮固体，如从洗毛废水中回收羊毛脂，从淀粉麸质水中回收玉米蛋白质。

二、化学处理法

化学处理法是利用化学反应来分离、去除废水中呈溶解、胶体状态的污染物的废水处理法。化学处理法可用来去除废水中的金属离子、细小的胶体有机物和无机物、植物营养素（氮、磷）、乳化油、色度、臭味、酸、碱等，对于废水的深度处理有着重要作用，包括中和法、混凝法、氧化还原法等。

（一）中和（neutralization）法

中和法是指通过化学的方法，使酸性废水中的氢离子与外加氢氧根离子，或使碱性废水中的氢氧根离子与外加氢离子之间相互作用，生成可以溶解或难溶解的其他盐类，从而消除它们的有害作用，可以调节酸性或碱性废水的pH。

在化工生产中，对于低浓度的含酸、含碱废水，在无回收及综合利用价值时，往往采用中和法进行处理。中和法也常用于废水的预处理，调整废水的pH。

1.酸性废水的中和处理法

（1）酸性废水与碱性废水混合。

如有酸性与碱性两种废水同时均匀排出，且两者所含的酸、碱量又能相互平衡，两者可以直接在管道内混合，不需中和池。如排水经常波动变化，须设置中和池，在中和池内进行中和反应。中和池一般应平行设计两套，交替使用。

（2）投药中和法。

投药中和法就是将碱性中和药剂如石灰（乳）、石灰石、电石渣、苏打、烧碱等碱性化合物投入酸性废水中，经充分反应，使废水中和。投药中和法按照投药方式不同，分为干投法和湿投法两种。

干投法：将固体药剂按理论计算投加量的1.4～1.5倍，均匀连续投加到酸性废水中，可采用电磁振荡设备投加。该法劳动强度大，反应慢且反应不完全，消耗试剂量大。

湿投法：将碱性药剂配成一定浓度的溶液，采用计量设备进行投加的方法。石灰先消化成40%～50%的石灰乳，送至乳液槽，加水配制成5%～10%的石灰水，送至投配器，然后计算投加量投入反应槽。

（3）过滤中和法。

过滤中和法是以块状、难溶的中和剂（如石灰石或白云石）为滤料，废水流经这些滤池时得以中和。中和滤池主要有普通中和滤池、膨胀中和滤池（图 8 - 16）和滚筒中和滤池（图 8 - 17）。过滤中和法需考虑滤料与酸反应时是否会生成难溶物，从而阻碍中和反应进行的情况。例如，含硝酸、盐酸的废水，中和后产生的盐，一般多易溶于水，不产生沉淀。又如，含硫酸的废水，如果用石灰石中和，则要产生大量的硫酸钙沉淀，因为硫酸钙在水中的溶解度比较小。

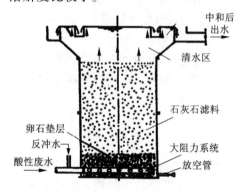

图 8 - 16　膨胀中和滤池结构示意图

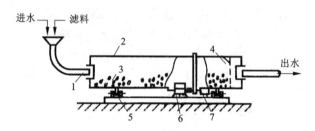

图 8 - 17　滚筒中和滤池结构示意图

1—进料口；2—滚筒；3—滤料；4—穿孔隔板；
5—支承轴；6—减速器；7—电机

2. 碱性废水的中和处理法

对于碱性废水，首先应考虑采用酸性废水进行中和处理。若附近没有酸性废水，可采用投加酸（硫酸或盐酸）进行中和的方法。根据具体情况，也可采用向碱性废水中鼓入烟道废气或向废水注入压缩的二氧化碳气体进行中和。

用烟道废气进行中和时，常用喷淋塔（图 8 - 18）。烟道废气中含有二氧化碳、二氧化硫、硫化氢等酸性物质，可与碱性废水发生中和反应。碱性废水从塔顶布水器喷出，烟道废气自塔底进入填料床。碱性废水和烟道废气在填料床逆向接触，废水和烟道废气都得到了净化。这是一种以废治废，开展综合利用的好办法。既可以降低废水的 pH，又可以去除烟道废气中的灰尘，

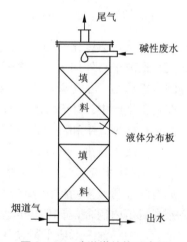

图 8 - 18　喷淋塔结构示意图

并使烟道气中的 CO_2 及 SO_2 气体从烟气中分离出去，防止烟道废气污染大气。

（二）混凝（coagulation）法

混凝法是指通过向废水中投加混凝剂，使其中的胶体粒子和微小悬浮物发生凝聚和絮凝而被分离出来，以净化废水的方法。

1. 混凝原理

胶体能在水中稳定存在，一方面是因为胶体质点很小，水分子的布朗运动不足以使其很快沉降；另一方面，胶体结构（图 8 - 19 为 AgI 胶体结构示意图）决定了胶体具有一定的稳定

性。胶体由胶核、吸附层和扩散层组成。其中，胶核和吸附层组成胶粒。胶粒带有一定的电荷，使胶粒间具有静电斥力；胶粒与扩散层之间有一个电位差，称为胶体电动电位(ζ电位)。胶体的电动电位越大，胶粒越稳定。因而，胶体粒子及微小悬浮物的去除，有赖于破坏其分散性或胶体的稳定性。

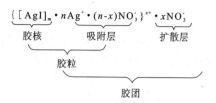

图 8-19 胶体结构示意图

混凝是凝聚和絮凝的合称。凝聚是因投加电解质，使胶粒电动电位降低或消除，以致胶体粒子失去稳定性，脱稳胶粒相互聚结的过程；絮凝是由高分子物质吸附架桥，使胶体粒子相互聚结成大的絮凝体的过程。因此，把能起凝聚和絮凝作用的药剂统称为混凝剂。目前认为，混凝剂的混凝作用主要通过压缩双电层、吸附电中和、吸附架桥和网捕四种作用来完成的。

(1)压缩双电层作用。

加入带有异种电荷的混凝剂，可以使胶粒的电动电位降低或消除，从而使胶粒脱稳、相互凝结形成大的絮凝体得以去除。这种作用主要适用于无机盐混凝剂的混凝作用。

(2)吸附电中和作用。

胶粒表面对异号离子、异号胶粒、链状离子或分子带异种电荷的部位有强烈的吸附作用。由于这种吸附作用中和了电位离子所带电荷，减少了静电斥力，降低了电位差，使胶体的脱稳和凝聚易于发生。此时静电引力是这些作用的主要方面。三价铝盐或铁盐混凝剂投量过多，混凝效果反而下降的现象，可以用本机理解释。因为胶粒吸附了过多的反离子，使原来的电荷变号，排斥力变大，从而发生了再稳现象。

(3)吸附架桥作用。

吸附架桥作用主要是指链状高分子聚合物在静电引力、范德华力和氢键力等作用下，通过活性部位与胶粒、微小悬浮物等发生吸附桥连的过程。

当三价铝盐或铁盐溶于水后，经水解、缩聚反应形成具有线形结构的无机高分子聚合物；而有机高分子絮凝剂本身就具有长链或网状结构。这类高分子物质可被胶粒强烈吸附。聚合物在胶粒表面的吸附来源于各种物理化学作用，如范德华引力、静电引力、氢键、配位键等，取决于聚合物同胶粒表面二者化学结构的特点。因其线形长度较大，两端都可吸附胶粒，在相距较远的两胶粒间进行吸附架桥，使颗粒逐渐结大，形成大的絮凝体而被去除。

(4)网捕作用。

三价铝盐或铁盐等无机絮凝剂水解生成沉淀或其他高分子絮凝剂，在下沉过程中可以卷集、网捕水中的胶粒及微小悬浮物，使胶粒黏结而形成大颗粒去除。

上述四种作用在混凝过程中往往同时或交叉发挥作用，只是在一定情况下以某种作用为主而已，共同完成对胶体及微小悬浮物的去除。

2.混凝剂和助凝剂

在混凝处理中，主要通过压缩双电层起作用的低分子电解质常称为凝聚剂；主要通过吸附架桥起作用的高分子药剂则称为絮凝剂；同时兼有以上作用的统称为混凝剂。但在大多情况下，絮凝剂也称为混凝。当用混凝剂不能取得良好效果时，可投加某类辅助药剂来提高混凝效果，这种辅助药剂称为助凝剂。

混凝剂种类很多，目前所知，不少于 200 种。按照所加药剂在混凝过程中所起的作用，混凝剂可分为凝聚剂和絮凝剂两类，分别起胶粒脱稳和结成絮体的作用。硫酸铝、二氯化铁等传统混凝剂，实际上属于凝聚剂，采用这类凝聚剂时，在混凝的絮凝阶段往往自动出现尺寸足够大、容易沉淀的絮体，因而不需另加絮凝剂。有些混凝剂，特别是合成聚合物，它们往往不只起絮凝剂的作用，而是起凝聚剂和絮凝剂的双重作用。另根据混凝剂的化学成分与性质，混凝剂还可分为无机混凝剂、有机絮凝剂和微生物絮凝剂三大类。微生物絮凝剂是现代生物学与水处理技术相结合的产物，是当前混凝剂研究发展的一个重要方向。

(1)无机混凝剂。

无机混凝剂主要是利用其中的强水解基团水解形成的微絮体使胶粒脱稳。从 19 世纪末美国最先将硫酸铝用于给水处理并取得专利后，无机混凝剂以其无毒(或低毒)、价格低廉、原料易得等优点得以大量运用。

无机混凝剂包括铁、铝的盐类，如硫酸铝(AS)、氯化铝(AC)、硫酸铁(FS)、氯化铁(FC)等；也包括其丛生的高聚物系列，如聚合氯化铝(PAC)、聚合硫酸铝(PAS)、聚合氯化铁(PFC)以及聚合硫酸铁(PFS)、聚合硫酸铝铁(PAFC)等。

无机聚合物混凝剂能提供大量的络合离子、中和胶粒及悬浮物表面的电荷，降低胶体电动电位，破坏胶体稳定性，使胶粒相互碰撞时形成絮状沉淀；无机聚合物混凝剂还能够强烈吸附胶粒，通过吸附、架桥、交联作用使胶体凝聚；无机聚合物混凝剂在溶液中还会发生物理化学变化，生成表面积较大的沉淀物，具有极强的吸附能力。

(2)有机絮凝剂。

有机絮凝剂分为天然高分子改性絮凝剂和合成高分子絮凝剂。天然高分子改性絮凝剂是人类使用较早的絮凝剂，不过其用量远少于合成高分子絮凝剂，其原因在于天然高分子改性絮凝剂电荷密度较小，相对分子质量较低且易发生生物降解而失去絮凝活性。合成有机高分子絮凝剂都是水溶性聚合物，重复单元中常包含带电基团，因而也被称为聚电解质。包含带正电基团的为阳离子型聚电解质，包含带负电基团的为阴离子型聚电解质，既包含带正电基团又包含带负电基团的为两性型聚电解质，有些人工合成有机高分子絮凝剂在制备中并没有人为地引进带电基团，称为非离子型聚电解质。废水处理中，使用较多的是阳离子型、阴离子型和非离子型聚电解质。国内使用最广泛的有机絮凝剂是合成的聚丙烯酰胺(PAM)系列产品，主要用于各种难处理的废水处理及污泥脱水处理，污泥脱水一般采用阳离子型聚丙烯酰胺。

(3)微生物絮凝剂。

微生物絮凝剂是利用生物技术，从微生物体或其分泌物中提取、纯化而获得的一种安全、高效，且能自然降解的新型水处理絮凝剂。微生物絮凝剂可以克服无机高分子和合成有机高分子絮凝剂本身固有的安全与环境污染方面的缺陷，易于生物降解，无二次污染。目前，已应用于纸浆废水、染料废水处理及污泥脱水、发酵菌体去除等领域，取得了良好的絮凝效果。

微生物絮凝剂虽然都由微生物产生，但不同的菌其产生方式不同。根据微生物絮凝剂在微生物培养液中的分布，可将微生物絮凝剂分为以下 3 类：

直接利用微生物菌体的絮凝剂，如活性污泥中的细菌、霉菌、酵母菌、放线菌。

利用微生物细胞提取液的絮凝剂，如酵母细胞壁的葡聚糖、甘露聚糖、蛋白质和 N – 乙酰葡萄糖胺等成分均可用作絮凝剂。

利用微生物细胞代谢产物的絮凝剂，微生物细胞分泌到细胞外的代谢产物主要是细胞的荚膜和黏液质，除水分外，其主要成分为多糖及少量的多肽、蛋白质、脂类及其复合物，可用作絮凝剂的主要是多糖。

3. 影响混凝效果的因素

(1)废水水质。

不同的废水，其污染物成分及含量不同，同一种混凝剂混凝效果可能相差很大，需根据水质确定混凝剂种类。

(2)混凝剂用量。

不同的混凝剂处理不同废水时，都有其最佳投加量，混凝剂不足，污染物不能充分脱稳去除；投加过多，可能出现再稳现象，增加处理成本。

(3)废水温度。

无机混凝剂多是通过水解作用来完成混凝，水解是吸热反应，当水温较低时，水解速度减慢。而且当水温低时水的黏度大，不利于胶粒脱稳，絮凝体形成缓慢，结构松散，颗粒细小，影响后续沉淀效果。故要达到较好的混凝效果，水温不宜太低。

(4)废水 pH。

无机混凝剂的水解程度受 pH 影响较大，不同种类混凝剂都有其最佳的 pH 使用范围。对于高分子絮凝剂，pH 主要影响其活性基团的性质，一般认为 pH 对有机絮凝剂影响较小。

(5)水力条件。

对无机混凝剂而言，混合过程要求混凝剂能迅速均匀地扩散到水中，因而混合阶段要求快速、剧烈搅拌，为混凝剂的水解、胶体脱稳和絮凝创造条件。而高分子絮凝剂在水中的形态不受时间的影响，混合作用主要是使药剂在水中均匀分散，混合可以在短时间内完成，不宜进行剧烈搅拌。反应阶段是使混合阶段形成的小絮体逐渐絮凝成沉降性能好的大絮凝体，搅拌强度或水流速度应随絮凝体的增大而逐渐降低，防止破坏已经形成的大絮凝体。

4. 混凝处理流程

混凝处理流程包括混凝剂投加阶段、混合阶段、反应阶段和澄清阶段。

(1)混凝剂投加阶段。

混凝剂投加的方法分为干投法和湿投法两种。干投法即把药剂颗粒直接投放到被处理的水中；湿投法是先把药剂根据水质水量配制成一定浓度的溶液，稀释后计量投入被处理水中。

(2)混合阶段。

常用的混合方式有水泵混合、机械搅拌混合、管道混合器混合、隔板混合等。

水泵混合：利用提升水泵进行混合，药剂在水泵的吸水管上或吸水喇叭口处投入，利用叶轮的高速转动达到快速而剧烈的混合目的。

机械搅拌混合：用电机带动桨板或螺旋桨进行强烈搅拌，搅拌速度可调节，比较灵活，但增加了机械设备，增加了维修保养和动力消耗。

管道混合器混合：在泵后管路上连接管道混合器进行药剂混合，药剂在管道混合器前端投加，管道混合器距离反应池不宜太远。

隔板混合：在混合池内设数块隔板，水流通过隔板孔道时产生急剧的扩张和收缩，形成涡流，使药剂与原水充分混合。处理水量稳定时，隔板混合效果较好，但流量变化较大时，混合效果不稳定。

（3）反应阶段。

混凝反应常在隔板折流反应池、机械搅拌反应池或涡流式反应池内进行。

（4）澄清阶段。

废水经过混凝处理形成大絮凝体后，常用沉淀池、气浮池和澄清池进行分离。其中，澄清池是能够同时实现混凝剂与原水的混合、反应和沉淀过程的一体设备。它利用接触凝聚原理，在池中让已经生成的絮凝体悬浮在水中成为悬浮泥渣层（接触凝聚区），当投加混凝剂的水通过悬浮泥渣层时，废水中新生成的微絮粒迅速吸附在悬浮泥渣上，形成较大的絮凝体，达到良好的去除效果。

（三）氧化还原（oxidation – reduction）法

氧化还原法是用氧化剂或还原剂去除水中有害物质的方法。

1. 氧化（oxidation）法

（1）空气氧化（atmospheric oxidation）法。

空气氧化法是将空气通入废水中，利用空气中的氧来氧化废水中可被氧化的有害物质的处理方法。如去除水中 Fe^{2+}、Mn^{2+}，氧可将它们氧化为 $Fe(OH)_3$、MnO_2 沉淀物进行去除。

空气氧化法用得较多的是工业废水脱硫。石油化工厂、皮革厂、制药厂等都会排出大量含硫废水。废水中的硫化物一般以钠盐或铵盐形式存在于污水中，如 Na_2S、$NaHS$、$(NH_4)_2S$、NH_4HS，酸性废水中也以 H_2S 的形式存在。当废水含硫量不大、无回收价值时，可采用空气氧化法脱硫。向废水中通入空气和蒸气，硫化物转化为无毒的硫代硫酸盐或硫酸盐。空气氧化法脱硫通常在密闭的塔器中进行，如真空塔、板式塔、填料塔等。

（2）臭氧氧化（ozonation）法。

臭氧氧化法是利用臭氧作氧化剂对废水进行净化和消毒处理的方法。臭氧具有很强的氧化能力，因此主要用于水的消毒、脱色，水中酚、氰、铁、锰等有害物质的去除，以及除臭。

用臭氧氧化法处理废水时，所使用的是含低浓度臭氧的空气或氧气。由于臭氧是一种不稳定、易分解的强氧化剂，因此要现场制备，其主要工艺设施由臭氧发生器和接触反应器两部分组成。标准臭氧发生器由气源处理系统、冷却系统、电源系统和臭氧合成系统组成；常用的接触反应器主要有鼓泡塔、静态混合器、涡轮注入器、射流器、填料塔等。

（3）氯氧化（chlorination）法。

氯氧化法是利用氯的强氧化性氧化废水中难降解的污染物，使其分解为低毒或无毒物质的处理方法。氯氧化法既可用于给水消毒，也用于含酚、氰、硫化物废水的氧化处理。常用的含氯药剂有液氯、漂白粉、次氯酸钠、二氧化氯等，各药剂的氧化能力用有效氯含量表示。氧化价大于 -1 的那部分氯具有氧化能力，称为有效氯。

（4）其他氧化法。

Fenton 氧化法是一种深度氧化技术，它是利用 Fe^{2+} 和 H_2O_2 之间的链反应，催化生成羟基自由基（·OH），而·OH 具有强氧化性，能氧化各种有毒和难降解的有机化合物，以达到去除污染物的目的。

电化学氧化法是指通过电极反应，氧化去除废水中污染物的过程。其机理是通过电极的作用,产生超氧自由基($\cdot O_2$)、羟基自由基($\cdot OH$)等活性基团来氧化废水中的有机物。该氧化过程不需另加催化剂,避免二次污染。

2. 还原(reduction)法

通过投加还原剂,将废水中的有毒物质转化为无毒或毒性较小的物质的方法称为还原法。常用的还原剂有铁屑、锌粉、硼氢化钠、亚硫酸钠、亚硫酸氢钠、水合肼($N_2H_4 \cdot H_2O$)、硫酸亚铁、氯化亚铁、硫化氢、二氧化硫等。因为化学还原过程中往往产生不溶性沉淀物,因此也称其为还原沉淀法,将其归属于化学沉淀过程。

在废水处理中,化学还原法主要用于含铬废水和含汞废水的处理,经常使用的还原剂有金属还原剂和盐类还原剂。

(1)金属还原法。

金属还原法是以固体金属为还原剂,用于还原废水中的污染物,特别是汞、铬、镉等重金属离子。常用的金属还原剂有铁、锌、铜、镁等,其中铁、锌因其价格便宜而作为首选的药剂。

用铁屑、铁粉处理废水主要利用铁的还原性、电化学性和铁离子的絮凝吸附作用。一般认为铁在处理废水过程中所能达到的处理效果是这三种性质共同作用的结果。铁在废水处理工程上的应用形式有铁屑过滤法、铁曝法、铁碳法等,其中铁碳法在处理高浓度 COD、生物难降解废水方面应用广泛。

(2)盐类还原法。

盐类还原法是利用一些化学药剂作为还原剂,将有毒物质转化为无毒或低毒物质,并进一步将其除去,使废水得到净化。

在生产实践中,采用盐类还原法处理六价铬时,一般常选用硫酸亚铁作为还原剂和石灰作为碱性药剂,这是因为其价廉易得,经济实用,但石灰中杂质含量较多,产生的泥渣也多。当水量小时,也可以采用氢氧化钠和亚硫酸氢钠,其价格较贵,但泥渣量少。如果有二氧化硫和硫化氢废气时,也可以利用尾气还原法,其特点是以废治废,费用低,设备也简单。

三、物理化学处理法

物理化学处理法是指废水中的污染物通过相转移作用而被去除的处理方法。污染物在物理化学过程中可以不参与化学反应,直接从一相转移到另一相,也可以经过化学反应后再转移。常见的物理化学处理法主要有吸附法、气浮法、离子交换法、膜分离法等。

(一)吸附(adsorption)法

吸附法是利用多孔性固体(吸附剂)吸附废水中某种或几种污染物(吸附质)以回收或去除这些污染物,从而使废水得到净化的方法。常用的吸附剂有活性炭、硅藻土、铝矾土、磺化煤、矿渣以及吸附用的树脂等,其中以活性炭最为常用。

在废水处理领域,吸附法主要用于脱除水中的微量污染物,其应用范围包括:脱色,除臭,脱除重金属、各种溶解性有机物、放射性元素等。在处理流程中,吸附法可作为离子交换、膜分离等方法的预处理手段,也可作为二级处理后的深度处理手段,以保证回用水的质量。

1.吸附原理

吸附是指流体与多孔固体接触时，流体中某一组分或多个组分在固体表面产生积蓄的现象，分为物理吸附和化学吸附两类。物理吸附是指吸附质与吸附剂之间靠分子间力产生的吸附，没有选择性，由于分子间力较小，吸附一般不牢固，容易解吸，吸附剂再生容易。化学吸附是指吸附质与吸附剂之间发生化学反应，形成化学键和表面络合物，具有选择性，由于吸附剂与吸附质之间作用力较大，解吸困难。在实际吸附过程中，两类吸附往往同时存在，而以某种吸附方式为主。废水处理中多是两种吸附共同作用的综合结果。

2.吸附工艺及设备

吸附法处理废水的过程主要包括吸附质被吸附过程和吸附剂的再生过程。按照吸附和再生操作方式不同，吸附工艺可分为间歇吸附和连续吸附。

（1）间歇吸附（intermittent adsorption）。

间歇吸附是将吸附剂（多用粉状活性炭）投入废水中，连续搅拌一段时间达到吸附平衡后，用沉淀或过滤的方法进行固液分离。间歇吸附操作工艺分为多级平流吸附和多级逆流吸附。多级平流吸附如图8-20所示，原水经多级搅拌反应池进行吸附处理，各池均补充新鲜吸附剂；多级逆流吸附如图8-21所示，新鲜吸附剂与吸附出水接触，接近饱和的吸附剂与高浓度进水接触。

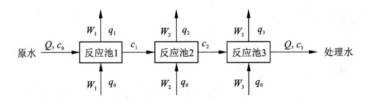

图8-20　多级平流吸附示意图

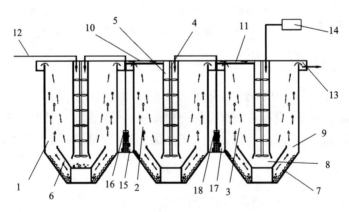

图8-21　多级逆流吸附示意图

1——一级吸附池；2—二级吸附池；3—三级吸附池；4—搅拌器；5—搅拌槽；6—环形挡板；7—穿孔管；
8—反应区；9—沉淀区；10——级集水槽；11—二级集水槽；12—进水口；13—出水口；14—吸附剂投加系统；
15—二级吸附剂收集池；16—二级提升泵；17—三级吸附剂收集池；18—三级提升泵

间歇吸附工艺适用于规模小、间歇排放的废水处理。当处理规模比较大，需建较大的混合池和固液分离装置，粉状活性炭的再生工艺也比较复杂，故目前在生产上很少使用。

（2）连续吸附（continuous adsorption）。

连续吸附是废水连续流过吸附床，与吸附剂充分接触的过程，当出水浓度达到排水所限浓度时，吸附剂排出吸附柱进行再生。按照吸附剂的充填方式，连续吸附装置分为固定床、移动床和流化床。

固定床是吸附剂填充在吸附柱内，吸附时吸附剂固定不动，废水穿过吸附剂层，图8－22所示为固定床结构示意图。根据水量、水质及处理要求，固定床可分为单床和多床系统。单床吸附适用于水量较小或处理量虽大但污染物含量较小的场合。

移动床吸附是新鲜或再生后的吸附剂由塔顶进入，添加速度的大小以保持液固相有一定的接触高度为原则；塔底有连续排出吸附饱和的吸附剂装置，送到再生器，再生后回到塔顶。废水从塔底进入，通过吸附床流向塔顶，由塔顶流出。吸附过程中由于吸附剂由上而下移动，所以称为移动床。移动床处理量大，吸附剂可循环使用。移动床吸附处理废水装置见图8－23。

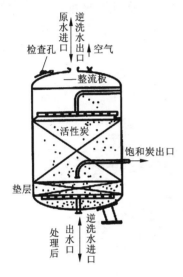

图8－22 固定床结构示意图

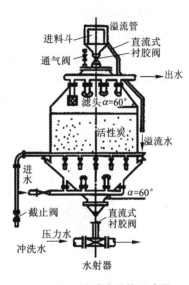

图8－23 移动床结构示意图

流化床也叫流动床，原水由床底部升流式通过床层，吸附剂由上部向下移动，且保持流化状态。根据操作过程和吸附器结构不同，流化床分为单室和多室两种。图8－24所示为多室流化床吸附塔结构示意。流化床吸附器中吸附剂与水的接触面积大，因而设备小而生产能力大，基建费用低。

（二）气浮（air flotation）法

气浮法也称浮选法，是利用高度分散的微小气泡作为载体去黏附废水中的污染物，使其密度小于水而上浮到水面，实现固－液或液－液分离

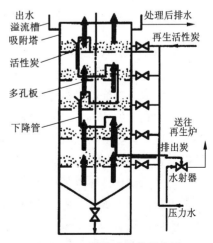

图8－24 流化床结构示意图

的过程。采用气浮法处理悬浮物必须满足 4 个基本条件，即向水中提供足够量的微小气泡、使废水中的污染物能形成悬浮状态、使气泡与悬浮物质产生黏附作用、气泡直径必须达到一定的尺寸(一般要求 20 μm 以下)。

1. 气浮法的基本原理

气浮法主要是设法使水中产生大量的微小气泡，以形成水、气及被去除物质的三相混合体，在界面张力、气泡上升浮力和静水压力差等多种力的共同作用下，促进微小气泡黏附在被去除的细小颗粒物后，因黏合体密度小于水而上浮到水面，从而使水中细小颗粒物被分离去除。

2. 气浮法的种类

按照产生微小气泡的方法，气浮法可分为布气气浮法、电气浮法、溶气气浮法、生物及化学气浮法。

(1)布气气浮法(dispersed air flotation)。

布气气浮法又称分散空气气浮法，包括曝气气浮和剪切气泡气浮两种形式。曝气气浮是利用靠近池底处微孔板上的微孔，将压缩空气分散成细小气泡进行气浮，达到固—液分离目的[图 8 -25(a)]。剪切气泡气浮是利用高速旋转混合器或叶轮机的高速剪切作用，将引入的空气剪切成细小气泡进行气浮[图 8 -25(b)]。

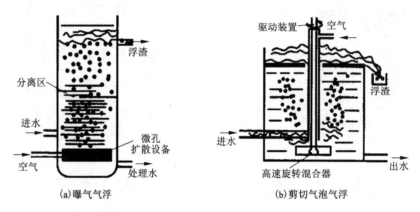

图 8 -25　布气气浮法示意图

(2)电气浮法(electro flotation)。

电气浮法又称电解凝聚气浮法，是将正负相间的多组电极浸没在水中，废水电解时产生氢气和氧气形成微细气泡黏附于悬浮物上并进行气浮，达到分离的目的(图 8 -26)。

(3)溶气气浮法(dissolved air flotation)。

溶气气浮法又称溶解空气气浮法，是先使空气在一定压力下溶于水中，然后骤然降低水压，溶解的空气以微小气泡从水中析出进行气浮，又分为真空气浮和加压溶气气浮。

真空气浮是指在常压或加压下将空气溶于水，在负压下使气泡析出。加压溶气气浮是指在加压下将空气溶于水，在常压下使气泡析出。加压溶气方式包括空压机溶气和水泵—射流器溶气，见图 8 -27(a)。根据加压溶气水的来源不同，加压溶气流程又可分为全加压溶气流程、部分加压溶气流程和部分回流加压溶气流程，其主要设备都是加压泵、溶气罐和气浮池。

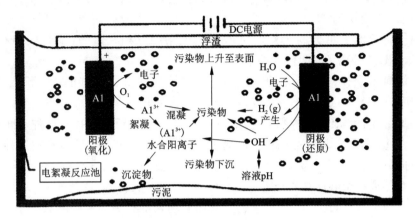

图 8 – 26 电气浮法示意图

全溶气流程见图 8 – 27(b)，全部待处理水用加压泵压入溶气罐，利用空压机或射流器向溶气罐压入空气，溶气水通过减压阀或释放器进入气浮池进口处，析出气泡，然后在气浮室进行气浮，在分离区进行分离。与全溶气流程不同的是，部分溶气流程和部分处理水回流溶气流程中，用于加压溶气的水量分别占待处理水量 30% ~35% 和 10% ~20% 。

图 8 – 27 溶气气浮法示意图

(4)生物及化学气浮法(biological and chemical dissolved air flotation)。

生物及化学气浮法是利用生物的作用或在水中投加化学药剂絮凝后放出气体。

(三)离子交换(ion exchange)法

离子交换法是借助于离子交换剂中的可交换离子(阴离子或阳离子)同废水中的同性离子进行交换而除去废水中有害离子的方法。离子交换的实质是一种特殊的吸附过程，但与吸附相比，离子交换法主要吸附水中的离子化物质，并进行等物质的量的离子交换。在化工废水处理中，离子交换法主要用于回收有用物质和贵重稀有金属，如金、银、铜、镉、铬、锌等，也用于放射性废水和有机废水的处理。

1. 离子交换剂

离子交换剂是一种带有可交换离子的不溶性固体。它具有一定的空间网络结构，在与水溶液接触时，就与溶液中的离子进行交换，即其中可交换离子被溶液中的同性离子取代。不溶性固体骨架在这一交换过程中不发生任何化学变化。离子交换剂的种类很多，根据母体材质的不同，离子交换剂可分为无机离子交换剂和有机离子交换剂两大类。

（1）无机离子交换剂。

无机离子交换剂又可分为天然的（如海绿砂、沸石）和人造的（如合成沸石），沸石对Ca^{2+}、Mg^{2+}、NH_4^+等离子有吸附交换能力。

天然无机离子交换剂最常见的是沸石，又称结晶性金属铝硅酸盐。沸石结构中位于$(SiAl)O_4$四面体4个顶点的所有氧原子均为硅和铝所共用，形成了在三维空间内互相联结的结构，而且在晶格中形成了有规则的空隙。钠、钾、钙等离子即存在于这种空间中。与水中离子交换时，只有那些能通过晶格空间的离子才能向颗粒内扩散，所以利用这种细孔也能对水中的特定成分进行分离。沸石类的矿物有方沸石、菱沸石、斜发沸石、交沸石、片沸石、钠沸石等。沸石不适用于酸性水质。

合成沸石与天然沸石类似，由于它们能够用其均匀的孔隙结构筛除大分子，因此又称为分子筛，大规模应用的分子筛有合成毛沸石、合成菱沸石、合成丝光沸石等。此外，现已用磷酸锆盐及锡、钛、铈的化合物制备出许多很有应用前景的无机离子交换剂。

（2）有机离子交换剂。

有机离子交换剂是一种高分子聚合物电解质，也称为离子交换树脂，是目前使用最广泛的离子交换剂。

天然有机阳离子交换剂主要是磺化煤，是用浓硫酸磺化处理烟煤或褐煤制成，它成本适中，但交换容量低，机械强度和化学稳定性较差。目前在水处理中广泛应用的是有机合成的离子交换树脂，它是一种高分子聚合物，具有多孔状结构，外形为小球。这种高聚物由树脂母体（惰性不溶的高分子固定骨架）、功能团（以共价键与母体连接的不能移动的活性基团）和反离子（与功能团以离子键结合的可移动的活性离子）三部分构成。如聚苯乙烯磺酸钠树脂，其母体为聚苯乙烯高分子塑料，活性基团是磺酸基，反离子是钠离子。与其他离子交换剂相比，树脂的交换容量大（是沸石和磺化煤的8倍以上）、阻力小、交换速率快、机械强度高、化学稳定性好，但成本较高。

2. 离子交换工艺

离子交换工艺过程包括交换和再生两个步骤。若这两个步骤在同一设备中交替进行，则为间歇过程，即当树脂交换饱和后，停止进原水，通入再生液再生，再生完成后，重新进原水交换。采用间歇过程，操作简单，处理效果可靠，但当处理量大时，需多套设备并联运行。如果交换和再生分别在两个设备中连续进行，树脂不断在交换和再生设备中循环，则构成连续过程。

（1）间歇式离子交换（intermittent ion exchange）。

间歇式离子交换过程是交换和再生在同一设备中交替进行，所对应装置为固定床，包括单层床、双层床和混合床。在废水处理中，单层固定床离子交换装置是最常用、最基本的一种。在整个操作过程中，树脂本身都固定在容器内而不往外输送。图8－28所示为单层固定床离子交换

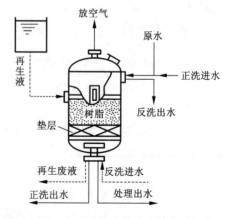

图8－28 单层固定床离子交换装置示意图

装置示意图。进水装置的作用是分配进水和收集反洗排水，常用的有漏斗式、喷头型、十字穿孔管型和多孔板水帽型。排水装置用来收集出水和分配反洗水，排水装置应保证水流分布均匀和不漏树脂，常用的有多孔板排水帽式和石英砂垫层式两种。固定床整个运行操作过程包括交换、反洗、再生和清洗四个步骤。

交换过程是离子交换剂正常工作过程，在这个过程中完成溶液中的离子与交换剂上离子的交换。出水中的离子浓度达到穿透浓度时，应对交换剂进行再生。

反洗的目的在于松动树脂层，以便进行再生时，使再生液分布均匀，同时清除积存在树脂层内的杂质、碎粒和气泡。

再生过程是交换过程的逆过程，再生的推动力主要是反应系统的离子浓度差，借助高浓度的再生液流过树脂层，将吸附的离子置换出来，使树脂恢复交换能力。

清洗是将树脂层内残留的再生废液和再生时可能出现的反应产物清洗掉，直到出水水质符合要求为止。

（2）连续式离子交换（continuous ion exchange）。

固定床离子交换装置内树脂不能边饱和边再生，因树脂层厚度比交换区厚度大得多，故树脂和容器的利用率很低；树脂层的交换能力使用不当，上层的饱和程度高，下层低，而且生产不连续，再生和冲洗时必须停止交换。为了克服上述缺陷，发展了连续式离子交换装置，包括移动床和流动床。图8-29所示为连续式离子交换装置中的混床离子交换工作过程示意。离子交换树脂再生器采用固定床，交换器采用流动床。移动床是一种较为先进的床型，树脂层的理论厚度就等于交换区厚度，因此树脂用量少，设备小，生产能力大，而且对原水预处理要求低。但由于操作复杂，目前应用不多。

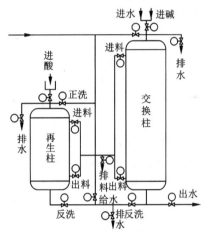

图8-29 连续式离子交换装置示意图

（四）膜分离（membrane separation）法

膜分离法是利用一种特殊制造的、具有选择透过性的薄膜将离子、分子或某些微粒从水中分离出来的方法的统称。膜分离过程一般不发生相变，与有相变的平衡分离方法相比能耗低，属于速率分离过程。多数膜分离过程在常温下进行，特别适用于热敏性物质的分离。此外，它操作方便，设备结构紧凑，维护费用低。由于具有上述特点，近20年来，膜分离技术发展很快，在水和废水处理、化工、医疗、轻工、生化等领域中得到了大量的应用。

用膜分离时，使溶质透过膜的方法称为渗析，使溶剂透过膜的方法称为渗透。水处理中膜分离法通常是指采用特殊固膜的微滤、超滤、反渗透及电渗析法等技术，其共同优点是在常温下可分离污染物，且不耗热能，不发生相变，设备简单，易操作。溶质或溶剂透过膜的推动力是电动势、浓度差或压力差。微滤、超滤和反渗透都是以压力差为推动力的膜分离过程。当在膜两侧施加一定的压差时，混合液中的一部分溶剂及小于膜孔径的组分透过膜，而微粒、大分子、盐等被截留下来，从而达到分离的目的。这三种膜分离过程的主要区别在于被分离物质的大小和所采用膜的结构和性能不同。电渗析是指在电场力作用下，溶液中的离子发生定向迁移并通过膜，以去除溶液中离子的一种膜分离过程，所采用的膜为荷电的离子交换膜。目前电渗析已经大规模用于苦咸水脱盐、纯净水制备等，也可以用于有机酸的分离与纯化。

1. 微滤（microfiltration，MF）

微滤又称微孔过滤，是以多孔膜（微滤膜，$0.01 \sim 10 \ \mu m$）为过滤介质，在 $0.1 \sim 0.3 \ MPa$ 的压力推动下，截留水中的胶体和悬浮微粒（如细菌、油类等），而大量溶剂、小分子及少量大分子溶质都能透过膜的分离过程。微滤的过滤原理有三种：筛分、滤饼层过滤、深层过滤。一般认为微滤的分离机理为筛分机理，膜的物理结构起决定性作用。此外，吸附和电性能等因素对截留率也有影响。其有效分离范围为 $0.02 \sim 10 \ \mu m$ 的粒子，操作静压差为 $0.01 \sim 0.2 \ MPa$。微滤膜多数为对称结构，厚度 $10 \sim 150 \ \mu m$ 不等，其中最常见的是曲孔型，类似于内有相连孔隙的网状海绵；另一种是毛细管型，膜孔呈圆筒状垂直贯通膜面。根据水及截留物质透过膜的方式，微滤操作方式可分为：死端过滤（dead – endfiltration）和错流过滤（cross – flowfiltration）。

（1）死端过滤。

死端过滤又称无流动过滤（图 8 – 30），在压力驱动下，溶剂及小于膜孔的物质透过膜，而大于膜孔的物质被截留，堆积在膜的表面。随着膜表面截留物质的增厚，过滤阻力增大，透过率下降。因此，死端过滤必须采用间歇过滤，需要周期性清洗膜表面的污染层。

（2）错流过滤。

在加压泵推动下，使料液平行膜面流动，料液流经膜面时产生的剪切力，把滞留在膜面上的污染物带走，使污染层保持在较薄的水平，延长膜过滤周期。错流过滤为连续分离操作（图 8 – 31），随着错流过滤操作技术的发展，在许多领域已代替死端过滤。

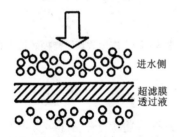

图 8 – 30 死端过滤过程示意图

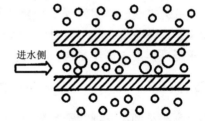

图 8 – 31 错流过滤过程示意图

2. 超滤（ultrafiltration，UF）

超滤也是一种加压膜分离技术，介于微滤与纳滤之间，且三者之间无明显的分界线。一般来说，超滤膜的孔径为 $1 \sim 10 \ nm$，分离范围为 $1 \sim 50 \ nm$，操作压力一般为 $0.3 \sim 1.0 \ MPa$，主要去除水中相对分子质量 500 道尔顿以上的中大分子和胶体微粒，如蛋白质、多糖等。超滤膜多数为不对称膜，由一层极薄、具有一定孔径的多孔"皮肤层"（厚为 $0.1 \sim 1.0 \ mm$）和一层相对较厚、作为支撑用的"海绵层"（约 $1 \ mm$）组成。前者决定了膜的选择性，起筛分作用；后者增加了膜的机械强度，起支撑作用。

3. 反渗透（reverse osmosis，RO）

反渗透又称逆渗透，是利用反渗透膜选择性地只透过溶剂（通常是水）的性质，对溶液施加压力克服溶剂的渗透压，使溶剂从溶液中分离出来的操作过程。反渗透属于以压力差为推动力的膜分离技术，其操作压差一般为 1.5 ~ 10 MPa，截留组分为 0.1 ~ 1 nm 的小分子物质。目前，随着超低压反渗透膜的开发，已可在小于 1 MPa 的压力下进行部分脱盐、水的软化和选择性分离等。与其他传统分离工程相比，反渗透分离过程有其独特的优势：①压力是反渗透分离过程的主动力，不经过能量密集交换的相变，能耗低；②反渗透不需要大量的沉淀剂和吸附剂，运行成本低；③反渗透分离工程设计和操作简单，建设周期短；④反渗透净化效率高，环境友好。因此，反渗透的应用领域已从早期的海水脱盐和苦咸水淡化发展到化工、食品、制药、造纸等各个工业部门。

4. 电渗析(electrodialysis)

电渗析是指在外加直流电场作用下，利用离子交换膜对溶液中离子的选择透过性，使溶液中阴、阳离子发生离子迁移，分别通过阴、阳离子交换膜而达到除盐或浓缩目的的分离过程。

离子交换膜是一种由高分子材料制成的具有离子交换基团的薄膜。其具有选择透过性，主要是因为膜上的孔隙和膜上离子基团的作用。膜上孔隙是指在膜的高分子之间有足够大的孔隙，以容纳离子的进出。膜上离子基团是指在膜的高分子链上连接着一些可以发生解离作用的活性基团。在高分子链上连接的是酸性活性基团(例如—SO_3H)的膜，称为阳膜；在高分子链中连接的是碱性活性基团(例如—$N(CH_3)_3OH$)的膜，称为阴膜。它们在水溶液中进行如下解离：$R—SO_3H \longrightarrow R—SO_3^- + H^+$、$R—N(CH_3)_3OH \longrightarrow R—N^+(CH_3)_3 + OH^-$。所产生的反离子(如 H^+、OH^-)进入水溶液，从而使阳膜上留下带负电荷的固定基团构成强烈的负电场，阴膜上留下带正电荷的固定基团构成强烈的正电场。在外加电场的作用下，根据异性电荷相吸的原理，溶液中带正电荷的阳离子就可被阳膜吸引、传递而通过微孔进入膜的另一侧，同时带负电荷的阴离子受到排斥；溶液中带负电荷的阴离子就可被阴膜吸引而传递透过，同时阳离子受到排斥。这就是离子交换膜具有选择透过性的主要原因。可见，离子交换膜并不是起离子交换作用，而是起离子选择透过中的作用，更确切地说，应称为"离子选择性透过膜"。

电渗析工艺的电极和离子交换膜组成的隔室称为极室，极室内的电化学反应与普通电极反应一样。阳极室内发生氧化反应，阳极水有时会呈酸性，导致阳极本身易发生腐蚀；阴极室内发生还原反应，阴极水有时会呈碱性，因而阴极容易结垢。在实际应用中，一台电渗析器并非由一对阴、阳离子交换膜所组成，而是采用很多对，组成多个阳极室和阴极室来提高电渗析效率，见

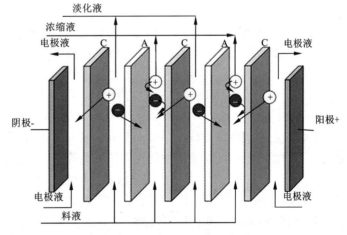

图 8-32 电渗析工作原理示意图

图 8-32。电渗析已应用于化工行业的给水及废水处理，还可应用于废液的处理与贵重金属的回收，如从电镀废液中回收镍。

四、生物处理法

生物处理法是利用自然环境中的微生物来氧化分解废水中的有机物和某些无机毒物(如氰化物、硫化物),并将其转化为稳定无害的无机物的一种废水处理方法。废水生物处理法是建立在环境自净作用基础上的人工强化技术,其意义在于创造出有利于微生物生长繁殖的良好环境,增强微生物的代谢功能,促进微生物的增殖,加速有机物的无机化,增进废水的净化进程。一般认为,只要废水中 BOD_5/COD 的比值大于 0.3,即可采用生物处理法。该方法具有投资少、效果好、运行费用低等优点,在城市废水和工业废水的处理中得到最广泛的应用。

按照微生物对氧的需求情况,生物处理法可分为好氧生物处理和厌氧生物处理两大类。

(一)好氧生物处理(aerobic biological treatment)

好氧生物处理是利用好氧微生物(包括兼性微生物)在有溶解氧的条件下进行生物代谢,将有机物分解为 CO_2 和 H_2O,并释放出能量的代谢过程。在好氧生物处理过程中,有机物的分解比较彻底,最终产物是含能量最低的 CO_2 和 H_2O,故释放能量多、代谢速度快、代谢产物稳定。从废水处理的角度来说,希望保持这样一种代谢形式,在较短时间内将废水有机污染物稳定化。但好氧生物处理也有缺点,即对含有机物浓度很高的废水,由于要供给好氧生物所需的足够氧气(空气)比较困难,需先对废水进行稀释,要耗用大量的稀释水,而且在好氧处理过程中,不断地补充水中的溶解氧,从而使处理成本比较高。在废水处理工程中,好氧生物处理主要包括活性污泥法和生物膜法两大类。

1. 活性污泥(activated sludge)法

活性污泥是微生物群体(主要包括细菌、原生动物和藻类等)及其代谢的和吸附的有机物、无机物的总称。活性污泥法是利用悬浮生长的微生物絮体处理有机污水的一类好氧生物处理方法。此法由英国的克拉克(Clark)和盖奇(Gage)在 1913 年于曼彻斯特的劳伦斯污水试验站发明并应用。如今,活性污泥法及其衍生改良工艺是处理城市污水最广泛使用的方法。

(1)性能指标。

活性污泥法处理的关键在于具有足够数量的性能良好的污泥。它是大量微生物聚集的地方,即微生物高度活动的中心。在处理废水过程中,活性污泥对废水中的有机物具有很强的吸附和氧化分解能力,故活性污泥中还含有分解的有机物及无机物等。活性污泥的性能可用混合液悬浮固体浓度(MLSS)、污泥沉降比(SV)、污泥容积指数(SVI)三项指标来表示,三者是相互联系的。

混合液悬浮固体浓度(mixed liquid suspended solids,MLSS),又称污泥浓度,表示在曝气池单位容积混合液内所含的活性污泥固体的总质量,包括混合液中的微生物、有机物和无机物,单位为 mg/L 或 g/L。其值由混合液滤去清液,再经 103～105 ℃ 干燥后,称量取得。污泥浓度可以反映污泥数量,也可间接反映废水中所含微生物的浓度。一般在活性污泥曝气池内,MLSS 常保持在 2～6 g/L,多为 3～4 g/L。

污泥沉降比(sludge settling velocity,SV),指废水好氧生物处理中,曝气池混合液在量筒内静置 30 min 后所形成沉淀污泥容积占原混合液容积的比例,以% 表示。它可反映曝气池正常运行时的污泥量和污泥的凝聚、沉淀性能。SV 越小,污泥的沉降性能越好,但也可能是污泥的活性不良。性能良好的污泥，SV 一般可达 15% ~ 30%。

污泥容积指数(sludge volume index，SVI)，又称污泥指数，指曝气池出口处的混合液在静置 30 min 后，每克干污泥所形成的沉淀污泥所占有的容积，单位为 mL/g。它反映活性污泥的松散程度和凝聚、沉淀性能。SVI 低时，污泥的沉降性能好，但吸附性能差；SVI 越高，污泥越松散，这样可有较大的表面积，易于吸附和氧化分解有机物，提高废水的处理效果。但 SVI 太高，污泥过于松散，则污泥的沉淀性能不好，即使有良好的吸附性能，也不能很好地控制泥水分离。一般认为，SVI < 100 mL/g 污泥的沉降性能好；100 mL/g < SVI < 200 mL/g 污泥的沉降性能一般；SVI > 200 mL/g 污泥的沉降性能不好，故 SVI 一般控制在 50 ~ 150 mL/g。SVI 的计算式如下：

SVI = 混合液(1L)静置 30 min 形成的沉淀污泥容积(mL)/混合液(1L)中悬浮固体干质量(g) = SV(mL/L)/MLSS(g/L)。

混合液挥发性悬浮固体浓度(MLVSS，mixed liquid volatile suspended solids)，又称有机性固体物质的浓度，指曝气池单位容积混合液中所含有机固体的总质量，包括活性细胞、内源呼吸残留的不可生物降解的有机物、入流水中生物不可降解的有机物，单位为 mg/L、g/L 等。

(2)基本流程。

典型的活性污泥法是由曝气池、沉淀池、污泥回流系统和剩余污泥排除系统组成。其去除废水中的有机物主要经历三个阶段：

吸附阶段：废水与活性污泥接触后的很短时间内水中有机污染物迅速降低，这主要是吸附作用引起的。由于絮状的活性污泥比表面积巨大(2000 ~ 10000 m²/m³ 混合液)，表面还具有多糖类黏性物质，致使废水中的有机污染物被活性污泥颗粒吸附在菌胶团的表面以迅速被去除，同时一些大分子有机物在细菌胞外酶作用下分解成小分子有机物。活性污泥的初期吸附性能取决于污泥的活性。

氧化阶段：微生物在氧气充足的条件下，将吸附的这些有机污染物一部分氧化分解成二氧化碳和水获取能量，另一部分则供给自身的增殖繁衍。从废水处理的角度看，无论是氧化分解还是合成都能从废水中去除有机物，只是合成的细胞必须易于絮凝沉淀而能从水中分离出来。这一阶段比吸附阶段慢得多。

絮凝体形成与凝聚沉淀阶段：氧化阶段合成的菌体絮凝形成絮凝体，通过重力沉淀从废水中分离出来，使水得到净化。

采用活性污泥法处理工业废水的大致流程如图 8 - 33 所示，流程中的主体构筑物是曝气池。

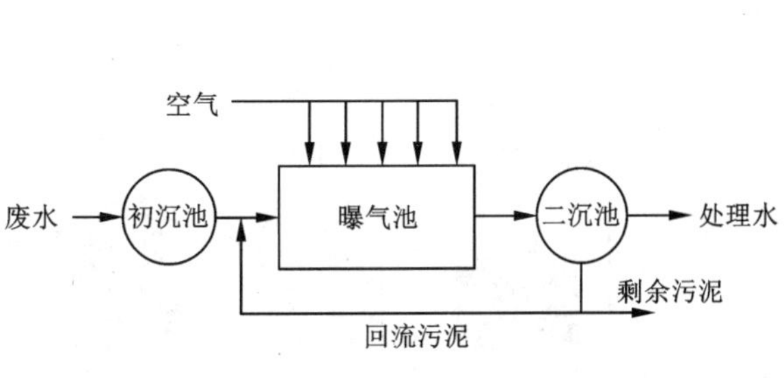

图 8 - 33 活性污泥法基本流程图

(3)主要类型。

曝气池(aeration basin)：是利用活性污泥法进行废水处理的构筑物。曝气池内提供一定的废水停留时间，满足好氧微生物降解有机物所需要的氧气量以及废水与活性污泥充分接触的混合条件。曝气池主要由池体、曝气系统和进出水口三个部分组成(图 8 - 34)。池体一般用钢筋混凝土筑成，平面形状有长方形、方形和圆形等。曝气池一般和沉淀池组成联合工艺流程。设置在曝气池前面的称初次沉淀池，设置在曝气池后面的称为二次沉淀池，分别用于废水的预处理和后处理。曝气池也有和二次沉淀池合建的，这种设施由曝气区、导流区、沉淀区、回流区四部分组成。导流区的作用是使污泥凝聚和使气水分离，为沉淀创造条件。在曝气区内废水与回流污泥充分混合，然后经导流区流入沉淀区，澄清后的水经溢流堰排出，沉淀污泥沿曝气区底部回流入曝气池。这种设施结构紧凑，流程短，可以节省污泥回流设备成本。

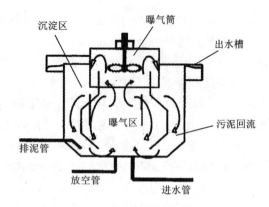

图 8-34 曝气池构造示意图

氧化沟（oxidation ditch）：又称循环式曝气池，是一种首尾相连的循环流曝气沟渠。氧化沟一般由沟体、曝气设备、进出水装置、导流和混合设备组成（图 8-35）。沟体的平面形状一般呈环形，也可以是长方形、L形、圆形或其他形状，沟端面形状多为矩形和梯形。用氧化沟处理废水时，可不

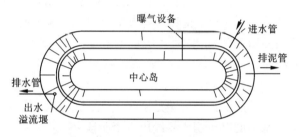

图 8-35 氧化沟构造示意图

设初次沉淀池，悬浮状有机物可在氧化沟中得到好氧稳定。由于氧化沟所采用的污泥龄比较长，其剩余污泥量少于一般活性污泥法，而且已经得到好氧稳定，因此不需再经污泥消化处理。为防止无机沉渣在氧化沟中积累，原污水需先经格栅及沉砂池预处理。

序批式活性污泥法（sequencing batch reactor activated sludge process，SBR），是一种按间歇曝气方式来运行的活性污泥污水处理技术。它的主要特征是在运行上的有序和间歇操作，其工艺流程如图 8-36 所示。SBR 技术的核心是 SBR 反应池，该池集均化、初沉、生物降解、二沉等功能于一体，无污泥回流系统，尤其适用于间歇排放和流量变化较大的场合。

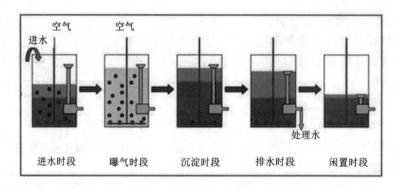

图 8-36 序批式活性污泥法工艺流程

2. 生物膜（biomembrane）法

生物膜法是利用附着生长于某些固体物表面的微生物（即生物膜）进行有机废水处理的方法。生物膜是由高度密集的好氧菌、厌氧菌、兼性菌、真菌、原生动物以及藻类等组成的生态系统，其附着的固体介质称为滤料或载体。生物膜自滤料向外可分为厌氧层、好氧层、附着水层和运动水层（图8−37）。生物膜法的原理是：生物膜首先吸附附着水层的有机物，由好氧层的好氧菌将其分解，再进入厌氧层进行厌氧分解，流动水层则将老化的生物膜冲掉以生长新的生物膜，如此往复以达到净化污水的目的。

由于生物膜法要人为设置填（滤）料，所以使用规模受到限制，一般适用于小型污水处理厂和部分工业废水处理项目。生物膜法的工艺形式主要有生物滤池、生物转盘、生物接触氧化法、生物流化床等。

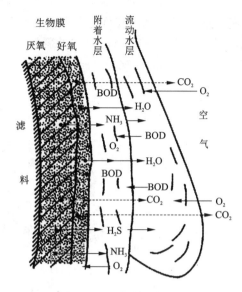

图8−37　生物膜的构造剖面图

（1）生物滤池（biological filter）。

生物滤池是由碎石或塑料制品填料构成的生物处理构筑物，污水与填料表面上生长的微生物膜间隙接触，使污水得到净化。其主要形式有：普通生物滤池、高负荷生物滤池、塔式生物滤池。

普通生物滤池：又叫滴滤池，主要由滤床（池体与滤料）、布水装置和排水系统三部分组成（图8−38）。大多数的生物滤池采用圆形池体，主要是便于运行，也有些普通生物滤池仍采用方形或矩形。滤料是微生物附着的载体，滤料表面积越大，附着微生物数量越多。但单位体积滤料的表面积越大，滤料粒径必然越小，空隙率也越小，供氧会受影响。一般要求滤料既要具有较大的表

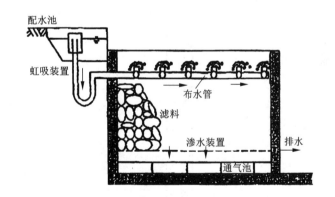

图8−38　普通生物滤池结构示意图

面积，又要有足够大的孔隙率，而且适于生物膜的形成与黏附，不被微生物分解，还要有足够的机械强度，廉价易得。普通生物滤池处理效果好，BOD_5 去除率可达90%以上，而且具有很好的脱氮作用，可使出水氨氮小于10 mg/L。

高负荷生物滤池：是指在普通生物滤池的基础上，通过限制进水 BOD_5 含量并采取处理出水回流等技术获得较高的滤速，将 BOD_5 容积负荷提高6~8倍，同时确保 BOD_5 去除率不发生显著下降的一种生物滤池。高负荷生物滤池内的生物膜生长非常迅速，为防止滤料堵塞，

必须采用较高的水力负荷,利用水力冲刷作用及时冲走过厚和老化的生物膜,促进生物膜更新,防止滤池堵塞。高负荷生物滤池表面多为圆形,布水装置多用旋转式布水器,滤料层由底部的承托层(厚0.2 m,无机滤料粒径70～100 mm)和其上的工作层(厚1.8 m,无机滤料粒径40～70 mm)两层充填而成(图8-39)。当滤层厚度超过2.0 m时,一般应采用人工通风措施。

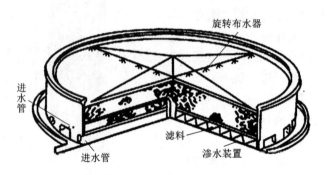

图8-39 高负荷生物滤池结构示意图

塔式生物滤池:是一种新型高负荷生物滤池。塔式生物滤池池体高,有通风作用,可以克服滤料空隙小所造成的通风不良问题。由于它的直径小,高度大,形状如塔,故称为塔式生物滤池。塔式生物滤池(图8-40)滤床高度可达8～24 m,直径1～3.5 m,直径与高度比介于1:6～1:8,滤料沿高度方向分层填充,层与层之间以格栅分开,格栅起支撑滤料及生物膜的作用。

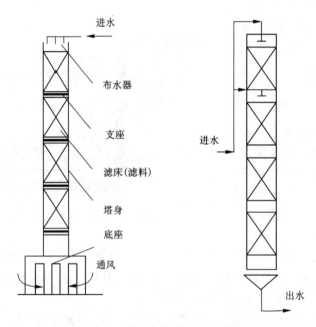

图8-40 塔式生物滤池结构示意图

（2）生物转盘（rotating biological contactor，RBC）。

生物转盘，又称浸没式生物滤池，是用转动的盘片代替固定的滤料，工作时，转盘浸入或部分浸入充满废水的接触反应槽内，在驱动装置的驱动下，转轴带动转盘一起以一定的线速度不停地转动。转盘交替地与废水和空气接触，经过一段时间的转动后，盘片上将附着一层生物膜。在转入废水中时，生物膜吸附废水中的有机污染物，并吸收生物膜外水膜中的溶解氧，对有机物进行分解，微生物在这一过程中得以自身繁殖；转盘转出反应槽时，与空气接触，空气不断地溶解到水膜中去，增加其溶解氧。在这一过程中，在转盘上附着的生物膜与废水以及空气之间，除进行有机物与 O_2 的传递外，还有其他物质，如 CO_2、NH_3 等的传递，形成一个连续的吸附、氧化分解、吸氧的过程，使污水不断得到净化。生物转盘主要组成包括：转动轴、转盘、废水处理槽和驱动及减速装置等，如图 8 - 41 所示。

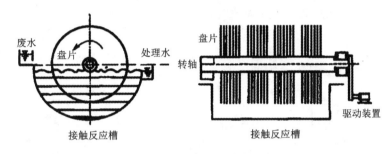

图 8 - 41 生物转盘结构示意图

（3）生物接触氧化（biological contact oxidation）法。

生物接触氧化法是以附着在载体（俗称填料）上的生物膜为主，净化有机废水的一种高效水处理工艺。其曝气池内设有填料，采用人工曝气，部分微生物以生物膜的形式固着生长于填料表面，部分则是絮凝悬浮生长于水中，因此它兼有活性污泥法和生物膜法的优点。生物接触氧化池的结构包括池体、填料、布水装置和曝气装置（图 8 - 42）。一般生物接触氧化池前要设初次沉淀池，以去除悬浮物，减轻生物接触氧化池的负荷；生物接触氧化池后则设二次沉淀池，以去除出水中夹带的生物膜，保证系统出水水质。

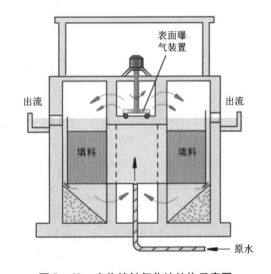

图 8 - 42 生物接触氧化池结构示意图

（4）生物流化床（membrane biological fluidized bed，MBFB）。

生物流化床是指为提高生物膜法的处理效率，以砂（或无烟煤、活性炭等）作填料并作为生物膜载体，废水自下向上流过砂床使载体层呈流动状态，从而在单位时间加大生物膜同废水的接触面积和充分供氧，并利用填料沸腾状态强化废水生物处理过程的构筑物。构筑物中填料的表面积超过 3300 m^2/m^3 填料，填料上生长的生物膜很少脱落，可省去二次沉淀池。生物流化床工艺效率高、占地少、投资小,在美国、日本等国已用于污水硝化、脱氮等深度处理和污水二级处理及其他含酚、制药等工业废水处理。

好氧生物流化床按其床内气、液、固三相混合程度的不同,以及供氧方式及床体结构、脱膜方式等,可分为两相生物流化床和三相生物流化床。两相生物流化床工艺流程图见图8-43,其特点是充氧过程与流化过程分开,并完全依靠水流使载体流化。在流化床外设充氧设备和脱膜设备,在流化床内只有液、固两相。原废水先经充氧设备,可利用空气或纯氧源使废水中溶解氧达到饱和状态。在三相生物流化床(图8-44)中,气、液、固三相共存,废水充氧和载体流化同时进行,废水有机物在载体生物膜的作用下进行生物降解,空气的搅动使生物膜及时脱落,故不需脱膜装置。但有小部分载体可能从床中带出,需回流载体。三相生物流化床的技术关键之一,是防止气泡在床内合并成大气泡而影响充氧效率,为此可采用减压释放或射流曝气的方式进行充氧或充气。

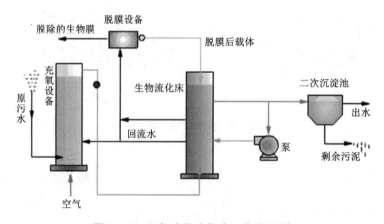

图8-43 两相生物流化床工艺流程图

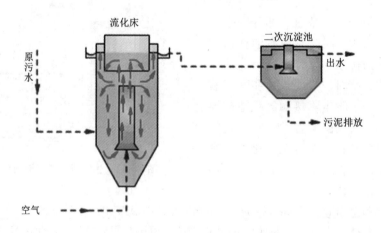

图8-44 三相生物流化床工艺流程图

(二) 厌氧生物处理 (anaerobic biological treatment)

厌氧生物处理是指在厌氧条件下，通过厌氧微生物(包括兼性微生物)的作用，将废水中各种复杂有机物分解转化成甲烷和二氧化碳等物质的过程，又称厌氧消化。厌氧生物处理是一个复杂的微生物化学过程。根据微生物对不同底物的利用及分解情况，厌氧生物处理过程主要包括三个连续阶段：水解酸化阶段、产氢产乙酸阶段和产甲烷阶段。

水解酸化阶段：在水解产酸细菌胞外酶的作用下，复杂的大分子有机物、不溶性有机物被水解为小分子、溶解性有机物，然后这些小分子、溶解性有机物渗透至细胞内，分解产生挥发性有机酸、醇、醛等。

产氢产乙酸阶段：通过产氢产乙酸细菌，将前一阶段所产生的各种挥发性有机酸、醇、醛等氧化分解为乙酸和 H_2，为产甲烷细菌提供合适的基质。

产甲烷阶段：在产甲烷细菌作用下，将产氢产乙酸菌的产物乙酸和 H_2/CO_2 转化为 CH_4。产甲烷菌是严格的厌氧细菌，氧和氧化剂对其有很强的毒害作用，要求系统中保持严格的厌氧环境。

上述各阶段的反应速度依废水的性质而异，在含纤维素、半纤维素、果胶和脂类等污染物为主的废水中，水解易成为速度限制步骤；简单的糖类、淀粉、氨基酸和一般蛋白质均能被微生物迅速分解，对含这类有机物的废水，产甲烷易成为限速阶段。

废水厌氧生物处理工艺按微生物的凝聚形态可分为厌氧活性污泥法和厌氧生物膜法。厌氧活性污泥法包括普通厌氧消化池、厌氧接触法、升流式厌氧污泥床法、厌氧颗粒污泥膨胀床等；厌氧生物膜法包括厌氧生物滤池、厌氧流化床和厌氧生物转盘等。

1. 普通厌氧消化池 (common anaerobic tank)

普通厌氧消化池是高浓度有机废水及污泥的处理设施，主要产物是甲烷，其结构示意图如图 8-45 所示。副产物有硫化氢、臭气大，有硫化铁、呈黑色。废水停留时间长，设备容积要求大。

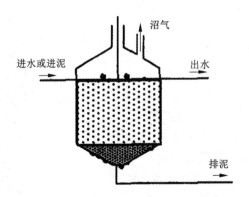

图 8-45　普通厌氧消化池结构示意图

2. 厌氧接触 (anaerobic contact) 法

厌氧接触法是指在一个厌氧的完全混合反应器后增加污泥分离和回流装置，从而使污泥停留时间大于水力停留时间，有效地增加反应器中污泥浓度的方法。厌氧接触法一般适宜于高浓度的废水处理，主要构筑物有普通厌氧消化池、沉淀分离装置等，其工艺流程如图 8-46 所示。废水进入普通厌氧消化池后，依靠池内大量的微生物絮体降解废水中的有机物，池内设有搅拌设备以保证有机废水与厌氧微生物的充分接触，并促使降解过程中产生的沼气从污泥中分离出来，厌氧微生物接触池流出的泥水混合液进入沉淀分离装置进行泥水分离。沉淀污泥按一定的比例返回普通厌氧消化池，以保证池内拥有大量的厌氧微生物。由于在普通厌氧消化池内存在大量悬浮态的厌氧活性污泥，从而保证了厌氧生物接触工艺高效稳定的运行。然而，从普通厌氧消化池排出的混合液在沉淀池中进行固-液分离有一定困难，一方面是由于混合液中污泥上附着大量的微小沼气泡，易于引起污泥上浮；另一方面，由于混合液中的污泥仍具有产甲烷活性，在沉淀过程中仍能继续产气，从而妨碍污泥颗粒的沉降和压缩。为了提高沉淀池中混合液的固—液分离效果，目前采用真空脱气、热交换器急冷法、絮凝沉淀、超滤器代替沉淀池等方法进行脱气。

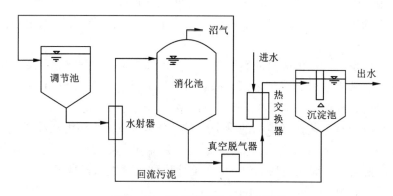

图 8-46　厌氧接触法工艺流程图

3. 升流式厌氧污泥床(up-flow anaerobic sludge bed，UASB)

升流式厌氧污泥床是由荷兰 Lettinga 教授等在 20 世纪 70 年代开发的高效厌氧生物反应器，其结构如图 8-47 所示。在运行过程中，废水通过进水配水系统以一定的流速自反应器的底部进入反应器，水流在反应器中的上升流速一般为 0.5 ~ 1.5 m/h，宜为 0.6 ~ 0.9 m/h。水流依次流经污泥床、悬浮污泥层、三相分离器。UASB 中的水流呈推流式，进水与污泥床及悬浮污泥层中的微生物充分混合接触并进行厌氧分解，厌氧分解过程中产生的 CH_4 在上升过程中将污泥颗粒托起，大量气泡的产生引起污泥床的膨胀。反应中产生的微小 CH_4 气泡在上升过程中相互结合而逐渐变成较大的气泡，将污泥颗粒向反应器的上部携带，最后由于气泡的破裂，绝大部分污泥颗粒又返回到污泥床区。随着反应器产

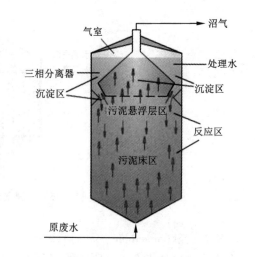

图 8-47　UASB 构造图

气量的不断增加，由气泡上升所产生的搅拌作用变得逐渐剧烈，气体便从污泥床内突发性地逸出，引起污泥床表面呈沸腾和流化状态。反应器中沉淀性能较差的絮体状污泥则在气体的搅拌作用下，在反应器上部形成悬浮污泥层；沉淀性能良好的颗粒状污泥则处于反应器的下部形成高浓度的污泥床。随着水流的上升流动，气、水、泥三相混合液上升至三相分离器中，气体遇到挡板折向集气室而被有效地分离排出；污泥和水进入上部的沉淀区，在重力作用下泥水发生分离。由于三相分离器的作用，使得反应器混合液中的污泥有一个良好的沉淀、分离和再絮凝的环境，有利于提高污泥的沉降性能。在一定的水力负荷条件下，绝大部分污泥能在反应器中保持很长的停留时间，使反应器中具有足够的污泥量。

4. 厌氧生物滤池(anaerobic biological filter)

厌氧生物滤池内部填充固体填料，如炉渣、瓷环、塑料等，厌氧微生物部分附着生长在填料上，形成厌氧生物膜，另一部分在填料空隙间处于悬浮状态。其工艺流程如图8-48所示。厌氧生物滤池的优点：生物固体浓度高，可以承担较高的有机负荷；生物固体停留时间长，抗冲击负荷能力较强；启动时间短，停止运行后再启动比较容易；不需污泥回流；运行管理方便。厌氧生物滤池的缺点：在污水悬浮物较多时容易发生堵塞和短路。厌氧生物滤池可采用中温(30~35℃)、高温(50~55℃)或常温(8~30℃)运行，适用于溶解性有机物较高的废水，适用COD浓度范围为1000~20000 mg/L。

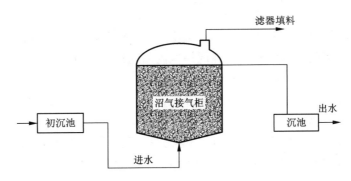

图8-48　厌氧生物滤池工艺流程图

5. 厌氧流化床(anaerobic fluidized bed, AFB)

厌氧流化床是一种将生物流化床与接触氧化法相结合的复合生物流化床。厌氧流化床反应器内填充着粒径小、比表面积大的载体，厌氧微生物组成的生物膜在载体表面生长，载体处于流化状态，具有良好的传质条件，微生物易与废水充分接触，细菌具有很高的活性，设备处理效率高。

第四节　典型的化工废水处理流程

一、氮肥厂废水的处理流程

在化工生产中，氮肥厂是耗水大户，同时又是水污染大户。由于氮肥厂废水成分复杂，废水经过常规工艺处理后各项指标同时达标仍有困难。这里介绍处理氮肥厂废水效果显著的周期循环活性污泥法(CASS法)工艺流程。

(一)废水来源及水质水量

某化肥厂目前年产合成氨1.5万吨,属于小型化肥厂。该厂合成氨的原料为煤、焦炭,生产过程分三步:第一步为N_2、H_2的制造;第二步为N_2、H_2的净化;第三步为N_2、H_2压缩及NH_3的合成。在以上生产工艺过程中有大量的工艺废水排放,废水水量约为6080 t/h,24 h排放,每天最大排水量约1920 t。经监测,废水中含有氰化物、硫化物、氨氮、酚及悬浮物,水质监测数据见表8-1。

表8-1 某化肥厂废水水质及要求处理后出水达到的标准

项目	pH	COD	ρ(硫化物)	ρ(氰化物)	ρ(挥发酚)	ρ(悬浮物)	ρ(氨氮)
原废水	7~9	420	1.0	0.02	27	400	250
出水	6~9	≤150	≤1.0	≤0.4	≤0.2	≤150	≤50

(二)工艺流程

1. CASS工艺介绍

如图8-49所示,该工艺在CASS池前部设置了预反应区,在CASS池后部安装了可升降的自动撇水装置。曝气、沉淀、排水均在同一池内周期性地循环进行,取消了常规活性污泥法的二沉池。实际工程应用表明,CASS工艺具有如下特点:

(1)建设费用低,比普通活性污泥法省25%,省去了初沉池、二沉池。

(2)占地面积少,比普通活性污泥法省20%~30%。

(3)运行费用低,自动化控制程度高,管理方便,氧的吸收率高,除氮效果好。

(4)运行可靠,耐负荷冲击能力强,不产生污泥膨胀现象。

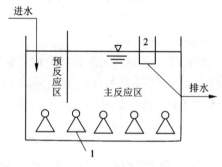

图8-49 CASS池示意图

1—曝气头;2—滗水器

2. 工艺流程

该化肥厂废水处理工艺流程如图8-50所示。废水首先通过格栅去除机械性杂物及大颗粒悬浮物,然后进入调节池(原有的两个沉淀池改造为调节池),水质水量均化后的废水经提升泵进入砂水分离器。原生物塔滤池在运行过程中由于水中悬浮物含量高，易造成滤料堵塞，因此本设计中增设砂水分离器依靠重力旋流把密度较大的砂粒除去。除去砂粒后的废水进入生物滤塔（利用原生物滤塔进行改造），最后进入 CASS 池。

图 8 - 50　CASS 废水处理工艺流程

二、炼油废水的处理流程

(一)炼油废水的来源、分类及性质

炼油厂的生产废水一般是根据废水水质进行分类分流的，主要是冷却废水、含油废水、含硫废水、含碱废水，有时还会排出含酸废水和含盐废水。

1.冷却废水

冷却馏分的间接冷却水，温度较高，有时由于设备渗漏等原因，冷却废水经常含油，但污染程度较轻。

2.含油废水

含油废水直接与石油及油品接触，废水量在炼油厂中是最大的。主要污染物是油品，其中大部分是浮油，还有少量的酚、硫等。含油废水大部分来源于油品与油气冷凝油、油气洗涤水、机泵冷却水、油罐洗涤水以及车间地面冲洗水。

3.含硫废水

含硫废水主要来源于催化及焦化装置，蒸馏塔塔顶分离器、油气洗涤水及加氢精制等，主要污染物是硫化物、油、酚等。

4.含碱废水

含碱废水主要来自汽油、柴油等馏分的碱精制过程，主要含过量的碱、硫、酚油、有机酸等。

5.含酸废水

含酸废水主要来自水处理装置、加酸泵房等，主要含硫酸、硫酸钙等。

6.含盐废水

含盐废水主要来自原油脱盐脱水装置，除含大量盐分外，还有一定量的原油。

(二)炼油废水的处理方法

炼油废水的处理一般都是以含油废水为主，处理对象主要是浮油、乳化油、挥发酚、COD、BOD 及硫化物等。对于其他一些废水（如含硫废水、含碱废水）一般是进行预处理，然后汇集到含油废水系统进行集中处理。集中处理的方法以生化处理为主。含油废水要先通过上浮、气浮、粗粒化附聚等方法进行预处理，除去废水中浮油和乳化油后再进行生化处理；含硫废水要先通过空气氧化、蒸汽汽提等方法，除去废水中的硫和氨等再进行生化处理。另外,用湿式空气氧化法来处理石油精炼废液也是一项较为理想的污染治理技术。

 【案例】

某炼油厂废水量为 1200 m³/h,含油 300 ~ 200000 mg/L,含酚 8 ~ 30 mg/L。采用隔油池两级气浮、生物氧化、矿滤、活性炭吸附等组合处理工艺流程见图 8 - 51。废水首先经沉砂池除去固体颗粒;然后进入平流式隔油池去除浮油,隔油池出水再经两级全部废水加压气浮,以除去其中的乳化油,二级气浮池出水流入推流式曝气池进行生化处理。曝气池出水经沉淀后基本上达到国家规定的工业废水排放标准。为达到地面水标准和实现废水回用,沉淀池出水经砂滤池过滤后一部分排放;另一部分经活性炭吸附处理后回用于生产。炼油废水净化效果见表 8 - 2。

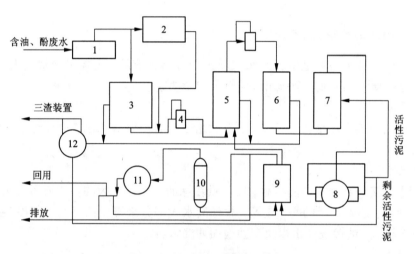

图 8 - 51 炼油废水处理流程
1—沉砂池;2—调节池;3—隔油池;4—溶气罐;5—一级浮选池;6—二级浮选池;
7—生物氧化池;8—沉淀池;9—砂滤池;10—吸附塔;11—净水池;12—渣池

表 8 - 2 炼油废水净化效果

取样点	主要污染物浓度/(mg·L⁻¹)				
	油	酚	硫	COD$_{cr}$	BOD$_5$
废水总入口	300 ~ 200000	8 ~ 30	5 ~ 9	280 ~ 912	100 ~ 200
隔油池入口	50 ~ 100				
一级浮选池入口	20 ~ 30				
二级浮选池入口	15 ~ 20				
沉淀池入口	4 ~ 10	0.1 ~ 1.8	0.01 ~ 1.01	60 ~ 100	30 ~ 70
活性炭入口	0.3 ~ 4.0	未检出 ~ 0.05	未检出 ~ 0.01	< 30	< 5

隔油池的底泥、气浮池的浮渣和曝气池的剩余污泥经自然浓缩、投加铝盐和消石灰絮凝、真空过滤脱水后送焚烧炉焚烧。隔油池撇出的浮油经脱水后作为燃料使用。该废水处理

系统的主要参数如下。

（1）隔油池，停留时间为 2~3 h，水平流速为 2 mm/s。

（2）气浮系统，采用全溶气两级气浮流程，废水在气浮池停留时间为 65 min，一级气浮铝盐投量为 40~50 mg/L，二级气浮铝盐投量为 20~30 mg/L。进水释放器为帽罩式，溶气罐溶气压力为 294~441 kPa，废水停留时间为 2.5 min。

（3）曝气池，推流式曝气池废水停留时间为 4.5 h，污泥负荷（每日每千克混合液悬浮固体能承受的 BOD_5）为 0.4 kg BOD_5/(kg·d)，污泥浓度为 2.4 g/L，回流比为 40%，标准状态下空气量，相对于 BOD_5 的为 99 m^3/kg，相对于废水的为 17.3 m^3/m^3。

（4）二次沉淀池，表面负荷为 2.5 m^3/(m^2·h)，停留时间为 1.08 h。

（5）活性炭吸附塔，处理能力为 500 m^3/h，失效的活性炭用移动床外热式再生炉进行再生。

三、农药厂废水处理流程

农药厂废水产生量较多，且种类丰富，毒性较大。不同种类的农药厂，废水中有害物质一般不同；同一农药厂的不同股废水，所含有害物质成分及性质也不同。因此，需要根据废水的种类，采取不同的方法，综合处理。下面以某生产甲基磺草酮为主的农药厂为例进行介绍。

（一）废水种类及性质

某农药化工公司主要以生产甲基磺草酮为主，甲基磺草酮是一种高效低毒除草剂，生产过程中会产生多股不同废水，主要废水及性质如表 8-3 所示。

表 8-3　某农药厂废水种类及性质

废水种类	产量/($m^3 \cdot d^{-1}$)	pH	COD/($mg \cdot L^{-1}$)	色度	CN^-质量浓度/($mg \cdot L^{-1}$)
甲磺酰基苯甲酸废水	75	≤1	3000	1000	—
含氰废水	5	≥12	25000	5000	800
综合废水	43	≤q	1300	500	—
生活污水	70	6~9	200	50	—

（二）废水处理工艺流程

针对该公司生产过程中产生多股高浓度难降解有机废水的情况，通过一套先深度预处理，提高可生化性，后续生化处理的工艺来解决该问题。"硫酸亚铁法 + 双氧水氧化法"工艺预处理含氰废水；"三相蒸发 + Fenton 氧化"工艺预处理甲磺酰基苯甲酸废水；"铁炭微电解 + Fenton 氧化"工艺预处理综合废水。以上废水经过预处理后汇合一处，"混凝沉淀 + 水解酸化 + 曝气生物滤池 + 臭氧氧化"生化处理工艺。含氰废水进入破氰池，通过两次破氰基本去除氰后，进入三效蒸发器，蒸发去除大量的盐，蒸发后的水进入铁炭微电解池，进行后续处理。苯甲酸废水进入 pH 调节池调节至碱性后，进入三效蒸发器，蒸发去除大量的盐，蒸发后水进入氧化池，进行后续处理。综合废水经调节后，进入铁炭微电解池，通过铁炭微电解＋沉淀＋压滤＋氧化＋压滤后，进入调节池，汇同生活污水均化后，通过混凝沉淀＋水解酸化＋曝气生物滤池＋臭氧氧化处理后，达标排放，具体流程图如图8－52所示。

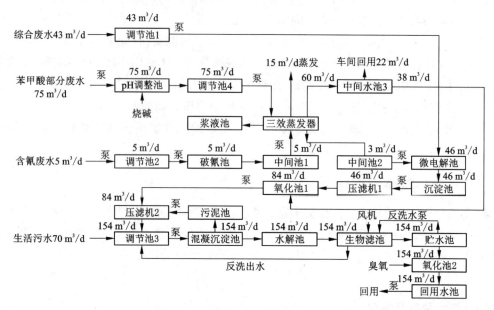

图8－52　某农药厂废水处理流程图

（1）废水部分：生产车间清污分流，不同的废水有相应的排水管网。甲磺酰基苯甲酸废水进入pH调节池，通过加入适量的烧碱，调节pH为8～9，进入三效蒸发器，蒸发出来的水，部分回用车间，其他进入氧化池1进行后续氧化处理，蒸发剩余浆液进入浆液池。含氰废水进入调节池2，通过加入适量的硫酸，调节pH为5～6，进入破氰池，经过两次破氰后，出水进入三效蒸发器，蒸发出来的水进入微电解池，蒸发剩余浆液进入浆液池。综合废水进入调节池1调节水质后，废水进入微电解池，在酸性条件下，加入铁粉和炭粉进行铁炭微电解反应后，出水进入沉淀池，调节pH为8～9，压滤后出水进入氧化池1，在酸性条件下，加入硫酸亚铁和双氧水进行Fenton氧化反应后，压滤后出水进入调节池3。生活污水和处理后的生产污水均化后，进入混凝沉淀池＋水解酸化池＋生物滤池＋贮水池＋臭氧氧化池，生化处理后排入回用水池。

（2）污泥部分：来自微电解池的污泥，由液位差排入沉淀池后，再经螺杆泵泵入板框污泥压滤机1，滤液进入氧化池1；氧化池1中废水调节pH后，经螺杆泵泵入板框污泥压滤机2，滤液进入调节池3；混凝沉淀池废水沉淀后，经螺杆泵泵入板框污泥压滤机2，滤液进入调节池3。

（3）加药部分：在破氰池分步加入$FeSO_4 \cdot 7H_2O$和H_2O_2与含氰废水反应；在铁炭微电解池加入铁粉和炭粉；在氧化池1加入$FeSO_4 \cdot 7H_2O$和H_2O_2；在混凝沉淀池中加入混凝剂PAC和助凝剂PAM；酸碱不计。

经处理后，该农药厂废水各项指标如表8－4所示，已达到排放标准。

表8-4　某农药废水净化效果

废水	处理工艺	pH	COD/ (mg·L^{-1})	COD 去除率 /%	CN$^-$ 质量浓度/ (mg·L^{-1})	CN$^-$ 去除率 /%	色度
含氰废水	破氰池 + 三效蒸发	8 ~ 9	1400	94.0	800	99.38	50
甲磺酰基苯甲酸废水	调节池 + 三效蒸发	8 ~ 9	380	87.3	–	–	50
综合废水（含破氰后废水）	铁炭微电解池 + 氧化池 1	8 ~ 9	500	61.5	2.7	44.4	50
生活污水（含预处理后生产废水）	混凝沉淀池 + 水解池 + 生物滤池 + 氧化池 2	6 ~ 9	90	74.3	0.75	60	30

思考题

1. 简述化工污染的发展过程。
2. 简述化工污染物的主要来源。
3. 简述化工污染的特点。
4. 评价水污染的主要指标及其定义。
5. 简述物理处理法清除废水污染物的原理及主要方式。
6. 简述混凝法。
7. 简述气浮法。
8. 简述评价活性污泥性能的主要指标。
9. 比较好氧生物处理与厌氧生物处理的异同点。

第九章

化工废气处理技术

　　化工废气是指化工生产过程的各环节所产生并排放出的含有污染物质的气体，包括从生产装置直接产生并排放的含有污染物的气体，也包括与生产过程有关的间接产生的气体，如燃料燃烧、物料储存、装卸操作等产生的含有污染物的气体。其排放形式有两种：一种是有组织的排放，即化工废气经过气体排放装置有规律的排放，这部分废气只要正确合理选择处理技术和方法，一般比较容易处理达标；另一种是无组织的排放，指不经过气体排放装置的排放，这一部分难以收集和处理。这些大气污染物可以通过各种途径进入水体、土壤和作物中影响环境，并通过呼吸、皮肤接触、食物、饮用水等进入人体，对人体健康和生态环境造成近期或远期的危害。

第一节　化工废气的来源、特点及其处理原则

一、化工废气的来源

　　化工废气来源繁多，生产过程的各个环节以及运输、使用过程都可能产生并排出废气，造成大气污染。根据化工产品从生产、运输、销售、使用以及废弃的生命过程，化工废气可以归纳为以下几个方面：

　　(1)化工生产过程中产生的废气，包括主反应、副反应、燃料燃烧等产生的废气；以及生产过程中排放的某些无害气体，在空气中由于光、雨、空气、微生物等作用，发生化学反应，产生的有害气体。

　　(2)化工原料、半成品、成品在储存、预处理、运输及包装过程中产生的废气。

　　(3)生产设备老旧或生产工艺不合理，导致生产过程中出现"跑、冒、滴、漏"，造成废气产生；或由于管理不善或操作不当造成生产事故，导致物料泄漏，产生废气。

　　(4)开、停车过程中排放的某些气体。

　　(5)化工废水、废渣在堆放、处理过程中产生的有害气体。

　　就生产工艺而言，化工废气的排放源主要有：反应尾气、不凝气、驰放气、呼吸气、挥发气、燃烧气、吹扫气及临时排放气等。

　　化工行业众多，不同的行业所排放的污染物来源、组成、数量、性质等有很大差异。如表9-1所示。

表9-1 化工主要行业废气来源及其主要污染物

行业	主要来源	废气中主要污染物
氮肥	合成氨、尿素、碳酸氢铵、硝酸铵、硝酸	NO_x、尿素粉尘、CO、Ar、NH_3、SO_2、CH_4、尘
磷肥	磷矿石加工、普通过磷酸钙、钙镁磷肥、重过磷酸钙、磷酸铵类氮磷复合肥、磷酸、硫酸	氟化物、粉尘、SO_2、酸雾、NH_3
无机盐	铬盐、二硫化碳、钡盐、过氧化氢、黄磷	SO_2、P_2O_5、Cl_2、HCl、H_2S、CO、CS_2、As、F、S、氯化铬酰、重芳烃
氯碱	烧碱、氯气、氯产品	Cl_2、HCl、氯乙烯、汞、乙炔
有机原料及合成材料	烯类、苯类、含氧化合物、含氮化合物、卤化物、含硫化合物、芳香烃衍生物、合成树脂	SO_2、Cl_2、HCl、H_2S、NH_3、NO_x、CO、有机气体、烟尘、烃类化合物
农药	有机磷类、氨基甲酸醛类、菊酯类、有机氯类等	HCl、Cl_2、氯乙烷、氯甲烷、有机气体、烟尘、烃类化合物
染料	染料中间体、原染料、商品染料	H_2S、SO_2、NO_x、Cl_2、HCl、有机气体、苯、苯类、醇类、醛类、烷烃、硫酸雾、SO_3
涂料	涂料：树脂漆、油脂漆 无机颜料：钛白粉、立德粉、络黄、氧化锌、氧化铁、红丹、黄丹、金属粉、华兰	芳烃
炼焦	炼焦、煤气净化及化学产品加工	CO、SO_2、NO_x、H_2S、芳烃、尘、苯并芘、CO

二、化工废气的分类

(一)按污染物的性质分类

1.含无机污染物的化工废气

主要来自氮肥、磷肥(含硫酸)、无机盐等行业,废气中主要含SO_2、H_2S、CO、NH_3、NO、Cl_2、HF等无机化合物。

2.含有机污染物的化工废气

主要来自有机原料及合成材料、农药、染料、涂料等行业,废气中主要含苯系物、非甲烷烃、酚、醛、醇、卤代物等有机化合物。

3.既含无机污染物又含有机污染物的废气

主要来自石油化工、氯碱、炼焦合成氨等行业。

(二)按污染物存在的形态分类

1.颗粒污染物

颗粒污染物俗称气溶胶,指液体或固体微粒均匀地分布在气体中形成相对稳定的悬浮体系。它们可以是无机物，也可以是有机物，或两者共存。其大小为 $0.001 \sim 100\ \mu m$，可分为以下三类：

（1）总悬浮颗粒物（TSP），指空气动力学直径小于 $100\ \mu m$ 的粒子的总和。

（2）可吸入颗粒物（PM_{10}），指动力学直径小于 $10\ \mu m$ 的粒子的总和，易于通过呼吸过程进入呼吸道。

（3）可入肺颗粒物（细颗粒物）（$PM_{2.5}$），指动力学直径小于 $2.5\ \mu m$ 的颗粒物的总和。

2. 气态污染物

气态污染物指排入大气中的有毒、有害气体或蒸气。气体是某些物质在常温、常压下所形成的气态形式，如硫氧化物、氮氧化物、卤化物、碳氧化物、碳氢化物、氮氢化物等。蒸气是某些固态物质或液态物质受热后引起固体升华或液体挥发而形成的气态物质，如汞蒸汽、苯、硫酸蒸汽等。蒸气遇冷可恢复原有固体或液体状态。

（三）按形成过程分类

1. 一次污染物

一次污染物指直接从污染源排放的污染物，如 SO_2、NO_2、CO、颗粒物以及放射性物质等，它们又可分为反应物和非反应物。反应物不稳定，在大气中可与其他物质发生反应，或促进其他污染物之间的反应；非反应物则不发生反应或反应速率缓慢。

2. 二次污染物

二次污染物指由一次污染物在大气中互相作用，经化学反应或光化学反应形成的与一次污染物的物理、化学性质不同的新的大气污染物，其毒性可能比一次污染物还强。最常见的二次污染物有硫酸及硫酸盐气溶胶、硝酸及硝酸盐气溶胶、臭氧、光化学氧化剂 OX 及活性中间体（$\cdot HO_2$、$\cdot HO$ 等）。

三、化工废气的特点

1. 种类繁多
化工行业所用原料不同，工艺路线有差异，化学反应繁杂，造成化工废气种类繁多。

2. 组成复杂
从原料到产品，经过了复杂的化学反应及单元操作，产生了多种副产物，造成化工废气组成复杂。

3. 污染物浓度高
由于工艺路线不合理或设备陈旧，原料转化率低，发生"跑、冒、滴、漏"现象，原材料或中间产品流失严重，使废气中污染物浓度较高。

4. 易燃易爆气体较多
这类气体有氢、一氧化碳及酮、醛等有机可燃物，当排（或泄）放量大时，可能引起火灾、爆炸事故。

5. 含有毒或腐蚀性气体
化工生产排出的这类气体很多，如二氧化硫、氮氧化物、氯气、氯化氢及多种有机物，其中以二氧化硫和氮氧化物的排放量最大，这些气体直接损害人体健康、腐蚀设备、建筑物的表面，还会形成酸雨污染地表和水域。

6.浮游粒子种类多，危害大

化工生产排出的浮游粒子包括粉尘、烟气和酸雾等，浮游粒子吸附性强，当它和有害气体共存时对人体危害更严重。

7.污染面广，危害性大

化工废气所含易致癌、致畸、致突变成分较多，严重危害人体健康，对周围环境造成较大危害。

四、化工废气的处理原则

化工生产过程中产生的空气污染物，按其存在状态可分为两大类：其一是颗粒污染物，如粉尘、烟尘、雾滴和尘雾等颗粒状污染物；其二是气态污染物，如 SO_2、NO_x、CO、NH_3、H_2S、有机废气等主要以分子状态存在于废气中，前者可利用其质量较大的特点，通过外力的作用将其分离出来，通常称为除尘；后者则要利用污染物的物理性质和化学性质，通过用冷凝、吸收、吸附、燃烧、催化转化等方法进行处理。

化工废气经处理达标后才能排放至大气中。我国在 2012 年发布了《环境空气质量标准》（GB 3095—2012），于 2016 年正式实施。它对我国空气环境中数种主要环境污染物的允许浓度做了法定限制，是控制空气污染、评价环境质量、制定地区空气污染排放标准的依据。它将环境空气质量分为三级，分别是：

一级标准为保护自然生态和人群健康，在长期接触情况下，不发生任何危害的空气质量要求。

二级标准为保护人群健康和城市、乡村的动植物，在长期和短期接触情况下，不发生伤害的空气质量要求。

三级标准为保护人群不发生急慢性中毒和城市、乡村的动植物（除敏感者外）正常生长的空气质量要求。

该标准还根据我国各地区的地理、气候、生态、政治、经济和空气污染程度，将空气环境质量区划分为三类：一类区为国家规定的自然保护区、风景名胜区和其他需要特殊保护的地区；二类区为城市规划中确定的居民区、商业交通居民混合区、文化区、一般工业区和农村地区；三类区为特定的工业区。一、二、三类空气环境质量区一般分别执行一、二、三级标准。标准还规定了各项污染的监测分析方法。

《工业企业设计卫生标准》（GB Z1—2012）规定了居住区大气中有害物质的最高浓度和车间空气中有害物质的最高浓度，适用于生产岗，目的是保护长期进行生产劳动的工人不引起急性或慢性职业病危害。

我国还根据不同的行业，制定、修订了不同污染物的排放标准，如《石油化学工业污染物排放标准》（GB 31571—2015）、《锅炉大气污染物排放标准》（GB 13271—2014）、《火电厂大气污染物排放标准》（GB 13223—2011）、《水泥工业大气污染物排放标准》（GB 4915—2013）等。

第二节　颗粒污染物的处理方法

一、粉尘的控制与防治

(一) 粉尘的概念

粉尘是指能在较长时间悬浮于空气中的固体颗粒污染物的总称。按国际标准化组织规定，粒径小于 75 μm 的固体悬浮物定义为粉尘。

(二) 粉尘的分类

1. 按粉尘性质分类

按粉尘性质可分为：无机粉尘、有机粉尘和混合性粉尘。在生产中混合性粉尘最常见。

2. 按粉尘颗粒的大小分类

(1) 灰尘 (粉尘粒子直径大于 10 μm)，在静止的空气中，可以加速沉降，不扩散。

(2) 尘雾 (粉尘粒子直径为 0.1~10 μm)，在静止的空气中，以等速降落。不易扩散。

(3) 烟尘 (粉尘粒子直径为 0.001~0.1 μm)，因其大小接近子空气分子，受空气分子的冲撞呈布朗运动，几乎完全不沉降或非常缓慢而曲折地降落。

由于粉尘颗粒的大小不同，在空气中滞留时间长短各异，在空气中呈现的状态也不同，所以采取的治理方法也有所不同。

(三) 粉尘的特性

1. 粉尘的粒径分布

粉尘粒径也称为粒度，是衡量粉尘颗粒大小的尺度。粉尘的粒径分布是指粉尘中各种粒径的粉尘所占质量或数量的百分数。粉尘的粒径分布是选择除尘器的基本条件。

2. 粉尘的密度

粉尘密度是指单位体积粉尘的质量，包括容积密度和真密度。容积密度是自然堆积状态下单位体积粉尘的质量，是设计灰斗和运输设备的依据，真密度是排除颗粒之间及颗粒内部的空气和液体，所测出的在密实状态下单位体积粉尘的质量。它对机械类除尘器的工作效率具有较大的影响。

3. 粉尘的爆炸性

粉尘的表面积增加时，其化学活泼性迅速加强，悬浮于空气中时与空气中的氧充分接触，在一定温度和浓度下会发生爆炸，对有爆炸危险的粉尘，设计除尘系统时必须严格按照设计规范进行，采取必要的防爆措施。

4. 粉尘的荷电性及比电阻

粉尘的荷电性是指粉尘能被荷电的难易程度。电除尘器就是专门利用粉尘的荷电性，从含尘气流中捕集分离粉尘的。

衡量粉尘荷电性的指标为比电阻，粉尘比电阻是指面积为 1 cm²、厚度为 1 cm 的粉尘层所具有的电阻，它反映粉尘的导电性能。粉尘比电阻对电除尘有很大影响，是电除尘的设计依据。一般认为比电阻为 $10^4 \sim 10^{11}$ Ω/cm 时,电除尘的效果较好。

5.粉尘的湿润性

粉尘颗粒能否与液体相互附着或附着难易的性质称为粉尘的润湿性。根据粉尘被液体润湿的程度,粉尘可分为亲水性粉尘和疏水性粉尘。粉尘的湿润性是湿式防尘、除尘的依据。各种湿式除尘装置主要依靠粉尘与水的润湿作用进行捕集、分离粉尘。

6.粉尘的安息角与滑动角

粉尘的安息角是粉尘从漏斗连续落到水平板上,堆积成的圆锥体母线同水平面之间的夹角。滑动角是指光滑平面倾斜时粉尘开始滑动的倾斜角。安息角与滑动角表征了粉尘的流动性。安息角小的粉尘,流动性好。粉尘的安息角与滑动角是设计除尘器灰斗(或粉尘仓)锥度、除尘管路或输灰管路倾斜度的主要依据。

7.粉尘的黏附性

黏附性是粉尘与粉尘之间或粉尘与器壁之间力的相互作用的结果,这种作用包括分子间力、毛细黏附力及静电力等。粒径细、吸湿性大的粉尘,黏附性强。许多除尘器的捕集机理都是依赖于尘粒间的黏附性;但在含尘气流管道和净化设备中,需防止粒子黏附在管壁上,以免造成除尘器管道、设备的堵塞和发生故障。

8.粉尘的磨损性

粉尘的磨损性是指粉尘在流动过程中对器壁或管壁的磨损特性,磨损程度与粉尘大小、形状、密度、硬度、粉尘在除尘器中运行速度等因素有关。

9.粉尘的比表面

粉尘的比表面表示粒子群总体细度。比表面积越大,与空气接触面越大,粉尘氧化分解过程加快,易于发生燃烧和爆炸。

二、除尘装置

除尘器种类繁多,根据不同的原则,可对除尘器进行不同的分类。依照除尘器除尘的主要机制可将其分为机械式除尘器、湿式除尘器、过滤式除尘器、电除尘器。根据在除尘过程中是否使用水或其他液体可将除尘器分为湿式除尘器和干式除尘器。按除尘效率的高低还可将除尘器分为高效除尘器(如静电除尘器、过滤除尘器)、中效除尘器(如旋风除尘器、湿式除尘器)和低效除尘器(如重力沉降室、惯性除尘器,后者使用较少)。

近年来,为提高对微粒的捕集效率,还出现了综合几种除尘机制的新型除尘器。例如,声凝聚器、热凝聚器、高梯度磁分离器等,但目前大多仍处在实验研究阶段。还有些新型除尘器由于性能、经济效果等不能推广应用。因此本节仍介绍常用的除尘装置。

(一)机械除尘器(mechanical dust collector)

机械除尘器是依靠机械力将粉尘从气流中去除的装置,对大粒径粉尘(30～50 μm)去除效率高,对小粒径粉尘捕获效率低。按除尘粒径不同可分为重力沉降室、惯性除尘器和离心力除尘器。

1.重力沉降室(gravity sedimentation chamber)

重力沉降室是利用粉尘与气体的密度不同,使含尘气体中的尘粒依靠自身的重力从气流中自然沉降下来,达到净化目的的一种装置。图9-1即为单级重力沉降室的结构示意图,含尘气流通过横断面比管道大得多的沉降室时，流速大大降低，气流中大而重的尘粒，在随气流流出沉降室之前，由于重力的作用，缓慢下落至沉降室底部而被清除。重力沉降室是各种除尘器中最简单的一种，只能捕集粒径较大的尘粒，只对 50 μm 以上的尘粒具有较好的捕集作用，因此除尘效率低，只能作为初级除尘手段。

2. 惯性除尘器(inertial dust collector)

惯性除尘器主要利用粉尘与气体在运动中的惯性力不同，使粉尘从气流中分离出来。常用方法是使含尘气流冲击在挡板上，气流方向发生急剧改变，利用气流中的尘粒惯性较大，不能随气流急剧转弯的特性，使粉尘从气流中分离出来。

一般情况下，惯性除尘器中的气流速度越高，气流方向转角度越大，气流转换方向次数越多，则对粉尘的净化效率越高，但压力损失也会越大。

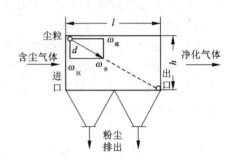

图 9-1　重力沉降室示意图

惯性除尘器适于非黏性、非纤维性粉尘的去除，设备结构简单，阻力较小，但其分离效率较低，为 50% ~70%，只能捕集 20 μm 以上的粗尘粒，故只能用于多级除尘中的第一级除尘。

3. 离心力除尘器(centrifugal dust collector)

离心力除尘器又称旋风除尘器，是利用含尘废气的流动速度，使废气在除尘装置内沿一定方向连续旋转，粉尘在随气流旋转过程中产生的离心力作用下，从废气中分离出来的除尘装置。

离心力除尘器包括旋风除尘器(图 9-2)和旋流除尘器(图 9-3)。旋风除尘器为常用设备，两者的不同在于旋流除尘器处理废气时，废气除了从进气管进入除尘器形成旋流外，还通过喷嘴或导流管引入二次空气，二次空气旋流一方面使含尘气流旋转流速增大，增强对粉尘的分离能力，另一方面还起到对分离出的粉尘颗粒向下裹挟作用，使粉尘颗粒迅速地经导流板进入储灰器中，增强了除尘效果。

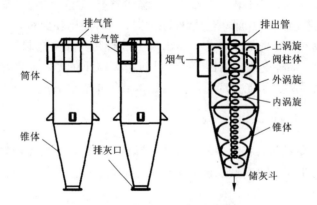

图 9-2　旋风除尘器示意图

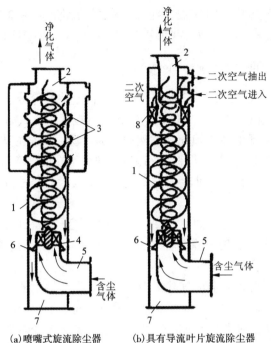

图9-3 旋流除尘器

1—除尘器外壳；2—排气管；3—二次空气喷嘴；4—含尘空气进口"花瓣"形叶片片导流器；
5—含尘气体进入管；6—尘粒导流板；7—贮灰器；8—环形叶片片导流器

(二)湿式除尘器(wet dust collector)

湿式除尘也称为洗涤除尘。该方法是用液体(一般为水)洗涤含尘气体，使尘粒与液膜、液滴或雾沫碰撞而被吸附，凝聚变大，尘粒随液体排出，气体得到净化。

由于洗涤液对多种气态污染物具有吸收作用，因此它既能净化气体中的固体颗粒物，又能同时脱除气体中的气态有害物质，这是其他类型除尘器所无法做到的。某些洗涤器也可以单独充当吸收器使用。

湿式除尘器种类较多，根据除尘净化机制不同，可分为以下几种不同的结构类型：①重力喷雾洗涤除尘器(图9-4)；②旋风湿式除尘器；③自激喷雾洗涤除尘器；④塔板式洗涤除尘器；⑤填料式洗涤除尘器；⑥文丘里洗涤除尘器；⑦机械诱导喷雾洗涤除尘器。

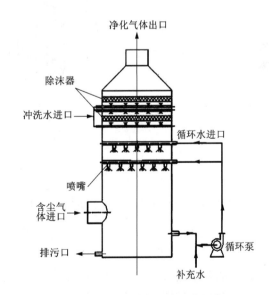

图9-4 重力喷雾洗涤除尘器

湿式除尘器结构简单，造价低，除尘效率高，在处理高温、易燃、易爆气体时安全性好，在除尘的同时还可去除气体中的有害物。湿式除尘器的不足是用水量大,易产生腐蚀性液体,产生的废液或泥浆需进行再处理,并可能造成二次污染,在寒冷地区和季节,易结冰。

(三)过滤式除尘器(filter dust separator)

过滤式除尘是使含尘气体通过多孔泥料,利用滤料空隙的筛分、静电引力和重力沉降等作用,把气体中的尘粒截留下来,使气体得到净化。其按滤尘方式有内部过滤与外部过滤之分。内部过滤是把松散多孔的滤料填充在框架内作为过滤层,尘粒是在滤层内部被捕集,如颗粒层过滤器就属于这类过滤器。外部过滤是用纤维织物、滤纸等作为滤料,通过滤料的表面捕集尘粒,故称为外部过滤。这种除尘方式最典型的装置是袋式除尘器,它是过滤式除尘器中应用最广泛的一种。

普通袋式除尘器的结构形式如图9-5所示,用棉、毛、有机纤维、无机纤维的纱线织成滤布。用此滤布做成的滤袋是袋式除尘器中最主要的滤尘部件,滤袋形状有圆形和扁形两种,应用最多的为圆形滤袋。

袋式除尘器广泛用于各种工业废气除尘中,它属于高效除尘器,除尘效率大于99%,对细粉有很强的捕集作用,对颗粒性质及气量适应性强,同时便于回收干料。袋式除尘器不适于处理含油、含水及黏结性粉尘,同时也不适于处理高温含尘气体,一般情况下被处理气体的温度应低于100 ℃。在处理高温烟气时需预先对烟气进行冷却降温。

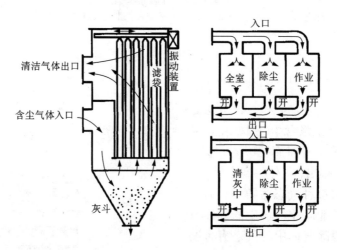

图9-5 机械清灰袋式除尘器

(四)电除尘器(electrostatic precipitator)

电除尘是利用高压电场产生的静电力(库仑力)的作用实现固体粒子或液体粒子与气流分离的方法。

常用的除尘器有管式与板式两大类型,由放电极与集尘极组成,图9-6即为管式电除尘器的示意图。图中所示的放电极为一用重锤绷直的细金属线,与直流高压电源相接;金属圆管的管壁为集尘极,与地相接。含尘气体进入除尘器后,通过以下三个阶段实现尘气分离。

1.粒子荷电

在放电极与集尘极间施以很高的直流电压(50~90 kV)时,两极间形成一不均匀电场,

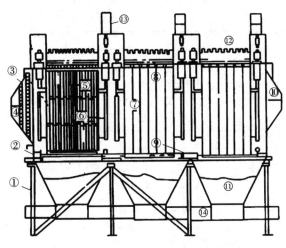

①壳体
②支架(砼或钢结构)
③进风口
④分布图
⑤放电极
⑥放电极振打结构
⑦放电极悬挂框架
⑧沉淀极
⑨沉淀极振打及传动装置
⑩出气口
⑪灰斗
⑫防雨盖
⑬放电极振打传动装置
⑭拉链机

图9-6　管式电除尘器

放电极附近电场强度很大，集尘极附近电场强度根小。在电压加到一定值时，发生电晕放电，故放电极又称为电晕极。电晕放电时，生成的大量电子及阴离子在电场力作用下，向集尘极迁移。在迁移过程中，中性气体分子很容易捕获这些电子或阴离子形成负气体离子，当这些带负电荷的粒子与气流中的尘粒相撞并附着其上时，就使尘粒带上了负电菏，实现了粉尘粒子的荷电。

2. 粒子沉降

荷电粉尘在电场中受库仑力的作用被驱往集尘极，经过一定时间到达集尘极表面，尘粒上的电荷仅与集尘极上的电荷中和，尘粒放出电荷后沉积在集尘极表面。

3. 粒子清除

集尘极表面上的粉尘沉积到一定厚度时，用机械振打等方法，使其脱离集尘极表面，沉落到灰斗中。

电除尘器是一种高效除尘器，对细微粉尘及雾状液滴捕集性能优异，除尘效率达99%以上，对粒径小于$0.1\ \mu m$的粉尘粒子，仍有较高的去除效率；由于电除尘器的气流通过阻力小，又由于所消耗的电能是通过静电力直接作用于尘粒上，因此能耗低；电除尘器处理气量大，又可应用于高温、高压的场合，因此被广泛用于工业除尘。电除尘器的主要缺点是设备庞大，占地面积大，一次性投资费用高。

三、除尘设备的选择原则和技术指标

(一)除尘设备的选择原则

我国粉尘的来源主要是各种工业炉窑排出的烟气。这种烟气不仅成分复杂，而且温度高，可达1000~2000 ℃。因此在除尘设备的选择上应考虑以下因素：

1. 烟气含尘浓度、粉尘分散度

含尘浓度大应采用高效率除尘器或多级串联的形式。粉尘分散度高，则要选择高性能的除尘器。图9-7给出了各类除尘器对粗、细、极细三种标准粉尘的效率曲线，由此曲线便可初步选择除尘器的种类，再查阅该类除尘器的详细性能资料，进一步确定其型号规格。

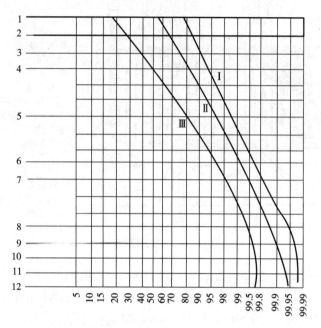

图 9 - 7 各类除尘器对三种标准粉尘的除尘效率

Ⅰ—粗粉尘；Ⅱ—细粉尘；Ⅲ—极细粉尘

1—惯性除尘器；2—中效旋风除尘器；3—低阻小旋风除尘器；4—高效旋风除尘器；5—喷淋式除尘器；6—干式静电除尘器；7—湿式静电除尘器；8—文丘里管洗涤器(中动力)；9—高效静电除尘器；10—文丘里管洗涤器(大动力)；11—脉冲袋式除尘器；12—脉冲喷吹袋式除尘器

2. 烟气的温度、湿度、黏结性、亲水性、毒性、爆炸性、化学成分等

当烟气温度很高时，必须冷却降温；所含尘粒湿度大、黏结性强的，应避免采用滤袋式除尘器；属于憎水性粉尘不宜采用湿式除尘器；毒性大的应采用严密的、负压操作的、维护管理较简单的除尘器，收集的粉尘应采用闭路系统；具有爆炸性的烟气应避免高温和产生火花，其浓度要严格控制在爆炸浓度之外。

3. 粉尘的收集和利用

除尘器收集到的粉尘应尽量回收利用，并纳入生产工艺流程中去。确实无用的废物，应对其进行无害化处理，避免成为新的污染源。

(二)除尘装置的技术性能指标

全面评价除尘装置的技术性能指标应包括技术指标和经济指标两项内容。技术指标常以气体处理量、净化效率和压力损失等参数表示，而经济指标则包括设备费、运行费、占地面积和使用寿命等。此处主要介绍气体中粉尘浓度和除尘装置的处理量。

1. 气体中粉尘浓度

根据含尘量的大小，气体中粉尘浓度可用以下两种方法表示：

(1)个数浓度，单位体积气体所含粉尘的个数，单位为个/cm^3。在粉尘含量极低时用此单位。

（2）质量浓度标准状态（0 ℃、0.1 MPa）单位体积气体所含悬浮粉尘的质量，单位为 g/cm³。

2.除尘装置的处理量

除尘装置的处理量表示的是除尘装置在单位时间内所能处理废气量的大小，是表明装置处理能力大小的参数，废气量一般用标准状态下的体积流量表示，单位为 m³/h、m³/s，是选择、评价装置的重要参数。

（三）除尘装置的效率

除尘装置的效率是表示该装置捕集粉尘效果的重要指标，也是选择、评价装置的重要参数。常用两种表示方法：

1.总效率（除尘效率）

除尘装置的总效率是指在同一时间内，由除尘装置整体除下的粉尘量与进入除尘装置的粉尘量的百分比，常用符号 η 表示。总效率所反映的实际上是装置净化程度的平均值，它是评定装置性能的重要技术指标。

2.分级效率

分级效率是指装置对某一粒径 d 为中心，粒径变化为 $\triangle d$ 范围的粉尘除去效率，具体数值用同一时间内除尘装置除下的某粒径范围内的粉尘量占进入装置的该粒径范围内的粉尘量的百分比来表示，符号常用 η_d 表示。

（四）除尘装置的压力损失

压力损失是表示除尘装置消耗能量大小的指标，有时也称为压力降。压力损失的大小用除尘装置进出口处气流的气压差来表示。

（五）常见除尘装置优缺点及性能比较

工业生产中常见的除尘装置优缺点及性能比较如表9-2和表9-3所示。

表9-2 常见除尘器优缺点比较

除尘器种类	原理	除尘粒径 $d/\mu m$	除尘效率 $\eta/\%$	优点	缺点
沉降室	重力	50～100	40～60	①造价低；②结构简单；③压力损失小；④磨损小；⑤维修容易；⑥运转费少	①不能除小颗粒粉尘；②效率较低
惯性除尘器	惯性力	10～100	50～70	①造价低；②结构简单；③能处理高温气体；④几乎不用运转费	①不能除小颗粒粉尘；②效率较低

续表 9 – 2

除尘器种类	原理	除尘粒径 $d/\mu m$	除尘效率 $\eta/\%$	优点	缺点
离心力除尘器	离心力	5 以上 3 以下	50 ~ 80 10 ~ 40	①造价低； ②占地小； ③能处理高温气体； ④效率较高； ⑤适用于处理高浓度烟气	①压力损失大； ②不适合除湿、黏气体； ③不适合除腐蚀性气体
湿式除尘器	湿式	1 左右	80 ~ 99	①造价低； ②除尘效率高； ③不受温度、湿度影响	①压力损失大，运行费用高； ②用水量大，有污水时需替换处理； ③易堵塞
过滤式除尘器（袋式）	过滤	1 ~ 20	90 ~ 99	①除尘效率高； ②操作简单方便； ③适用于处理低浓度气体	①易堵塞，滤布需替换； ②运行费用高
电除尘器	静电力	0.05 ~ 20	80 ~ 99	①除尘效率高； ②操作简单方便； ③适用于处理低浓度气体； ④压力损失小	①造价高； ②粉尘黏在电极上时，会使除尘效率降低； ③维修费较高

表 9 – 3   常见除尘器性能比较

除尘装置	捕集粒子的能力/%			压力损失/Pa	设备费	运行费	装置类别
	50 μm	5 μm	1 μm				
重力沉降室	–	–	–	100 ~ 150	低	低	机械
惯性除尘器	95	16	3	300 ~ 700	低	低	机械
旋风除尘器	96	73	27	500 ~ 1500	中	中	机械
文丘里除尘器	100	>99	98	3000 ~ 10000	中	高	湿式
电除尘器	>99	98	92	100 ~ 200	高	中	静电
袋式除尘器	100	>99	99	100 ~ 200	较高	较高	过滤
声波除尘器	–	–	–	600 ~ 1000	较高	中	声波

第三节　气态污染物的治理

一、常用的气态污染物的治理方法

工农业生产、交通运输和人类活动所排放的有害气态物质种类繁多，依据这些物质不同的化学和物理性质，需采用不同的方法进行治理。

(一)吸收(absorption)法

吸收法是采用适当的液体作为吸收剂，使含有有害物质的废气与吸收剂接触，废气中的有害物质被吸收于吸收剂中，使气体得到净化的方法。在吸收过程中，依据吸收质与吸收剂是否发生化学反应，可将吸收分为物理吸收与化学吸收。在处理气量大、有害组分浓度低为特点的各种废气时，化学吸收的效果要比单纯物理吸收好得多。因此，在用吸收法治理气态污染物时，多采用化学吸收法进行。

直接影响吸收效果的是吸收剂的选择。所选择的吸收剂一般应具有以下特点：吸收容量大，即在单位体积的吸收剂中吸收有害气体的数量要大；饱和蒸气压低，以减少因挥发而引起的吸收剂的损耗；选择性高，即对有害气体吸收能力强；沸点要适宜，热稳定性高，黏度及腐蚀性要小，价廉易得。

根据以上原则，去除氯化氢、氨、二氧化硫、氟化氢等可选用水作吸收剂；去除二氧化硫、氮氧化物、硫化氢等酸性气体可选用碱液(如烧碱溶液、石灰乳、氨水等)作吸收剂；去除氨等碱性气体可选用酸液(如硫酸溶液)作吸收剂。另外，碳酸丙烯酯、N-甲基吡咯烷酮及冷甲醇等有机溶剂也可以有效地去除废气中的二氧化碳和硫化氢。

吸收法中所用吸收设备的主要作用是使气液两相充分接触，以便更好地发生传质过程，常用吸收装置性能比较见表9-4。

表9-4 吸收装置的性能比较

装置名称	分散相	气侧传质系数	液侧传质系数	主要吸收气体
填料塔	液	中	中	SO_2、H_2S、HCl、NO_2
空塔	液	小	小	HF、SiF_4、HCl
旋风洗涤塔	液	中	小	含粉尘的气体
文丘里洗涤塔	液	大	中	HF、H_2SO_4、酸雾
板式塔	气	小	中	Cl_2、HF
湍流塔	液	中	中	HF、NH_3、H_2S
泡沫塔	气	小	小	Cl_2、NO_2

吸收一般采用逆流操作，被吸收的气体由下向上流动，吸收剂由上向下流动，在气、液逆流接触中完成传质过程。吸收工艺流程有非循环和循环过程两种，前者吸收剂不予再生，后者吸收剂封闭循环使用。

吸收法具有设备简单、捕集效率高、应用范围广、一次性投资低等特点。但由于吸收是将气体中的有害物质转移到了液体中,因此对吸收液必须进行处理,否则容易引起二次污染。此外,由于吸收温度越低吸收效果越好,因此在处理高温烟气时,必须对排气进行降温预处理。

(二)吸附(adsorption)法

吸附法是指废气与大比表面积、多孔性固体物质相接触,将废气中的有害组分吸附在固体表面,使其与气体混合物分离,达到净化目的。具有吸附作用的固体物质称为吸附剂,被吸附的气体组分称为吸附质。

当吸附进行到一定程度时,为了回收吸附质以及恢复吸附剂的吸附能力,需采用一定的方法使吸附质从吸附剂上解脱下来,谓之吸附剂的再生。吸附法治理气态污染物应包括吸附及吸附剂再生的全部过程。常用的再生方法有升温脱附、减压脱附、吹扫脱附等。再生的操作比较麻烦,这一点限制了吸附法的应用。

吸附过程分为物理吸附和化学吸附。物理吸附是放热过程,气体分子与固体吸附剂分子之间以分子间力相结合,这种分子间力极易被其他热量或者因压力降低而破坏,因此可在减压或加热条件下再生。化学吸附是指吸附剂与吸附质之间的作用力为化学键,作用力较强,具有较强的选择性,多为不可逆吸附,吸附剂再生困难。解吸出的物质可能是气体中的某种原组分,也可能是反应后生成的其他物质。

合理选择与利用高效的吸附剂是提高吸附效果的关键。应从以下几个方面考虑吸附剂选择:大的比表面积和孔隙率;良好的选择性;吸附能力强,吸附容量大;易于再生;机械强度大,化学稳定性强,热稳定性好,耐磨损,寿命长;价廉易得。根据以上特点,常用的吸附剂见表9-5。

表9-5 常见吸附剂及其应用范围

吸附剂	可吸附的污染物种类
活性炭	苯、甲苯、二甲苯、丙酮、乙醇、乙醚、甲醛、煤油、汽油、光气、醋酸乙酯、苯乙烯、恶臭物质、H_2S、Cl_2、CO、SO_2、NO_x、CS_2、CCl_4、$CHCl_3$、CH_2Cl_2
活性氧化铝	H_2S、SO_2、C_nH_m、HF
硅胶	NO_x、SO_2、C_2H_2、烃类
分子筛	NO_x、SO_2、CO、CS_2、H_2S、NH_3、C_nH_m、Hg(气)
泥煤、褐煤	NO_x、SO_2、SO_3、NH_3

吸附法的净化效率高,特别是对低浓度气体具有很强的净化能力。吸附法特别适用于排放标准要求严格或有害物浓度低,用其他方法达不到净化要求的气体净化。因此,吸附法常作为深度净化手段或联合应用几种净化方法时的最终控制手段。吸附效率高的吸附剂如活性炭、分子筛等,价格一般都比较昂贵,必须对失效吸附剂进行再生,重复使用吸附剂,以降低吸附的费用。另外,由于一般吸附剂的吸附容量有限,对高浓度废气的净化,不宜采用吸附法。

常用的吸附设备是固定床、移动床和流化床吸附器。固定床吸附器是将气体吸附剂固定在某一位置，在其静止不动的情况下进行吸附操作。移动床吸附器是两相皆处于移动状态，气固两相接触良好，不易发生沟流和局部不均现象，克服了固定床局部过热的缺点。流化床吸附器是由气体和吸附剂组成的两相流装置，在吸附剂与气体的接触中，由于气体流速较大使吸附剂处于硫化状态。三者的适用范围不同，必须根据废气和吸附剂种类合理选择使用。

（三）催化转化（catalytic conversion）法

催化转化法净化气态污染物是利用催化剂的催化作用，使废气中的有害组分发生化学反应并转化为无害物或易于去除物质的一种方法。

催化转化法净化效率较高，净化效率受废气中污染物浓度影响较小。催化转化法与吸收法、吸附法不同，在治理污染过程中，无须将污染物与主气流分离，可直接将有害物质转变为无害物质，这不仅可避免产生二次污染，而且可简化操作过程。此外，所处理的气体污染物的初始浓度都很低，反应的热效应不大，一般可以不考虑催化床层的传热问题，从而大大简化催化反应器的结构。由于上述优点，可使用催化法使废气中的碳氢化合物转化为二氧化碳和水，氮氧化物转化为氮，二氧化硫转化为三氧化硫后加以回收利用，有机废气和臭气催化燃烧，以及汽车尾气的催化净化等。该法的缺点是催化剂价格较高，废气预热需要一定的能量，即需添加附加的燃料使得废气催化燃烧。

催化剂一般是由多种物质组成的复杂体系，按各成分所起作用的不同，主要分为活性组分、载体、助催化剂。根据活性、选择性、机械强度、热稳定性、化学稳定性及经济性等来筛选催化剂是催化净化有害气体的关键。常用的催化剂一般为金属盐类或金属，如钒、铂、铅、镉、氧化铜、氧化锰等物质。催化剂载在具有巨大表面积的惰性载体上，典型的载体为氧化铝、铁矾土、石棉、陶土、活性炭和金属丝等。表9-6为净化气态污染物常用的几种催化剂的组成。

表9-6 催化转化法处理废气常用催化剂组成

用途	主要活性物质	载体
有色冶炼烟气制酸，硫酸厂尾气回收制酸等（$SO_2 \rightarrow SO_3$）	V_2O_5含量为6%～12%	SiO_2（助催化剂K_2O或Na_2O）
硝酸生产及化工等工业尾气（$NO_x \rightarrow N_2$）	Pt、Pd含量为0.5%	$Al_2O_3 - SiO_2$
	$CuCrO_2$	$Al_2O_3 - MgO$
碳氢化合物的净化 $CO + H_2$ $CO_2 + H_2O$	Pt、Pd、Rh	Ni、NiO、Al_2O_3
	CuO、Cr_2O_3、Mn_2O_3	
	稀土金属氧化物	Al_2N_3
汽车尾气净化	Pt(0.1%)、稀土、碱土、过渡金属氧化物	硅铝小球、蜂窝陶瓷、$\alpha - Al_2O_3$、$\gamma - Al_2O_3$

一般将催化转化法分为两类,即催化氧化法和催化还原法。

1. 催化氧化(catalytic oxidation)法

催化氧化法是在催化剂催化作用下,利用氧化剂将废气中污染物氧化为无害物质而回收利用或排放的净化方法。如催化氧化法将废气中的 SO_2 氧化为 SO_3,进而制成硫酸。

2. 催化还原(catalytic reduction)法

催化还原法是在催化剂催化作用下,利用还原剂将废气中的污染物还原为无害物质而回收或排放的净化方法。

催化法反应器一般为固定床反应器,根据反应器是否与外界进行热交换,又可将催化法反应器分为绝热式与换热式。绝热式固定床反应器在反应过程中,催化床层不与外界进行热交换,最外层为保温层,减少能量损失,包括单段绝热式与多段绝热式。换热式固定床反应器分为多管式与列管式。在多管式反应器中,催化剂填在管内,换热流体在管间流动;列管式与其相反。当反应热效应较大,有需要维持反应器内适宜的反应温度时,往往需要使用换热式反应器。

(四)燃烧(combustion)法

燃烧法是对含有可燃有害组分的混合气体进行氧化燃烧或高温分解,从而使这些有害组分转化为无害物质的方法。燃烧法主要应用于碳氢化合物、一氧化碳、恶臭、沥青烟、黑烟等有害物质的净化治理。燃烧法工艺简单、操作方便、净化程度高,并可回收热能,但不能回收有害气体,有时会造成二次污染。实用中的燃烧净化方法有三种,即直接燃烧、热力燃烧与催化燃烧。

1. 直接燃烧(direct combustion)法

直接燃烧法是把废气中的可燃有害组分当作燃料直接烧掉,因此只适用于净化含可燃组分浓度高或有害组分燃烧时热值较高的废气。直接燃烧是有火焰的燃烧,燃烧温度高(1100 ℃),一般的窑、炉均可作为直接燃烧的设备。在石油工业和化学工业中,主要是"火炬"燃烧,它是将废气通入烟囱,在烟囱末端进行燃烧。此法安全、简单、成本低,但不能回收热能。

2. 热力燃烧(thermal combustion)法

热力燃烧法是利用辅助燃料燃烧放出的热量将混合气体加热到要求的温度,使可燃的有害物质进行高温分解变为无害物质。热力燃烧一般用于可燃的有机物含量较低的废气或燃烧热值低的废气治理,同时可去除超微细颗粒。热力燃烧为无火焰燃烧,燃烧温度较低(760～820 ℃)。燃烧设备为热力燃烧炉,结构简单、占用空间小、维修费用低;缺点是操作费用高,且有回火和发生火灾的可能;在一定条件下也可用一般锅炉进行。直接燃烧与热力燃烧的最终产物均为二氧化碳和水。

3. 催化燃烧(catalytic combustion)法

催化燃烧法是在催化剂的作用下,使废气中的污染物在较低温度(200～400 ℃)下迅速氧化分解,实现对污染物的完全氧化,也属于催化净化法中的一种。催化燃烧法可以降低有机废气的起始燃烧温度,燃烧不受污染物浓度的限制,能耗少,操作简便、安全,净化效率高,在回收价值不大的有机废气净化中应用较广。其缺点是催化剂太贵、需再生,且基建投资高。大颗粒及液滴应预先除去,且不能用于易使催化剂中毒的气体。

表 9 - 7　燃烧法分类及比较

方法	适宜范围	燃烧温度/℃	最终产物	设备	特点
直接燃烧	含可燃组分浓度高或热值高的废气	>1100	CO_2、H_2O、N_2	一般窑炉或火炬管	有火焰燃烧，燃烧温度高，可烧掉废气中的碳粒
热力燃烧	含可燃组分浓度低或热值低的废气	760～820	CO_2、H_2O	热力燃烧炉	有火焰燃烧，需加辅助燃料，火焰为辅助燃料火焰，可烧掉废气中碳粒
催化燃烧	基本不受限制，但废气中不许有液滴、雾滴和催化剂毒物	200～400	CO_2、H_2O	催化燃烧炉	无火焰燃烧，燃烧温度最低，有时需电加热点火或维持最低反应温度

（五）冷凝（condensation）法

冷凝法是利用不同物质在不同温度下具有不同蒸汽压的性质，采用降低废气温度或提高废气压力的方法，使一些易于凝结的有害气体或蒸气态的污染物冷凝成液体并从废气中分离出来，以达到净化的目的。

冷凝法只适于处理高浓度的有机废气，特别是浓度大于 10000 cm^3/m^3 的有机蒸气。冷凝法不适合处理低浓度废气，常用作吸附、燃烧等方法净化高浓度废气的前处理，以减轻这些方法的负荷。

冷凝法所使用设备主要包括表面冷凝器和接触冷凝器。表面冷凝器使用冷却壁将废气与冷却介质分开，冷却壁起到移除废气中热量的作用。列管式冷凝器、淋洒式蛇管冷凝器、翅片管式换热器以及螺旋板式冷凝器均属此类设备。采用表面冷凝器冷凝净化废气，冷却介质不与废气直接接触，冷凝物可回收利用，但冷却效果差。

接触冷凝器是将被冷却的气体直接接触进行热交换的设备。填料塔、筛板塔、板式塔、喷射塔等都属于这类设备。接触冷凝器传热效果好，既能冷凝蒸汽，又能溶解吸收污染物，但冷凝物质不易回收，冷凝液需要处理才能回收或排放。

冷凝法的设备简单，操作方便，并可回收到纯度较高的产物，因此也成为气态污染物治理的主要方法之一。

第四节　典型的化工废气处理流程

一、二氧化硫废气的治理方法

二氧化硫废气主要指含有大量 SO_2 的工业尾气和燃烧烟气。SO_2 味臭、能溶于水。当空气中 SO_2 含量过高时，不仅会直接影响人类健康及动植物生长，还会形成酸雾、酸雨，对生态环境造成更大的危害。SO_2 废气是量大、影响面广的污染物。目前常用的脱除 SO_2 的方法有抛弃法和回收法两种。抛弃法是将脱硫的生成物作为固体废物抛掉，方法简单，费用低廉，美国、德国等一些国家多采用此法。回收法是将 SO_2 转变成有用的物质加以回收，成本高，所得副产品存在着应用及销路问题，但对保护环境有利。在我国，从国情和长远观点考虑，应以回收法为主。目前，在工业上已应用的脱除 SO_2 的方法主要为湿法，即用液体吸收剂洗涤烟气，吸收所含的 SO_2；其次为干法，即用吸附剂或催化剂脱除废气中的 SO_2。如今，各种方法层出不穷，各有优劣。

(一)干法

1.活性炭吸附法

此法主要利用活性炭吸附 SO_2，当活性炭与 SO_2 废气接触时，SO_2 即可被吸附。当有氧和水蒸气存在时，也伴随着发生化学反应，活性炭催化 SO_2 变成 SO_3，SO_3 再与水接触生成硫酸，硫酸被吸附在活性炭的微孔中，增加了活性炭的吸附量。

活性炭吸附法不需消耗酸、碱等原料，且无污水排出。但是活性炭容量有限，因此吸附剂必须不断再生，操作麻烦。为保证吸附效率，烟气通过吸附装置的速度不宜太大。当处理量大时，吸附装置体积必须很大才能满足要求。因此，此法不适合大量烟气的处理。所得的副产物硫酸浓度较低，需进行浓缩才能应用，降低了该法的普遍应用。

2.催化氧化法

催化氧化法处理尾气技术成熟，已成为制酸工艺的一部分，在锅炉烟气脱硫中也得到普遍应用。此法所用的催化剂为以 SiO_2 为载体的五氧化二钒(V_2O_5)。处理时，先将烟气除尘后通入催化转化器中，在催化剂的作用下，SO_2 被氧化成 SO_3，转化效果可达80% ~90%。

此外，还有人开发出新型催化氧化技术，适用于同时含有 SO_2、NO_x、O_2、H_2O 的废气。在催化剂的作用下有如下反应：

$$SO_2 + NO_2 \longrightarrow SO_3 + NO$$
$$SO_3 + H_2O \longrightarrow H_2SO_4$$
$$2NO + O_2 \longrightarrow 2NO_2$$
$$NO + NO_2 \longrightarrow N_2O_3$$
$$N_2O_3 + 2H_2SO_4 \longrightarrow 2HNSO_5 + H_2O$$
$$4HNSO_5 + O_2 + 2H_2O \longrightarrow 4H_2SO_4 + 4NO_2$$

此法为低温干式催化氧化脱硫法，既能净化 SO_2，又能脱除部分 NO_x，在电厂烟气脱硫中用得较多。

3.电子束照射法

电子束照射法是新型的干法脱硫技术，也是目前 SO_2 废气处理量最大的工艺。该工艺流程见图9-8，由冷却工序、加氨工序、电子束照射工序和副产物分离工序组成。温度约为150℃的烟气首先经除尘器除尘后进入冷却器，通过喷水冷却将烟气温度降至70℃左右，既利于脱硫脱氮反应，又不会产生废液(因烟气露点为50℃，而喷水在冷却器内已气化)。其次，根据烟气中的 SO_2 和 NO_x 浓度添加适量的氨并送入反应器。在反应器内，烟气中的 SO_2 和 NO_x 经电子束照射，在极短时间内被氧化成中间产物 H_2SO_4 和 HNO_3，它们又与共存的氨发生中和反应生成微细颗粒($NH_4)_2SO_4$ 和 NH_4NO_3 的混合物，微细固体颗粒经除尘器分离后，气体排放，分离出来的副产品作为氮肥使用。

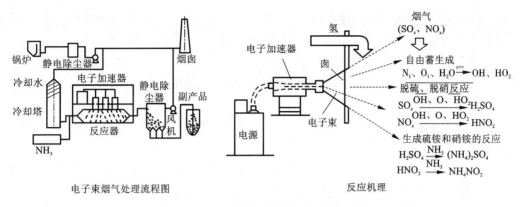

电子束烟气处理流程图　　　　　　　反应机理

图 9 - 8　电子束烟气脱硫流程图及机理图

(二)湿法

1. 氨液吸收法

此法是以氨水或液态氨为吸收剂,吸收 SO_2 后生成亚硫酸铵和亚硫酸氢铵。其反应如下:

$$NH_3 + H_2O + SO_2 \longrightarrow NH_4HSO_3$$
$$2NH_3 + H_2O + SO_2 \longrightarrow (NH_4)_2SO_3$$
$$(NH_4)_2SO_3 + H_2O + SO_2 \longrightarrow 2NH_4HSO_3$$

当 NH_4HSO_3 浓度过高时,吸收能力降低,需进行吸收液的再生,即补充氨将亚硫酸氢铵转化成亚硫酸铵:

$$NH_4 + NH_4HSO_3 \longrightarrow (NH_4)_2SO_3$$

此外,还可引出一部分吸收液,采取不同的方法处理可得到不同的副产品。如在吸收液中加入氨水,使 NH_4HSO_3 转化为 $(NH_4)_2SO_3$,经空气氧化、浓缩、结晶等过程可回收硫酸铵。如再添加石灰或石灰乳,经反应后可得石膏。

氨法工艺成熟,设备简单,操作方便,副产品很有用,是一种较好的方法。但由于氨易挥发,吸收剂消耗量大,在缺乏氨的地方不宜采用。

2. 石灰石 - 石膏法

石灰石 - 石膏法(又称钙碱法)是处理 SO_2 的传统方法,工艺成熟可靠。该法采用石灰石 ($CaCO_3$)、生石灰(CaO)或石灰浆 [$Ca(OH)_2$]的乳浊液吸收 SO_2,并得到副产品石膏 ($CaSO_4 \cdot 2H_2O$)。但目前中国的石膏产量已饱和,生产量大于市场需求量。通过控制溶液 pH,还可得到副产品半水亚硫酸钙($CaSO_3 \cdot \frac{1}{2}H_2O$),它是一种用途极广的钙塑材料。

石灰石 - 石膏法的优点在于原料十分常见且价格低廉,且副产品用途很多,是目前国内外采用的主要方法之一。但其吸收系统易结垢堵塞,同时石灰乳循环量大,设备体积庞大,操作费时。

3. 钠碱法

钠碱法是采用碳酸钠或氢氧化钠等碱性溶液吸收废气中的 SO_2。由于吸收液处理方法不同,所得副产物不同。钠碱法又分为亚硫酸钠法、钠盐循环法及钠盐 - 酸分解法等。

(1)亚硫酸钠法是利用碳酸钠或氢氧化钠为起始吸收剂,吸收废气中的 SO_2 生成亚硫酸钠，再将吸收液用氢氧化钠或碳酸钠溶液中和，使吸收液中的亚硫酸氢钠转变为亚硫酸钠，将中和后的吸收母液冷却、结晶，析出硫酸钠晶体进行分离。主要吸收反应为：

$$NaOH + SO_2 \longrightarrow NaHSO_3$$

$$NaHSO_3 + NaOH \longrightarrow Na_2SO_3 + H_2O$$

亚硫酸钠法流程简单、脱硫效率高，所得亚硫酸钠含量可达 96%，且设备简单、操作方便。但氢氧化钠消耗较高，且亚硫酸钠的需求量受市场制约，因而该法主要用于中小烟气量的脱硫处理。

（2）钠盐循环法，又称韦尔曼 – 洛德（Wellman – Lord）法，采用硫酸钠水溶液吸收 SO_2 生成亚硫酸氢钠，再将含有 Na_2SO_3 – $NaHSO_3$ 的吸收液进行加热再生、冷却、干燥等一系列处理，得到增浓的 SO_2，再生的吸收剂返回吸收塔进行循环利用。

该脱硫法包括烟气预处理、SO_2 吸收、吸收剂再生、SO_2 回收和产品纯化等工序。烟气预处理主要用来除尘增湿，增湿除避免吸收液因水分蒸发产生结晶堵塞设备外，还可以使 SO_3 及氯化物溶于水，减少不必要的碱消耗。亚硫酸钠循环脱硫工艺脱硫率高达 90% 以上，操作管理方便，回收的 SO_2 浓度高，可以生产液态 SO_2、液态 SO_3、硫酸或单质硫，适用于处理大气量的烟气脱硫。反应方程式为：

$$Na_2SO_3 + SO_2 + H_2O \longrightarrow 2NaHSO_3$$

$$2NaHSO_3 \longrightarrow Na_2SO_3 + SO_2 \uparrow + H_2O \uparrow$$

钠盐循环法的优点是吸收液循环使用，吸收剂损失少；且吸收液对 SO_2 的吸收能力强，液体循环量少，泵的容量小；副产品 SO_2 浓度高；操作负荷范围大，可以连续运转；基建投资和操作费用低，可实现自动化操作。缺点是吸收过程中会有结晶析出，容易堵塞设备。

（3）钠盐 – 酸分解法是采用碳酸钠溶液吸收 SO_2，再用酸对吸收液分解再生。如氟盐厂脱硫采用 Na_2CO_3 吸收 SO_2，得到 Na_2SO_3 和 $NaHSO_3$，再用氟铝酸分解，可得冰晶石（Na_3AlF_6）和浓 SO_2 气体，方程式如下：

$$6HF + Al(OH)_3 \longrightarrow H_3AlF_6 + 3H_2O$$

$$H_3AlF_6 + 3Na_2SO_3 \longrightarrow Na_3AlF_6 + 3NaHSO_3$$

$$H_3AlF_6 + 3NaHSO_3 \longrightarrow Na_3AlF_6 + 3SO_2 + 3H_2O$$

（4）双碱法是用氢氧化钠或碳酸钠的水溶液（第一碱）作为开始吸收剂，与 SO_2 反应生成的 Na_2SO_3 继续吸收 SO_2，主要吸收反应为：

$$2Na_2CO_3 + SO_2 + H_2O \longrightarrow Na_2SO_3 + 2NaHCO_3$$

$$2NaHCO_3 + SO_2 \longrightarrow Na_2SO_3 + 2CO_2 + H_2O$$

$$Na_2SO_3 + SO_2 + H_2O \longrightarrow 2NaHSO_3$$

生成的吸收液为 Na_2SO_3 和 $NaHSO_3$ 的混合液。随后，再用石灰石或石灰浆（第二碱）再生，制得石膏，再生后的溶液可循环使用。

另一种双碱法是采用碱式硫酸铝 $[Al_2(SO_4)_3 \cdot xAl_2O_3]$ 作吸收剂，吸收 SO_2 后再氧化成硫酸铝，然后用石灰石与之中和再生成碱性硫酸铝循环使用，并得到副产品石膏。反应方程式为：

$$Al_2(SO_4)_3 \cdot Al_2O_3 + 3SO_2 \longrightarrow Al_2(SO_4)_3 \cdot Al_2(SO_3)_3$$

$$2Al_2(SO_4)_3 \cdot Al_2(SO_3)_3 + 3O_2 \longrightarrow 4Al_2(SO_4)_3$$

$$2Al_2(SO_4)_3 + 3CaCO_3 + 6H_2O \longrightarrow Al_2(SO_4)_3 \cdot Al_2O_3 + 3CaSO_4 \cdot 2H_2O + 3CO_2 \uparrow$$

(三)微生物法

微生物法是一种可再生的生物脱硫技术,它利用微生物对无机硫化物所具有的还原作用,对废气中的二氧化硫进行代谢,来去除二氧化硫。微生物法设备要求简单,节省化学脱硫剂,回收利用效果好,避免二次污染,被认为大有前景。

(1)硫酸盐还原法。利用硫酸盐还原菌的还原作用,把硫酸盐还原成硫化物固定到蛋白质中,或者在厌氧条件下把硫酸盐还原成硫化氢。而脱硫菌获取方法较多,如用城市污水处理厂氧化沟微生物菌液,经低浓度二氧化硫诱导驯化而成的脱硫菌。

(2)氧化亚铁硫杆菌法。这类微生物固定化后可提高其脱除二氧化硫的能力,如用海藻酸钠固定氧化亚铁硫杆菌,可在常温常压下处理二氧化硫。

(四)以废治废法

以废治废法,主要是利用碱性废水吸收 SO_2。该法能变废为宝,化有害化为无害化、无用化为资源化,节约资源。但这种方法受地域限制,适合厂内处理或附近工厂联合处理。

二、氮氧化物废气的治理方法

氮氧化物是一类化合物的总称,分子式为 NO_x,它包括 N_2O、NO、NO_2、N_2O_3、N_2O_4 及 N_2O_5 等多种。在自然条件下,氮氧化物主要是 NO 和 NO_2,二者是常见的大气污染物。大气中的氮氧化物包括天然的和人类活动所产生的。全世界由于自然界细菌分解土壤和海洋中有机物而生成的氮氧化物每年约 50×10^7 t,而人为产生的每年约 5×10^7 t。由人类活动所产生的氮氧化物大部分来自石化燃料的燃烧过程,如锅炉、内燃机等排放的氮氧化物占总数的 80% 以上,此外还有来自化工厂、金属冶炼厂及硝酸使用过程。人为产生的氮氧化物比天然产生的要少得多,但是由于其分布较为集中,与人类活动的关系较为密切,所以危害较大。如 NO 与血液中血红蛋白的亲和力较强,可结成亚硝基血红蛋白或亚硝基高铁血红蛋白,使血液输氧能力下降,出现缺氧发绀症状;NO_2 对呼吸器官有强烈的刺激作用;NO_2 在自然环境中可形成酸,而在阳光照射下,可与磷氢化合物生成有致癌作用的光化学烟雾等。

对含 NO_x 的废气也可采用多种方法进行净化治理(主要是治理生产工艺尾气),常用的有以下几种方法。

(一)干法

1. 分子筛吸附法

常见的分子筛主要有泡沸石、丝光沸石等。丝光沸石是一种极性很强的吸附剂,分子式为 $Na_2O \cdot Al_2O_3 \cdot 10SiO_2 \cdot 6H_2O$,耐热、耐酸,天然储存量大。丝光沸石脱水后孔隙很大,比表面积达 $500 \sim 1000$ m²/g,可容纳相当数量的被吸附物,其晶穴内有很强的静电场和极性,对低浓度 NO_x 有很强的吸附能力。当 NO_x 通过吸附床时,首先吸附极性强的 H_2O 和 NO_2 分子,两者在吸附剂表面发生如下反应:

$$3NO_2 + H_2O \longrightarrow 2HNO_3 + NO \uparrow$$

反应生成的 NO 与废气中的 O_2 作用生成 NO_2,反复循环进行吸附。吸附饱和后,蒸汽加热进行吸附剂的再生利用,干燥冷却后分子筛可重复利用,解吸后得到高浓度氮氧化物,进行回收利用。分子筛吸附法适合用于处理硝酸尾气,可将浓度为 1500 ~ 3000 $\mu L/L$ 的 NO_x 降低至 50 $\mu L/L$ 以下,净化效率高。其缺点为吸附剂吸附容量小,需频繁再生,且装置占地面积大,耗能高,操作复杂,因此用途并不广。

2. 活性炭吸附法

活性炭具有丰富的孔隙结构,能吸附 NO_x;同时活性炭还具有类似晶格缺陷的结构,能形成活性中心,具有一定的催化活性,使被吸附的 NO 与烟气中的 O_2 在活性炭表面催化氧化成 NO_2,进而可以用碱液进行处理。在有氨气存在的情况下,活性炭上也可以发生如下反应:

$$4NH_3 + 4NO + O_2 \longrightarrow 4N_2 + 6H_2O$$

某些特殊品种的活性炭,对 NO_x 进行吸附时,部分碳会直接参与反应,生成氮气:

$$2NO_x + 2C \longrightarrow N_2 + CO/CO_2$$

3. 非选择性催化还原法

非选择性催化还原脱硝又称热力脱硝,指含氮氧化物废气在一定温度下(烟气的高温区)通过催化剂催化还原生成氮气,同时还原剂也与废气中的氧发生反应生成水和二氧化碳。常用还原剂包括 H_2、CH_4、CO 或低碳氢化合物等,工业上可用合成氨释放气、焦炉气、天然气或炼油厂尾气等。由于氧参与还原反应时放出大量的热,能量可以回收,如果工艺合理,可以避免能量的消耗。

非选择性催化还原法常用贵金属铂、钯等作为催化剂,一般将 0.1% ~ 1% 的贵金属负载于氧化铝载体上,也可将贵金属镀在镍合金上,制成波纹网。非选择性催化还原法脱硝原理(以甲烷和一氧化碳为还原剂)为:

$$CH_4 + 4NO_2 \longrightarrow CO_2 + 4NO + 2H_2O$$
$$CH_4 + 2O_2 \longrightarrow CO_2 + 2H_2O$$
$$CH_4 + 4NO \longrightarrow CO_2 + 2N_2 + 2H_2O$$
$$4CO + 2NO_2 \longrightarrow N_2 + 4CO_2$$
$$2CO + O_2 \longrightarrow 2CO_2$$
$$2CO + 2NO \longrightarrow N_2 + 2CO_2$$

4. 选择性催化还原

选择性催化还原法是以铂或铜、铬、铁、矾、镍等的氧化物(以铝矾土为载体)为催化剂,以氨、硫化氢、氯 – 氨及一氧化碳为还原剂,选择最适当的温度范围(一般为 150 ~ 250 ℃,视所选用的催化剂和还原剂而定),使还原剂只是选择性地与废气中的 NO_x 发生反应而不与废气中 O_2 发生反应。例如,氨催化还原法,以氨为还原剂、铂为催化剂,反应温度控制在 150 ~ 250 ℃。主要反应为:

$$6NO + 4NH_3 \longrightarrow 5N_2 + 6H_2O$$
$$6NO_2 + 8NH_3 \longrightarrow 7N_2 + 12H_2O$$

此法还可同时除去废气中的 SO_2。

(二)湿法

1. 水吸收法

该法主要利用水进行吸收 NO_x,在吸收塔中水与废气逆流接触,发生如下反应:

$$2NO_2 + H_2O \longrightarrow HNO_3 + HNO_2$$

$$2HNO_2 \longrightarrow H_2O + NO + NO_2$$
$$2NO + O_2 \longrightarrow 2NO_2$$

水吸收法的效率很低，一般为30%~50%，主要由一氧化氮被转化为二氧化氮的效率决定。当一氧化氮浓度很高时，吸收速率有所增大。此法得到的副产品为5%~10%的稀硝酸，可用于中和碱性废水、作废水处理的中和剂，其次可用来生产化肥等。但此法是在588~686 kPa的高压下进行操作，操作费及设备费较高。

2. 稀硝酸吸收法

该法主要利用30%左右的稀硝酸作为吸收剂，先在20℃和1.5×10^5Pa的压力下，NO_x主要被物理吸收，同时生成少量硝酸；然后将吸收液在30℃下用空气进行吹脱，吹出NO_x后，硝酸被漂白，漂白酸经冷却后可再次用于吸收NO_x。由于NO_x在稀硝酸中溶解度比在水中的高，因此此法对NO_x的去除率可达80%~90%。

3. 碱性溶液吸收法

此法的原理是用碱性物质来中和所生成的硝酸和亚硝酸，使之变成硝酸盐和亚硝酸盐。吸收剂主要有氢氧化钠、碳酸钠和石灰乳。

利用烧碱作吸收剂：

$$2NaOH + 2NO_2 \longrightarrow NaNO_3 + NaNO_2 + H_2O$$
$$2NaOH + 2NO_2 \longrightarrow 2NaNO_2 + H_2O$$

该法对氮氧化物的脱除率可达80%~90%。

利用纯碱作吸收剂：

$$Na_2CO_3 + 2NO_2 \longrightarrow NaNO_3 + NaNO_2 + CO_2$$
$$Na_2CO_3 + NO_2 + NO \longrightarrow 2NaNO_2 + CO_2$$

该法的脱除率可达70%~80%。

利用氨水作吸收剂：

$$2NO_2 + 2NH_3 \longrightarrow NH_4NO_3 + N_2 + H_2O$$
$$2NO + \frac{1}{2}O_2 + 2NH_3 \longrightarrow NH_4NO_2 + N_2 + H_2O$$

该法对氮氧化物的脱除率可达90%。

4. 还原吸收法

还原吸收法是先采用吸收液将氮氧化物吸收，再利用还原剂将其转化为N_2，或者吸收剂本身就是还原剂，吸收与还原同时进行。常见的吸收剂有尿素、亚硫酸铵等，发生的还原反应为：

$$NO + NO_2 + CO(NH_2)_2 \longrightarrow 2N_2 + CO_2 + 2H_2O$$
$$NO + NO_2 + 3(NH_4)_2SO_3 \longrightarrow 3(NH_4)_2SO_4 + N_2$$

此法适合处理含NO浓度较高的废气，与湿式氨法脱硫联用，控制一定的工艺条件，脱硝的效果可达90%以上。

5. 氧化吸收法

此法先利用氧化剂将NO氧化成NO_2、N_2O_5等易溶于水的氮氧化物，然后用碱液吸收，也可以将氧化剂直接添加进碱液中，实现吸收氧化同时进行。例如日本NE法，采用碱性高锰酸钾溶液作吸收剂，反应式如下：

$$KMnO_4 + NO \longrightarrow KNO_3 + MnO_2 \downarrow$$

$$3NO_2 + KMnO_4 + 2KOH \longrightarrow 3KNO_3 + H_2O + MnO_2 \downarrow$$

此法适合处理含 NO 比较多的废气，对 NO_x 的去除率可达 $93\% \sim 98\%$，但运转费用也较高。

三、含碳氢化合物废气及恶臭的处理流程

含碳氢化合物废气及恶臭，通常是指有机废气。此类废气成分复杂，毒性较大，对人体及生态环境造成了极大的损害。在涂料、化工、印刷、原料制造等行业的生产过程中，会产生较多的含碳氢化合物废气及恶臭。有机废气传统的处理方法有燃烧法、吸附法、吸收法、冷凝法等，新型处理方法有生物处理法、纳米材料净化技术、光氧化分解、活性炭纤维治理技术等。

（一）燃烧法

燃烧法是氧化有机废气最剧烈的方法，其又可分为三类，分别是直接燃烧法、热力燃烧法和催化燃烧法。其原理都是基于碳氢化合物的可燃性，产物基本为二氧化碳和水等无害气体。燃烧法还可回收部分热量。

直接燃烧法适用于中、高浓度废气的处理。该法通常是将有机废气连接到能够焚烧的锅炉中，在炉内进行充分的燃烧，通过燃烧产生化学反应。采用直接燃烧法进行废气处理时，投入的成本低、设备简单，但是这种燃烧方法需要保持非常高的燃烧程度，温度可达 $600 \sim 1000\ ℃$，持续的高温会生成 NO_x，对空气造成二次污染。

当接入的有机废气浓度较低时，将不会充分燃烧，需要加入有助于燃烧的辅助材料，使有机废气能够进行完全燃烧，生成二氧化碳和水，再将经过处理的二氧化碳和水排放到空气中，此法即为热力燃烧法。

催化燃烧法指在进行废气燃烧的过程中加入催化剂，加入催化剂的目的就是降低挥发性有机废气的燃点，使废气能够进行充分燃烧，将燃烧后生成的二氧化碳和水排放到空气中。目前，市场上经常用到的催化剂有很多，如 Pt、Pd、Ti、Fe、Cu 等。当 Pt、Pd 金属催化剂与挥发性有机废气接触后，与氯化烃有机物进行融合，在融合的过程中使贵金属催化剂与挥发性有机废气发生催化分解。催化燃烧法燃烧温度较低，通常为 $200 \sim 240\ ℃$，避免了 NO_x 的产生造成的二次污染，更加环保。但是催化剂本身具有不稳定性，容易在一定的条件下被含有S、P、As 的物质破坏，遭到破坏后会使催化剂的性能降低。为了能够将有机废气进行充分的分解就需要及时地更新催化剂，这样的话会产生较高的成本，具有一定的经济压力。

（二）吸附法

吸附法指利用吸附剂吸收碳氢化合物及恶臭。吸附法对低浓度、高通量的有机废气具有有效的分离与去除作用，去除率可达 90% 以上，所以该技术已被广泛应用。但该技术必须要与其他方法结合运用，因为它每个单元的吸附量是有限的。吸附法采用选择吸附性能优异的吸附剂，对混合气组分选择吸附，具有能耗低、工艺成熟、去除率高、净化彻底、易于推广的优点。吸附法的缺点就是设备体积庞大，流程复杂，如果废气中含有胶粒物质或者其他杂质时很容易造成吸附剂中毒现象。吸附剂的空隙结构比较密集，内表面积较大，具有良好的吸附作用，但是其化学性质不太稳定，且不容易破碎，对空气的阻力小。一般常用吸附剂有活性炭、氧化铝、硅胶等，其中活性炭的应用较多。

(三)吸收法

吸收法是将液体吸收液与有机废气的相似相溶性相结合进而处理有机废气的方法。吸收法主要用于处理那些流量较大、浓度高,且温度低、压力大、具有挥发性的有机废气,其操作弹性较大,气体流量在容许的范围内,均能正常操作。一般由液体石油类物质、表面活性剂与水组合成的吸收液具有较好的吸收效果。该方式分为两种回收类型:第一种方式为可再生的富吸收液,可以将其设计为一个独立的系统,被广泛应用;第二种方式则是吸收液采用新鲜汽油或煤油等,富吸收液送回炼油装置再加工处理,适用于炼油厂回收油气。

(四)冷凝法

冷凝法是利用物质在不同温度下具有不同饱和蒸汽压的性质,采用降低系统温度或提高系统压力,使处于蒸汽状态的污染物冷凝并从废气中分离出来的方法。冷凝法适用于具有高浓度挥发性有机废气的回收与处理,特别是浓度在 $10000\ cm^3/m^3$ 以上的。冷凝法常作为吸附、燃烧等方法的前处理,以降低其负荷。虽然冷凝法在恒定温度的条件下以提高压力或是降低温度的方式均可以发挥其作用,但常采用降低温度的方式。如果净化要求很高的话,冷却所需的温度就会很低,必要时还得进行增压。冷凝法还可回收部分有机物,同时能使气体中的水蒸气冷凝,大大减少气体体积,以便于下一步操作。

(五)生物处理法

生物处理法是将废气中有机组分作为附着在多孔、潮湿介质上的活性微生物的能源、养分,从而转化为简单的无机物或是细胞的组成物质。该法优点为设备简单、投资少、环保无二次污染,缺点是占地面积大、处理周期长等。有机废气体积分数在 0.1% 以下适宜采用生物法处理。生物法需要在常温下使用,适用于对低浓度、生物降解好的有机废气进行处理。常见的生物处理法有生物过滤法、生物洗涤法等。生物过滤法的应用非常广泛,它主要用于处理气量大、浓度低、浓度波动大的有机废气,能够有效地去除各种有机化合物中的杂质。生物洗涤法对处理气量小、浓度高、水溶性高、生物代谢效率低的有机废气有很大的作用。

(六)纳米材料净化技术

纳米材料净化技术是近几年处理挥发性有机废气时采取的一种新型技术。纳米材料是指一种超细的材料。这种材料中的纳米粒子比表面积大、吸附能力强,在反应过程中,纳米材料具有非常好的催化作用。由于纳米粒子的引入,在处理挥发性有机废气的过程中,可以有效地提高废气分解的反应速率,对于挥发性有机废气处理有很大的帮助,能够将原来不能分解的物质进行完全分解。如纳米 TiO_2,在光照下将纳米材料进行激活,使纳米 TiO_2 将有机物质转换为水或二氧化碳等小分子,将有机废气进行处理。

(七)光氧化分解

光氧化分解指利用光能氧化分解有机废气。光分解有机废气有两种形式:第一种就是利用光照直接进行有机废气的分解;第二种就是在催化剂的作用下进行光照分解有机废气。有机氯化物和氟氯烃在 185 nm 紫外光照射下,其分解的时间非常短。光催化氧化法是运用紫外线照射光催化剂进行激活，H_2O 分解成羟基自由基，羟基自由基将有机污染物氧化成 CO_2 和 H_2O。光催化氧化法能将有机气体彻底无机化，副产物少，但目前尚未得到商业化应用，原因是催化剂易失活、催化剂难以固定、催化效率不稳定等。

(八)活性炭纤维治理技术

活性炭纤维治理技术指利用活性炭纤维吸附有机废气。环保材料的活性炭纤维，其表面都分布很多吸附能力超强的碳原子，形成具有超强吸附能力的表面结构，对有机废气具有良好的吸附性。活性炭纤维的结构特殊，吸附速度非常快，与传统的技术相比，吸附效果较好，在治理挥发性有机废气的过程中能够达到很好的应用效果。

四、含硫化氢废气的处理流程

(一)湿法治理技术

湿法治理技术主要包括：物理吸收法、化学吸收法和物理化学吸收法。

1. 物理吸收法(有机溶剂吸收法)

物理吸收法是采用甲醇、碳酸丙烯酯、磷酸三丁酯等有机溶剂作为吸收剂，达到净化含硫化氢废气的目的，吸收过程中溶剂与硫化氢不发生化学反应。有机溶剂吸收法具有对硫化氢的吸收选择性强、加压吸收后只需降压即可解吸的优点。

物理吸收法处理含硫化氢废气流程简单，溶剂一般两级膨胀(闪蒸和汽提)，如再进行热再生，则为两步再生。两步再生中，半贫液(闪蒸及汽提的一部分溶剂)从塔中部进入吸收塔，全贫液(经热再生后的另一部分溶剂)从塔顶进入吸收塔。

2. 化学吸收法

化学吸收法是将含硫化氢废气导入吸收剂，使废气中的硫化氢在吸收剂中发生化学反应的吸收过程。含硫化氢废气的化学吸收多数情况下是利用硫化氢溶于水后，水溶液呈弱酸性的特点，采用碱性溶液将其吸收。由于强碱溶液吸收了硫化氢后，碱性溶液再生很困难，因而常采用具有缓冲作用的强碱弱酸盐或弱碱类溶液进行吸收。

(1)醇胺吸收法。乙醇胺与废气中的酸性气体反应生成盐，利用该类盐低温下相对稳定，高温下容易解吸的性质，脱除 H_2S 等酸性气态污染物。醇胺法常用吸收剂主要包括一乙醇胺、二乙醇胺或三乙醇胺。采用醇胺吸收废气中 H_2S 等酸性污染物，主要是由于醇胺中含有羟基和氨基，羟基可降低化合物蒸汽压，同时增大其在水中的溶解度，氨基则提供了反应所需的碱度，促进对酸性物质的吸收。如一醇胺溶液吸收 H_2S 及 CO_2 的反应为：

$$2RNH_2 + H_2S \longrightarrow (RNH_3)_2S$$
$$(RNH_3)_2S + H_2S \longrightarrow 2RNH_3HS$$
$$2RNH_2 + CO_2 + H_2O \longrightarrow (RNH_3)_2CO_3$$

这些反应为互逆反应，低温吸收，高温解吸。

(2)碱性盐溶液吸收法。碱性盐溶液主要指强碱弱酸盐，溶液呈碱性，吸收废气中的酸性气体后，能形成具有缓冲作用的溶液，使 pH 基本维持恒定，保证系统操作的稳定性，H_2S 与 CO_2 同时存在时，碱性盐溶液吸收 H_2S 速率比 CO_2 快，可以部分选择吸收硫化氢气体。

常用的碱性盐溶液主要为 Na_2CO_3 溶液，其对 H_2S 吸收反应为：

$$Na_2CO_3 + H_2S \longrightarrow NaHCO_3 + NaHS$$

3. 物理化学吸收法(砜胺法)

砜胺法是以醇胺的环丁砜水溶液为吸收剂,利用醇胺的化学吸收和环丁砜的物理吸收相联合的物理化学吸收法。与醇胺法相比,该法多了有机溶剂环丁砜的吸收作用。有机溶剂环丁砜对 H_2S、CO_2 及有机硫有很强的吸收能力,允许较高的酸性气体负荷。结合醇胺中含有羟基和氨基对吸收的选择性,可使处理后废气中 H_2S 含量降至最低。

砜胺法工艺流程中的吸收塔用以脱除废气中的 H_2S、CO_2 及有机硫污染物,可采用浮阀塔;闪蒸塔由闪蒸罐和精馏柱两部分组成,闪蒸罐使富液夹带和溶解的有机物解吸出来,精馏柱吸收闪蒸气中逸出的酸性气体;再生塔使富液中酸性气体解吸;重沸器为脱硫装置提供热源,利用高温蒸汽将溶液加热,再将热量传给系统;过滤器去除溶液中固体杂质。

H_2S 的吸收处理除上述方法外,还有石灰乳吸收法、氢氧化钠吸收法等。

(二)干法治理技术

1. 氧化铁法

氧化铁法是以氢氧化铁为脱硫剂脱除废气中硫化氢的方法,脱硫机理为:

吸收:$2Fe(OH)_3 + 3H_2S \longrightarrow Fe_2S_3 + 6H_2O$

再生:$2Fe_2S_3 + 3O_2 + 6H_2O \longrightarrow 4Fe(OH)_3 + 6S\downarrow$

硫化氢的脱除在脱硫塔中进行,吸收后的脱硫剂用全氯乙烯抽提(再生),然后循环使用。抽提用的全氯乙烯在分解塔中遇热分解出硫,熔融硫排出塔体,全氯乙烯重新用于脱硫剂的抽提。

2. 活性炭吸附法

活性炭在吸附脱除硫化氢工艺中,一方面起吸附作用,另一方面可作为催化剂,促使被吸附的 H_2S 氧化为单质硫。吸附后的活性炭,可采用合适的萃取剂如硫化铵溶液进行萃取回收硫单质,活性炭则重新返回工艺循环利用。

吸附氧化反应及再生机理为:

吸附氧化反应:$2H_2S + O_2 \longrightarrow 2S + 2H_2O$

再生:$(NH_4)_2S + nS \longrightarrow (NH_4)_2S_{n+1}$

3. 克劳斯法

克劳斯法是由美国人 C. F. 克劳斯于 1883 年发明的将硫化氢转变为硫黄的工业除硫方法。其工作原理是使硫化氢在克劳斯燃烧炉内不完全燃烧,生成的 SO_2 再与进气中的硫化氢发生氧化还原反应而生成硫黄。如果合理控制空气与硫化氢混合比例,理论上可使硫化氢完全转变为硫黄和水,有关化学反应为:

$$2H_2S + O_2 \longrightarrow 2S + 2H_2O$$
$$2H_2S + 3O_2 \longrightarrow 2SO_2 + 2H_2O$$
$$2H_2S + SO_2 \longrightarrow 3S + 2H_2O$$

传统克劳斯法是一种比较成熟的多单元处理技术,本质上是催化氧化制硫的一种工艺方法。目前,在传统克劳斯法工艺基础上进行了改良,改良克劳斯法主要包括直流法、分流法和直接氧化克劳斯法三种基本型式。

直流法是全部酸废气进入反应炉,严格配给空气量,使废气中的烃完全燃烧,而仅使

1/3 的 H_2S 氧化成 SO_2，剩余的 H_2S 与生成的 SO_2 在理想的配比下进行催化转化成单质硫，以获取更高转化率。该处理法经过三级转化器、四级冷凝器，以除去最后生成的硫，分离出液态硫的尾气通过捕集器，进一步捕集液态硫后进入尾气处理装置，再经处理后排放。各级冷凝器及补集器中分离出来的液态硫流入储硫罐，成型后即为硫黄产品。

分流法是使 1/3 的含 H_2S 废气通过反应炉和余热锅炉，其余 2/3 的废气与余热锅炉的出口气相混合后进入一级冷凝器，其余流程与直流法基本相同。此工艺的反应炉中无大量硫生成，适用于反应热不足以使整个处理废气温度升高到反应所需温度的情况。

直接氧化克劳斯法是在催化剂作用下，直接用空气中的氧把 H_2S 氧化为单质硫。

五、其他气态污染物的治理方法

有关其他气态污染物的治理方法见表 9 – 8。

表 9 – 8　其他气态污染物治理方法简介

污染物种类	治理方法	方法要点
含氟废气	湿法	使用 H_2O 或 NaOH 溶液作为吸收剂，其中碱溶液吸收效果更好，可副产冰晶石和氟硅酸等；若不回收利用，吸收液需用石灰石/石灰进行中和、沉淀、澄清后才可排放，净化率可达 90%；应注意设备腐蚀和堵塞问题
	干法	可用氟化钠、石灰石或 Al_2O_3 作为吸收剂，在电解铝等行业中最常用 Al_2O_3，吸附了 HF 的 Al_2O_3 可作为电解铝的生成原料，净化率达 99%，无二次污染，可用输送床流程，也可用沸腾床流程
含汞(Hg)废气	吸附法	用充氯活性炭或软锰矿作吸附剂，效率可达 99%
	吸收法	可用高锰酸钾、次氯酸钠、热硫酸等作为吸收剂，同时它们均为氧化剂，可将 Hg 氧化成 HgO 或 $HgSO_4$，并可通过电解等方式回收汞
	气相反应法	用某种气体与含汞废气发生反应，常用的为碘升华法，将结晶碘加热使其升华形成碘蒸汽与汞反应，特别是对弥散在室内的汞蒸汽有良好的去除作用
含铅(Pb)废气	吸收法	含铅废气多为含有细小铅粒的气溶胶，由于它们可溶于硝酸、醋酸及碱液中，故常用 0.025% ~ 0.3% 稀醋酸或 1% 的 NaOH 溶液作吸收剂，净化效率较高，但设备需耐腐蚀，有二次污染
	掩盖法	为防止铅在二次熔化时向空中散发铅蒸发物，可采用物理隔挡方法，即在熔融铅表面撒上一层覆盖粉，常用物质有碳酸钙粉、氯盐、石墨粉等，以石墨粉效果最好
含 Cl_2 废气	中和法	使用氢氧化钠、石灰乳、氨水等碱性物质吸收，其中以氢氧化钠应用较多，反应快、效果好，但吸收液不能回收利用
	氧化还原法	以氯化亚铁溶液作吸收剂，反应生成物为三氯化铁，可用于污水净化；反应较慢，效率较低
含 HCl 废气	冷凝法	在石墨冷凝器中，以冷水或深井水为冷却介质，将废气温度降至露点以下，将 HCl 和废气中的水冷凝下来，适合处理高浓度 HCl 废气
	水吸收法	HCl 易溶于水，可用水吸收废气中的 HCl，副产盐酸

思考题

1. 简述化工废气的来源及特点。
2. 按其存在状态，化工废气可分为哪两大类，并简述其基本处理方法。
3. 试分析机械除尘器、湿式除尘器、过滤式除尘器和电除尘器的特点。
4. 简述催化还原法脱除化工废气中氮氧化物的原理。

第十章

化工废渣处理技术

化工废渣是指化学工业生产过程中产生的固体和泥浆状废物，包括化工生产过程中产生的不合格产品、不能出售的副产品、反应釜底料、滤饼渣、废催化剂等。按其危险程度可将化工废渣分为一般工业废渣和危险化工废渣。化学工业行业多，产品品种也多，所以化工废渣的污染面广、治理难度较大。

第一节　化工废渣的来源、特点及其处理原则

一、化工废渣的来源

化工废渣来源十分广泛，且因各种工业中的不同应用而样式繁多。化工废渣主要包括化工生产过程产生的废弃物和非生产性固体废弃物。

1.化工生产过程产生的废弃物

（1）电石渣。

电石渣是用电石以及水反应生成乙炔时发生副反应得到的产物，主要是浅灰色沉淀。电石渣的主要成分是氢氧化钙，因此呈碱性，其中还含有微量的有毒物质，对周围空间的土壤以及水质等方面有着较为严重的污染影响。

（2）盐泥。

制碱工业中，以食盐为主要原料用电解法制取氯、氢、烧碱的过程中排出的泥浆称为盐泥，其主要成分为 $MgCO_3$（4%～14%）、$CaCO_3$（10%～15%）、$BaSO_4$（34%～48%）和泥砂，见表 10-1。

表 10-1　盐泥的主要组分

组分	质量分数/%	组分	质量分数/%
Na_2O	0.91	Cl	1.0
MgO	7.0	K_2O	0.22
Al_2O_3	1.5	CaO	22.2
SiO_2	4.7	MnO	0.06
P_2O_5	0.03	Fe_2O_3	0.98
SO_3	20.2	BaO	40.5

目前，盐泥的综合利用主要有制备建筑石膏、建筑涂料、保温砖、人行道砖、水泥、七水硫酸镁、硫酸钡、氧化镁、氯化钙、NO_3^-吸附剂等，但很多还处于实验阶段。

(3)石油化工废渣。

石油化工废渣是在石油化工生产以及产品精炼等过程中产生的废渣，部分是在反应中因副产物带来的副产品。这类废渣中主要含有磺酸、硫化物(如硫酸)以及酚类化合物等。

(4)磷渣。

我国黄磷生产企业主要集中于云南、贵州、湖北、四川、湖南、广西等省，因此，磷渣污染也主要集中于这些省份。目前，对磷渣的处理技术主要有：磷渣微矿粉可取代 20% ~ 50%的水泥微矿粉作为混凝土中水泥的取代剂，也有少量应用于工业砖的制造，微晶玻璃、凝石材料产品、超细硅灰石粉末等产品的制造也可以用磷渣作为替代品；同时，黄磷废渣还可部分应用于酸性水稻田，作为土壤改良剂。

2. 非生产性固体废弃物

非生产性固体废弃物的来源有：原料及产品包装垃圾、工厂生活垃圾以及处理废气和废水过程中产生的废渣。

二、化工废渣的特点

化工废渣的特点主要有以下几个方面：

1. 产生和排放量大

化学工业中的固体废弃物产生量大，排放量约占全国工业固体废物总排放量的 5.0%(2012 年)，量居各工业行业前列。

2. 危险废弃物种类多、有毒有害物质含量高

化工废渣种类繁多、组分复杂、数量巨大，相当一部分具有毒害性、易燃易爆性、反应性和腐蚀性等特点。化工生产过程中所用的原料种类、反应条件和二次回收方式等的不同，使得产生废渣的化学成分和矿物组成等均有较大差异。

3. 易造成污染事件、直接危害生态系统

从化工废渣的组成可看出，化工废渣不仅含有大量的金属化合物，还含有少量的硫、磷等易引起地球化学循环的元素。因此，化工废渣的无控制排放将直接导致环境污染。

化工废渣不仅会改变堆场所在地的土质和土色，还会直接危害到周边环境生态系统，包括动植物种群、种间的变化，生物多样性的衰减等。同时，由于雨水的淋洗作用，化工废渣中的一些污染物，如重金属、人工化学品等直接流入地表水及渗透到地下水(图 10 - 1)，威胁整个地下生态系统。

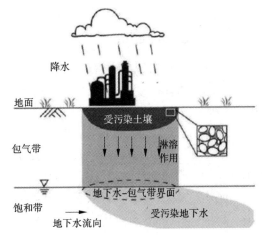

图 10 - 1　化工废渣对地下水的污染

4.废弃物再资源化可能性大

从充分利用自然资源的观点看，所有的废弃物都是有价值的自然资源，只是由于受到技术或经济等条件的限制，很多暂时还无法加以充分利用。

化工废渣组成中有相当一部分是未反应的原料或反应副产品，其中很多都是宝贵的资源，如硫铁矿烧渣、合成氨造气炉渣、烧碱盐泥等，可作为制砖和水泥的原料。部分硫铁矿烧渣及废催化剂含有金、银、铂等贵金属，有较高的回收利用价值。

三、化工废渣的处理原则

化工废渣易危害环境，造成土壤、水体和大气污染。由于是固相，且种类繁多，成分复杂，对化工废渣的处理过程往往比化工废气和废水复杂得多。

根据国情，我国制定了以"无害化""减量化""资源化"作为防治固体废弃物污染的技术政策，并确定今后较长一段时间内应以"无害化"为主，从"减量化"向"资源化"过渡。

"无害化"处理的基本任务是将有害固体废弃物工程化处理，达到不损害人体健康、不污染周围自然环境的目的。处理方法有垃圾焚烧、卫生填埋、堆肥、有害固废的热处理等。

"减量化"处理的基本任务是通过适宜的手段降低固体废弃物的数量和容积，以控制其对环境的危害。这一任务的实现需从两方面入手：一是对固体废弃物进行处理利用；二是减少固体废弃物的产生。如采用焚烧法处理原料包装和生活垃圾，其体积可减少80%~90%，余烬便于运输和处置。

"资源化"的基本任务是采用工艺措施从固废中回收有用的物质和资源。相对于自然资源来说，固体废物属于"二次资源"或"再生资源"的范畴。有些固体废弃物（如废金属、废塑料、废橡胶）经简单加工即可成为宝贵的原材料，如具有高位发热量的煤矸石，可通过燃烧来回收热能或转换电能，也可用来代替土节煤生产内燃砖。

第二节　化工废渣的预处理方法

一、压实（compaction）

压实是利用机械方法减小固体废物的空隙率，增加其集聚程度，以达到增大容重和减小体积，便于装卸和运输、贮存或填埋，或作建筑材料的目的。压实已经成为一些国家处理城市垃圾的一种现代化方法。

如果采用高压压实，除减小空隙率外，还可能产生分子晶格的破坏，从而使物质改性。例如日本采用高压压实的方法处理垃圾，压力为25.8 MPa，制成的压实块密度为1125.4~1380 kg/m³，由于挤压和升温，BOD_5可以从6000 mg/L降到200 mg/L，COD可以从8000 mg/L降到150 mg/L，垃圾块自然暴露在空气中3年，无任何明显降解，足见垃圾块已成为一种惰性材料。压实设备主要是各种压实机，有水平式压实机、三向联合压实机、回转式压实机等。

二、破碎（fracture）

破碎是利用外力使大块固体废物分裂成小块的过程。破碎的目的：①便于运输和贮存；②为分选和进一步加工提供合适的粒度，以利于综合利用；③增大固体废物的比表面积，提高焚烧、热分解的效果；④防止粗大、锋利的固体废物损坏处理设备。

破碎固体废物常用的方法有剪切破碎、冲击破碎、低温破碎、湿式破碎、半湿式破碎等。

1. 剪切破碎(shear crushing)

剪切破碎是利用剪切破碎机上固定刀和可动刀间啮合产生的剪切作用完成对废渣的破碎。该方法适用于破碎密度小、松散的废渣，常用的剪切破碎设备有颚式破碎机(图10-2)。

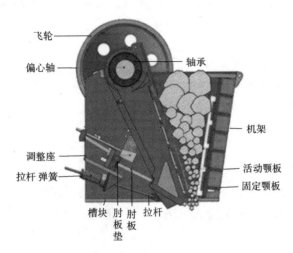

图 10-2 颚式破碎机示意图

2. 冲击破碎(impact crushing)

冲击破碎是利用冲击破碎机的冲击、摩擦、剪切作用完成破碎的过程。其优点：产品粒度小而细腻，适用于破碎硬度不同的物料；冲击破碎在生产过程中消耗能量低，产量高，结构也较为简单，维修方便。常用的冲击破碎设备有冲击颚式破碎机(图10-3)。

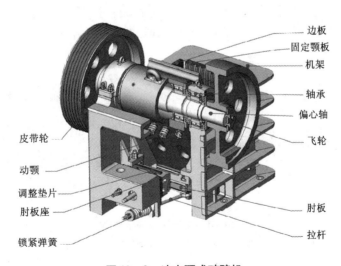

图 10-3 冲击颚式破碎机

3. 低温破碎(cryogenic crushing)

低温破碎是利用物料在低温时变脆的性能对一些常温下难以破碎的固体废物进行破碎的

过程。该方法可以利用不同废物脆化温度的差异在低温下进行选择性破碎。低温粉碎技术可以保证被粉碎物质，例如天然产物在粉碎过程中，组织成分不受破坏。

4. 湿式破碎(wet crushing)

湿式破碎是将原料悬浮于载体液流中进行粉碎。湿法粉碎时的物料含水量超过50%，此法可克服粉尘飞扬问题，并可采用沉降或离心分离等水分分离方法分离出所需的产品。湿法操作一般消耗能量较大，同时设备的磨损也较严重。但湿法易获得更微细的粉碎物，故在超细微粉碎中应用甚广。

5. 半湿式破碎(semi－wet crushing)

半湿式破碎是利用废渣中各种不同物质的强度和脆性的差异，在一定的湿度下将其破碎成不同粒度的碎块，然后通过网眼大小不同的筛网加以分离回收的过程。该过程通过兼有选择性破碎和筛分两种功能的半湿式选择性破碎分选机实现。

三、分选(sorting)

分选的目的是将固体废物中可回收利用的或不利于后续处理、处置工艺要求的物料分类分离出来，然后加以综合利用。这是固体废物处理工程中最重要的环节之一。根据固体废物的物理化学性质不同可采用不同的分选方法，主要有筛分、重力分选、风力分选、磁力分选、电力分选、浮选等技术方法。

1. 筛分(sieving)

筛分是根据固体物料的粒度大小不同而进行分选的方法。物料中小于筛孔的细粒物料透过筛面，而大于筛孔的物料留在筛面上，实现粗、细料的分离。筛分设备主要有以下几种：

(1)滚筒筛。

滚筒筛的筛面是带孔的圆柱形桶体（图10－4）。在传动装置的带动下，筛桶绕轴线缓慢转动，为使物料沿轴线方向前进，筛桶的轴线应倾斜3°～5°安装。固体物料由筛桶一端给入，被旋转的桶体带起，当达到一定高度后因重力作用自行下落，如此不断地做起落运动，使小于筛孔尺寸的细粒透筛，而筛上物料则移动到筛的另一端排出。

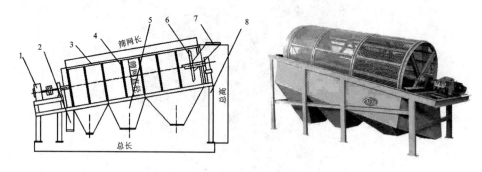

图10－4　滚筒筛结构示意图

1—驱动装置；2—物料出料口；3—密封罩；4—筒体；5—筛下物出料口；6—挡料板；7—进料口；8—支架

(2)振动筛。

振动筛分为惯性振动筛和共振筛。惯性振动筛是通过偏心物体旋转产生的惯性力使筛箱振动的一种筛子。共振筛的筛箱、弹簧和下机体组成一个弹性系统，该弹性系统的固有频率与驱动装置的激振频率相同,使筛子工作在共振状态下。

2. 重力分选(gravity separation)

重力分选是根据固体废弃物中不同物质颗粒间的密度或粒度差异,利用固废在运动介质中受到重力、介质动力和机械力的作用,使颗粒群产生松散分层和迁移分离,从而得到不同密度或粒度产品的分选过程。

重力分选介质包括空气、水、重液和重悬浮液。按分选介质的不同,固体废弃物的重力分选可分为风力分选、跳汰分选、摇床分选和重介质分选。重力分离目前主要应用在煤炭和铁矿分选等预处理作业中。

3. 风力分选(wind separation)

风力分选是以空气为分选介质,在气流作用下使固体废物颗粒按密度和粒度大小进行分选。因而,风力分选过程是以固体颗粒在空气中的沉降规律为基础的。按气流吹入风选设备的方向不同风选设备可分为两种类型:卧式风力分选机和立式风力分选机。

4. 磁力分选(magnetic separation)

磁选是利用固体废物中各种物质的磁性差异在不均匀磁场中进行分选的一种处理方法。将固体废物送入磁选设备之后,磁性颗粒则在不均匀磁场的作用下被磁化,从而受到磁场吸引力的作用,使磁性颗粒被吸在磁选机上并被送至排料端,实现磁性物质和非磁性物质的分离。在磁选过程中,固体颗粒在非均匀磁场中同时受到两种力,即磁力和机械力(包括重力、摩擦力、介质阻力、惯性力等)的作用。当磁性物质所受的磁力大于与它方向相反的机械力的合力时,就可以被分离出来。而非磁性物质所受的磁力很小,机械阻力大,所以仍留在物料中。

磁选设备有滚筒式吸持磁选机等,工作过程见图10-5。

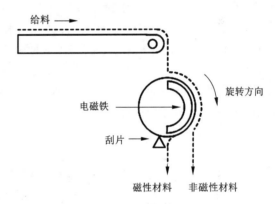

图10-5　滚筒式吸持磁选机

5. 电力分选(electrostatic separation)

电力分选是利用固体废物中各组分在高压电场中电性的差异来实现分选的一种方法,其原理如图10-6所示。

分选器由接地的金属圆筒(正极)和放电极(负极)组成,放电板与圆筒间有一定的距离,在两极间产生电晕放电,形成电晕电场区。物料随滚筒转动进入电晕电场区后,电晕电荷使物料获得负电荷,物料中的导电颗粒荷电后立即在滚筒上放电,负电荷释放完后从滚筒上获得正电荷而被排斥,在电力、重力、离心力的综合作用下排入料斗,而非导电颗粒放电较慢,有较多的剩余电

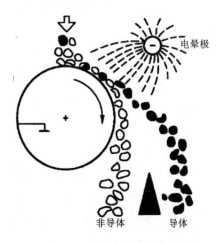

图10-6　电力分选示意图

荷，因而与滚筒相吸并被带到滚筒后方，用毛刷强制刷下，完成电力分选过程。电力分选设备主要是静电分选机。

6. 浮力分选(buoyancy separation)

浮选法是利用较重的水质(海水或泥浆水)与较轻的碳质(焦炭)，在大量水、高流速的条件下，借助水和炭的密度差将焦炭和渣自然分离的方法。

第三节　常用的化工废渣的处理方法

一、填埋(landfill)法

填埋法是将垃圾填埋入地下的污染处理方法。该技术已从无控制的填埋，发展到卫生填埋和安全填埋，目的在于保证避免二次污染、回填场地安全以及节省投资等。填埋法分为卫生土地填埋和安全土地填埋两种。

1. 卫生土地填埋(sanitary landfill)

卫生土地填埋俗称卫生填埋法或卫生填土法。该法属于减量化、无害化处理中最经济的方法。处理性质可以是永久性的最终处理，也可以是短期性的暂时处理。该法是在平地上，或在平地上开槽后，或在天然低洼地上，逐层堆积压实、覆盖土层。废渣每压实 1.8~3.0 m 覆土 15~30 cm 厚，再堆积第二层。最外表面覆土 50~70 cm 作为封皮层。为防废渣浸沥液污染地下水，填埋场底部与侧面采用渗透系数较小的黏土作为防渗层。在防渗层上设置收集管道系统，再将浸沥液抽出去处理。当填埋物可能产生气体时，则需用透气性良好的材料在填埋场不同部位设置排气通道，把气体导出处理(图 10-7)。

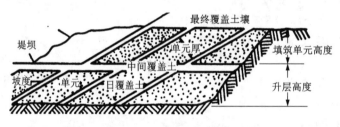

图 10-7　卫生土地填埋

2. 安全土地填埋(safe landfill)

安全土地填埋是在卫生土地填埋的基础上发展起来的，其结构和安全措施比卫生填埋场更为严格。

为了防止填埋废物与周围环境接触，尤其是防止地下水污染，在设计上除了必须严格选择具有适宜的水文地质结构和满足其他条件的场址外，还要求在填埋场底部铺设高密度聚乙烯材料的双层衬里，并具有地表径流控制、浸出液的收集和处理、沼气的收集和处理、监测井及适当的最终覆盖层的设计。在操作上必须严格限定入场处置的废物，进行分区、分单元填埋及每天压实覆盖，并特别要注意封场后的维护管理(图 10-8)。

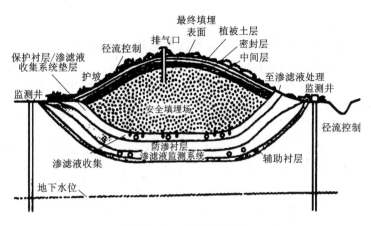

图 10 - 8 安全土地填埋

二、热处理(heat treatment)法

热处理法是指在设备中以高温分解和深度氧化为主要手段,通过改变废物的化学、物理或生物特性和组成来处理固体废物的过程。其常用方法有:焚烧法、热解法、熔融法、烧结法等。

1. 焚烧(burning)法

焚烧的目的和作用是:①焚烧后废弃物的减容和减量化;②利用焚烧中产生的能量(热量);③焚烧后废弃物的无害和稳定化等。目前,对废弃物的处理和清理多采用焚烧(中间处理)和埋地(填充,最终处理)等措施。在日本,大约70%的城市垃圾采用焚烧处理的方法。焚烧法在世界各国都占有很重要的位置。可是,从焚烧能量的利用角度看,焚烧能量的回收实际上还未达到令人满意的程度。其主要原因是城市垃圾的处理是由各自治体来完成的,也就是在多数情况下自治体未具备对热能和电能进行有效利用的工艺系统。因此,其处理的主要目的是焚烧废弃物的减容和减量化。通过电力偿还给社会的只有东京等大城市的焚烧设施产生的剩余电力。因此,从广义角度考虑,从废弃物中进行能源的再利用是今后有待解决的重要问题。焚烧方法的分类情况如表10 - 2所示。对城市废弃物等固体废物的处理多数使用移动床和固定床燃烧型炉或流化床燃烧型炉。工业废弃物的种类和性状是多种多样的,因此需要使用各种不同的炉型。

表 10 - 2 焚烧设备分类及特点

设备类型	特点
流化床焚烧炉	利用炉底热风使废渣悬浮呈沸腾状进行燃烧
立式多段炉	炉体分为三部分,上部干燥区用于蒸发废渣中的水分;中部焚烧区进行固废燃烧;下部冷却区用于冷却燃烧后的灰渣
旋转窑焚烧炉	通过定速旋转边搅拌边加热,筒体略微倾斜,以利于废渣下移
CAO 焚烧炉	经筛选,未能粉化的废弃物进入焚烧炉的先进入第一燃烧室,产生的可燃气体再进入第二燃烧室,不可燃和不可热解的组分呈灰渣状在第一燃烧室中排出,可回收垃圾中的有用物质

2. 热解(pyrolysis)法

热解技术是利用有机物的热不稳定性,在无氧或缺氧条件下受热分解的技术。如果焚烧是将有机物氧化分解成最稳定的水和二氧化碳,则热分解只不过是生产出其中间产品而已。但是,考虑废弃物本身是由各种复杂的化学制品所构成的,这些化学制品又是用一定原料通过热分解法从原油中制取的,因此对热分解过程的技术要求更高。当然现已对很多处理系统和技术进行了开发和研究,但到目前为止尚未达到普及和实用化的程度。

热分解的作用和效果是:①将废弃物所含成分和能量转变成其他形式的物质和能量;②废弃物作为能源贮藏和输送成为可能,其利用是在其他场所和设备中进行;③废弃物的减容和减量效果大;④在处理过程中减少二次污染的危险性。

对塑料等废弃物进行加热处理,在低温区域(500 ℃以下)变成低分子液态物质或液化,而在高温区域(1000 ℃左右)几乎变成气体状态,因此从热分解的目的和废弃物的处理两方面考虑,热分解方法可分为如下三种:①对油、气体等各自作为能源或者原料同时进行回收;②以油化或者气化为主要目的进行回收;③用加热方法进行物质的熔融作用,然后在回收能源的同时,还可达到废弃物的无害化、减量化和稳定化的目的。

三、生物处理(biological treatment)法

生物处理法适用于含可生物降解性有机物的固体废物,例如城市生活垃圾、食品工业残渣、农业固体废物等。通过生物处理,使有机物得到降解,同时可获得许多有用的副产品,如沼气、饲料蛋白等,达到资源化和无害化的目的。

1. 好氧堆肥(aerobic composting)法

好氧堆肥法是在人工控制的条件下,使某些有机固体废物在微生物的作用下,发生生物化学反应,分解转化为较稳定的腐殖废料的过程。同废水的好氧生物处理法类似,好氧堆肥是在氧气充足的条件下利用好氧微生物的新陈代谢活动将有机物氧化降解为简单无机物的过程。好氧堆肥分解速度快,整个过程为5~6周即可完成,适用于大规模生产。图10-9是生活垃圾好氧堆肥的工艺流程。

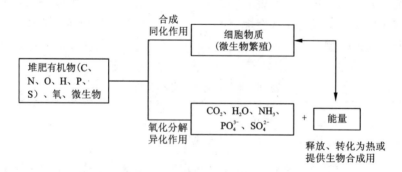

图10-9 好氧堆肥分解过程

(1)预处理。

通过分选,去除粗大物料,回收有用物质,调整碳氮比(C/N 为(30~50):1)和水分(50%左右)。

（2）发酵。

采用二次发酵工艺，第一次发酵用机械通风，发酵期为 10 d，大部分病原体、寄生虫和蚊、蝇卵均可被杀灭，同时有机物也被氧化分解，使堆肥达到无害化。一次发酵后的堆肥再通过分选去除非堆腐物，然后进行二次发酵，10 d 左右即可到达腐熟。

（3）后处理。

二次发酵后的腐熟堆肥可堆放"熟化"，使其中未被分解的有机物继续分解，同时废料也得以脱水干燥。

2. 厌氧消化（anaerobic digestion）法

厌氧消化法是在完全隔绝氧气的条件下，利用厌氧微生物使废物中的可生物降解的有机物分解为稳定的无毒或低毒物质，并同时获得沼气的方法。固体废物厌氧消化法的基本原理与废水的厌氧生物处理法基本相同，其基本操作流程由预处理、配料、厌氧消化和沼气回收三个步骤组成。城市垃圾厌氧消化处理的流程如图 10 - 10 所示。

（1）预处理。

将城市垃圾进行加工分选，除去有毒有害物质及不能降解的重组分（如玻璃、金属、陶瓷等），所得轻组分主要是可生物降解的有机物。再将轻组分破碎、筛分，使其颗粒细小、质地均匀，以满足消化处理的需要。

（2）配料。

厌氧微生物对原料的碳氮比有一定要求，一般为 20∶1 ~ 30∶1。

（3）厌氧消化和沼气回收。

该步骤在消化池中进行，池内可进行搅拌，以保证物料混合均匀。

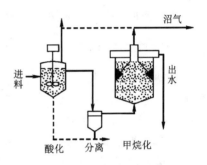

图 10 - 10　好氧堆肥分解过程

四、固化处理（solidification）法

固化处理法是利用固化基材将危险废物和放射性废物固定或包覆起来，降低其对环境的污染和破坏，达到安全运输和处置的目的。固化后的体积增大。根据废渣的性质、形态和处理目的，常用固化方法有水泥固化法、石灰固化法、沥青固化法和玻璃固化法等。其中，水泥固化法是常用的固化方法，工艺简单。

五、化学处理（chemical treatment）法

化学处理法是通过化学反应改变固体废物的有害组分或将它们转变成适合于下一步处理或处置的形态。由于化学反应涉及特定条件或特定过程，因此化学处理法一般只适用于含有单一成分或几种化学性质类似的成分的废物。而当应用于成分复杂的混合物时，可能达不到预期的效果。

1. 中和（neutralization）法

中和法主要用于处理化工、冶金、电镀等行业排出的酸性或碱性废渣。对酸性废渣的处理，中和剂多采用石灰，以降低处理费用。而对碱性废渣的处理，中和剂可采用硫酸或盐酸。如果在距离较近的不同企业中同时有酸性和碱性废渣排出，则根据所排废渣的性质，将两者

按一定的比例直接混合以达到中和的目的，是最经济有效的方法。

2. 氧化还原(oxidation – reduction)法

氧化还原法是通过氧化或还原反应，使固体废物中化合价可发生变化的有毒有害成分转化为无毒无害或低毒且化学稳定性的成分，以便进一步处理和处置。

3. 化学浸出(chemical leaching)法

化学浸出法是选用合适的化学溶剂（浸出剂），与固体废物发生作用，使其中有用组分发生选择性溶解，然后进一步回收处理的方法。该法可用于含重金属的固体废物的处理，特别是在石化工业中废催化剂的处理上得到广泛应用。

第四节　典型的化工废渣回收利用技术

随着化工废渣产生量的不断增加，为减轻环境污染并循环利用资源，各种化工废渣回收利用技术也在不断发展。以下从塑料废渣、铂族废催化剂和硫铁矿渣的回收利用三个典型案例对化工废渣回收利用技术进行介绍。

（一）塑料废渣的处理

随着塑料在生产和生活中使用量高速增长，废塑料也迅速增长。根据统计和计算，2009年我国的废塑料产量为 6.3×10^7 吨，其中填埋量为 2.016×10^7 吨，占比 32%；焚烧量 1.953×10^7 吨，占比 31%；遗弃量为 4.41×10^6 吨，占比 7%。而塑料性质较稳定，在自然环境中很难降解分解。废塑料已成为我国最典型的化工废渣之一。

塑料废渣属于废弃的有机物质，主要来源于树脂的生产过程、塑料的制造加工过程以及包装材料。塑料的物理性质之一是较高温条件下可以软化成型。另外，在有催化剂的作用下，通过适当的温度和压力，高分子可以分解为低分子烃类。根据这些物理、化学性质，可以将塑料废渣热分解或者可以再加热成型。塑料的另一个特点是种类繁多，用途广泛，而废塑料则是杂品混合，性质各异。要想再生利用，对其进行预分选操作是不可避免的一个环节，根据各种塑料废渣的不同性质，通过预分选后，废塑料可以进行熔融再生或热分解处理。

1. 预分选

一般废品中的废塑料为混合体，通常混杂于其他废弃物中，或多或少附有泥、沙、草、木等，有时还会与金属等其他物质共同构成物件，如电线、包覆线等。因此，其预处理工艺是很复杂的。对废塑料的预分选过程主要有以下几个方面：

（1）粉碎。

塑料具有韧性，经低温处理增加其脆性则有利于粉碎作业。事前可加以必要的水洗，或者在粉碎后水洗或水选，也可用不同相对密度的液体进行浮选，还可在水洗干燥后再分选。这类过程都是利用相对密度不同而完成的分离工作。

（2）磁选。

为了排除废塑料中的铁质金属也可采用磁选。

（3）分类收集。

为了减少分选的困难，往往在回收废塑料时就要注意分类收集。例如，在塑料工厂回收塑料时，由于工厂生产常用单一性质的塑料生产制品，这样就可把这种单一的塑料收集在一起,或按生产车间分别回收不同的塑料。若是能要求废品收购站在回收废塑料时按不同的类型加以集中,将对分选工作也带来方便。如其工厂的某种废塑料量少时,也可按地区由几处地方联合回收某一品种的塑料。

2. 熔融再生法

熔融再生法是回收利用热塑性塑料最简单、最有效的方法。

从再生制品的质量考虑,根据投加材料的不同可分为两类:一类是在回收的废塑料中按一定比例加入新的塑料原料,从而提高再制品的性能,或是从混合废塑料中,按不同密度回收各种塑料,再依其不同密度以一定配比制成再生制品;另一类是在废塑料中加入廉价的填料。如用废塑料制造可替代木料的塑料柱,或制成马路摆设用的大花盆等粗制品时,可加入一定量的泥土。如果制成在海洋中使用的鱼礁时,也可在回收的废塑料中加入一定比例的河沙,这样还可以增加其相对密度,容易沉入海底。一般采用热载体熔融固化法进行,此法的过程是将无机填料热载体加至 350~400 ℃后与常温废塑料混合(后者占比例为 40% ~60%),在 200 ℃下用桨叶搅拌器混合 5~10 min 后熔融、成型。制成品的外观与混凝土制品相似,抗拉强度也相同,但压缩强度略低而抗弯强度较高,相对密度为 1.3~1.7,其工艺流程见图 10-11。

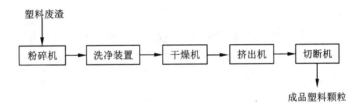

图 10-11 塑料废渣熔融再生工艺流程

3. 热分解法

热分解法是通过加热等方法使塑料高分子化合物的链断裂,变成低分子化合物单体、燃烧气或油类等,再加以有效利用的方法。分解技术希望尽可能在常压低温下进行,以节省能源,为此需采用有效的催化剂,但对塑料热分解来说,从催化剂性能和使用寿命两方面要求,还未找到满意的催化剂,故尚未推广,目前主要采用热分解法。

将经过破碎、干燥的废塑料加入熔融液槽中,进行有效而均匀的加热熔化,并缓缓地分解。熔融槽温度为 300~350 ℃,而分解槽温度为 400~500 ℃。各槽均靠热风加热,分解槽有泵进行强制循环,槽的上部设有回流区(200 ℃左右),以便控制温度。焦油状或蜡状高沸点物质在冷凝器经分离后需返回槽内再加热,进一步分解成低分子物质。低沸点成分的蒸气,在冷凝器内分离成冷凝液和不凝性气体,冷凝液再经过油水分离后,可回收油类。该油类黏度低,凝固点在 0 ℃以下,发热量也高,是一种优质的燃烧油,但沸点范围广,着火点极低,最好能除去低沸点成分后再加以利用。不凝性气态化合物,经吸收塔除去氯化物等气体后,可作为燃料气使用,回收油和气体的一部分可用作液槽热风的能源。本工艺的优点是可以任意控制温度而不致堵塞管路系统。

(二)铂族废催化剂的回收利用

废催化剂在化工废渣中占有重要地位。催化剂中大量应用了贵金属,包括金、银、铂、铑、钴、钼等。废催化剂中的骨料主要以 SiO_2 和 Al_2O_3 为主，但其中的贵金属含量较高（例如，钴含量 $100 \sim 720$ t/a，铂族元素 $0.4 \sim 0.5$ t/a，银 $130 \sim 170$ t/a，铬 $600 \sim 2000$ t/a）。因此，废催化剂的基本思路是在无害化基础上的资源化。首先是采用合理的方法对催化剂中的稀有贵金属进行回收利用，不能回收的物质再考虑作为其他的用途，如化工裂解后的平衡剂（Ecat）和静电除尘催化剂（EPcat）等两种废催化剂经过预处理后，作为水泥生产中的黏结剂，符合相关标准，可成为再利用的二次资源。现以铂族废催化剂的回收利用为例进行介绍。

1. 氯化法

铂族元素易被氯化，可在一定温度下用氯、氧混合气体或氯、氧、二氧化碳混合气体处理含铂族元素的废催化剂。其中，一部分铂族元素以气态氯化物形式随混合气体带出，可用回收塔进行回收，另一部分以氯化物形态留于载体，可用弱酸溶解浸出。具体的三种制备实例如下：

（1）将 30 g Al_2O_3 – SiO_2 上载有 0.4% 铂的废催化剂，在 950 ℃用含 10% CO_2 的氯气处理 3 h。最终载体残留的铂含量为 0.01%，从气相可回收 117 mg 铂。

（2）将 30 g Al_2O_3 – SiO_2 上载有 0.4% 铂的废催化剂，在 750 ℃用含 5% O_2 的氯气处理 3 h，载体中残留的铂含量为 0.21%，可用 3 mol 盐酸进一步处理，气液两相共可回收 112 mg 铂。

（3）将经过粉碎后的废催化剂与粉煤混合制成块状，800 ℃焙烧以除去挥发性组分获得多孔结构物质。再用氯与碳酰氯、氯与四氯化碳或氯对多孔结构物质进行处理，可将 99% 以上的铂转入升华物内。

2. 全溶 – 金属置换法

废催化剂全溶法回收工艺是将废催化剂的载体连同组分全部溶解后再分离处理的一种方法。

处理过程为：先将废铂催化剂在 500 ℃条件下焙烧 $10 \sim 15$ h，然后冷却并粉碎至 20 μm，用盐酸溶解，在 80 ℃反应 4 h，再于 110 ℃下反应 12 h。100 kg 废催化剂需加 300 L 水和 650 L 工业盐酸。反应结束后冷却至 70 ℃，用约 8 kg 铝屑还原溶液中氯化铂形成铂黑微粒，将铂黑与载体三氧化二铝分离。然后在 50 ℃加入 2 kg 硅藻土使铂黑吸附在硅藻土上，经分离、抽滤、洗涤，使含铂硅藻土与氯化铝溶液分离。用王水溶解铂黑形成粗氯铂酸与硅藻土混合液，经抽滤分离硅藻土即得到粗氯铂酸溶液，浓缩并使其转化成粗氯铂酸铵沉淀，分离后焙烧成海绵铂。再经精制等工序进行提纯可得到符合试剂二级要求、纯度为 99% 的氯铂酸。该产品可用于重整催化剂的制备。

3. 离子交换法

当 pH 为 $1 \sim 1.5$ 时，铂 12 以 $PtCl_6^{2-}$ 形式存在，而其他金属如 Cu、Zn、Ni、Co、Fe、Pb 则以阳离子形式存在，能被阳离子交换柱吸附。当 pH 为 $2 \sim 3$ 时，其他贵金属如 Ag、Rh 等阳离子能被阳离子树脂吸附，铂即可与其他金属分离。离子交换的工艺条件为：柱高 1 m，交换速度 $10 \sim 15$ mm/min，pH 为 $1 \sim 1.5$ 和 pH 为 $2 \sim 3$，分别交换两次。树脂上柱前先用 6 mol HCl 浸泡 3 d，然后洗至中性，再用 6 mol HCl 浸泡 2 d，用硫氰化钾检验至无铁离子为止，然后再用去离子水或蒸馏水洗至中性方可使用，经树脂交换后的溶液再用 NH_4Cl 沉铂。粗铂沉淀物再经王水溶解、赶硝、过滤、加 NH_4Cl 沉淀，然后干燥、煅烧可精制得 99.99% 海绵铂。煅烧反应为

$$(NH_4)_2PtCl_6 \longrightarrow PtCl_3 + 2NH_4Cl$$

$$2PtCl_3 \longrightarrow 2PtCl_2 + Cl_2$$

$$PtCl_2 \longrightarrow Pt + Cl_2$$

总反应式：$3(NH_4)_2PtCl_6 \longrightarrow 3Pt + 16HCl + 2NH_4Cl + 2N_2$

(三)硫铁矿渣的处理

硫铁矿渣是用硫铁矿为原料生产硫酸时产生的废渣，又叫硫酸渣，或称烧渣。硫铁矿渣综合利用的最理想途径是将其含有的有色金属、稀有贵金属回收并将残渣冶炼成渣。

硫铁矿炉渣是生产硫酸时焙烧硫铁矿产生的废渣。硫铁矿经焙烧分解后，铁、硅、铝、钙、镁和有色金属转入烧炉中，其中铁、硅含量较多，波动范围较大(表10-3)。根据铁含量的高低可分为高铁硫酸渣和低铁硫酸渣。高铁渣中氧化硅含量小于35%，低铁渣中氧化硅含量高达50%以上，类似于黏土。

表10-3　硫酸渣化学成分含量

化学成分	Fe_2O_3	SiO_2	Al_2O_3	CaO	MgO	S
含量/%	20～50	15～65	10 左右	5 左右	<5	1～2

1.硫铁矿炉渣炼铁

高炉炼铁对铁矿要求是 Fe > 50%、S < 0.5%。硫铁矿渣炼铁的主要问题是含硫量较高，一般为 1%～2%，这给炼铁脱硫工作带来很大负担，影响生铁质量。其次是含铁量较低，一般只有45%，达不到高炉原料铁含量 >50% 的要求，且波动范围大，直接用于炼铁，经济效益并不理想，所以在用于炼铁之前，还需采取预处理措施，以提高含铁品位。硫铁矿渣中有铜、铅、锌、砷等金属或非金属，它们对冶炼过程和钢铁产品的质量有一定影响。因此，要使炼铁得到符合质量的生铁，应降低硫铁矿渣中硫的含量，提高铁含量，降低有害杂质的含量，这才能为高炉炼铁提供合格原料，以提高经济效益。

降低硫含量可用水洗法，去除可溶性硫酸盐，也可用烧结选矿的方法来脱硫。一般烧结选矿脱硫率为 50%～80%。将硫铁矿渣 100 kg、自煤或焦粉 10 kg、块状石灰 15 kg 拌匀后在回转炉中烧结 8 h，得到烧结矿，含残硫可从 0.8%～1.5% 降至 0.4%～0.8%。

2.硫铁矿炉渣联产生铁和水泥

高炉炼铁以及其他转炉冶炼都不能利用高硫渣，而应用回转炉生铁 - 水泥法可以利用高硫炉渣制得含硫合格的生铁，同时得到的炉渣又是良好的水泥熟料。用炉渣代替铁矿粉作为水泥烧成时的助溶剂，既可满足需要的含铁量，又可以降低水泥的成本。回转炉联产生铁 - 水泥流程示意图见图 10 - 12，其过程如下：

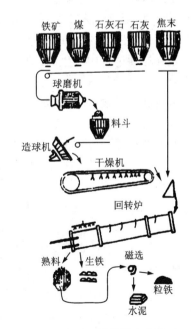

图 10 - 12　回转炉联产生铁 - 水泥法流程示意图

将硫铁矿渣与还原剂无烟煤或焦末,以及使炉渣得到水泥成分的添加剂石灰石等,按比例配料,混匀。按水泥生料细度要求磨细至通过 4900 孔/厘米² 筛,将其选粒。经干燥后由炉尾进入回转炉。在炉头用一次风将燃料煤粉(或重油)喷入炉内造成 1600 ℃ 左右的高温火焰,与炉尾进来的物料逆流相遇,炉料矿渣混料在斜度为 2°~5° 的转筒中,借助炉子的转向和本身的重力向低端运行,依次进行预热、干燥、氧化铁还原和水泥煅烧等过程,最后成液态的铁水存在于炉头的挡圈里,定期排放铸铁。物料在高温煅烧成软黏的水泥熟料越过挡圈从卸料端排出。所得熟料中混有 10% 左右的铁粒,经粉碎分离去除铁粒,熟料进一步磨制成 400# 以上的普通硅酸盐水泥。

3. 从硫铁矿炉渣回收有色金属

硫铁矿渣除含铁外,一般都含有一定量的铜、铅、锌、金、银等有价值的有色贵重金属。现在常用氯化挥发(高温氯化)和氯化焙烧(中温氯化)的方法回收有色金属,同时也提高矿渣铁含量,可直接作高炉炼铁的原料。

氯化挥发和氯化焙烧的目的都是回收有色金属,提高矿渣的品位。它们的区别在于温度不同,预处理及后处理工艺也有差别。氯化焙烧法是矿渣与氯化剂($CaCl_2$、$NaCl$ 等)在最高温度 600 ℃ 左右进行氯化反应,主要在固相中反应,有色金属转化成可溶于水和酸的氯化物及硫酸盐,留在烧成的物料中,然后经浸渍、过滤使可溶性物与渣分离。溶液回收有色金属,渣经烧结后作为高炉炼铁原料。氯化的主要反应如下,式中 Me 代表有色金属元素。

$$MeO + CaCl_2 = MeCl_2 + CaO$$

第五节 污泥的处理与处置

在给水和废水(包括污水)处理中,采用各种分离方法去除溶解的、悬浮的或胶体的固体物质,所剩的沉渣统称为污泥。在废水处理过程中,产生很多沉淀物与漂浮物。有的是从污水中直接分离出来的,如沉沙池中的沉渣、初沉池中的沉淀物、隔油池和浮选池中的沉渣等;有的是在处理过程中产生的,如化学沉淀污泥、生物化学法产生的活性污泥或生物膜。污泥的成分非常复杂,不仅含有很多有害物质,如病原微生物、寄生虫卵及重金属离子等,也可能含有可利用的物质如植物营养素、氮、磷、钾、有机物等。这些污泥若不加以妥善处理,就会造成二次污染。

污泥处理的一般方法与流程如图 10-13 所示。

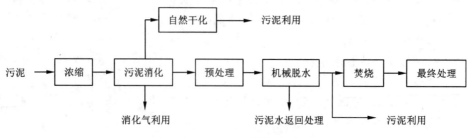

图 10-13 污泥处理的一般流程

(一)污泥的脱水与干化

从二次沉淀池排出的剩余污泥含水率高达99%~99.5%。污泥体积大,堆放及输送都不方便,所以污泥的脱水、干化是当前污泥处理方法中较为主要的方法。

二次沉淀池排出的剩余污泥一般先在浓缩池中静置沉降,使泥水分离。污泥在浓缩池内静置停留12~24 h,可使含水率从99%降至97%,体积缩小为原污泥体积的1/3。

污泥进行自然干化(或称晒泥)是借助于渗透、蒸发与人工撇除等过程而脱水的。一般污泥含水率可降至75%左右,使污泥体积缩小许多倍。污泥机械脱水是以过滤介质(一种多孔性物质)两面的压力差作为推动力,污泥中的水分被强制通过过滤介质(称滤液),固体颗粒被截留在介质上(称滤饼),从而达到脱水的目的。常采用的脱水机械有真空过滤脱水(真空转鼓、真空吸滤)、压滤脱水机(板框压滤机、滚压带式过滤机)、离心脱水机等,一般采用机械法脱水,污泥的含水率可降至70%~80%。

(二)污泥消化

1.污泥的厌氧消化

将浓缩污泥置于密闭的消化池中,利用厌氧微生物的作用,使有机物分解稳定,这种有机物厌氧分解的过程称为发酵。由于发酵的最终产物是沼气,故污泥消化池又称沼气池。当沼气池温度为30~35 ℃时,正常情况下1 m³污泥可产生沼气10~15 m³,其中甲烷含量约为50%。沼气可用作燃料和制造CCl_4等化工原料。

2.污泥好氧消化

利用好氧和兼氧菌,在污泥处理系统中曝气供氧,微生物中的分解生物可降解有机物(污泥)及细胞原生质,并从中获得能量。

近年来,人们通过实践发现污泥厌氧消化工艺的运行管理要求高,比较复杂,而且处理构筑物要求密闭、容积大、数量多而且复杂,所以认为污泥厌氧消化法设备适用于大型污水处理厂污泥量大、回收沼气量多的情况。污泥好氧消化法简单、运行管理比较方便,但运行能耗及费用较大,它适用于小型污水处理厂污泥量不大、回收沼气量少的场合。而且当污泥受到工业废水影响,进行厌氧消化有困难时,也可采用好氧消化法。

(三)污泥的最终处理

对主要含有机物的污泥,经过脱水及消化处理后,可用作农田肥料。脱水后的污泥,如需要进一步降低其含水率,可进行干燥处理或加以焚烧。经过干燥处理,污泥含水率可降至20%左右,便于运输,可作为肥料使用。当污泥中含有有毒物质不宜作肥料时,应采用焚烧法将污泥烧成灰烬,以作彻底无害化处理,可用于填地或充作筑路材料使用。

思考题

1. 简述我国对化工废渣处理的技术政策。
2. 简述化工废渣的预处理技术。
3. 比较化工废渣处理技术中焚烧法和热分解法的技术原理。
4. 简述污泥处理的方法及一般流程。

第十一章

化工清洁生产

第一节　清洁生产概述

一、清洁生产的定义及主要内容

清洁生产的起源为 1960 年的美国化学行业的污染预防审计。而"清洁生产"概念的出现，最早可追溯到 1976 年。当年欧共体在巴黎举行了"无废工艺和无废生产国际研讨会"，会上提出"消除造成污染的根源"的思想。1979 年 4 月欧共体理事会宣布推行清洁生产政策。1984 年、1985 年、1987 年欧共体环境事务委员会三次拨款支持建立清洁生产示范工程。1989 年 5 月，联合国环境规划署（UNEP）首次提出清洁生产的概念，但其基本思想最早出现于 1974 年美国 3M 公司曾经推行的实行污染预防有回报"3P（Pollution Prevention Pays）"计划中。UNEP 于 1990 年 10 月正式提出清洁生产计划，希望摆脱传统的末端控制技术，超越废物最小化，使整个工业界走向清洁生产。1992 年 6 月在联合国环境与发展大会上，正式将清洁生产定为实现可持续发展的先决条件，同时也是工业界达到改善和保持竞争力和可盈利性的核心手段之一，并将清洁生产纳入《二十一世纪议程》中。随后，根据环发大会的精神，联合国环境规划署调整了清洁生产计划，建立示范项目及国家清洁生产中心，以加强各地区的清洁生产能力。1994 年 5 月，联合国可持续发展委员会再次认定清洁生产是可持续发展的基本条件。自从清洁生产提出以来，每两年举行一次研讨，研究和实施清洁生产，为未来的工业化指明了发展方向。

中国对清洁生产也进行了大量有益的探索和实践，早在 20 世纪 70 年代初就提出了"预防为主、防治结合""综合利用、化害为利"的环境保护方针，该方针充分体现和概括了清洁生产的基本内容。从 20 世纪 80 年代就开始推行少废和无废的清洁生产过程，20 世纪 90 年代提出的《中国环境与发展十大对策》中强调了清洁生产；1993 年 10 月第二次全国工业污染防治会议将大力推行清洁生产、实现经济持续发展作为实现工业污染防治的重要任务。2003 年 1 月 1 日，我国开始实施《中华人民共和国清洁生产促进法》，这进一步表明清洁生产现已成为我国工业污染防治工作战略转变的重要内容，成为我国实现可持续发展战略的重要措施和手段。

1. 清洁生产的定义

清洁生产是一项实现与环境协调发展的环境策略,其定义为:清洁生产是一种新的创造性的思想。该思想将整体预防的环境战略持续应用于生产过程、产品和服务中,以增加生态效率和减少人类及环境的风险。

(1)对生产过程,要求节约原材料和能源,淘汰有毒原材料,减降所有废弃物的数量和毒性;

(2)对产品,要求减少从原材料提炼到产品最终处置的全生命周期的不利影响;

(3)对服务,要求将环境因素纳入设计和所提供的服务中。

从上述定义可以看出,实行清洁生产包括清洁生产过程、清洁产品和服务三个方面,对生产过程而言,它要求采用清洁工艺和清洁生产技术,提高能源、资源利用率以及通过源头削减和废物回收利用来减少和降低所有废物的数量和毒性。对产品和服务而言,实行清洁生产要求对产品的全生命周期实行全过程管理控制,不仅要考虑产品的生产工艺、生产的操作管理、有毒原材料替代、节约能源资源,还要考虑产品的配方设计,包装与消费方式,直至废弃后的资源回收利用等环节,并且要将环境因素纳入设计和所提供的服务中,从而实现经济与环境协调发展。

在《中华人民共和国清洁生产促进法》中也明确规定,所谓清洁生产,是指不断采取改进设计,使用清洁的能源和原料,采用先进的工艺技术与设备,改善管理、综合利用,从源头削减污染,提高资源利用效率,减少或者避免生产、服务和使用过程中污染物的产生和排放,以减轻或者消除对人类健康和环境的危害,并对清洁生产的管理和措施进行了明确的规定。

2. 清洁生产的主要内容

清洁生产要求实现可持续的经济发展,即经济发展要考虑自然生态环境的长期承受能力,使环境与资源既能满足经济发展要求的需要,又能满足人民生活的现实需要和后代人的潜在需求;同时,环境保护也要充分考虑一定经济发展阶段下的经济支持能力,采取积极可行的环境政策,配合与推进经济发展进程。这种新环境策略要求改变传统的环境管理方式,实行预防污染的政策,从污染后被动治理变为主动进行预防规划,走经济与环境可持续发展的道路。

清洁生产包括以下四方面内容:

(1)清洁能源。

清洁能源包括新能源开发、可再生能源利用、现有能源的清洁利用以及对常规能源(如煤)采取清洁利用的方法,如城市煤气化乡村沼气利用、各种节能技术等。

(2)清洁原料。

少用或不用有毒有害及稀缺原料。

(3)清洁的生产过程。

生产中产出无毒、无害的中间产品,减少副产品,选用少废、无废工艺和高效设备,减少生产过程中的危险因素(如高温、高压、易燃、易爆等),合理安排生产进度,培养高素质人才,物料实行再循环,使用简便可靠的操作和控制方法,完善管理等,树立良好的企业形象。

(4)清洁的产品。

节能、节约原料,产品在使用中、使用后不危害人体健康和污染生态环境,产品包装合理,易于回收、复用、再生和降解等,使用寿命和功能合理。

二、实施清洁生产的途径

清洁生产是一个系统工程，是对生产全过程以及产品的整个生命周期采取污染预防的综合措施。一项清洁生产技术要能够实施，首先必须技术上可行；其次要达到节能、降耗、减污的目标，满足环境保护法规的要求；再次是在经济上能够获利，充分体现经济效益、环境效益、社会效益的高度统一。这要求人们综合地考虑和分析问题，以发展经济和保护环境一体化的原则为出发点，既要了解有关的环境保护法律法规的要求，又要熟悉部门和行业本身的特点以及生产、消费等情况。对于每个实施清洁生产的企业来说，对其具体的情况和问题进行具体的分析。它涉及产品的研究开发、设计、生产、使用和最终处置全过程。工业生产过程千差万别，生产工艺繁简不一。因此，应该从各行业的特点出发，在产品设计、原料选择、工艺流程、工艺参数、生产设备、操作规程等方面分析生产过程中减少污染物产生的可能性，寻找清洁生产的机会和潜力，促进清洁生产的实施。实施清洁生产主要途径有如下四种：

(1)在产品设计和原料选择时以保护环境为目标，不生产有毒有害的产品，不使用有毒有害的原料，以防止原料及产品对环境的危害。

1)产品设计和生产规模。

产品的设计应该能够充分利用资源，有较高的原料利用率，产品无害于人体的健康和生态环境。反之，则要受到淘汰和限制，如作为燃料的煤炭因为其燃烧会产生烟尘和硫化物而被限制使用。在产品设计中，工业生产的规模对原材料的利用率和污染物排放量的多少以及经济效益有直接影响。合理的工业生产规模在经济学称为规模经济。它在投资、资源能源利用、生产管理、污染预防等方面较中小企业都有明显的优势。

2)原料选择。

原材料选择应减少有毒有害物料使用，减少生产过程中的危险因素，使用可回收利用的包装材料，合理包装产品，采用可降解和易处置的原材料，合理利用产品功能，延长产品使用寿命。原料准备是产品生产的第一步。原材料的选择与生产过程中污染物的产生量有很大相关性。例如化工行业的中小型聚氯乙烯生产，采用电石(乙炔)为原材料，产生大量的电石渣，对环境危害很大，同时加重了末端治理的负担。原材料的质量对于工业生产也非常重要，直接影响生产的产出率和废弃物的产生量。如果原材料含有过多的杂质，生产过程中就会发生一些不期望的反应，产生一些不期望的产品，这样既加大了处理、处置废弃物的工作量和费用，同时增加了原材料和废弃物的运输成本。

(2)改革生产工艺，更新生产设备，尽可能提高每一道工序中原材料和能源的利用率，减少生产过程中资源的浪费和污染物的排放。

在工业生产工艺过程中最大限度地减少废弃物的产生量和毒性。检测生产过程、原料及生成物的情况，科学地分析研究物料流向及物料损失状况，找出物料损失的原因所在。调整生产计划，优化生产程序，合理安排生产进度，改进、完善、规范操作程序，采用先进的技术，改进生产工艺和流程，淘汰落后的生产设备和工艺路线，合理循环利用能源、原材料、水资源，提高生产自动化的管理水平，提高原材料和能源的利用率，减少废弃物的产生。

(3)建立生产闭合圈，废物循环利用。

企业工业生产过程中物料输送、加热中的挥发、沉淀、跑冒滴漏、误操作等都会造成物料的流失，这就是工业中产生"三废"的来源。实行清洁生产要求流失的物料必须加以回收，返回到流程中或经适当的处理后作为原料回用，建立从原料投入到废物循环回收利用的生产闭合圈，使工业生产不对环境构成任何危害。如我国农药、染料行业主要原料利用率只有30% ~40%，其余都排入环境，物料回收大有用武之地。

（4）加强科学管理。

经验表明，强化管理能削减40%污染物的产生，而实行清洁生产是一场新的革命，要转变传统的旧式生产观念，建立一套健全的环境管理体系，使人为的资源浪费和污染排放减至最小。加强科学管理的内容包括：安装必要的高质量监测仪表，加强计量监督，及时发现问题；加强设备检查维护、维修，杜绝跑、冒、滴、漏；建立有环境考核指标的岗位责任制与管理职责，防止生产事故；完善可靠翔实的统计和审核；产品的全面质量管理，有效的生产调度，合理安排批量生产日程；改进操作方法，实现技术革新，节约用水、用电；原材料合理购进、贮存与妥善保管；产品的合理销售、贮存与运输；加强人员培训，提高职工素质；建立激励机制和公平的奖惩制度；组织安全文明生产。

三、清洁生产与可持续发展

20 世纪 80 年代末，在世界经济陷入持续滞胀的窘迫态势下，人们认识到人类生存环境开始出现危机，生态环境恶化、全球性环境问题等的出现，迫使人们重新审视自己的经济社会行为，如何实现社会、自然的协调发展，使人类社会进入一个更高的境界，成为新的问题。在全面总结了自然发展的历程之后，人们提出了一种新的发展观和发展战略——可持续发展战略。决策者制定的政策，必须建立在保护生态环境而不被破坏的基础上，只有这样才能保持其长期的增长，这一点已成为世界各国的共识。

可持续发展作为一种新的发展观，人们对其有不同的理解，普遍接受的是1987 年联合国世界环境与发展委员会（WECO）通过的"可持续发展"定义：所谓可持续发展，就是指既满足当代人需要，又不对后代满足其需要的能力构成危害的发展。1995 年，我国在山西运城召开了"全国资源环境与经济发展研讨会"，会上将可持续发展定义为：可持续发展的根本点就是经济社会的发展与资源环境相协调，其核心在于生态与经济相协调。而另一种观点则认为：可持续发展即谋求在经济发展、环境保护和生活质量的提高之间实现有机平衡的一种发展。无论何种对可持续发展的表述，其基本理论大致都包含了以下四方面内容：①可持续发展并不否定经济增长(尤其是经济落后国家的经济增长)，但需要重新审视经济增长的方式；②可持续发展以自然资源为基础，同环境承载能力相协调；③可持续发展以提高人民生活水平为目标；④可持续发展承认并要体现出环境资源的价值。

可持续发展的关键是处理好经济发展与资源环境的关系。经济发展与资源环境两者相互促进而又彼此制约：一方面，资源环境是经济发展的前提，只有保持资源环境不被破坏，才能保证经济的持续快速发展；另一方面，持续快速的经济发展又为资源环境的保护提供技术保证和物质基础。可持续发展战略总的要求如下：①人类以人与自然相和谐的方式去生产；②把环境与发展作为一个相容整体出发，制定出社会、经济可持续发展的政策；③发展社会科学技术、改革生产力方式和能源结构；④以不损害环境为前提，控制适度的消费和工业发展的生态规模；⑤从环境与发展最佳相容性出发确定其管理目标和优先次序；⑥加强和发展资源环境保护的管理；⑦发展绿色文明和生态文化。

第二节　清洁生产与循环经济和生态工业

一、循环经济

1.循环经济的定义

循环经济是在物质的循环、再生、利用基础上发展经济，是一种建立在资源回收和循环再利用基础上的经济发展模式，其思想萌芽诞生于20世纪60年代的美国。"循环经济"这一术语在中国出现于20世纪90年代中期，国家发改委对循环经济的定义是："循环经济是一种以资源的高效利用和循环利用为核心，以'减量化、再利用、资源化'为原则，以低消耗、低排放、高效率为基本特征，符合可持续发展理念的经济增长模式，是对'大量生产、大量消费、大量废弃'的传统增长模式的根本变革。"这一定义不仅指出了循环经济的核心、原则、特征，同时也指出了循环经济是符合可持续发展理念的经济增长模式，抓住了当前中国资源相对短缺而又大量消耗的症结，对解决中国资源对经济发展的瓶颈制约具有迫切的现实意义。

循环经济按照自然生态系统物质循环和能量流动规律重构经济系统，使经济系统和谐地纳入自然生态系统的物质循环过程中，建立起一种新形态的经济。循环经济是在可持续发展的思想指导下，按照清洁生产的方式，对能源及其废弃物实行综合利用的生产活动过程。

2.循环经济的基本特征

传统经济是一种由"资源—产品—污染排放"所构成的物质单向流动的经济。在这种经济中，人们以越来越高的强度把地球上的物质和能源开发出来，在生产加工和消费过程中又把污染和废物大量地排放到环境中去，对资源的利用常常是粗放的和一次性的，通过把资源持续不断地变成废物来实现经济的数量型增长，导致了许多自然资源的短缺与枯竭问题，并酿成了灾难性环境污染后果，创造的财富越多，消耗的资源和产生的废弃物就越多，对环境资源的负面影响也就越大。与此不同，循环经济倡导的是一种建立在物质不断循环利用基础上的经济发展模式，它要求把经济活动按照自然生态系统的模式，组织成一个"资源—产品—再生资源"的物质反复循环流动的过程，使得整个经济系统以及生产和消费的过程基本上不产生或者只产生很少的废弃物，以尽可能小的资源消耗和环境成本，获得尽可能大的经济和社会效益，从而使经济系统与自然生态系统的物质循环过程相互和谐，促进资源永续利用。因此，循环经济是对"大量生产、大量消费、大量废弃"的传统经济模式的根本变革，其特征是低开采、高利用、低排放。

（1）在资源开采环节，要大力提高资源综合开发和回收利用率。

（2）在资源消耗环节，要大力提高资源利用效率。

（3）在废弃物产生环节，要大力开展资源综合利用。

（4）在再生资源产生环节，要大力回收和循环利用各种废旧资源。

（5）在社会消费环节，要大力提倡绿色消费。

3.循环经济的基本原则

"3R原则"是循环经济活动的行为准则，所谓"3R原则"，即减量化（reduce）原则、再使用（reuse）原则和再循环（recycle）原则。

减量化（reduce）原则：要求用尽可能少的原料和能源来完成既定的生产目标和消费，这就能在源头上减少资源和能源的消耗。减量化有几种不同的表现，在生产中，减量化原则常常表现为要求产品小型化和轻型化。此外，减量化原则要求产品的包装应该追求简单朴实而不是豪华浪费，从而达到减少废物排放的目的。

再使用（reuse）原则：要求生产的产品和包装物能够以初始的形式被反复使用。生产者在产品设计和生产中，应摒弃一次性使用而追求利润的思维，尽可能使产品经久耐用和反复使用。

再循环（recycle）原则：要求生产出来的产品在完成其使用功能后能重新变成可以利用的资源，而不是不可恢复的垃圾。按照循环经济的思想，再循环有两种情况：一种是原级再循环，即废品被用来产生同种类型的新产品，如报纸再生报纸、易拉罐再生易拉罐等；另一种是次级再循环，即将废物资源转化成其他产品的原料。原级再循环在减少原材料消耗上面达到的效率要比次级再循环高得多，是循环经济追求的理想境界。

"3R"原则有助于改变企业的环境形象，使它们从被动转化为主动。典型的事例就是杜邦公司的研究人员创造性地把"3R原则"发展成为与化学工业实际相结合的3R制造法，以达到少排放甚至零排放的环境保护目标。他们通过放弃使用某些环境有害型化学物质、减少某些化学物质的使用量以及发明回收本公司产品的新工艺，有效减少固体废弃物及有毒气体排放量。同时，他们在废塑料如废弃的牛奶盒和一次性塑料容器中回收化学物质，开发出了耐用的乙烯材料——维克等新产品。

从理论上讲，"减量化、再利用、再循环"可包括以下三个层次的内容：

（1）产品的绿色设计中贯穿"减量化、再利用、再循环"的理念。

绿色设计包含了各种设计工作领域，凡是建立在对地球生态与人类生存环境高度关怀的认识基础上，一切有利于社会可持续发展，有利于人类乃至生物生存环境健康发展的设计，均属于绿色设计范畴。绿色设计具体包含了产品从创意、构思、原材料与工艺的无污染、无毒害选择到制造、使用以及废弃后的回收处理、再生利用等各个环节的设计，也就是包括产品的整个生命周期的设计。要求设计师在考虑产品基本功能属性的同时，还要预先考虑防止产品及工艺对环境的负面影响。

（2）物质资源在其开发、利用的整个生命周期内贯穿"减量化、再利用、再循环"的理念。

即在资源开发阶段考虑合理开发和资源的多级重复利用；在产品和生产工艺设计阶段考虑面向产品的再利用和再循环的设计思想；在生产工艺体系设计中考虑资源的多级利用、生产工艺的集成化标准化设计思想；生产过程、产品运输及销售阶段考虑过程集成化和废物的再利用；在流通和消费阶段考虑延长产品使用寿命和实现资源的多次利用；在生命周期末端阶段考虑资源的重复利用和废物的再回收、再循环。

（3）生态环境资源的再开发利用和循环利用。

即环境中可再生资源的再生产和再利用，空间、环境资源的再修复、再利用和循环利用。

4. 发展循环经济的主要途径

从资源流动的组织层面来看，主要是从企业小循环、区域中循环和社会大循环三个层面来展开；从资源利用的技术层面来看，主要是从资源的高效利用、循环利用和废弃物的无害化处理三类技术路径去实现。

从资源流动的组织层面，循环经济可以从企业、生产基地等经济实体内部的小循环，产业集中区域内企业之间、产业之间的中循环，包括生产、生活领域的整个社会的大循环三个层面来展开。

（1）以企业内部物质循环为基础，构筑企业、生产基地等经济实体内部的小循环。

企业、生产基地等经济实体是经济发展的微观主体，是经济活动的最小细胞。依靠科技进步，充分发挥企业的能动性和创造性，以提高资源能源的利用效率、减少废物排放为主要目的，构建循环经济微观建设体系。

（2）以产业聚集区内的物质循环为载体，构筑企业之间、产业之间、生产区域之间的中循环。

以生态园区在一定地域范围内的推广和应用为主要形式，通过产业的合理组织，在产业的纵向、横向上建立企业间能流、物流的集成和资源的循环利用，重点在废物交换、资源综合利用，以实现园区内生产的污染物低排放甚至"零排放"，形成循环型产业集群，或是循环经济区，实现资源在不同企业之间和不同产业之间的充分利用，建立以二次资源的再利用和再循环为重要组成部分的循环经济产业体系。

（3）以整个社会物质循环为着眼点，构筑包括生产、生活领域的整个社会的大循环。

统筹城乡区域发展、统筹生产生活，通过建立城镇、城乡之间、人类社会与自然环境之间循环经济圈，在整个社会内部建立生产与消费的物质能量大循环，包括了生产消费和回收利用，构筑符合循环经济的社会体系，建设资源节约型、环境友好的社会，实现经济效益、社会效益和生态效益的最大化。

从资源利用的技术层面来看，循环经济的发展主要是从资源的高效利用、循环利用和无害化三条技术路径来实现。

（1）资源的高效利用。

依靠科技进步和制度创新，提高资源的利用水平和单位要素的产出率。

（2）资源的循环利用。

通过构筑资源循环利用产业链，建立起生产和生活中可再生利用资源的循环利用通道，达到资源的有效利用，减少向自然资源的索取，在与自然和谐循环中促进经济社会的发展。

（3）废弃物的无害化。

通过对废弃物的无害化处理，减少生产和生活活动对生态环境的影响。

5. 清洁生产与循环经济

清洁生产和循环经济都是对传统环境保护理念的冲击和突破。传统上环境保护工作的重点和主要内容是治理污染、达标排放。清洁生产、循环经济突破了这一界限，大大提升了环境保护的高度、深度和广度，提倡并实施将环境保护与生产技术、产品和服务的全部生命周期紧密结合，将环境保护与经济增长模式统一协调，将环境保护与生活和消费模式同步考虑。

清洁生产、循环经济的共同点是提升环境保护对经济发展的指导作用，将环境保护延伸到经济活动中一切有关的方方面面。清洁生产在企业层次上将环境保护延伸到企业的一切有关领域，循环经济将环境保护延伸到国民经济的一切有关领域。

清洁生产模式是循环经济当前在企业层面的主要表现形式。从创新的角度看，循环经济是对清洁生产理论的拓展。循环经济最重要之处在于综合和简化，使之具有更大的适应范围，使之更便于操作、理解。因此，清洁生产和循环经济是一组具有内在逻辑的理论创新。

其中，清洁生产是循环经济的微观基础，而循环经济既是对清洁生产内容的拓展，也是实现清洁生产目标的新的方法和途径。必须指出的是，清洁生产强调的是源削减，即削减的是废物的产生量，而不是废物的排放量，循环经济"减量、再用、循环"的排列顺序充分体现了清洁生产源削减的精神。换言之，循环经济的第一法则是要减少进入生产和消费过程的物质量，或称减物质化。循环经济把减量放在第一位并称其为输入端方法，其意义是很清楚的，即对于生产和消费过程而言，不是进入什么东西就再用什么东西，也不是进入多少就再用多少。相反，循环经济遵循清洁生产源削减精神，要求输入这一过程的物质量越少越好，正是因为循环经济把源削减放在第一位，生态设计、生态包装、绿色消费等清洁生产的常用工具才成为循环经济的实际操作手段。

二、生态工业

1. 生态工业的定义

生态工业（ecological industry，ECO）是模拟生态系统的功能，建立起相当于生态系统的"生产者、消费者、还原者"的工业生态链，以低消耗、低（或无）污染、工业发展与生态环境协调为目标的工业。

我们倡导发展以工业为主导的生态特色经济，就是要坚持两手抓，一手抓传统工业的提升，一手抓生态工业的发展。所谓提升传统工业，就是要推行体制创新和科技创新，运用先进的科学技术对旧的工艺和设备彻底进行改造，使之尽快地生长成为新的工业生态系统的组成部分。只有以经过彻底改造过的传统工业和全新的生态工业为主导，才能把生态特色经济发展起来。

2. 与传统工业的区别

（1）追求的目标不同。

传统工业发展模式是以片面追求经济效益目标为己任，忽略了对生态效益的重视，导致"高投入、高消耗、高污染"的局面发生；而生态工业将工业的经济效益和生态效益并重，从战略上重视环境保护和资源的集约、循环利用，有助于工业的可持续发展。

（2）自然资源的开发利用方式不同。

传统工业由于片面追求经济效益目标，只要有利于在较短时期内提高产量、增加收入的方式都可以采用。因此，工矿企业林立，资源的过度开采、单一利用等状况比比皆是，引发资源短缺、能源危机、环境污染等一系列问题。生态工业从经济效益和生态效益兼顾的目标出发，在生态经济系统的共生原理、长链利用原理、价值增值原理和生态经济系统的耐受性原理指导下，对资源进行合理开采，使各种工矿企业相互依存，形成共生的网状生态工业链，达到资源的集约利用和循环使用。

（3）产业结构和产业布局的要求不同。

传统工业由于只注重工业生产的经济效益，而且是区际封闭式发展，导致各地产业结构趋同、产业布局集中，与当地的生态系统和自然结构不相适应。资源过度开采和浪费、环境恶化严重，不利于资源的合理配置和有效利用。生态工业系统是一个开放性的系统，其中的人流、物流、价值流、信息流和能量流在整个工业生态经济系统中合理流动和转换增值，这要求合理的产业结构和产业布局，以与其所处的生态系统和自然结构相适应，以符合生态经济系统的耐受性原理。

（4）废弃物的处理方式不同。

传统工业实行单一产品的生产加工模式，对废弃物一弃了之。因为这样有利于缩短生产周期，提高产出率，从而提高其经济效益。而生态工业不仅从环保的角度遵循生态系统的耐受性原理而尽量减少废弃物的排放，而且还充分利用共生原理和长链利用原理，改过去的"原料—产品—废料"的生产模式为"原料—产品—废料—原料"的模式，通过生态工艺关系，尽量延伸资源的加工链，最大限度地开发和利用资源，既获得了价值增值，又保护了环境，实现了工业产品的"从摇篮到坟墓"的全过程控制和利用。

（5）工业成果在技术经济上的要求不同。

各种生态产品，无论作为生产资料或作为消费资料，都强调其技术经济指标有利于经济的协调，有利于资源、能源的节约和环境保护，而传统的工业产品对此没有要求。

（6）工业产品的流通控制不同。

只要是市场所需的工业产品，传统工业一律放行，而生态工业却加入了环保限制。只有那些对生态环境不具有较大危害性，而且符合市场原则的工业产品才能流通。这无疑更利于生态环境保护，促进人口、经济、环境和生态的协调发展。

3. 生态工业的基本特征

生态工业要求综合运用生态规律、经济规律和一切有利于工业生态经济协调发展的现代科学技术。

从宏观上使工业经济系统和生态系统耦合，协调工业的生态、经济和技术关系，促进工业生态经济系统的人流、物质流、能量流、信息流和价值流的合理运转和系统的稳定、有序、协调发展，建立宏观的工业生态系统的动态平衡。

在微观上做到工业生态资源的多层次物质循环和综合利用，提高工业生态经济子系统的能量转换和物质循环效率，建立微观的工业生态经济平衡。从而实现工业的经济效益、社会效益和生态效益的同步提高，走可持续发展的工业发展道路。

4. 生态工业的评价指标体系

（1）经济指标。

经济指标既要反映当前经济发展水平，又要反映经济发展潜力。经济发展水平可用GDP年平均增长率、人均GDP、经济产投比、万元GDP综合能耗、万元GDP新鲜水耗、万元工业产值废水、废气、固体废弃物排放量等指标表示。经济发展潜力可用高新技术产业在第二产业中所占比例、科技投入占GDP的比例和科技进步对GDP的贡献率等指标来描述。

（2）生态环境指标。

生态环境指标包括环境保护、生态建设和生态环境改善潜力等方面。环境保护方面包括大气、水、噪声环境质量，工业废水、废气、固体废弃物排放达标率，废水、废气、固体废弃物处理率，废水、废气、固体废弃物减排率，工业废物综合利用率和危险废物安全处置率等。生态建设方面包括清洁能源所占比例、人均公共绿地面积、园区绿地覆盖率和地下水超采率等。生态环境改善潜力用环保投资占GDP的比例来表示。

（3）生态网络指标。

生态网络指标是生态工业园区的特征指标，反映物质集成、能量集成、水资源集成、信息共享和基础设施共享的效果。它包括重复利用、柔性结构和基础设施建设等方面。

重复利用方面包括水资源、原材料、能源的重复利用。重复利用率越高，说明园区功能发育得越完善。柔性结构体现园区的抗风险能力，包括产品种类、原材料的可替代性等。产品种类越多，原材料来源越广泛，园区抗击市场风险的能力越强。基础设施建设以人均道路面积来衡量。

(4)管理指标。

管理指标包括政策法规制度、管理与意识等。政策法规制度包括促进园区建设的地方政策法规的制定与实施，园区内部管理制度的制定与实施，企业管理制度的制定与实施。管理与意识包括开展清洁生产的企业所占比例、规模以上企业 ISO 14001 认证率，生态工业培训和信息系统建设等。

第三节　化工清洁生产实例

一、氯碱工业清洁生产

1.氯碱工业概述

氯碱工业是与国民经济发展紧密相关的基础化工行业，也是最基本的化学工业之一。它的产品除应用于化学工业本身外，还广泛应用于轻工业、纺织工业、冶金工业、石油化学工业以及公用事业。目前主要有三种生产工艺：隔膜法，双电解池法，水银电解池法。中国已成为世界氯碱大国，两大主营产品烧碱、聚氯乙烯的产能和产量已居世界之首，烧碱和聚氯乙烯的产量均占世界总产量的1/3以上。截至 2019 年底，中国烧碱产能达到 4380 万吨，聚氯乙烯总产能 2498 万吨。

2.氯碱工业清洁生产的内涵

氯碱工业的清洁生产归根结底是通过氯碱化工产业及相关产业的发展，满足市场对氯碱化工产品的需求，促进氯碱产业区内经济与环境的协调发展。氯碱工业清洁生产的基本内涵有：

(1)要求在生产过程中，依靠技术进步与创新，最大限度提高资源回收率，尽可能降低对其他资源的连带损害(如土壤、空气、水资源等)。不断开发新技术，实现以零排放为目标、少污染的清洁生产。解决现有技术水平尚不能完全在生产过程中消除的污染物的无害化处置与二次资源的综合利用问题，实现循环型的当代与未来氯碱行业的可持续发展。

(2)要求资源开发和经济扩张对环境的影响严格限制在城区环境容量的阈值范围内，并使环境的污染和破坏得到及时有效的治理和恢复。

(3)建立以氯碱产品生产为中心的循环产业链，与其他相关行业产业链互相交叉，互为资源提供、污染物处理、资源再生环节，成为符合社会生态发展的生态工业园。

3.氯碱工业的生产原料及产品

(1)生产原料：工业盐、电石(也叫煤石)、氯乙烯单体(VCM 单体)、其他聚合助剂。

(2)主要产品：氢氧化钠、50% 氢氧化钠、固体氢氧化钠(片碱)、高纯盐酸、工业盐酸、次氯酸钠、氯气、液氯(液态氯气)、PVC(聚氯乙烯树脂，氯碱工业一般都伴随 PVC 树脂)、氢气。

4.氯碱工业的清洁生产模型

为适应国家节能减排的要求，近几年氯碱行业，尤其是电石法聚氯乙烯企业在环保方面做了大量的工作并取得了重大的突破，废水、废气和废渣通过循环经济模式实现了综合利用，资源和环保的发展瓶颈得到了根本性的解决。

在废渣处理方面，电石渣和盐泥是中国氯碱工业的主要固体污染物。电石渣制水泥技术在中国取得了成功，为电石法聚氯乙烯大型化发展创造了条件，尤其是干法乙炔配套电石渣新型干法水泥技术，节能节水效果显著，经济效益明显。同时，电石渣可作为湿法或者干法脱硫的脱硫剂，脱硫成本低、效率高，中小氯碱企业可将其作为实现综合利用的主要方向之一。通过膜法除硝技术，不仅从源头减少了盐泥的产生量，而且可进一步将盐泥加工成高品质的芒硝产品，实现了盐泥的资源化利用。

在废水处理方面，将源头减排和过程回收相结合，通过关键技术的突破，形成了水资源梯级利用网络。关键技术包括乙炔上清液封闭式循环工艺、聚合母液水回收利用技术和含汞废酸深度解析及含汞废水深度处理技术等。通过以上节水技术的集成，大幅度降低了氯碱行业的水资源消耗。

在废气治理方面，通过变压吸附技术，将氯乙烯尾气中的氯乙烯、乙炔和氢气充分回收利用。尤其是将氯乙烯尾气中回收的氢气回用于氯化氢合成系统，优化了传统氯碱平衡，大幅度减少了副产液氯量，为液氯市场缺乏的西部地区发展大型氯碱化工装置奠定了基础。

氯碱行业清洁生产的典型模式是通过将传统氯碱生产过程向上下游延伸，形成"煤—电—电石—聚氯乙烯—电石渣水泥"循环经济产业链。同时，进一步建立和完善废水、废气、废渣综合利用的网络。循环经济产业链和废弃物资源化利用网络有机结合，实现经济与环保的双赢发展。

5. 离子交换膜法制烧碱

世界上比较先进的电解制碱技术是离子交换膜法，主要由阳极、阴极、离子交换膜、电解槽框和导电铜棒等组成，每台电解槽由若干个单元槽串联或并联组成。电解槽的阳极用金属钛网制成，为了延长电极使用寿命和提高电解效率，钛网阳极上涂有钛、钌等氧化物涂层；阴极由碳钢网制成，上面涂有镍涂层；阳离子交换膜把电解槽隔成阴极室和阳极室。阳离子交换膜有一种特殊的性质，即它只允许阳离子通过，而阻止阴离子和气体通过，也就是说只允许 Na^+ 通过，而 Cl^-、OH^- 和气体则不能通过。这样既能防止阴极产生的 H_2 和阳极产生的 Cl_2 相混合而引起爆炸，又能避免 Cl_2 和 $NaOH$ 溶液作用生成 $NaClO$ 而影响烧碱的质量。精制的饱和食盐水进入阳极室；纯水（加入一定量的 $NaOH$ 溶液）进入阴极室。通电时，H_2O 在阴极表面放电生成 H_2，Na^+ 穿过离子膜由阳极室进入阴极室，导出的阴极液中含有 $NaOH$；Cl^- 则在阳极表面放电生成 Cl_2。电解后的淡盐水从阳极导出，可重新用于配制食盐水（图 11 - 1）。

电解法制碱的主要原料是饱和食盐水，由于粗盐水中含有泥沙，精制食盐水时经常进行以下措施：

（1）过滤海水。

（2）加入过量氢氧化钠，去除钙离子、镁离子，过滤。

$$Ca^{2+} + 2OH^- = Ca(OH)_2(微溶)$$

$$Mg^{2+} + 2OH^- = Mg(OH)_2$$

$$Mg(HCO_3)_2 + 2OH^- = MgCO_3 + 2H_2O$$

$$MgCO_3 + 2H_2O = Mg(OH)_2 + H_2O + CO_2$$

（3）加入过量氯化钡，去除硫酸根离子，过滤。

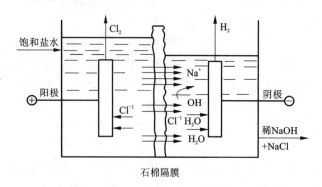

图 11 – 1　氯碱工业离子交换膜法生产原理图

$$Ba^{2+} + SO_4^{2-} = BaSO_4 \downarrow$$

（4）加入过量碳酸钠，去除钙离子、过量钡离子，过滤。

$$Ca^{2+} + CO_3^{2-} = CaCO_3 \downarrow$$

$$Ba^{2+} + CO_3^{2-} = BaCO_3 \downarrow$$

（5）加入适量盐酸，去除过量碳酸根离子。

$$2H^+ + CO_3^{2-} = CO_2 \uparrow + H_2O$$

（6）加热驱除二氧化碳。

（7）送入离子交换塔，进一步去除钙离子、镁离子。

（8）电解。

$$2NaCl + 2H_2O = H_2 \uparrow + Cl_2 \uparrow + 2NaOH（通电）$$

由电解槽流出的阴极液中含有 30% 的 NaOH，称为液碱，液碱经蒸发、结晶可以得到固碱。阴极区的另一产物湿氢气经冷却、洗涤、压缩后被送往氢气贮柜，阳极区产物湿氯气经冷却、干燥、净化、压缩后可得到液氯。

$$2NaOH + Cl_2 = NaCl + NaClO + H_2O$$

$$H_2O + Cl_2 = HCl + HClO$$

$$H_2 + Cl_2 = 2HCl$$

$$2NaOH + CO_2 = Na_2CO_3 + H_2O$$

$$NaOH + CO_2 = NaHCO_3$$

离子交换膜法制碱技术，具有设备占地面积小、能连续生产、生产能力大、产品质量高、能适应电流波动、能耗低、污染小等优点，是氯碱工业发展的方向。

6. 氯碱工业的"三废"处理

氯气是电解法制烧碱的副产物，属于剧毒物质，对人体和周围环境都有毒害作用，因此不得泄漏和放空。为避免骤然停电等意外事故使得氯气泄漏的事件发生，氯碱企业需要保证电解法制碱的安全运行。在电解槽和氯压机之间的湿氯气总管上增设一套事故氯气吸收装置，在各种异常和复杂的断电情况下，当系统压力超过规定指标外溢时，装置自动联锁瞬间启动，进入工作状态，装置内以液碱为吸收剂循环吸收，并按规定及时更新吸收剂，达到彻底处理事故氯气、消除氯气污染、清洁生产的目的。

盐泥是氯碱企业共同的污染物之一，含固体物 10% ~20%，其余为水，主要成分大体相同。在盐泥中通入 CO_2 气体，使其与盐泥发生反应，生成可溶性碳酸氢镁进入液相，经固液分离，用蒸汽直接加热溶液，析出 $MgCO_3$，再进行固液分离，将精制的固体 $MgCO_3$ 经 850 ℃灼烧即可制得轻质氧化镁。轻质氧化镁可用于油漆行业、橡胶行业、造纸行业的填充剂，还可制镁砖、坩埚等优质耐火材料。

二、合成氨工业清洁生产

1. 合成氨工业发展历程

1754 年，Briestly 用碙砂和石灰共热，第一次制出了氨。1787 年，Berthollet 提出氨是由氮和氢元素组成的。当时质量作用定律和化学平衡的规律尚未发现。因此，在平衡时氨的浓度究竟有多大，即反应的限度不清楚。1911 年，Carl Bosch 设计加工了世界上第一台高压合成氨反应器，它至今依然矗立在 BASF 合成氨研究所大楼前马路对面的小花圃之中。它是合成氨催化过程历史上的里程碑。1913 年 9 月 9 日，第一个工业装置开工，氨的日产量为 3 ~5 t。在几年之内，BASF 公司在 1911 年创办的 Oppau 工厂发展成巨大的工业联合企业。

目前，全世界合成氨产量约 2.2 亿吨，年均销售额超过 1000 亿美元，是产量第二大的化学品，其中 85% 用作制造化肥，人均年消耗化肥 31.1 kg，人体中 50% 的氮来自合成氨。合成氨生产过程中，消耗能源 3.5 亿吨，占全球能源供应总量的 2%，排放 CO_2 超过 4 亿吨，占全球 CO_2 排放总量的 1.6%。经过一百年的发展，合成氨工业取得了巨大的进步。单套生产装置的规模已由当初的日产合成氨 5 t 发展到目前的 2200 t，反应压力已由 100 MPa 降到了 10 ~15 MPa，能耗已从 780 亿焦耳降到 272 亿焦耳，已接近理论能耗 201 亿焦耳。

2. 现代合成氨工艺技术

Haber – Bosch 建立的世界上第一座合成氨装置是用氯碱工业电解制氢，氢气与空气燃烧获得氮作为原料的起点。经过百年的发展，现代合成氨工业以各种化石能源为原料制取氢气和氮气。制气工艺因原料不同而不同：以天然气、油田气等气态烃为原料，空气、水蒸气为气化剂的蒸汽转化法制氨工艺是最典型、最普遍的合成氨工艺（图 11 –2）；以渣油为原料，以氧、水蒸气为气化剂生产合成氨，采用部分氧化法；以煤（粉煤、水煤浆）为原料，氧

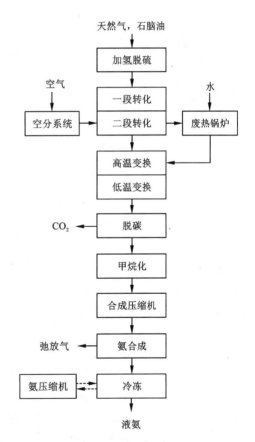

图 11 –2　以轻质烃为原料蒸汽制氨流程图

和水蒸气为气化剂的制氨工艺，采用加压气化（图 11 –3）或常压煤气化法。成熟的煤气化炉有 Texaco、Shell 高速气固并流床气化炉，Lurgi 固定床气化炉以及我国华东理工大学的四喷

嘴对撞式气化炉，单台气化炉煤处理量已超过 2000 t/d。

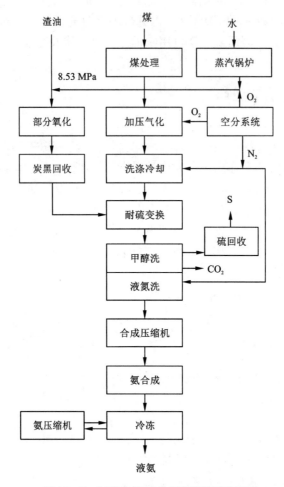

图 11 - 3   以煤和渣油为原料制氨流程图

现代合成氨工艺中，原料气的净化大致分为两类：①烃类蒸汽转化法的原料气经 CO 变换、脱碳和甲烷化最终净化，称为热法净化流程；②渣油部分氧化和煤加压气化的原料气，经 CO 变换采用耐硫变换催化剂，低温甲醇洗脱硫、脱碳，液氮洗最终净化，称为冷法净化流程。

3. 合成氨工业与清洁能源转化

合成氨过程的实质是一种燃料的化学能转化为另一种燃料的化学能的能量转化过程，它首先是一座能源转化装置。目前先进氨厂的总能耗为 27 GJ/t，总能效高达 74.6% 以上，同时期的一般火力发电厂仅为 30% ~ 40%，即使现在的超临界发电热效率也只有 40% ~ 50%。因此合成氨装置又是一座成熟且高效的能源转换装置。煤、天然气、渣油以及焦炉气等工业尾气都是合成氨工业的原料。图 11 - 4 所示为合成氨装置与各种能源转化、新型煤化工、清洁能源、制氢技术及其联产/转产综合利用示意图。由图 11 - 4 可知，合成氨只是其中一小块，只要不加氮气，就可转产或联产氢气、合成气、甲醇、二甲醚、汽油、柴油等液体燃料、热/电/冷联产及城市煤气等清洁能源及一系列煤化工产品。因此，合成氨装置又可以很容易地转化为高效的能源转化装置。例如，只要把氨合成塔换成 F - T 合成塔，就是合成油装置。世界上第一套低温甲醇洗工业化装置就建立于南非萨索尔(Sasol)F - T 合成液体燃料厂。

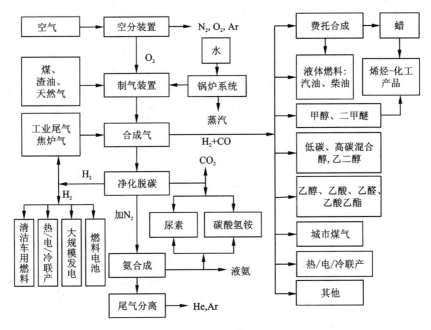

图 11 - 4 合成氨装置与各种能源转化、新型煤化工、清洁能源、制氢技术及其联产/转产综合利用示意图

4. 合成氨工业节能减排技术

合成氨工业余热回收及能量梯级利用技术降低合成氨的能耗是合成氨工业面临的重大课题。当今全球关注的能源问题又摆在合成氨工业的面前，CO_2 的排放也将受到严格的限制，在如此严峻的形势下，合成氨工业的高能耗和巨大节能减排潜力理应引起人们的高度关注。

现代大型合成氨装置的余热回收及能量梯级利用技术在传统工业中具有典型的代表性。图 11 - 5 是大型合成氨装置余热回收及梯级利用系统示意图。由图 11 - 5 可知，大型合成氨装置的工艺过程与蒸汽动力系统有机地结合在一起，整个工艺系统可以说就是一个能量综合利用系统。在余热回收系统中，它把工艺过程各个阶段可以回收利用的余热，特别是一些低位热能加以统筹安排，依据能级的高低、热量的多少，逐级预热锅炉给水，最后转变成高能级的高温、高压蒸汽。在梯级利用方面，将蒸汽按压力分成 10.0 MPa、3.9 MPa、0.46 MPa 等几个等级。10.0 MPa 的高压蒸汽首先作为背压式汽轮机的动力，抽出部分 3.9 MPa 的中压蒸汽作为转化工艺蒸汽之用，其他 3.9 MPa 的中压蒸汽仍作为动力之用。0.46 MPa 的低压蒸汽做加热、保温用，而透平冷凝液和工艺冷凝液的冷凝热也几乎得到全部回收，冷凝液返回锅炉给水系统，构成热力循环系统。

值得注意的是，在图 11 - 5 余热回收及梯级利用系统中，单独设置有辅助锅炉。这是因为工艺余热产生的高压蒸汽尚不能满足全厂动力需要，需要一台外供燃料的辅助锅炉提供能量给以补充，这便是合成氨工业主要节能潜力所在。即使余热回收及梯级利用最先进的氨厂

（总能效高达 74% 以上），也还有 20% 以上的节能潜力。

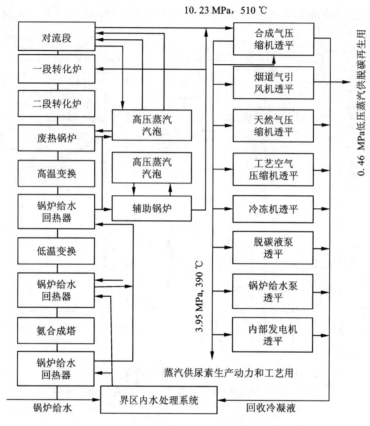

图 11-5　大型合成氨装置余热回收及梯级利用示意图

三、硫酸工业清洁生产

1. 硫酸工业概述

(1) 硫酸生产发展概述。

硫酸是人类发明最早、工业生产最早的一种酸，用途最广、产量大，是基本化学工业重要产品之一。早期的硫酸，是炼金术者干馏绿矾制出的。绿矾在瓶中受热分解生成含有三氧化硫和水蒸气的气体，冷凝后而得到浓硫酸。18 世纪中叶以前，硫酸产量很少，且主要用于制药。随着纺织工业的发展和路布兰法的兴起，硫酸的需用量骤增，促进了硫酸生产方法的发展。1740 年，英国建立了第一座硫酸厂，将燃烧硫黄与硝石产生的混合气导入玻璃容器内用水吸收制得硫酸。1746 年改用铅室，称为铅室法。随后在完善铅室法连续生产的过程中，发现塔的产酸强度大、浓度较高，于是在 20 世纪初出现了用塔取代铅室的塔式法。

铅室法和塔式法都是利用气体催化剂氮的氧化物作用而使二氧化硫氧化，并进一步生成硫酸：

$$SO_2 + N_2O_3 + H_2O \longrightarrow H_2SO_4 + 2NO + 1/2\ O_2$$

铅室法和塔式法总称为硝化法（或亚硝基法）。

在铅室法渐趋完善连续生产的同时，有人发明了用铂作催化剂加速二氧化硫氧化进而制得硫酸的接触法。但由于铂价昂，且易中毒失效以及别的因素，未能在工业上大量使用。直到 20 世纪 30 年代钒催化剂得到广泛应用后，接触法才在工业上得到迅速发展。接触法生产的硫酸，产品纯、浓度高、生产强度大，并能满足硝化法酸不能满足的许多工业部门的要求。尽管硝化法仍有使用，但新建厂全部采用接触法。

（2）生产硫酸的原料。

生产硫酸主要含硫物质是硫黄、硫铁矿、含硫烟气、石膏及其他含硫物质。

1）硫黄的来源有天然硫黄和以天然气、精炼石油、炼焦炉气等回收的硫黄，它是生产硫酸的理想原料之一，它不仅工艺简单、投资省、操作比较简单，而且不排烧渣，并大大减少废水排放，因此很受重视；特别是近年来对硫酸的清洁生产及环境保护的要求日益提高，促进了硫黄制酸的发展。硫黄制酸在英、美等国所占比例很大，但是许多国家包括我国在内硫黄资源不多，因此发展受到一定限制。

2）废石膏多来自磷酸、柠檬酸生产过程中排放的固体废弃物，利用石膏生产硫酸同时联产水泥是一较好的废物利用方式；该技术在国外发展较为迅速，在我国通过引进和消化吸收已成功建成了工业化生产装置。

3）冶炼烟气在冶炼铜、锌、铅、镍、钴等有色金属时，放出大量的二氧化硫烟气，大部分可以回收生产硫酸，这不仅经济上合理，而且消除了污染，保护了环境。目前我国利用有色金属冶炼烟气制酸有了很大发展。日本对此非常重视，技术比较成熟，1982 年冶炼烟气制酸约为日本全国产量的 60%。

4）硫铁矿是硫化矿物的总称，常见的是黄铁矿，主要成分为二硫化铁。硫铁矿的颜色因所含杂质不同而呈灰色、褐绿色、浅黄铜色等，具有金属光泽，理论含硫量为 53.46%，而普通硫铁矿中含硫为 30%~48%；矿中主要杂质有铜、锌、铅、砷、硒等的硫化物，钙、镁的碳酸盐和硫酸盐、二氧化硅和氟化物等，其中砷和氟对接触法制酸危害最大。

2. 以硫铁矿为原料生产硫酸

（1）硫铁矿的焙烧原理。

1）焙烧反应硫铁矿的焙烧过程，其主要分为以下两个步骤：

硫铁矿受热分解为一硫化亚铁和硫蒸报导，其反应为：

$$2FeS_2 == 2FeS + S_2 - Q$$

此反应在 500 ℃时进行，随着温度的升高反应急剧加速。

2）硫蒸气的燃烧和一硫化亚铁的氧化反应，硫铁矿分解出来的硫蒸气，瞬即燃烧成二氧化硫：

$$S_2 + 2O_2 == 2SO_2 + Q$$

硫铁矿分解出硫后，剩下的一硫化亚铁成多孔性物质，继续焙烧，当过剩空气量较多时，最后生成 Fe_2O_3。烧渣呈红棕色，其反应为：

$$4FeS + 7O_2 == 4SO_2 + 2Fe_2O_3 + Q$$

综合以上三个反应，硫铁矿焙烧的总反应为：

$$4FeS_2 + 11O_2 == 2Fe_2O_3 + 8SO_2 + Q$$

在硫铁矿焙烧过程中，除上述反应外，当温度较高和过剩空气量较少时，有部分 Fe_3O_4 生成。烧渣呈棕黑色，其反应为：

$$3FeS + 5O_2 =\!=\!= Fe_3O_4 + 3SO_2$$

综合 FeS_2 分解反应，S_2 的氧化反应和上式 FeS 焙烧生成 Fe_3O_4 的反应，则得总反应式为：

$$3FeS_2 + 8O_2 =\!=\!= Fe_3O_4 + 6SO_2$$

当空气不足时，不但 FeS 燃烧不完全，单质硫也不能全部燃烧，结果，到后面净化设备中冷凝成固体，即产生通常所说的"升华硫"。此外，二氧化硫在炉渣（Fe_2O_3）的接触作用下，尚能生成少量的三氧化硫。硫铁矿中钙、镁等的碳酸盐，受热分解产生二氧化碳和金属氧化物，这些金属氧化物与三氧化硫作用能生成相应的硫酸盐。

（2）焙烧速率和影响因素。

硫铁矿焙烧属于气—固相不可逆反应，对生产起决定作用的是焙烧速率问题。如前所述，硫铁矿的焙烧分两步进行：第一步是 FeS 的分解；第二步是分解生成的 FeS 和 S_2 的燃烧。为了提高反应速率，首先需要明确哪一个反应步骤是决定整个反应速率的步骤，即焙烧反应的控制步骤。由实验得知，在硫铁矿焙烧的两个步骤中，二硫化铁的分解速率大于一硫化亚铁的焙烧速率。因此，一硫化亚铁的焙烧反应是整个焙烧的控制步骤。

FeS 的焙烧由三个步骤组成：①气体中的 O_2 通过气膜向矿粒表面扩散；②吸附在矿粒表面的 O_2 与固相 FeS 进行化学反应；③反应生成的 SO_2 脱离固相表面并穿过气膜向气相主流扩散。O_2 与矿粒表面的 FeS 反应生成了新的固体氧化铁，这一固体层造成了继续反应时 O_2 向内扩散和 SO_2 向外扩散的阻力；随着焙烧过程的进行，氧化铁层越来越厚，阻力越来越大，扩散速率也就越来越慢。由此可见，FeS 的焙烧速率不仅受化学反应本身因素的影响，同时也受扩散过程各因素的影响。实践证明，在较高温度下，扩散经过固体层的阻力较大，因此 FeS 的焙烧过程是扩散控制。

思考题

1. 简述清洁生产的定义及主要内容。
2. 实施清洁生产的途径有哪些？
3. 什么是循环经济？其基本原则是什么？
4. 何谓生态工业？其基本特征是什么？

参考文献

[1] 温路新，李大成，刘敏，等. 化工安全与环保[M]. 北京：科学出版社，2014.

[2] 徐锋，朱丽华. 化工安全[M]. 天津：天津大学出版社，2015.

[3] 刘彦伟，朱兆华，徐丙根. 化工安全技术[M]. 北京：化学工业出版社，2011.

[4] 中国石化集团上海工程有限公司编. 化工工艺设计手册[M]. 第3版. 北京：化学工业出版社，2003.

[5] 元炯亮. 生态工业园区评价指标体系研究[J]. 环境保护，2003(3)：38-40.

[6] 张新力. 循环经济和清洁生产是氯碱工业健康发展的必由之路[J]. 中国氯碱，2011，5(5)：19-21.

[7] 刘化章. 合成氨工业：过去、现在和未来[J]. 化工进展，2013，32(9)：1995-2005.

[8] 杜旭红，李建伟，刘凯. 预先危险性分析法和事故树分析法在气体供应站安全评价中的应用[J]. 安全，2017，12：27-30.

[9] 马云歌. 事件树分析法在烟叶工作站火灾隐患消除中的应用[J]. 科技经济导刊，2018，26(4)：187-189.

[10] 任世明. 环氧乙烷球罐区定量风险分析[J]. 石油化工安全环保技术，2016，32(4)：27-29.

[11] 胡灯明. 危险与可操作性分析法在油气集输管道中的应用与分析[J]. 石油工业技术监督，2018，34(4)：46-49.

[12] 张蓓，杨凤平. 化工合成氨系统火灾爆炸危险性分析[J]. 中国科技纵横，2014(3)：291-292.

[13] 沈远友，牛定江. 高压聚乙烯反应单元火灾爆炸危险性分析及预防[J]. 安全、健康和环境，2012(7)：39-41，49.

[14] 杨永杰. 化工环境保护概论[M]. 北京：化学工业出版社，2012.

[15] 王留成. 化工环境保护概论[M]. 北京：化学工业出版社，2016.

[16] 朱蓓丽. 环境工程概率[M]. 北京：科学出版社，2011.

[17] 陈敬，朱乐辉，刘小虎. 某生产甲基磺草酮农药厂废水处理工程实例[J]. 工业水处理，2016，36(23)：99-102.

[18] 路文静. 工业二氧化硫废气治理办法分析[J]. 环境治理与发展，2018，23：83.

[19] 钟灵. 挥发性有机废气治理技术探讨[J]. 绿色科技，2018，22：83-84.

[20] 魏莉. 有机废气处理技术及未来发展[J]. 当代化工研究，2018(6)：157-158.

[21] 楼紫阳，宋立言，赵由才，等. 中国化工废渣污染现状及资源化途径[J]. 化工进展，2006，25(9)：15-21.

［22］于明. 盐泥中硫酸钡提取利用［J］. 上海氯碱化工, 2003(6)：18 – 21.

［23］KŷlŷcöKihc A M. Recovery of salt co – products during the salt production from brine［J］. Desalination, 2005, 186(1/3)：11 – 19, 30.

［24］Mukherjee A B. , Zevenhoven R, Brodersen J, et al. Mercury in waste in the European Union：sources, disposal methods and risks, Resources［J］. Conservation and Recycling, 2004, 42：155 – 182.

［25］兰运龙. 水利水电工程造价管理中存在的问题及其解决对策研究［J］. 广东科技, 2014(8)：38 – 39.

［26］黄岳元. 化工环境保护与安全技术概论［M］. 北京：高等教育出版社, 2014.